高等教育新商科应用型规划教材
扬州大学精品本科教材

Data Management

数据管理学

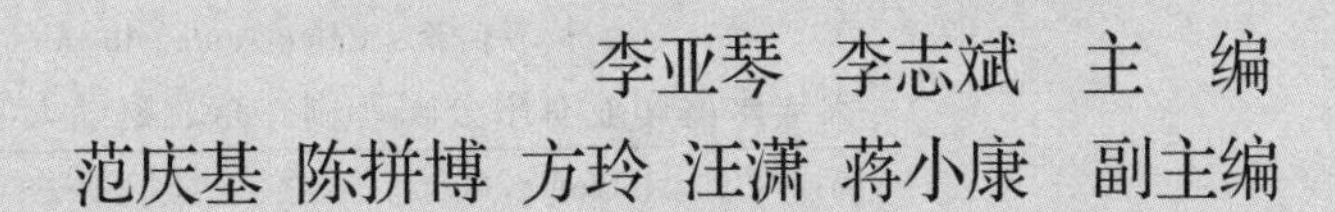

李亚琴 李志斌 主 编
范庆基 陈拼博 方玲 汪潇 蒋小康 副主编

东北财经大学出版社 Dongbei University of Finance & Economics Press 大连

图书在版编目（CIP）数据

数据管理学 / 李亚琴，李志斌主编．—大连：东北财经大学出版社，2024.8．—（高等教育新商科应用型规划教材）．—ISBN 978-7-5654-5347-2

Ⅰ．TP274

中国国家版本馆CIP数据核字第20242Q6N29号

东北财经大学出版社出版

（大连市黑石礁尖山街217号　邮政编码　116025）

网　　址：http://www.dufep.cn

读者信箱：dufep@dufe.edu.cn

大连永盛印业有限公司印刷　东北财经大学出版社发行

幅面尺寸：185mm×260mm　字数：513千字　印张：21.75

2024年8月第1版　2024年8月第1次印刷

责任编辑：王　莹　王　斌　　责任校对：周　晗

封面设计：原　皓　　版式设计：原　皓

定价：49.00元

教学支持　售后服务　联系电话：（0411）84710309

前言

自从《中共中央 国务院关于构建更加完善的要素市场化配置体制机制的意见》提出加快培育数据要素市场以来，我国数据要素市场发展快速。相应的配套政策法规也相继出台，2021年6月10日，十三届全国人大常委会第二十九次会议通过《中华人民共和国数据安全法》；2021年8月20日，十三届全国人大常委会第三十次会议通过《中华人民共和国个人信息保护法》；2022年12月19日，《中共中央 国务院关于构建数据基础制度更好发挥数据要素作用的意见》（“数据二十条”）发布；2023年3月，中共中央、国务院印发《党和国家机构改革方案》，提出组建国家数据局；2023年8月21日，财政部印发《企业数据资源相关会计处理暂行规定》，企业的数据资产自2024年1月1日起便可正式进入财务报表。这一系列政策文件的相继发布进一步推动了我国数据要素改革，为数字经济高质量发展、提升新质生产力提供了重要支持。数字时代，要使企业数据资源化、数据资源资产化，实现企业数据资源顺利入表，一个重要的前提就是对企业数据进行有效管理和治理。

在数据要素和企业数字化转型背景下，数据管理对于所有拥有大量数据的企业而言都是一个亟待解决的难题。越来越多的企业将数据管理作为数字化战略的重要内容，成立数据管理委员会，聘任首席数据官。当前，社会各界急需数据管理人才，本教材的编写对于相关人才的培养而言恰逢其时。数据管理学是一门关于如何有效提升数据质量和充分利用数据的学科。本教材从新文科建设视角，力求基于提升非工科背景学生的数据管理思维，反映学科前沿，强调深度交叉融合，全面关注企业数据管理。

本教材将数据管理理论与实务有机融合，主要分为总论篇、职能篇、保障篇和专题篇四部分。其中，总论篇重点阐述数据管理的重要性和面临的挑战，以及数据管理原则与框架；职能篇主要介绍数据治理、数据架构、主数据管理、元数据管理、数据质量管理、数据安全管理、数据共享与开放、数据分析等数据管理的关键职能域；保障篇主要阐述数据管理能力成熟度评估、数据伦理、数据管理组织与变革等支撑和保障企业数据管理职能域有效实现的基本内容；专题篇主要阐述人力资源数据管理、企业营销数据管理和企业财务数据管理的实务应用专题。本教材共16章，每章均包括学习目标、素养目标、引导案例、本章小结、课后思考、案例分析等栏目，旨在深化学生的理论认知，增强实践性，对每章内容的实际运用进行深入分析和讨论，激发学生的学习兴趣，引导和提升学生的分析判断能力和实操能力。本教材的特色主要体现在以下方面：

第一，突出数据思维的建立与培养。本教材结合商科学生的知识结构和专业基础，编写时淡化数据管理的技术细节，旨在使学生从管理视角理解数据管理在企业数字化转型中的战略地位，形成数据思维和数据文化。同时，在每章末尾附有思维导图（扫码可见），便于学生从总体上理解各个知识点之间的逻辑关系。

第二，有机融合课程思政。本教材除了在全书开头辟专章专门列明每章的课程思政元素，还在各章内容中均有机融入了素养目标，以强化道德观念和法治意识，践行“三全”教育，弘扬责任担当，培养坚守职业底线的各类数据管理人才。

第三，注重理论与实务的有机融合。每章均围绕章节主题编写了引导案例和案例分析(扫码阅读)，并提供了课后思考，有利于学生在加深对理论知识理解的同时提升对实践需求的感知。

第四，融入数据资产管理最新理论、政策与前沿实践。近年来，数据要素相关政策不断推出，实务界也在积极探索，本教材在相关章节中有机融入了最新相关理论、政策与前沿实践。

本教材旨在使学生在数字时代全面、系统地掌握数据管理的基本理论、方法和数据思维，并能够运用这些理论、模型框架理解和解决数字化转型企业的数据管理问题，理解并掌握国内外数据管理的标准、政策、法规及实施状况，能够发现和化解企业运营管理中出现的数据管理问题与困境，并在实践中自觉遵从数据管理标准和规范，增强职业责任感，能够运用数据管理的一般理论和原则，提升合理解决企业数据管理实际问题的能力，以便更好地适应企业数据管理工作的需要。

本教材由李亚琴、李志斌担任主编，范庆基、陈拼博、方玲、汪潇和蒋小康担任副主编，主编负责拟定全书大纲并确定内容要点和编写思路。具体分工如下：第1、2章由李志斌、李亚琴共同编写；第3、4、5、10章由陈拼博编写；第6、7、8、9章由方玲编写；第11、12、13章由李亚琴编写；第14章由汪潇编写；第15章由范庆基编写；第16章由蒋小康编写。最后由主编对全书进行总纂。感谢周奕琦、戴明品等同学对全书部分章节出色的勘误工作。本书在编写过程中参考了相关论著等文献资料，在此特向相关作者表示衷心感谢，若有疏漏，文责自负。

据编者所知，目前教学领域还没有一本专门面向商科学生的数据管理学教材，本教材的出版可满足包括商科在内的非工科学生对数据管理知识的迫切需求。本教材是扬州大学精品本科教材，由扬州大学出版基金资助。限于编者的水平，疏漏在所难免，恳请广大读者和同仁批评指正。

编　者

2024年5月

课程思政元素

数字时代，数据已与我们每个人的生活、工作、学习形影相随，密不可分。“数据管理学”课程，无论是教学理念还是教学内容，都蕴含着丰富的思想政治资源。本书课程思政元素设计以“习近平新时代中国特色社会主义思想”为统领，结合数据管理学核心内容、读者群体和授课特点，强化社会主义核心价值观在数据管理课程思政中的引领作用，始终贯彻新时代数据要素助力“数字中国”发展思想，充分体现家国情怀、责任担当、法治合规意识和科技向善意识。以“润物细无声”的方式将课程思政核心思想和观念有机融入教学当中，注重发展与公平、效率与安全多核驱动的协调发展理念，强化科技向善，将立德树人根本任务落到实处。

本书的思政元素由专业知识点展开，将专业知识传授与思政育人相结合。在课程思政教学中，教师可参考下表中的专业知识导引，针对相关知识点或案例，启发学生进行深入思考与充分研讨。

专业知识与思政元素

章序	专业知识	思考与研讨	思政元素
1	全面认识数据管理	商科学生为什么要学习“数据管理”？“数据管理”学什么？管什么？	数字时代公民数据素养、全局思维、整体意识、社会责任感
2	数据管理原则与框架	数据管理框架——科技强国、技术自信	规范意识、结构化思维
3	数据治理	数据治理不仅是一种技术手段，更是一种价值观念和管理理念的体现——培养综合素质和社会责任感，形成数据素养	树立正确的价值观和人生观。从身边的生活和实践入手关注技术发展，培养自身的综合素质和社会责任感
4	数据架构	数据科学家、商业智能分析师和一般业务用户，如何准确获取数据？	培养结构化思维
5	主数据管理	一家跨国连锁咖啡店，纽约的“拿铁”和东京的“拿铁”配方却不太一样，并且线上菜单和实体店菜单显示的价格不一致。背后的原因是什么？	规避对信息的盲目吸收与应用，强化数据伦理的规范性，最大限度避免数据侵权和数据风险
6	元数据管理	辨别真假数据——尊重客观事实； 数据分析、解释和利用过程中使用相关手段辨别和纠正错误数据——发现并改正错误	倡导科学精神和批判思维

续表

章序	专业知识	思考与研讨	思政元素
7	数据质量管理	数据质量关系到数据管理的成效以及相关社会利益，其好坏体现了数据管理主体的社会责任意识和公共利益意识； 数据质量差之毫厘，谬之千里——树立以事实为依据，实事求是的科学精神	强调社会责任和公共利益，树立严谨的科学精神和工匠精神
8	数据安全管理	数据安全关系到国家安全——安全意识、责任担当； 遵守《中华人民共和国数据安全法》《中华人民共和国个人信息保护法》——守法合规意识	强调数据安全和隐私保护，培养守法合规意识
9	数据共享与开放	发展与安全平衡——开放共享合作意识，最大化数据价值； 数据开放和共享有度——确保不违反隐私保护和产权保护等法律	实现数据共享，造福全人类； 强调隐私保护，培养尊重产权意识
10	数据分析	一批看起来杂乱无章的数据，经过整理和提炼，发现研究对象的内在规律； 针对数据应用场景，挖掘数据价值	挖掘数据中潜在的价值和商业机会，引导学生培养创新能力、创业和探索精神，挖掘和利用数据价值
11	数据管理能力成熟度评估	数据管理能力成熟度评估流程——客观公正	客观公正、数据科学思维
12	数据伦理	发展与公正——科技向善； 数据伦理文化	发展与公平双轮驱动； 正确的数据伦理道德观、职业素养
13	数据管理组织与变革	数据管理组织结构及其关键成功因素——数据思维、数据文化素养	系统观念、整体观念、沟通协调、数据科学思维
14	人力资源数据管理	数据管理如何提升人才选拔的科学性与先进性？ 数据管理如何发掘人才的潜能、促进人的自由全面发展？	人力资源管理有科学依据，能解决实际问题，能响应时代需求、促进人格发展
15	企业营销数据管理	企业营销数据管理在我国数字经济发展中的重要作用有哪些？ 大数据营销为企业带来经济和社会效益的同时，存在的误区和陷阱有哪些？	数字经济赋能经济发展与便利人民生活带来的影响； 企业运用大数据营销带来的个人隐私保护与伦理问题
16	企业财务数据管理	经济环境与技术发展对企业财务数据管理有什么影响？ 企业财务数据管理如何赋能企业持续发展？	理解生产力与生产关系之间的辩证逻辑在财务数据管理中的应用； 财务数据管理合理合规应用，控制财务风险，实现企业高质量和可持续发展

目　录

第1篇　总论篇 / 1

第2篇 职能篇 / 33

第 1 篇　总论篇

第1章　全面认识数据管理

【学习目标】

通过本章的学习，了解数据的界定及其分类；掌握数据资产含义及其特征；重点理解并掌握数据管理价值；了解数据管理发展简史，掌握数据管理目标和职能；了解我国企业当前数据管理现状、存在的问题及面临的挑战。

【素养目标】

全面认识数据管理，理解全生命周期数据管理，形成数据思维，用数据驱动管理。从有数据（数据采集）、看数据（可视化）到用数据（决策自主化），用高质量数据赋能业务，从而提升企业价值，也是企业社会责任的体现。

【引导案例】

Y车企“一次触达”的营销策略是如何做到的?

在传统销售模式中，汽车制造公司与经销商各有侧重：汽车制造公司专注于品牌与产品，除部分营销活动外，与客户的直接交流有限；经销商（4S店）承担了日常销售和售后服务管理的职责，是线下最主要的客户触点。

传统的车辆销售场景不外乎在客户到店后为之提供与车辆销售和维修相关的服务。而Y车企则采用了更加扁平的敏捷组织，执行全渠道数字化营销策略，通过数据平台实现各渠道数据的全面采集、汇聚和处理。

在4S店中，公司为每一个销售顾问都配置了一台平板电脑，它具备查看所有车型的信息、即时生成定制化配置视图、预约试驾、了解最新价格折扣、查看库存等功能，所有信息“一次触达”，为客户提供了极佳的数字化体验。通过公司数据管理平台，4S店维修人员能够随时了解公司零配件信息。

通过人脸识别技术，可以快速识别进店的客户，并将客户信息（如客户的基本信息、消费偏好等）及时反馈给销售顾问。有了这些数据，销售顾问就能为客户定制个性化的营销策略，为客户提供更好的服务。在为车主提供服务的时候，系统同时提供了维保服务查询和提醒功能，从而驱动业务员为客户提供更好的增值服务。

资料来源：根据公开资料整理，有删改。

引导案例中，Y车企“一次触达”的营销策略是如何做到的？这实质上离不开公司高质量的数据及其数据管理。那么究竟什么是数据？有何分类？什么是数据资产？什么是数据管理？数据为什么要管理？数据管理目标是什么？数据管理职能有哪些？数据管理价值有哪些？我国数据管理现状如何？本章将围绕这些问题展开探讨，揭开数据管理的神秘面纱。

1.1 数据管理概述

1.1.1 数据及其分类

1.数据

什么是数据？一堆数字？或者是必须由数字组成？其实，数据的范畴要比这大得多，所有的信息都可以算作数据，比如文字、图片、音频、视频，发出的微信，收到的邮件，导航信息，甚至AI生成的内容（AIGC），这些都是数据。“数据”是一个既清晰又模糊的概念。一方面大家对数据都有自己的概念，而且每人每天都会接触到各种各样的数据；另一方面，人们对数据的认识往往基于不同角度、不同场景，从而产生不同认知和价值。一般认为，数据是对现实世界的映射，强调了它在反映客观事实方面的作用。在信息技术中，数据一般是指以数字形式存储的信息（其实数据不仅限于已经数字化或电子化的信息）。如我国《中华人民共和国数据安全法》（以下简称《数据安全法》）对数据的定义是任何以电子或者其他方式对信息的记录。需要说明的是，一般认为数据、信息、知识和智慧之间呈金字塔模型关系，数据位于金字塔模型的底层，智慧位于顶层。由于数据、信息、知识等均需要被管理，在本书中，这些术语通常均表示数据，不作区分。

技术可以测量各种事件和活动，可以收集、存储并分析从前不被视为数据的各种事/物的电子版本（视频、图片、录音和文档等），即大量的个人事实信息可以被汇总、分析并用于营利，以及改善健康或影响公众政策等。然而，要利用各种数据而不被其容量和增长速度所压倒，需要可靠的、可扩展的数据管理实践。

一般认为数据代表事实，数据是这个世界中与某个事实结合在一起的一种真实表达，即数据是以符号形式表示的事实、观察结果、记录或信息的集合。它可以是数字、文字、图像、声音或其他形式的表达，用于描述、记录和传递关于某个特定主题或对象的信息。但是，由于习惯不同，对同一事实可能会表达为不同的形态（参考人们对日期数据的多种表示方法就可以理解），因此对这个概念要有一个约定好的定义。现在考虑一些更复杂的概念（如客户或产品），其中需要表示内容的颗粒度和详细程度并不总是显而易见的，表示过程也会变得更复杂。随着时间的推移，管理这些信息的过程也会变得更复杂。

即使在一个组织中，也常有同一概念的多种表示方法，因此，需要对数据架构、建模、治理、管理制度以及元数据和数据质量进行管理，所有这些都有助于人们理解和使用数据。当数据跨越多个组织时，各种各样的问题会成倍增加，因此，需要行业级的数据标准，以提高数据一致性。

组织需要管理其数据，但技术变化扩展了这种管理的需求范围，因为它们已改变了人们对数据是什么的理解。这些变化让组织能以新方法使用数据来创造产品、分享信息、创造知识并提高组织的成功概率。随着技术的迅速发展以及人类产生、获取和挖掘有意义数据能力的提升，加强有效管理数据变得十分必要。

2.数据分类

对数据进行合理分类，有助于数据管理，从而提升数据价值。数据的分类维度有很多种，目前业内还没有通用的标准，这里介绍几种常见的数据分类方式。

（1）按数据对象划分

按照数据对象，数据可分为参考数据（Reference Data）、主数据（Master Data）、交易数据、分析数据和时序数据。

① 参考数据。参考数据是指对其他数据进行分类和规范的固定值集合，如国家、地区、货币、计量单位等产业通用的数据及各产业特色基础配置数据等。最基本的参考数据由代码和描述组成（如国家代码：CN、DE、US)。为了简化，有的企业称这类数据为配置型主数据，也有的企业称这类数据为通用基础类数据。它是相对稳定、静态的数据，基本上不会变化，往往通过系统配置文件给予规范并固化在数据管理系统中，如行业分类、货币代码、邮政编码等。

② 主数据。主数据是指满足跨部门业务协同需要的、反映核心业务实体状态属性的基础信息。主数据是用来描述组织核心业务实体的数据，是组织核心业务对象、交易业务的执行主体，是在整个价值链上被重复或共享应用于多个业务流程、跨越多个业务部门和系统的高价值的基础数据，也是各业务应用和各系统之间进行数据交互的基础（即多个系统共享的数据)。从业务角度看，主数据相对固定、变化缓慢，但它是组织信息系统的神经中枢，是业务运行和决策分析的基础，如组织机构部门、员工、产品、客户、供应商、物料、价格、位置等数据，一般为主数据。

③ 交易数据。交易数据即业务活动数据，是指在业务活动过程中产生的数据，是企业日常经营活动的直接体现，也是围绕主数据实体产生的业务行为和结果型数据，如采购订单、销售订单、发票、会计凭证等数据。业务活动数据存在于联机事务处理系统中(OLTP系统)，具有瞬间生成和动态的特点。

④ 分析数据。分析数据，又称统计数据、报表数据或指标数据等，是组织在经营分析过程中衡量某一个目标或事物的数据，一般由指标名称、时间和数值等组成。

⑤ 时序数据。时序数据即时间序列数据，按时间顺序记录的数据列，在同一个数据列中的各个数据必须同口径，应具有可比性。时序数据可以是时期数，也可以是时点数。在企业中，实时数据是时序数据的一种，如设备运行监测类数据、安全类监测数据、环境监测类数据等。

（2）按数据的储存形式划分

按照数据的存储形式，数据可分为结构化数据、非结构化数据、半结构化数据。

① 结构化数据。结构化数据是指数据元素之间具有统一且确定关系的数据，由明确定义的数据类型组成，是关系模型数据。结构化数据的一般特点是数据以行为单位，一行数据表示一个实体的信息，每一行数据的属性相同。结构化数据的分析更为便利，且存在成熟的分析工具。通常，结构化数据库中的数据为结构化数据，如企业ERP、OA、HR的数据等。

② 非结构化数据。非结构化数据是指数据元素之间没有统一和确定关系的数据，即具有内部结构，但不通过预定义的数据模型或模式进行结构化的数据，如Word、PDF、PPT，各种格式的图片、语音、视频等。一般非结构化数据占组织全部数据的80%以上，

但直接分析和利用非结构化数据需要有很强的专业能力。

③ 半结构化数据。半结构化数据是指数据元素之间的关系介于结构化数据和非结构数据之间的数据。它是非关系模型的、有基本固定结构模式的数据，如日志文件、XML文档、E-mail等。

（3）按数据库的类型划分

按照数据库的类型，数据可分为关系型数据库、非关系型数据库、图数据库、时序数据库。

① 关系型数据库。关系型数据库是采用关系数据模型的数据库系统。关系数据模型实际上是表示各类实体及其之间联系的由行和列构成的二维表结构。一个关系型数据库由多个二维表组成。表中的每一行为一个元组（或称一个记录），每列为一个属性。属性的取值范围被称为域。对关系型数据库进行操作通常采用结构化查询语言（SQL）。

② 非关系型数据库。非关系型数据库是对不同于传统的关系数据库的数据库管理系统的统称。其存储数据的格式多样，如文档形式、图片形式等，应用场景广泛。与关系型数据库相比，非关系型数据库使用NoSQL而不使用SQL作为查询语言。

③ 图数据库。图数据库是以图结构来表示和存储信息的数据库。

④ 时序数据库。时序数据库即时间序列数据库，主要用于处理带时间标签（按照时间的顺序变化，即时间序列化）的数据，即时间序列数据。

（4）按权属类型划分

按照权属类型，数据可分为私有数据和公有数据。

① 私有数据。私有数据也称为专有数据，是指有明确归属的数据，归属方为可决定数据使用目的的自然人、法人或其他组织，如私人数据、企业数据等。

② 公有数据。公有数据是指具有公共财产属性且可被公众访问的数据，如天气数据、人口数据等。当然这种界定也不能一概而论，在集团内部，公有数据也可指由集团中央部门集中管理的数据。

（5）按是否为隐私划分

按是否为隐私，数据可以分为隐私数据和非隐私数据。顾名思义，隐私数据就是需要有严格的保密措施来保护的数据，否则会对用户的隐私造成威胁，如用户的交易记录属于隐私类数据。对于一家有着良好数据管理机制的公司而言，通常的管理方法是对数据的隐私级别进行分类，如分类为公开数据、内部数据、保密数据、机密数据等，也可以根据数据保护级别不同，将数据分类为极高敏感数据、高敏感数据、低敏感数据和可公开数据等（详见本书第8章相关内容）。对于隐私数据保护得不好的组织，会导致用户大量隐私数据泄露从而造成损失甚至被诉讼。比如，某公司大量用户的开房信息、供应商数据泄露等都是类似的事故。随着拥有大量数据的公司越来越多，数据安全管理成为公司数据管理的重要组成部分。而数据安全工作的推动，初期往往会受到一线员工的反对，因为任何一个安全系统都意味着已有的权限被收回，也会因为改变工作方法而降低效率。

当然，从数据管理角度，数据也可以从数据类型分类，如文本数据、数值数据、图像数据、音频数据、视频数据等；从数据来源分类，如内部数据和外部数据，其中内部数据是组织自身生成和拥有的数据，外部数据是从外部来源获取的数据；从数据层次分类，如原始数据、汇总数据、派生数据等，其中原始数据是未经加工和转换的源数据，汇总数据是对原始数据进行聚合和统计得到的数据，派生数据是根据原始数据和其他数据计算或推断得到的数据；从数据时效分类，如实时数据和历史数据，其中实时数据是即时生成和更新的数据，反映当前的状态和情况；历史数据是过去某个时间段内收集和记录的数据，用于回顾和分析过去的情况和趋势；从数据的访问权限和级别进行分类，如公开数据、内部数据、敏感数据等，其中公开数据是对外公开和共享的数据，内部数据是组织内部使用的数据，敏感数据是具有保密性要求的数据。

这些分类方式可以帮助企业对不同类型的数据进行管理和组织，以便更好地满足用户需求和管理要求。

1.1.2　数据资产

1.数据资产的含义

激发数据要素活力、释放数据资源价值是我国今后高质量发展的新动能，但并非所有数据都是数据资产（Data Asset），那到底什么才是数据资产呢？目前学界和实务界仍未对数据资产形成一致的定义，侧重点各有不同，代表性的观点主要是基于特征分别从资产和数据两个角度进行界定，主要从会计准则对资产的定义和会计确认条件出发结合数据特点进行概括的“数据资源论”。

中国资产评估协会发布的《资产评估专家指引第9号——数据资产评估》中认为数据资产是由特定主体合法拥有或者控制，能持续发挥作用并且能带来直接或者间接经济利益的数据资源。

中国信息通信研究院（以下简称信通院）发布的《数据资产管理实践白皮书》（5.0版）中对数据资产的定义则由资产概念出发，认为数据资产是“合法权属（所有或控制）、可进行计量与交易、能直接或间接带来经济利益和社会效益的数据资源，如电子数据、文件和相关资料等结构化或非结构化数据”。这一定义基本成为行业共识。信通院还认为，数据资产是经过资源化和资产化后具有价值的高质量数据，且需满足可控性、可计量、可收益条件，拥有应用场景或能与企业业务结合，在一定时期内可被企业连续使用或反复使用。

国家市场监督管理总局发布的《信息技术服务 数据资产 管理要求》（GB/T 40685—2021）对数据资产的定义则为：合法拥有或者控制的，能进行计量的，为组织带来经济和社会价值的数据资源。在组织中，并非所有的数据都构成数据资产，数据资产是能够为组织产生价值的数据，数据资产的形成需要对数据进行主动管理并形成有效控制。

大数据技术标准推进委员会于2023年1月发布的《数据资产管理实践白皮书》（6.0版）中将数据资产定义为：由组织（政府机构、企事业单位等）合法拥有或控制的数据，以电子或其他方式记录，例如文本、图像、语音、视频、网页、数据库、传感信号等结构化或非结构化数据，可进行计量或交易，能直接或间接带来经济效益和社会效益。

目前，关于如何将企业的数据作为一项资产来计量和管理尚未形成一个明确的标准。《企业会计准则——基本准则》中指出：资产是指企业过去的交易或者事项形成的、由企业拥有或者控制的、预期会给企业带来经济利益的资源，且同时满足以下条件时确认为资产：与该资源有关的经济利益很可能流入企业；该资源的成本或者价值能够可靠计量。由资产的会计概念引申到数据资产，可以将数据资产界定为：企业过去的交易或者事项形成的，由企业拥有或者控制的，预期会给企业带来经济利益的，以物理或电子的方式记录的数据资源，并且其价值和成本能够可靠计量。

由此可见，数据要成为数据资产（进入企业财务报表），至少要满足四个核心条件：

（1）数据资产是企业的交易或者事项形成的

数据资产应是企业日常的生产经营活动中形成和积累的数据，或者由于业务需要而被企业实际控制的数据。例如，互联网公司的各种网站、电商平台、社交平台每天产生的大量数据实际都是被这些互联网公司控制的。另外，企业从第三方交换或者购买的数据也是符合这个定义的。目前有一些组织专门做数据交易的业务活动，例如数据堂、贵州数据交易所、华中数据交易所等。

（2）由企业拥有或者控制

这个涉及数据的确权问题。对于数据的归属权、控制权、使用权问题，目前我国还没有专门的法律法规对此进行规范。对于传统企业而言，这个问题不是很突出，这里主要谈互联网平台。互联网平台上产生的数据主要来自广大用户的上网行为，例如用户浏览、购买、支付、评论、发帖、发微博、发微信等行为产生的数据。这些数据的产权方是谁？这不是一个容易回答的问题。实际上，互联网平台提供了数据存储和管理服务，拥有了数据的实际控制权。当然，利用收集的数据侵犯个人隐私或其他违法犯罪行为，相关法律已有明确规定（如《中华人民共和国个人信息保护法》），明令禁止。

（3）预期会给企业带来经济利益

企业运营中可能会产生大量的数据，数据在被有效整合、利用后会产生巨大的价值。数据要成为资产，首先要具备可利用性，具有价值，才能给企业带来可预期的经济收益，否则就不是资产。

（4）成本或价值可衡量

数据成本一般包括采集、存储和加工的费用（人工费用、IT设备等直接费用和间接费用）以及运维费用（业务操作费、技术操作费等），这是相对容易计量的。数据价值主要从数据资产的分类、使用场景与频次、使用对象、使用效果和共享流通等维度计量。基于数据价值度量的维度，选择各维度下有效的衡量指标，对数据的活跃性、数据质量、数据稀缺性和时效性、数据应用场景的经济性等多方面进行评估，并优化数据服务应用的方式，可最大限度地提高数据的应用价值。所以，数据的价值取决于数据的应用场景，同样的数据在不同的应用场景中产生的价值是不一样的，这也是数据资产价值难以计量的重要原因之一。

资产是一种经济资源，能被拥有或控制、持有或产生价值。数据已经被广泛认为是企业的一项重要资产。严格意义上，虽然企业部分数据资产目前还不完全符合会计确认的现有条件，但随着相关理论的完善，数据资产将会成为企业会计报表上的一个重要项目。值得注意的是，2023年8月1日，财政部印发了《企业数据资源相关会计处理暂行规定》，自2024年1月1日起施行。正如被誉为“大数据商业应用第一人”的舍恩伯格在《大数据时代》一书中所言：“虽然数据还没有被列入企业的资产负债表，但这只是一个时间问题。”

2.数据资产的特征与基本特征

（1）数据资产的特征

数据资产管理需要识别数据资产特征，根据国家市场监督管理总局发布的《信息技术服务 数据资产 管理要求》（GB/T 40685—2021），数据资产具有可增值、可共享、可控制和可量化等特征。

① 可增值。数据资产的价值易发生变化，随着应用场景、用户数量和使用频率的增加，其经济价值和社会价值会持续增长。

② 可共享。在权限可控的前提下，数据资产可复制，能被组织内外部多个主体共享和应用。

③ 可控制。为满足风险可控、运营合规的要求，数据资产需具备权限可控制、行为可追溯等特征。

④ 可量化。数据资产的质量、成本和价值等可计量、可评估。

（2）数据资产的基本特征

了解数据资产的基本特征，有利于组织合理有效评估数据资产价值。根据中国资产评估协会发布的《资产评估专家指引第9号——数据资产评估》，数据资产的基本特征包括非实体性、依托性、多样性、可加工性、价值易变性等。

① 非实体性。数据资产无实物形态，虽然需要依托实物载体，但决定数据资产价值的是数据本身。数据的非实体性导致了数据的无消耗性，即数据不会因为使用频率的增加而磨损、消耗。这一点与传统无形资产相似。

② 依托性。数据必须存储在一定的介质里。介质的种类多种多样，如纸、磁盘、磁带、光盘、硬盘等，甚至可以是化学介质或者生物介质。同一数据可以以不同形式同时存在于多 种介质。

③ 多样性。数据的表现形式多种多样，可以是数字、表格、图像、声音、视频、文字、光电信号、化学反应，甚至是生物信息等。数据资产的多样性，还表现在数据与数据处理技术的融合，形成融合形态数据资产。例如，数据库技术与数据，数字媒体与数字制作特技等融合产生的数据资产。多样的信息可以通过不同的方法进行互相转换，从而满足不同数据消费者的需求。该多样性表现在数据消费者方面，则是使用方式的不确定性。不同数据类型拥有不同的处理方式，同一数据资产也可以有多种使用方式。数据应用的不确定性，导致数据资产的价值变化波动较大。

④ 可加工性。数据可以被维护、更新、补充，增加数据量；也可以被删除、合并、归集，消除冗余；还可以被分析、提炼、挖掘，加工得到更深层次的数据资源。

⑤ 价值易变性。数据资产的价值受多种不同因素影响，这些因素随时间的推移不断变化，某些数据当前看来可能没有价值，但随着时代进步可能会产生更大的价值。另外，随着技术的进步或者同类数据库的发展，可能会导致数据资产出现无形损耗，表现为价值降低。

为提高数据资产管理（Data Asset Management）的效率和效果，数据资产管理须充分融合政策、管理、业务、技术和服务，确保数据资产保值增值。充分理解数据资产的特征，是数据资产管理必经之路。

3.数据创造价值

如今，世界上最有价值的资源不再是石油，而是数据。由此出现了一个新的“GDP”（Gross Data Products，数据总体产值）指标，用以衡量国家财富和实力。据麦肯锡预测，到2030年，以数据驱动的AI应用将产生13万亿美元的全球新经济活动，这可能决定下一个世界秩序，就像石油生产在20世纪创造经济强国方面所发挥的作用一样。数据成为新经济的“燃料”，对未来经济更是如此。数据给组织带来的价值可以从企业内部经营管理和外部市场两个方面来分析。

从企业内部经营管理视角来看，核心要素是如何降低运营成本和提高科学决策水平。比如对煤电行业来说，60%以上的成本是燃料成本，能否提高能效直接决定了企业成本的高低。因此需要构建影响能效的知识图谱，找出影响能效的相关性因子，通过大数据分析确定能效和相关因子的函数关系，制定科学的燃煤掺烧比。再比如，家电行业的痛点之一是销售预测不准而造成产品和原材料库存周转率低，从而大大提高了企业经营成本。因此，按订单生产和零库存是企业追求的目标。通过消费互联网打通与消费者的连接，客户可通过消费互联网进行个性化定制和提交订单。客户的个性化定制订单传到产业互联网平台，然后企业通过设计、生产排程、原材料采购到柔性制造等一系列复杂的流程把产品生产出来，最后再通过消费互联网平台把产品交付给客户。这种人、机、物的高度协同必须依赖数据驱动，以订单数据驱动后面所有的一系列活动。数据给企业带来的价值甚至能改变企业的商业模式，例如由传统的产品销售模式变为服务模式，由重资产运营模式转为轻资产运营模式，如格力电器。再比如美国奈飞公司（Netflix）从一个DVD租赁企业发展成为全球最大的媒体平台公司，成为近十年以来全球最成功的商业奇迹之一。公司对传统媒体制作行业的创新和颠覆，源于其从一开始就启动数据驱动业务，让数据充分发挥价值。数据是奈飞公司的一种文化，从公司运营、用户体验、产品设计、客户运营全方位的都是数据驱动。

除了能为企业在内部经营管理方面带来巨大价值，数据在外部市场方面的作用是能提高产品的附加值。比如，通用电气公司（GE）生产的航空发动机的市场占有率超过50%，在工业互联网被提出前，公司仅仅销售发动机给飞机生产商。对航空公司来说，减少因发动机故障导致的航班延误及降低安全风险是其核心诉求点。GE利用其行业经验开发了一套智能运营系统，帮助航空公司监控发动机的运行情况，不仅做到了发动机的预测性维护，而且通过优化发动机的燃油消耗，把燃油成本降低了5%。GE通过后续的这些附加服务的收费，把单纯的销售产品，变成了产品+服务的商业模式，大大提升了附加值。再如，宁德时代建立了一个电池监控平台，通过监控电池的使用状况进行数据分析不仅可以优化设计，而且能为整机厂商提供及时的维修服务；此外，宁德时代把平台开放给4S店，4S店就可以进行众包维修服务。

总之，当今的组织依靠数据资产可以作出更高效的决定，并拥有更高效的运营。企业可以运用数据去理解客户，创造出新的产品和服务，并通过降低成本和控制风险的手段提高运营效率。政府代理机构、教育机构以及非营利组织也可以用高质量的数据指导运营、战术和战略等活动。在数据要素时代，企业想要保持竞争力必须停止基于直觉或感觉作决策，而应使用事件触发和应用分析来获得可操作的洞察力，成为数据驱动型组织。数据驱动要求通过业务领导和技术、专业知识的合作，以专业的规则高效地管理数据。

综上所述，数据资产是组织或个人拥有的具有经济价值的数据集合。它们可以是经过收集、整理和处理的数据，具有潜在的商业用途和盈利能力。数据资产可以包括各种类型的数据，如客户信息、销售数据、市场趋势、产品规格、研究成果等。对于组织来说，数据资产可以成为重要的竞争优势和战略资源。通过有效地管理和利用数据资产，组织可以获得以下几方面的价值：

（1）业务洞察

数据资产可以提供关于市场趋势、客户需求、产品性能等方面的洞察，帮助组织作出更明智的决策和战略规划。

（2）客户洞察

通过分析客户数据，组织可以了解客户的偏好、行为和需求，从而提供个性化的产品和服务，增强客户满意度和忠诚度。

（3）运营效率

数据资产可以用于优化业务流程和资源分配，提高运营效率和生产力，减少成本和风险。

（4）创新发展

数据资产可以作为创新的基础，帮助组织发现新的商业模式、产品和服务，开拓新的市场机会。

（5）商业价值

有效地管理和利用数据资产可以创造经济价值，例如增加收入、提高利润、降低风险等，从而促进组织的可持续发展。

然而，数据资产也需要受到适当的保护和管理，以确保数据的安全性、隐私性和合规性。组织应制定数据管理策略和安全措施，确保数据资产的价值能够最大化地发挥出来。

1.1.3　数据管理

1.数据管理发展历程

数据管理是让企业的数据从不可控、不可用、不好用到可控、方便易用且对业务有极大帮助的过程。数据管理的发展历史可以追溯到计算机技术的起源。以下是数据管理的主要发展阶段或里程碑：

（1）手工数据处理阶段（20世纪50年代—60年代）

在计算机技术尚未普及的早期阶段，数据管理主要由人工进行。数据以纸质形式存储，操作员使用卡片和文件进行数据输入、存储和检索。

（2）文件系统阶段（20世纪60年代—70年代）

随着计算机技术的发展，出现了最早的文件系统。20世纪60年代末，美国通用公司研发的第一个数据库系统DBMS诞生，标志着数据管理进入了一个新的时代。文件系统使用层次结构或网状结构来组织和管理数据，提供了更高效的数据存储和检索方式。然而，文件系统存在数据冗余、数据一致性难以保证等问题。

（3）关系数据库阶段（20世纪70年代至今）

关系数据库的出现，标志着数据管理的重大进步。关系数据库使用表格和关系模型来组织和管理数据，引入了结构化查询语言（SQL）作为数据操作语言。关系数据库提供了数据一致性、完整性和安全性等方面的优势，成为主流的数据管理方式之一。

（4）数据仓库和商业智能阶段（20世纪80年代至今）

1995年3月，由OCLC（联机计算机图书馆中心）和NCSA（美国国家超级计算应用中心）联合在美国的都柏林镇召开的第一届元数据研讨会上，产生了一个精简的元数据集——都柏林核心元素集（Dublin Core Element Set，DC元素集）。旨在用一个简单的元数据记录来描述种类繁多的电子信息，达到有效地描述和检索网络资源。DC元数据概念的提出，为现代基于元数据驱动的数据管理奠定了坚实的基础，至此，数据管理的序幕才真正拉开。随着数据量的增加和对数据分析的需求，数据仓库和商业智能技术逐渐兴起。数据仓库是一个集成的、面向主题的数据存储，用于支持决策制定和业务分析。商业智能技术提供了数据挖掘、报表和可视化等工具，帮助用户从数据中提取有用的信息和洞察。

（5）大数据和云计算阶段（21世纪初至今）

从这个时期开始，随着互联网的普及，数据由各类网络终端设备产生，数据管理因其在组织内部和外部管理数据使用上的重要性和优势而受到越来越多的关注，并主要通过网络技术实现数据的共享和交互，国内外相关组织初步建立了在数据管理上的认知。尤其是大数据及其相关概念的提出，如大数据的“5V”特点——Volume（大量）、Velocity（高速）、Variety（多样）、Value（价值）、Veracity（真实性）——使数据成为公司战略竞争力，数据管理工作得到了进一步发展。

随着互联网的快速发展和数据量的爆炸式增长，大数据和云计算技术成为数据管理的重要领域。大数据技术涉及存储、处理和分析海量的非结构化和半结构化数据，如社交媒体数据、传感器数据等。云计算提供了弹性的数据存储和计算资源，使组织能够灵活地处理和管理数据。

（6）数据治理和合规性阶段（21世纪10年代至今）

随着数据隐私和安全问题的日益突出，数据治理与合规性成为数据管理的重要议题。数据治理涉及制定数据管理策略、规范和流程，确保数据的质量、一致性和可信度。合规性要求组织遵守相关的法规和标准，保护数据的隐私和安全。

随着技术的快速发展和企业发展的现实需要，数据管理由单纯的内部管理转型为企业支撑业务数字化的必要手段。数据管理当前的趋势包括数据湖、数据虚拟化、机器学习和人工智能等技术的应用，以及数据伦理和可持续数据管理的关注。在未来几年内，人工智能将帮助企业识别和分类大量存储数据，并对基本数据管理程序作出例行决策。作为数据管理的助手，人工智能将变得越来越有价值。数据管理将进一步助力企业数据资产价值提升。

2.数据管理目标

根据国际数据管理协会（以下简称DAMA国际）发布的《DAMA数据管理知识体系指南》（第2版）（以下简称DMBOK 2），数据管理目标主要包括：

（1）理解并支撑企业及其利益相关方（包括客户、员工和业务合作伙伴等）的信息需求得到满足。

（2）获取、存储、保护数据和确保数据资产的完整性。

（3）确保数据和信息的质量。

（4）确保利益相关方的数据隐私和保密性。

（5）防止数据和信息未经授权或被不当访问、操作及使用。

（6）确保数据能有效地服务于企业增值的目标。

3.数据管理职能

数据管理的概念是伴随20世纪80年代数据随机存储技术和数据库技术的使用，计算机系统中的数据可以方便地存储和访问而提出的。数据管理是执行和落实数据治理策略并在过程中给予反馈，强调管理流程和制度，涵盖不同的管理领域，如DMBOK 2将其扩展为11个管理职能，分别是数据治理、数据架构、数据建模与设计、数据安全、数据存储与操作、数据集成与互操作、文件和内容管理、参考数据和主数据管理、数据仓库和商务智能、元数据管理、数据质量管理。

数据管理是数据资源获取、控制、价值提升等活动的集合，具体是指通过规划、控制与提供数据和数据资产职能，包括开发、执行和监督有关数据的计划、政策、方案、项目、流程、方法和程序，以获取、控制、保护、交付和提高数据和数据资产价值。简言之，数据管理是为了交付、控制、保护并提升数据和数据资产的价值，在其整个生命周期中制订计划、制度、规程和实践活动，并执行和监督的过程。

管理数据需要业务驱动，数据独立存在很难体现其价值。数据需要依附于业务如客户、产品、服务、运营等实现其价值。

1.1.4　数据管理的价值

随着区块链、大数据、人工智能等新一代信息技术的发展和应用，各行各业都面临着越来越庞大且复杂的数据，这些数据如果不能有效管理起来，不但不能成为企业的资产，反而可能成为拖累企业的“包袱”。数据管理是有效管理企业数据的重要举措，是实现数字化转型的必经之路，对于提升企业业务运营效率和创新企业商业模式具有重要意义。

对于企业而言，实施数据管理的主要价值主要体现在降低业务运营成本、提升业务处理效率、改善数据质量、控制数据风险、增强数据安全和赋能管理决策这六个方面，如图1-1所示。

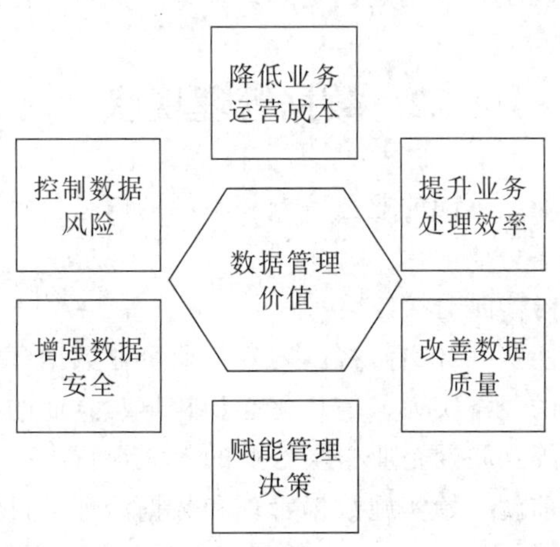

图1-1　数据管理价值

资料来源：用友平台与数据智能团队.一本书讲透数据治理：战略、方法、工具与实践［M］.北京：机械工业出版社，2021：12.

1.降低业务运营成本

有效的数据管理能够降低企业IT和业务运营成本。一致性的数据环境让系统应用集成、数据清理变得更加自动化，减少过程中的人工成本；标准化的数据定义让业务部门之间的沟通保持顺畅，降低由于数据不标准、定义不明确引发的各种沟通成本。

2.提升业务处理效率

有效的数据管理可以提高企业的运营效率。高质量的数据环境和高效的数据服务使企业员工能够方便、及时调用所需的数据，减少部门之间协调、汇报等工作，从而有效提高工作效率。

3.改善数据质量

数据管理的核心目的之一就是提升数据质量。有效的数据管理利于企业数据质量的提升，高质量的数据有利于提升应用集成的效率和质量，提高数据分析的可信度。

4.控制数据风险

有效的数据管理有利于建立基于知识图谱的数据分析服务，帮助企业实现供应链、投融资的风险控制。良好的数据可以帮助企业更好地防范和控制相关经营风险，如食品的来源风险、食品成分、制作方式等。企业拥有可靠的数据，意味着拥有了更好的风险控制和应对能力。

5.增强数据安全

有效的数据分级分类管理可以更好地保证数据的安全防护、敏感数据保护和数据的合规使用。通过数据梳理识别敏感数据，再通过实施相应的数据安全处理技术，例如数据加密/解密、数据脱敏/脱密、数据安全传输、数据访问控制、数据分级授权等手段，实现数据的安全防护和使用合规。

6.赋能管理决策

有效的数据管理有利于提升数据分析和预测的可靠性，从而改善决策水平。通过数据管理对企业数据收集、融合、清洗、处理等过程进行管理和控制，持续输出高质量数据，从而赋能企业管理决策，利于企业制定出更好的决策和提供一流的客户体验。

1.2 数据管理现状

对企业而言，不同行业、不同的业务特点和不同的信息化水平，决定了企业数据管理目标和现状存在差异，不应一概而论。

1.国内各行业企业数据管理现状分类

用友平台与数据智能团队（2021）将国内各行业企业数据管理现状分为三类：

第一类企业拥有雄厚的经济实力，信息化起步较早，企业的业务对信息化和数据的依赖程度较高。例如，BAT等互联网企业、金融业的各大银行、三大电信公司、国家电网等企业，该类企业在十多年前就开始实施数据管理和数据治理，目前已形成较为完善的数据管理体系。

第二类企业有一定的经济实力，建设的信息系统较多，在单业务条线上信息化的应用程度较高。这类企业数据管理的普遍现状是：早期的信息化缺乏整体规划，建设了多个信息系统，沉淀了大量的数据，但缺乏统一的数据标准，系统之间的数据没有打通，形成了一个个“数据孤岛”。该类企业对数据价值的认识度很高，迫切希望通过发挥数据的价值，驱动企业管理和经营模式的创新。这类企业已开始对数据进行大规模的整合，并基于此进行相关数据管理和应用方面的探索。目前国内的大型制造企业普遍存在“数据孤岛”问题。

第三类企业的经济实力相对薄弱，信息化刚刚起步，部分企业使用了财务软件、OA系统、ERP系统，数据存放在各部门的系统中，甚至有些数据存放在个人电脑中，数据的共享程度较低。该类企业的战略目标是以生存为主，更关注业务和财务，在信息化上的投入较少。我国的中小企业多数属于此类。当然，其中不乏意识超前的企业家和领导者，他们将数据视为重要的生产要素，希望通过对数据的利用实现企业质的飞跃。

2.各类企业数据管理重点

对于第一类企业，企业已经有了相对完善的数据治理体系，需要注重加强数据应用，加快数据驱动的创新步伐，稳固提升数据质量、数据资产价值和数据变现能力。

对于第二类企业，企业的信息系统多，“数据孤岛”问题严重，数据不能互联互通、不能按照用户的指令进行有意义的交流，数据的价值不能充分发挥，其数据管理已迫在眉睫。这类企业应加强数据资源的整合和治理，充分释放数据的价值。

对于第三类企业，在数字化浪潮下，企业的信息化虽然薄弱，但如果打好数据基础，未必不是企业改革创新、实现“弯道超车”的最佳时机。

虽然目前我国多数企业仍处于中期的数据集成阶段，但是在云计算、大数据等新技术的推动下，很多企业已走进以数据管理为标志的数字化时代。在第一类企业中，目前金融、电信、互联网行业是我国数据管理起步较早并且数据管理能力成熟度较好的行业，下面重点介绍金融和电信这两个行业的数据管理情况。

1.2.1 金融行业的数据管理

说到大数据应用所带来的颠覆性变革，没有一个行业比金融行业更加明显。从客户画像到精准营销，从风险管控到运营优化，几乎所有的业务环节都与大数据息息相关。

2018年5月，中国银行保险监督委员会[①]（简称银保监会）发布《银行业金融机构数据治理指引》，从数据治理架构、数据管理、数据质量控制、数据价值实现、监督管理等方面规范银行业金融机构的数据管理活动。这是银保监会首次将数据治理提高到银行常规管理的战略高度，明确要将银行数据治理工作常态化、持久化，标志着我国银行业数据管理进入新时代。2022年，银保监会发布《关于银行业保险业数字化转型的指导意见》，进一步强化业务经营管理数字化，推动数据能力建设。近年来，金融行业在数据管理方面呈现以下特点。

1.强调顶层设计

数据管理是一项长期、复杂的系统工程，要在组织、机制和标准等方面加强统筹谋划，规划好数据。

① 现为“国家金融监督管理总局”，于2023年5月18日正式揭牌。

2.健全数据管理体系

建立全局数据模型和科学合理的数据架构。通过数据交换机制实现数据的有序流转和安全应用，把数据管理好。

3.加强安全管控

加强数据全生命周期安全管理，严防用户数据的泄露、篡改和滥用，把数据保护好。

4.强化科技赋能

数据管理的核心环节是确保数据质量，提升数据价值。这就要求提升数据洞察能力和基于场景的数据挖掘能力，强化科技赋能，为数据插上翅膀，把数据用好。

1.2.2 电信行业的数据管理

近年来，随着国家大数据发展战略的加快实施，大数据技术创新与应用日趋活跃，产生并聚集了类型丰富多样、应用价值不断提升的海量网络数据，这成为数字经济发展的关键生产要素。与此同时，数据过度采集与滥用、非法交易及用户数据泄露等数据安全问题日益凸显，做好电信行业网络数据的管理尤为迫切。为此，电信行业展开了以下几项重要工作：

（1）加快完善网络数据安全制度标准。遵循《电信和互联网用户个人信息保护规定》《中华人民共和国网络安全法》（以下简称《网络安全法》）、《中华人民共和国个人信息保护法》（以下简称《个人信息保护法》）等法律、法规和《网络数据安全标准体系建设指南》的要求，建立网络数据分类分级保护、数据安全风险评估、数据安全事件通报处置、数据对外提供使用报告等制度，完善网络数据安全标准体系。

（2）开展合规性评估和专项治理。通过出台网络数据安全合规性评估要点，针对物联网、互联网、卫星互联网、人工智能等新技术新应用带来的重大互联网数据安全问题，及时开展评估工作。

（3）推进App违法违规收集使用个人信息专项治理行动，深化App违法违规专项治理，强化网络数据安全监督执法。

（4）强化行业网络数据安全管理。通过明确企业网络数据安全职能部门的职责，实施网络数据资源“清单式”管理，完善数据防攻击、防窃取、防泄露、数据备份和恢复等安全技术保障措施，提升网络数据安全保障能力。

1.3 数据管理存在的问题与面临的挑战

1.3.1 数据管理存在的问题

伴随着大数据时代的来临，人们对数据的重视达到了前所未有的高度。正如全球知名咨询公司麦肯锡称：“数据已经渗透到当今每一个行业和业务职能领域，成为重要的生产要素。人们对于海量数据的挖掘和运用预示着新一波生产率增长和消费者盈余浪潮的到来。”数据价值堪比石油已成为行业共识。当然，企业数据管理和使用还存在很多问题，致使数据不能很好地利用起来。目前，企业数据管理存在的问题概括起来主要呈现以下五种情况：

1.睡眠数据

睡眠数据，又称为暗数据，是指被收集、处理和存储但不具备特定用途的数据，即那些未被发掘或理解的数据。有数据而不用，甚至业务部门和领导都不知道其存在，这些数据可能永远被埋没。很多企业其实除了睡眠数据问题，还有数据尾气问题。数据尾气是指那些针对单一目标而收集的数据，通常用过之后就被归档闲置，其真正价值未能被充分挖掘。

之所以会产生睡眠数据和数据尾气，主要是因为企业内很多系统的设计对于业务人员不够友好，操作功能复杂，可视化效果差，甚至系统采集的数据指标与业务需求脱节，并不能为业务分析提供有效的数据，或者不能及时提供数据，这就不可能驱动业务人员使用数据。部分IT人员虽然知道有哪些数据，但是由于缺乏业务需求的驱动，也不去用或不会用。据统计，企业的数据中有50%~80%可能是睡眠数据，始终无人知晓。

2.数据孤岛

很多企业在信息化建设的早期，由于缺乏信息化的整体规划，业务系统都是基于业务部门需求建设的，各业务部门都有自己的信息系统，这些系统都是各自定义、各自存储的，彼此间相互独立，数据之间缺乏关联，从而形成了一个个数据孤岛、数据烟囱。

清华大学李东红教授（2019）在其撰写的“数字化转型中的五大陷阱”一文中指出：企业以为抓到数据就占据了优势而出现了治理陷阱。数字化热潮出现后，企业所有的部门和人员都开始认识到数据是有价值的，数据正日益成为企业的核心资产。很多企业认识到，积累数据是最重要的，一是把本企业的各种数据集中起来，二是想方设法从外部获取各种数据。一些企业以为，从内外部获得的各种数据，只要努力抓在自己手里，就抢占了市场竞争的制高点。甚至于在这样的认识之下，企业内部出现了众多部门抢夺数据的现象，带来了一个个“数据孤岛”：信息化部门和企业综合管理部门找各种机会尽可能把各种企业数据集中在自己手里，但并不愿意把数据轻易提供给其他部门使用；各个业务部门、职能部门想方设法把数据留在自己手里，尽量阻隔其他部门收集和共享数据。显然，这样的认识和做法存在着很大的偏差。数据的价值，在于借助对其分析得到能够用于鉴证、预测的结果，以此促进业务提升，数据的价值需要在传输和分析应用中得到实现。企业以及内部各个部门想方设法把数据都抓在自己手里的做法，无助于数字化转型的顺利实现。对于不懂业务的部门来说，拿到数据，也未必能够从中分析出有价值的结果。而且，这种情况下来自业务与职能部门的数据，很可能是已经被过滤和处理过的数据，其本身可用于分析的价值已经远远下降。对于每一个业务部门来说，如果只是抓住本部门的数据，能够用作分析的事项非常有限。就整个企业来说，仅仅依靠自身所获得的数据，推动数字化转型所能达到的高度也是非常有限的。

企业想利用好数据，就必须打通数据孤岛，然而打通数据孤岛是一项复杂的工程，其困难不仅在于技术，还来自业务。数据本身是因业务和流程而产生的，只有对企业业务和流程进行细致梳理和深度理解，才能真正实现数据打通。由于打通数据孤岛的成本高、难度大、周期长，使得众多企业望而却步。

产生数据问题的原因往往来自业务，例如，数据来源渠道多、责任不明确，导致同一份数据在不同的信息系统中有不同的表述；业务需求不清晰、数据填报不规范或缺失等。很多表面上看似技术造成的问题，如在抽取、转换和加载（Extract-Transform-Load，ETL）过程中由于某编码变更导致数据加工出错，影响报表中的数据正确性等，其本质还是由业务管理不规范造成的。但是，大部分企业认识不到造成数据质量问题的根本原因，只想从技术维度单方面来解决问题。这样的思维方式导致企业在规划数据管理时，根本没有考虑到建立一个涵盖技术部门、业务部门、管理部门的强有力的组织架构和能有效执行的制度流程，导致效果大打折扣。

3.数据流通不畅

众所周知，企业不同部门间的顺畅沟通是非常重要的。顺畅沟通的前提是彼此之间有一套共同认可的对话标准。不少企业普遍存在不同部门、不同员工之间因为数据定义不清、口径不同、缺乏规范而无法顺畅流通和共享（即缺乏数据标准管理）。例如：某个大型集团对于“在职员工”指标的定义五花八门，有的部门按照是否与企业签订劳务合同统计，有的部门按照企业发放工资的人数统计，还有的部门按照在本单位的人数进行统计等。不同部门对“在职员工”的定义和统计口径不同，导致谁也不知道集团究竟有多少员工。再比如客户关系管理（CRM）系统中的“客户”数据包含意向客户、潜在客户，而财务管理系统中的“客户”是产生了财务往来的“客户”，导致两个系统中客户数据不能共享。

4.数据质量低

数据对企业来说是一个“福音”，然而，低劣的数据质量可能是一个大问题。数据的可信性是影响数据分析和管理决策的重要因素，然而企业数据普遍存在着不一致、不完整、不唯一、不准确、不真实、不及时等问题。数据质量问题得不到有效解决，数据业务化、数据资产化、数据价值化、数据智能化就无从谈起。

企业产生的原始数据价值有限，只有经过采集、存储、处理、清洗、挖掘等一系列加工处理过程，才能形成可信的、高质量的、可被利用的数据资产。现有企业数据质量难以及时满足业务需求，无法助力数据挖掘产生价值，也是企业相关部门尤其是业务部门不愿配合的主要原因之一。

5.数据安全风险

数据的应用与数据的安全密切相关。数据收集和提取的合法性、数据隐私的保护与数据隐私应用之间的权衡，正成为当前制约大数据发展和应用的一大瓶颈。没有人不重视数据安全，但是数据缺乏有效管理，一定会产生数据安全问题。比如缺少数据的采集、存储、访问和传输的规范制度，缺乏相应的分类分级、权限审批、隔离与脱敏，这就必然会导致数据遗失、篡改与泄漏，难以达到对数据进行有效保护、合法利用和释放流动性的数据安全目标。当然，目前企业还普遍存在难以兼顾数据流通与数据安全的有效平衡问题。

可见，只有管得住、用得好，数据才是企业的资产，否则就会成为拖累企业的包袱(用友平台与数据智能团队，2021)。

1.3.2 数据管理面临的挑战

企业规模越大，需要的数据和产生的数据也就越多，而数据越多则意味着越需要制定适合企业自身的正式且有效的数据质量策略。在向着数字化快速迈进的同时，当前企业数据管理面临着各种挑战，主要表现为以下六个方面：

1.对数据管理的价值认识不足

“数据为什么重要?”“数据管理到底能解决什么问题?”“数据管理能实现哪些价值?”这是数据管理经常被企业领导和业务部门质疑的三大问题。由于传统以技术驱动的数据管理模式没有从解决业务的实际问题出发，企业对数据管理的业务价值普遍认识不足。为了快速实现数据价值和成效，最直接的方式就是以业务价值为导向，从企业实际面临的数据应用需求和数据痛点需求出发，满足管理层和业务人员的数据需求，以实现数据的业务价值、解决具体的数据痛点和难点为驱动来推动数据管理工作。

企业数据管理的业务价值主要体现为降低成本、提升效率、提高质量、控制风险、增强安全和赋能决策。企业应该从管理层和业务部门的痛点需求出发，将数据管理的业务价值量化，以增强管理层和业务人员对数据管理的认知和信心。

评估数据资产面临的主要挑战是，数据的价值与上下文、场景相关（对一个组织有价值的数据可能对另一个组织没有价值），而且往往是暂时的（昨天有价值的数据今天可能没有价值了）。但也会存在某些类型的数据可能会随着时间的推移而具有一致的价值。例如，获取可靠的客户信息。随着越来越多与客户活动相关的数据得以积累，客户信息随着时间的推移变得更有价值。

在数据管理方面，将财务价值与数据建立关联的方法至关重要，因为组织需要从财务角度了解资产，以便作出一致的决策。重视数据，是重视数据管理活动的基础。数据评估过程也可以作为变更管理的一种手段。要求数据管理专业人员和他们支持的利益相关方了解他们工作的财务意义，可以帮助组织转变对自己数据的理解，并通过这一点转变对数据管理的方法。

然而数据资产的量化和评估，却比较困难。首先是缺乏令人信服的财务量化模型，不知道如何有效评价数据价值；其次是数据只有在交易中才能变现，而在内部流通中却难以量化其价值。

数据管理投入大，在短期内很难立刻产生成效，而数据价值的评估又难以量化，导致企业投入数据管理的意愿不大，这反过来又影响了数据的有效使用。

2.缺乏企业级数据管理的顶层设计

当前企业普遍都认识到了数据的重要性，很多企业也开始探索数据管理，然而目前企业大量的数据管理活动都是项目级、部门级的，缺乏企业级数据管理的顶层设计以及数据管理工作和资源的统筹协调。

管理数据需要理解一个组织的数据范围。数据跨越组织的不同垂直领域，如采购、生产和销售。数据不仅对组织是独特的，有时对部门或组织的其他部分也是独特的。由于数据通常被简单地视为操作流程的副产品（如销售交易记录是销售流程的副产品），因此通常不会制订超出眼前需求的计划。甚至在组织内部，数据都可能是迥然不同的，数据源于组织内的多个来源，不同的部门会用不同的方式表示相同的概念。但同时利益相关方会假定一个组织的数据应该是一致的，管理数据的目标是使其以合理的方式组合在一起，以便广大的数据消费者可以使用它。

数据管理涉及业务的梳理、标准的制定、业务流程的优化、数据的监控、数据的集成和融合等工作，复杂度高，探索性强。如果缺乏顶层设计的指导，那么在数据管理和治理过程中出现偏离或失误的概率就比较大，而一旦出现偏离或失误又不能及时纠正，其不良影响将难以估计。

数据管理的顶层设计属于战略层面的策略，它关注全局性和体系性：在全局性方面，站在全局视角进行设计，突破单一项目型治理的局限，促进企业主价值链的各业务环节的协同，自上而下统筹规划，以点带面实施推进；在体系性方面，从组织部门、岗位设置(用户权限)、流程优化、管理方法、技术工具等入手，构建企业数据治理的组织体系、管理体系和技术体系。企业数据管理和治理的顶层设计应站在企业战略的高度，以全局视角对所涉及的各方面、各层次、各要素进行统筹考虑，协调各种资源和关系，确定数据管理目标，并为其制定正确的策略和路径。

3.高层领导对数据管理重视不够

许多企业不知道拥有什么数据，或者对业务最关键的数据是什么，往往混淆数据和信息技术，并对两者进行错误管理。企业缺乏关于数据的战略蓝图，同时低估了数据管理相关的工作，这些无疑增加了管理数据的挑战。

数据管理是企业战略层的策略，而企业高层领导是战略制定的直接参与者，也是战略落实的执行者。数据管理的成功实施不是一个人或一个部门就能完成的，需要企业各级领导、各业务部门核心人员、信息技术骨干的共同关注和通力合作，其中高层领导无疑是数据管理项目成功实施的核心干系人。高效的数据管理需要领导力和承诺。

企业高层领导对数据管理的支持不仅在于财务资金方面（当然这必不可少），其对数据战略的细化和实施充分授权、所能提供的资源是决定数据管理成败的关键因素。为了保证数据管理的成功实施，企业一般需要成立专门的组织机构，例如数据管理委员会。尽管很多企业的数据管理委员会是一个虚拟组织，但是必须为这个组织安排一名德高望重的高管，如首席数据官（Chief Data Officer，CDO）。数据管理委员会由CDO、关键业务人员、财务负责人、数据科学家、数据分析师、IT技术人员等角色组成，负责制定企业数据管理目标、方法及一致的沟通策略和计划。

在数据管理项目的实施过程中，CDO不仅需要负责统筹数据定义、数据标准、治理策略、过程控制、体系结构、工具和技术等数据管理和治理工作，还需要关注如何为业务增加价值以及能否获得关键业务负责人的支持。CDO应经常关注数据的业务价值，并利用数据科学家、分析师和管理人员的更多技能，向CEO报告以获得持续的资金、政策和资源支持。

倡导首席数据官的作用源于认识到管理数据会带来独特的挑战，成功的数据管理必须由业务驱动，而不是由IT驱动。CDO可以领导数据管理计划，使组织能够利用其数据资产并从中获得竞争优势。CDO还应领导组织文化变革，使组织能够对其数据采取更具战略性的方法。

4.数据标准不统一，数据整合困难

企业内部的数据标准不统一。企业在信息化早期，信息系统的建设是由各个业务部门驱动的，由于缺乏统一的规划，形成了一个个信息孤岛。而随着大数据的发展，企业数据呈现出多样化、多源化的发展趋势，企业必须将不同来源、不同形式的数据集成与整合到一起，才能合理有效地利用数据，充分发挥出数据的价值。然而由于缺乏统一的数据标准定义，数据集成、融合困难重重。

另外，企业之间的数据标准也不统一。我国各行业的企业信息化水平不均衡，数据缺乏行业层面的标准和规范定义。各行业、各企业之间都倾向于依照自己的标准采集、存储和处理数据，这虽然在一定程度上起到了保护商业秘密的作用，但阻碍了企业（尤其是位于同一产业链上的上下游企业）之间的数据流通，不利于深化企业间的交流和合作，也不利于数据要素价值的发挥。缺乏统一的数据标准，使得数据管理和治理形同虚设，难以落地。

5.业务人员普遍认为数据管理是IT部门的事

在很多企业中，业务人员普遍认为数据管理和治理是IT部门的事，而他们自己只是数据的用户，因而对数据管理持“事不关己，高高挂起”的态度。然而产生数据问题的原因往往来自业务，如业务需求不清晰、数据填报不规范或缺失等。许多表面上看似是技术造成的问题，其本质还是由业务管理不规范导致的结果。如数据的定义、业务规则、数据输入及控制、数据的使用，这些都是业务人员的职责，同时也是数据管理和治理的关键。

李东红（2019）在《数字化转型中的五大陷阱》一文中指出，现有的企业IT部门缺乏推进数字化转型应有的业务能力。长期以来，IT部门普遍只是为企业处理生产经营过程中产生的财务数据、统计数据等提供支持，并不参与具体的业务工作。比如汽车制造商的信息化部门所涉及的数据包括：零部件等的采购量、批次与金额，主要供应商的基本情况，产销量，残次品率，成本核算结果，经销商及购买者的基本情况，融资渠道与成本，资产与负债等。然而，对于加工车间在加工过程中的机器工况，车间现场的状况，工程技术人员在研发及生产加工过程中的具体行为，销售出去的汽车行驶中的车况、路况与驾驶人员的行为，汽车故障维修过程中的车况及维修人员的行为等，并不了解，因而缺少对业务运行中形成的车、人、场景等数据进行专业化分析的能力。因此，单靠IT部门已有的工作条件和知识积累，根本无法完成企业数字化转型所需要的海量数据的搜集、储存、传输、分析与应用等数据管理工作。

在企业数字化转型过程中，业务人员的目标是“在正确的时间、正确的地点获得正确的数据，以达到服务客户、作出决策的目的”，这就需要企业在规划数据管理时，从战略角度建立一个涵盖技术、业务、管理等部门的强有力的组织架构和能够有效执行的制度流程。

数据管理是一个复杂的过程，企业应使全员意识到数据管理是跨职能的工作，从企业视角使不同部门的人能够协作并朝着共同的目标努力。

6.缺乏数据管理组织和专业的人才

数据管理实施离不开相应的组织和专业人才。成立实体的数据管理组织还是建立一个虚拟的组织？人员安排是专职还是兼职？到底哪种性质的组织和岗位设置更好？这些往往都是实务中经常被企业管理层问及的问题。

由于我国企业还处在数字化转型起步阶段，真正成功的案例较少，还在不断探索过程中，同时不同企业管理模式不同，其数字化转型和数据管理模型不可能完全一致。目前各个高校也缺少专门的数据管理人才培养专业和方案，使得这方面的人才紧缺。

总之，数据本身的特点决定了数据管理是一项独特挑战性的工作。应对挑战的最好方法是对数据进行全生命周期管理，同时数据管理应在企业整体层面进行，并需要领导层的支持。

【本章小结】

思维导图

本章在介绍数据及其分类的基础上，重点阐述了数据资产的含义、特征及其价值。在说明数据管理发展简史的基础上，介绍了数据管理目标、职能以及数据管理价值。在介绍金融行业和电信行业数据管理现状的基础上，分析了我国数据管理存在的问题和面临的挑战。目前我国企业尤其是中小企业数据管理的组织、制度、流程及技术手段等还相对滞后，在一定程度上制约了企业智能化发展，应引起高度重视。

【课后思考】

1. 如何理解数据？数据分类的目的是什么？
2. 什么是数据资产？企业的数据均能形成资产吗？数据资产入表，应具备哪些条件？
3. 数据资产价值体现在哪些方面？
4. 什么是数据管理？数据治理与数据管理有何联系与区别？
5. 如何了解企业的数据管理现状？
6. 当前我国企业数据管理存在哪些问题与面临的挑战？

【案例分析】

C公司应如何提升数据质量？

案例分析

请扫码研读本案例，进行如下思考与分析：

针对C公司存在的大量数据问题，如果您是数据管理部门的领导，准备如何改善？

第2章　数据管理原则与框架

【学习目标】

通过本章的学习，了解并掌握数据管理原则和数据管理战略，理解数据战略核心内容；了解并掌握DAMA数据管理框架、艾肯金字塔框架以及简化的数据管理框架，从而为全面认识企业数据管理核心内容奠定基础。

【素养目标】

数据管理框架介绍了数据管理的核心内容，可全面了解数据管理知识域，明白数据管理和治理的重要性和意义。通过学习数据管理的原则及数据管理职能，如数据质量管理、数据安全管理等，形成良好的数据素养和数据思维，养成数据管理中的良好行为和规范意识。

【引导案例】

Y大型装备制造企业的“五统一”数据战略

Y企业是国内的一家大型装备制造企业。经过多年的信息化建设，企业已经建立了PDM、ERP、MES、CRM等多个业务系统，但由于系统之间缺乏统一的数据标准，“一物多码”的问题十分严重，对企业上下游之间的业务协同造成了较大影响。于是，该企业启动了“五统一”的数据战略，目标是实现企业核心主数据的标准化。该策略由公司总经理挂帅、CIO主导、IT部门与业务部门协同推进。“五统一”包括统一数据定义、统一数据编码、统一数据口径、统一数据来源及统一参照数据，通过对分散在各部门、各系统中的主数据进行统一，为企业的应用集成和业务协同提供基础。

该企业的数据战略定位非常清晰：以主数据为基础，夯实企业数字化根基。这项举措为该企业后来的集团管控、财务共享、业财融合奠定了坚实的基础，取得了显著成效。

资料来源：根据公开资料整理，有删改。

引导案例中列举的是一个成功的数据管理案例。由案例我们不禁思考：成功的数据管理原则有哪些？数据管理战略涉及哪些内容？数据管理框架涉及哪些核心域？本章将从数据管理原则、数据管理战略和数据管理框架这三个方面展开阐述。

2.1　数据管理原则

数据管理尽管具有独特挑战性，但数据管理和其他形式的资产管理仍存在共同的特性。首先需要了解组织拥有什么数据以及可以用这些数据做什么，然后再决定如何最大化地利用好数据来实现组织既定目标。同其他管理流程一样，数据管理必须平衡战略和运营需求。这种平衡最好是遵循一套原则，根据数据管理的特征来指导数据管理实践。

总体而言，根据DMBOK 2，数据管理原则主要体现为五个方面：有效的数据管理需要领导层承担责任；数据价值；数据管理需求是业务需求；数据管理需要多种技能；数据管理是生命周期管理（如图2-1所示）。

数据管理原则
有效的数据管理需要领导层承担责任
数据价值
数据是有独特属性的资产
数据的价值可以用经济术语表示
数据管理需求是业务需求
数据管理意味着对数据的质量管理
数据管理需要元数据
数据管理需要规划
数据管理须驱动信息技术决策
数据管理需要多种技能
数据管理是跨职能的工作
数据管理需要企业级视角
数据管理需要多角度思考
数据管理是生命周期管理
不同类型的数据具有不同的生命周期特征
数据管理需要纳入与数据相关的风险

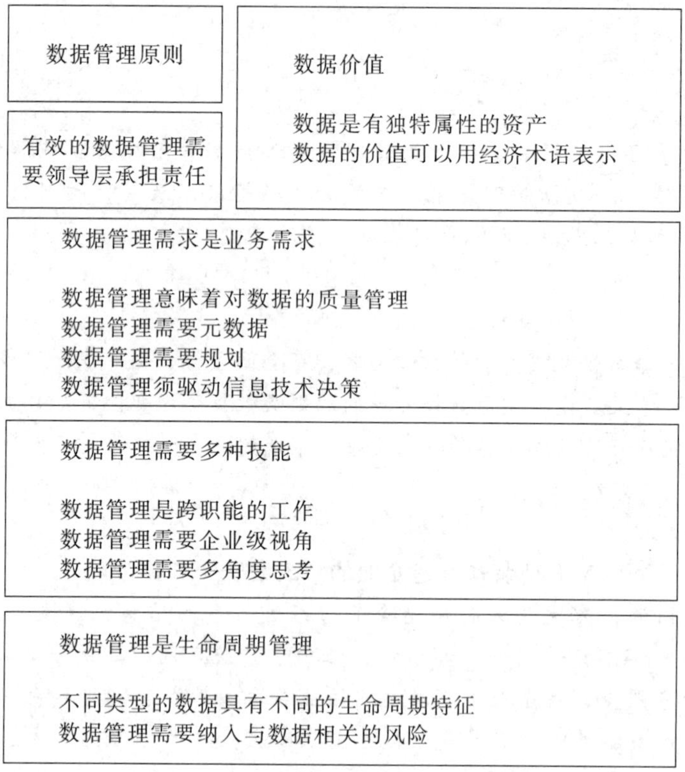

图2-1 数据管理原则

2.1.1 有效的数据管理需要领导层承担责任

数据管理包括一系列复杂的过程。为了达到有效的数据管理目的，这些过程需要协调、合作及承诺。要做到这些，不但要运用管理技巧，还需要来自领导层的愿景和使命。

2.1.2 数据价值

1.数据是具有独特属性的资产

数据是一种资产，但相比其他资产，其在管理方式的某些方面有很大差异。对比金融和实物资产，其中最明显的一个特点是数据资产在使用过程中不会产生消耗。

2.数据的价值可以用经济术语表示

将数据称为资产意味着它有价值。虽然有技术手段可以测量数据的数量和质量，但还未形成统一的标准来衡量数据价值。想要对其数据作出更好决策的组织，需要开发出一套适合企业衡量数据价值的方法。当然，也应计算使用低质量数据而导致的各种损失（如各种隐性成本：产品报废和返工、隐藏的纠正过程、组织效率低下或者生产力低下、组织冲突、员工工作满意度低、客户不满意、机会成本包括创新乏力而丢失的机会、合规成本或罚款、声誉和公关成本等），以及使用高质量数据而获得的收益（如客户体验的提升、高效的生产效率、风险降低、抓住机会的能力提升、竞争优势增强等）。

2.1.3　数据管理需求是业务需求

1.数据管理意味着对数据的质量管理

确保数据符合应用的要求是数据管理的首要目标。组织必须很好地理解利益相关方对质量的要求，并根据这些要求对数据进行评估。

2.数据管理需要元数据

管理任何资产都需要首先拥有该项资产的相关数据（如员工数、账户号码、会计代码等）。这些用于管理和使用数据的数据称为元数据。由于数据无法拿在手中或触摸到，要理解它是什么以及如何使用它，需要以元数据的形式进行定义。元数据是理解、使用数据的最佳工具，也是全面改进数据管理的起点。元数据源于与数据产生（创建）、处理和使用相关的各个过程，包括架构、建模、管理、治理、数据质量管理、系统开发、IT与业务操作和分析等。

3.数据管理需要规划

即便是小型组织，也可能拥有复杂的技术和业务处理流程。数据在多个地方被创建，且因为使用需要在很多存储位置间移动，因而需要一些协调工作以保持最终结果一致，需要从架构和流程的角度对数据管理进行规划。

4.数据管理须驱动信息技术决策

数据与数据管理和信息技术、信息技术管理紧密结合。管理数据需要一种方法，确保技术服务于而不是驱动组织的战略数据需求。即技术服务于数据，而不是驱动数据；数据驱动技术应用，驱动业务发展。

2.1.4　数据管理需要多种技能

1.数据管理是跨职能的工作

数据管理需要一系列的技能和专业知识，因此单个团队无法管理组织的所有数据。数据管理既需要技术能力和非技术的能力，也需要彼此协作沟通能力。

2.数据管理需要企业级视角

虽然数据管理存在很多专用的应用程序进行局部应用，但为了尽可能发挥数据的作用，数据管理必须在整个企业层面进行。这就是为什么数据管理和数据治理总是交织在一起的原因之一。

3.数据管理需要多角度思考

数据是流动和变化的，数据管理必须不断发展演进，以跟上数据创建的方式、应用的方式和数据用户的变化。如数据可能内部产生，也可能外部获取，因此必须思考不同国家、行业的合规要求；需要考虑数据的潜在用途，有助于更好的规划数据生命周期；需要考虑如何减少数据误用的风险等不同角度。

2.1.5 数据管理是生命周期管理

1.不同类型的数据具有不同的生命周期特征

数据具有生命周期，因此数据管理需要管理其生命周期。由于数据又将产生更多的数据，所以数据生命周期本身可能非常复杂。数据管理实践需要考虑不断变化的数据生命周期。

不同类型数据有不同的生命周期特征，因此会产生不同的管理需求。数据管理实践需要基于这些差异，保持足够的灵活性，以满足不同类型数据的生命周期需求。

2.数据管理需要纳入与数据相关的风险

数据除了是一种资产外，也会成为一种风险。数据可能丢失、被盗或误用。组织必须考虑其使用数据的伦理影响和数据安全风险。数据相关风险必须作为数据生命周期的一部分进行妥善管理。

另外，根据国家市场监督管理总局和国家标准化管理委员会联合发布的《信息技术服务 数据资产 管理要求》（GB/T 40685—2021），数据资产管理应满足价值导向、权责明确、治理先行、成本效益、安全合规等原则，具体如下：

（1）价值导向原则，组织开展数据资产管理是以数据资产保值增值、价值实现为目的。

（2）权责明确原则，组织明确数据权属和权限，做到职责划分清晰、行为可追溯，有利于数据资产保护。

（3）治理先行原则，数据治理是确保数据资产的规范性、有效性、完整性和一致性等的必要前提。

（4）成本效益原则，组织关注业务运作的效率和效果，平衡数据资产管理相关活动的投入和产出，确保与组织战略的一致性和匹配性。

（5）安全合规原则，组织依据相关法律法规和行业监管要求，对数据资产进行分级分类管理，采取有效措施保护数据资产的安全性，防范来自组织内外部的威胁。

2.2 数据管理战略

2.2.1 战略

战略，出自军事术语，指的是战争谋略，是一种从全局考虑谋划实现全局目标的规划，是指导行动的方案，而战术只是实现战略目标的手段之一。战略是一组选择和决策，它们共同构成了实现高水平目标的高水平行动过程。战略是企业基于行业定位、机遇和资源，为实现长远目标而制订的规划，是一个组织生存和成长的核心所在，它为组织的所有职能和活动奠定了基础、提供了框架。

2.2.2 数据战略

现代企业，无论规模大小，其业务本质上都是数据业务。数据业务必须以明确的战略为起点，建立数据战略。数据战略是企业的全景数据视图，也是企业开展数据工作的愿景、目的和原则，指引、协调不同领域、层面的数据管理工作，提高数据管理规范、效率和质量，确保企业内部各层级人员能够得到及时、准确的数据服务和支持。数据战略是企业数据管理的高层策略，决定了企业数据管理和数据应用的方向。数据战略应该包括使用信息以获得竞争优势和支持企业目标的业务计划。数据战略必须来自对业务战略固有数据需求的理解：组织需要什么数据，如何获取数据，如何管理数据并确保其可靠性以及如何利用数据。

以华为的数据战略为例：华为基于多业务、全球化、分布式管理等业务战略规划和数字化转型诉求，明确了华为数据工作的愿景，即“实现业务感知、互联、智能和ROADS（实时Real-time、按需On-demand、全在线All-online、服务自助DIY和社交化Social）体验，支撑华为数字化转型”。华为数据工作的目标为“清洁、透明、智慧数据，使能卓越运营和有效增长”。为确保数据工作的愿景与目标达成，需要实现数据自动采集、对象/规则/过程数字化、数据清洁、安全共享、数据合规等特性。华为的数据战略如图2-2所示。

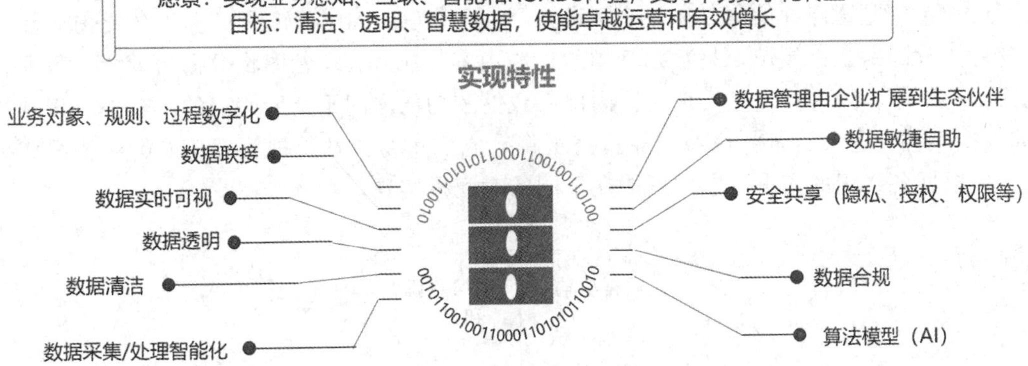

资料来源：华为公司数据管理部. 华为数据之道［M］. 北京：机械工业出版社，2020.

图2-2　华为的数据战略

通常来说，数据战略需要一个支持性的数据管理战略——一个维护和改进数据质量、数据完整性、访问和安全性的规划，同时降低已知和隐含的风险。该战略还必须解决与数据管理相关的已知挑战。

在许多组织中，数据管理战略由CDO拥有和维护，并由数据管理委员会支持的数据管理团队实施。通常，CDO会在数据管理委员会成立之前起草一份初步的数据战略和数据管理战略，以获得高级管理层对建立数据管理和治理的支持。

根据DMBOK 2，数据管理战略的组成包括：令人信服的数据管理愿景；数据管理的商业案例总结；指导原则、价值观和管理观点；数据管理的使命和长期目标；数据管理成功的建议措施；符合SMART（具体Specific、可衡量Measurable、可操作Actionable、现实Realistic、有时间限制Time-bound）原则的短期（12~24个月）数据管理计划目标；对数据管理角色和组织的描述，以及对其职责和决策权的总结；数据管理程序组件和初始化任务；具体明确范围的优先工作计划；一份包含项目和行动任务的实施路线图草案。

DAMA国际明确指出，数据战略不仅包含数据管理的愿景、长期目标和短期目标，还包括实现上述目标应遵守的原则，以及管理措施、组织分工和行动路线等。

数据战略目标应与企业战略目标一致，通过有效的数据管理与治理让数据得到更加合理、有效、充分的运用，驱动业务目标的实现。通过合理规划和有效执行数据战略，组织可以更好地利用数据资产，提高竞争力，并取得持续的业务增长。

2.3 数据管理框架

2.3.1 DAMA数据管理框架

数据管理涉及一系列相互依赖的功能，每个功能都有自己的目标、活动和职责。数据管理人员需要通过数据管理框架来全面了解组织数据管理，查看组件之间的关系。由于这些组件功能相互依赖，需要协调一致，因此在任何组织中，数据管理人员都需要紧密协作才能从数据中获得价值。

DAMA国际的数据管理框架针对不同抽象级别提供了一系列关于如何管理数据的路径。组织所采用的数据管理方法取决于某些关键要素，如其所处行业、所应用的数据范围、企业文化、成熟度、战略、愿景以及待解决的问题和挑战。

DAMA数据管理框架（如图2-3所示），被描述为DAMA车轮图，主要介绍构成数据管理总体范围的知识领域，是数据管理的核心内容。DAMA车轮图将数据治理置于数据管理活动的中心，因为治理是实现功能内部一致性和功能之间平衡所必需的。其他知识领域（如数据架构、元数据等）围绕车轮保持平衡。它们都是成熟数据管理功能的必要组成部分，但根据各组织的需求，它们可能在不同的时间段实现。

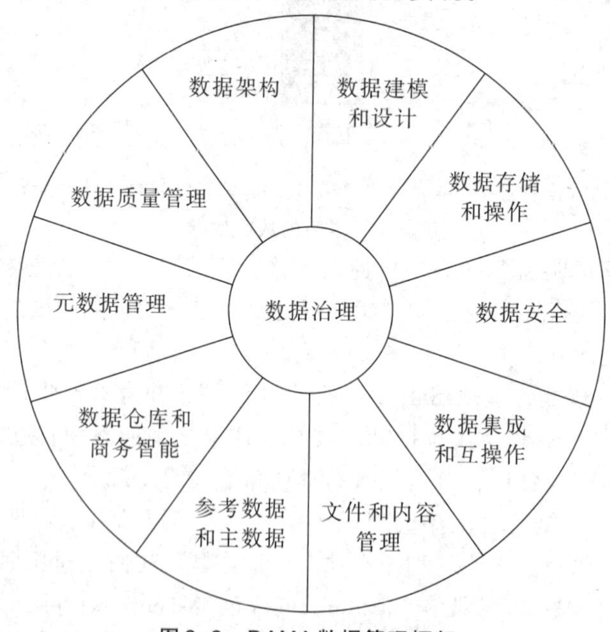

图2-3 DAMA数据管理框架

知识领域描述了数据管理活动集的范围，嵌入在知识领域内是数据管理的基本目标和原则。因为数据在组织内横向迁移，所以知识领域的各种活动与其他知识领域活动及组织其他职能相互作用。

1.数据治理（Data Governance）

通过建立一个能够满足企业需求的数据决策体系，为数据管理活动和职能提供整体的指导和监督。

2.数据架构（Data Architecture）

基于组织战略目标，定义了与组织战略协调的管理数据资产蓝图，以建立战略性数据需求及满足需求的总体设计。

3.数据建模和设计（Data Modeling and Design）

这些活动是探索、分析、表示和沟通数据需求的过程，最后表现为数据模型（Data Model）。

4.数据存储和操作（Data Storage and Operations）

这些活动包括数据存储的设计、实现和支持，目的是使数据价值最大化。这些活动服务于数据的整个生命周期——从数据规划到数据消除。

5.数据安全（Data Security）

确保数据隐私和安全，数据的获得和使用必须有安全保障。

6.数据集成和互操作（Data Integration and Interoperability）

这一领域包括存在于不同数据系统、应用程序和组织之内，以及组织之间的数据迁移和集成等。

7.文件和内容管理（Document and Content Management）

通过规划、实施和监管活动，来管理那些存储于非结构化介质中的数据和它们的生命周期，尤其是那些与法律及合规性相关的文件的管理。

8.参考数据和主数据（Reference and Master Data）

它包括核心共享数据的持续协调和维护，使关键业务实体的真实信息以准确、及时和相关联的方式在各系统间得到一致使用。

9.数据仓库和商务智能（Data Warehousing and Business Intelligence）

通过计划、实施和对系统流程的控制活动，为管理决策提供数据量化支持，使相关工作人员能够通过数据分析和数据报告获取价值。

10.元数据管理（Metadata Management）

通过规划、实施和控制活动，支持访问高质量的元数据集，包括定义、模型、数据流和其他对理解数据及其创建、维护和访问至关重要的信息。

11.数据质量管理（Data Quality Management）

它包括规划和实施质量管理技术，以测量、评估和改善组织所使用的数据。

2.3.2　艾肯金字塔框架

多数组织都想从数据中获得最大的好处，即努力实现高级应用实践，如数据挖掘、分析等。但是，大多数组织在开始管理数据之前并没有定义完整的数据管理战略，通常都是在不太理想的条件下朝着更高层级的数据应用能力发展。

彼得·艾肯（Peter Aiken）的框架中使用DAMA指南中的知识领域来描述众多组织演化的情况。依据此框架，组织可定义一种演化路径，达到拥有可靠的数据和流程的状态，支持战略业务目标的实现。为了实现这一目标，许多组织都经历了类似的逻辑步骤，如图2-4所示。

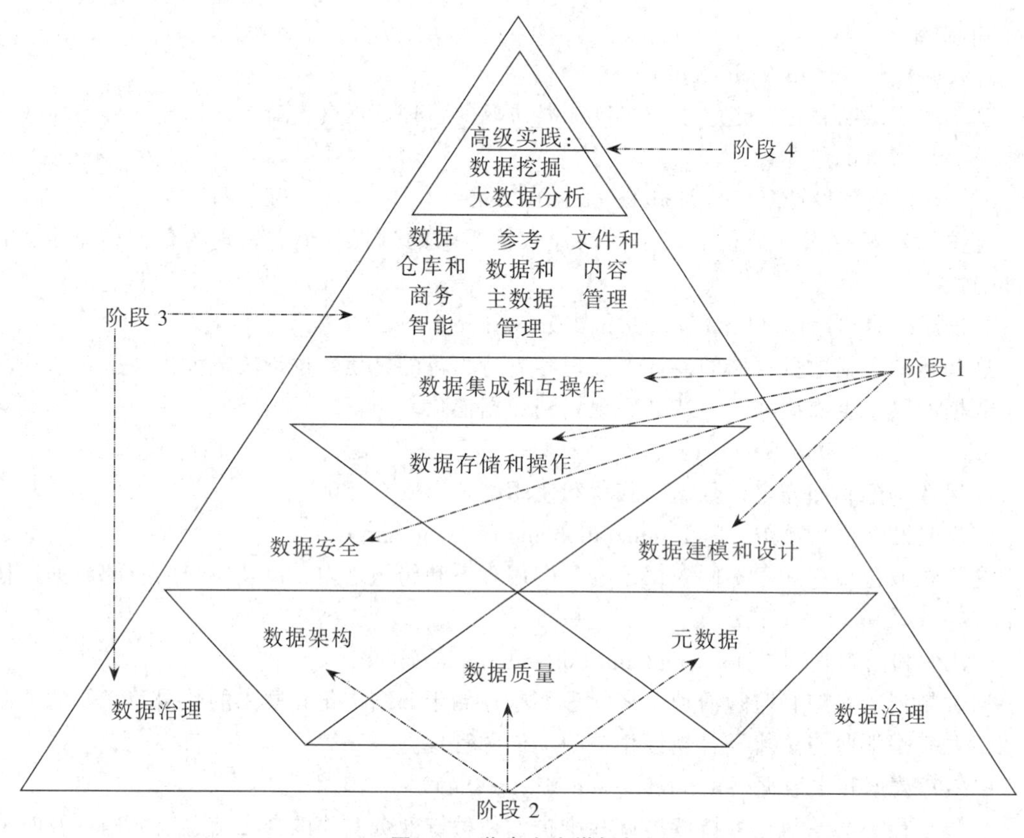

图 2-4　艾肯金字塔框架

阶段 1：组织购买包含数据库功能的应用程序。这意味着组织以此作为数据建模、设计、数据存储和数据安全的起点。要使系统在其数据环境中运行，还需要做数据集成和交互操作方面的工作。

阶段 2：一旦组织开始使用应用程序，将面临数据质量方面的挑战，但获得高质量的数据取决于可靠的元数据和一致的数据架构，它们说明了来自不同系统的数据如何协同工作。

阶段 3：管理数据质量、元数据和数据架构需要严格地实践数据治理，为数据管理活动提供体系性支持。数据治理还支持战略计划的实施，如文件和内容管理、参考数据管理、主数据管理、数据仓库和商务智能，这些金字塔中的高级应用都会得到充分的支持。

阶段 4：更高层级的应用，组织充分利用了良好管理数据的好处，并提高了其分析能力。

艾肯金字塔框架基于 DAMA 车轮图构建而来，展示了各知识领域之间的关系。各领域之间并非都可以互换，它们存在多种相互依赖的关联关系。每个组件都出现在合适的位置上，彼此之间相互支持。

2.3.3　简化的数据管理理论框架

全息系统论表明任何一个组成事物的部分之中都蕴含着全体的信息，能自身发育成整体，具有部分是整体的缩影规律，如数据质量管理时也应考虑数据安全、全生命周期等。

由于DAMA国际的11个数据管理活动职能，复杂度较高，可落地难度大，本书根据高校商科学生知识结构特点，旨在培养学生的数据管理思维和提升其数据素养，基于DAMA数据管理框架，结合全息系统论思维，采取了简化的数据管理理论框架，如图2-5所示。

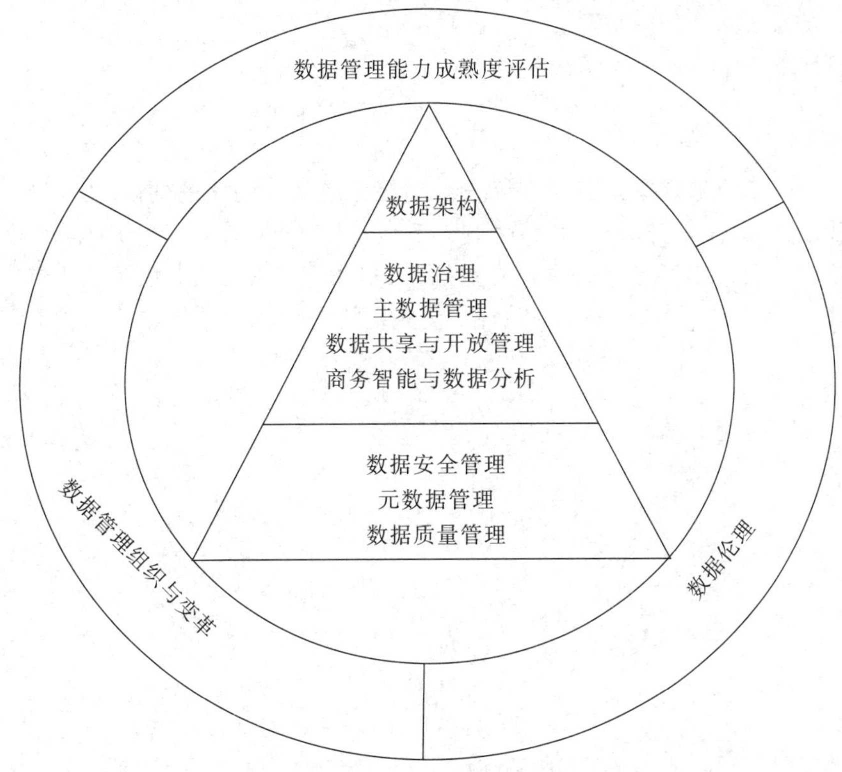

图2-5　简化的数据管理理论框架

数据管理的主要活动职能由数据管理生命周期内的各项核心活动构成，位于框架中心，即三角形部分，由三部分构成，其中三角形的底座是数据管理的基础活动，包括数据安全管理、元数据管理和数据质量管理；三角形中间区域涉及数据治理、主数据管理、数据共享与开放管理以及商务智能与数据分析，是对数据全生命周期管理思维的充分彰显；三角形顶端是数据架构，表明数据架构在数据管理活动职能中的地位。企业数据管理能力的持续改善和提升，离不开组织的各种保障支持，如数据管理能力成熟度评估、数据伦理、数据管理组织与变革（包括数据管理文化）等，位于框架的外围，为数据管理活动职能顺利开展提供保障。当然，由于数据在组织内横向移动，数据管理知识领域的各种活动和职能相互交织、相互作用，在框架中还没有能够得到充分体现。

【本章小结】

本章在介绍数据管理原则和数据管理战略的基础上，重点介绍了DAMA数据管理框架、艾肯金字塔框架和本书采用的简化的数据管理理论框架，阐明了企业数据管理主要活动职能与支持数据管理目标实现的保障措施之间的逻辑关系。

思维导图

【课后思考】

1. 数据管理原则有哪些？
2. 什么是数据战略？数据管理战略包括哪些内容？
3. 如何理解DAMA数据管理框架？

【案例分析】

小鹏汽车：VBM竞品分析管理系统从0到1的进化

案例分析

请扫码研读本案例，进行如下思考与分析：

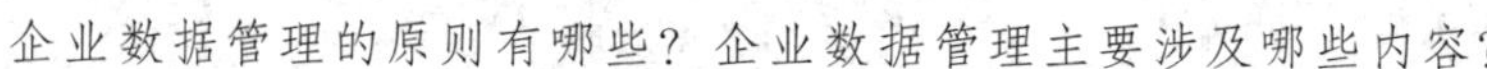
企业数据管理的原则有哪些？企业数据管理主要涉及哪些内容？

第 2 篇　职能篇

第3章　数据治理

【学习目标】

通过本章的学习，了解数据治理的概念和目标，掌握数据治理的核心内容以及数据治理、数据管理、数据管控之间的区别，掌握数据治理战略，了解国内外数据治理体系。数据治理需要强调数据的合法和合规使用。在数据的采集、存储、处理和共享过程中，必须遵守相关法律法规和道德规范，保护用户隐私和数据安全，从而在数据治理过程中作出正确的决策。

【素养目标】

近年来人工智能技术快速发展，好的人工智能需要高质量、大规模和多样性的数据。但在实践中，我们往往会遇到数据安全与隐私泄露、内容输出偏见与歧视以及数据“高量低质”等数据治理问题。如果放任这些问题，将会阻碍人工智能技术的进一步发展，甚至会危害个人、企业、国家的安全。注重强化社会责任意识和公共利益意识的培养，引导学生了解数据对社会生活的影响，明确其在数据治理中需要承担的责任，鼓励其在社会实践中积极维护公共利益。

【引导案例】

华为数据治理实践

2017年华为提出了企业的新愿景：“把数字世界带入每个人、每个家庭、每个组织，构建万物互联的智能世界”。同时，华为CIO陶景文提出了“实现全联接的智能华为，成为行业标杆”的数字化转型目标。随后，华为基于愿景确定了数字化转型的蓝图和框架，统一规划、分层次开展，最终实现客户交互方式的转变，实现内部运营效率和效益的提升。数据治理和数字化运营，是华为数字化转型的关键，承接了打破数据孤岛、确保源头数据准确、促进数据共享、保障数据隐私与安全等目标。华为最早于2007年就开始启动数据治理，先后历经两个阶段的持续变革，系统地建立了华为数据管理体系。

第一阶段：2007—2016年

在这一阶段，华为设立数据管理专业组织，建立数据管理框架，发布数据管理政策，任命数据Owner，通过统一信息架构与标准、唯一可信的数据源、有效的数据质量度量改进机制，实现了以下目标：

（1）持续提升数据质量，减少纠错成本：通过数据质量度量与持续改进，确保数据真实反映业务，降低运营风险。

（2）数据全流程贯通，提升业务运作效率：通过业务数字化、标准化，借助IT技术，实现业务上下游信息快速传递、共享。

第二阶段：2017年至今

在这一阶段，华为建设数据底座，汇聚企业全域数据并对数据进行联接，通过数据服务、数据地图、数据安全防护与隐私保护，实现了数据随需共享、敏捷自助、安全透明的目标，支撑了华为数字化转型，实现了如下数据价值：

（1）业务可视，能够快速、准确决策：通过数据汇聚，实现业务状态透明可视，提供基于“事实”的决策支持依据。

（2）人工智能，实现业务自动化：通过业务规则数字化、算法化，嵌入业务流，逐步替代人工判断。

（3）数据创新，成为差异化竞争优势：基于数据的用户洞察，发现新的市场机会点。

资料来源：华为公司数据管理部.华为数据之道［M］.北京：机械工业出版社，2020：10.

随着物联网、社交媒体、电子医疗等技术的高速发展，人类进入数据爆炸时代，数据已成为重要的战略资源。然而在大数据时代，普遍存在数据质量低下、数据孤岛现象、数据共享薄弱、数据监管不足等挑战，导致数据要素潜能难以充分释放，数据生态遭受破坏。数据治理，旨在打破数据壁垒、提升数据质量、促进数据互联互通、保障数据隐私安全，对推动重大领域数字化转型与高速发展意义重大。华为成功的数据治理实践，带给我们许多思考：究竟什么是数据治理？其动因及目标分别是什么？数据治理与数据管理有何不同？数据治理组织有何职责？当前国内外数据治理体系是怎样的？本章将聚焦于上述问题展开阐述。

3.1 数据治理概述

3.1.1 数据治理的界定

关于数据治理的认识，目前学界和实务界并没有统一的界定，用友平台与数据智能团队（2021）从不同视角给出了对数据治理的认识。

1.从管理者视角看数据治理

某化工集团CEO在一次工作报告中指出：“数据治理是企业发展战略的组成部分，是指导整个集团进行数字化变革的基石，要将数据治理纳入企业的顶层规划，各分/子公司、各业务部门都需要按照企业的顶层战略要求进行工作部署，以实现企业数字驱动的转型目标。”

某银行将数据战略正式纳入董事会议程，有关数据治理的重大事项直接由董事会审批或授权。该银行希望通过数据赋能，让数据服务于银行的业务，为客户提供更好的金融服务，基于数据治理策略控制银行数据的确权和使用，保障银行用数安全和符合监管要求。

基于此，可以把数据治理理解为与企业战略相关，指导企业数字化转型的策略。

2.从业务人员视角看数据治理

关于数据治理，某企业市场部领导认为：“数据治理不是信息部门的事情吗？我们只是做一些配合工作。”并希望数据治理部门能够将企业的数据开放出来，让大家知道有哪些数据，这些数据是怎么定义的，有什么作用，使大家在用数据的时候能够方便获取，并且数据质量有保障。

这位市场部领导的需求，恰好指出了数据治理的三个关键问题：

（1）合理定义数据，让抽象的数据变成可读、可理解的信息。

（2）编制数据地图或数据资源目录。盘活企业的数据资产，方便用户随时找到想要的数据。

（3）做好数据质量管理，提升数据质量并提升数据的使用率。

3.从技术人员视角看数据治理

在有多年数据仓库领域工作经验的技术人员小李看来，数据治理应包含三部分：一是ETL，即数据的抽取、转换、加载，保障数据仓库内有数据可用。二是对数据的处理、转换和融合，保障数据仓库内的数据准确、可用。三是元数据管理，保障数据仓库内的数据可进行血缘溯源和影响分析。

来自系统运维部的小王认为："企业数据治理的重点是对数据源中数据的治理，也就是需要对业务系统实施治理，而数据仓库只是数据的应用端，只有业务系统的数据质量高了，数据仓库才能获得高质量的数据，进而获得高质量的洞察。"

而数据平台部小赵的观点则是："数据治理还得看数据湖，从源头治理虽然好，但是操作起来太复杂，周期长，成本高。而我们在数据湖中治理就不一样了，我们的数据湖已经接入企业90%以上的数据，数据统一在'湖'中管理。所有的用数需求都需要通过数据湖调取，因此我们只需要将数据湖中的数据治理好，就什么问题都没有了。"

可见，即使从技术角度出发，不同技术方向的人对数据治理的理解也不同。小李、小王和小赵都是从自身专业角度思考数据治理，各有各的道理。在不同的数据治理应用场景中，数据治理的内涵各有侧重。

4.数据治理的定义

关于数据治理，目前并无统一的定义。

DAMA国际认为数据治理是在管理数据资产过程中行使权力和管控，包括计划、监控和实施。在所有组织中，无论是否有正式的数据治理职能，都需要对数据进行决策；建立了正式的数据治理规程及有意向性地行使权力和管控的组织，能够更好地增加从数据资产中获得的收益。

国际数据治理研究所（DGI）则认为数据治理是一个通过一系列与信息相关的过程来实现决策权和职责分工的系统，这些过程按照达成共识的模型来执行。该模型描述了谁（Who）能根据什么信息，在什么时间（When）和情况（Where）下，用什么方法（How），采取什么行动（What）。

《信息技术服务 治理 第5部分：数据治理规范》（GB/T 34960.5—2018）提出了数据治理的定义：数据资源及应用过程中相关管控活动、绩效和风险管理的集合；数据治理规定了数据治理的顶层设计、数据治理环境、数据治理域及数据治理过程的要求，以实现运营合规、风险可控和价值实现的目标。

用友平台与数据智能团队（2021）认为：所有为提高数据质量而展开的技术、业务和管理活动都属于数据治理范畴。数据治理的最终目标是提升数据利用率和数据价值，通过有效的数据资源管控手段，实现数据的找得到、管得住、用得好，提升数据质量和数据价值。

企业数据治理非常必要，它是企业实现数字化转型的基础，是企业的一个顶层策略、一个管理体系，也是一个技术体系，涵盖战略、组织、文化、方法、制度、流程、技术和工具等多个层面的内容。

3.1.2 数据治理目标

DAMA国际指出数据治理的目标包括：使组织能够将数据作为资产进行管理，提升企业管理数据资产能力；定义、批准、沟通和实施数据管理原则、政策、程序、指标、工具和责任；监控和指导政策合规性、数据使用和管理活动。

数据治理提供治理原则、制度、流程、整体框架、管理指标，监督数据资产管理，并指导数据管理过程中各层级的活动。

1.数据治理程序

为达到整体目标，数据治理程序应包括以下三个方面：

（1）可持续发展（Sustainable）。治理程序必须富有吸引力，它不是以一个项目作为终点，而是一个持续的过程，需要把它作为整个组织的责任。数据治理必须改变数据的应用和管理方式，但并不代表着组织要作出巨大的更新和颠覆。数据治理是超越一次性数据治理组件、实施可持续发展路径的管理变革。可持续的数据治理依赖于业务领导、发起者和所有者的支持。

（2）嵌入式（Embedded）。数据治理不是一个附加管理流程。数据治理活动需要融合软件开发方法、数据分析应用、主数据管理和风险管理。

（3）可度量（Measured）。数据治理做得好会有积极的财务影响，但要证明这一影响，需要了解起始过程并计划可度量的改进方案。

2.数据治理原则

实施数据治理规划需要有变革的承诺。数据治理原则通常包括：

（1）领导力和战略（Leadership and Strategy）。成功的数据治理始于远见卓识和坚定的领导。数据战略指导数据管理活动，同时由企业业务战略驱动。

（2）业务驱动（Business-driven）。数据治理是一项业务管理计划，因此必须管理与数据相关的IT决策，就像管理与数据有关的业务活动一样。

（3）共担责任（Shared Responsibility）。在所有数据管理的知识领域中，业务数据管理专员和数据管理专业人员共担责任。

（4）多层面（Multi-layered）。数据治理活动发生在企业层面和基层，但通常发生在中间各层面。

（5）基于框架（Framework-based）。由于治理活动需进行跨组织职能的协调，因此对数据治理项目必须建立一个运营框架来定义各自职责和工作内容。

（6）原则导向（Principle-based）。指导原则是数据治理活动特别是数据治理策略的基础。通常情况下，组织制定制度时没有正式的原则，他们只是在试图解决特定的问题。有时原则可以从具体策略通过逆向工程反推而得。然而，最好把核心原则的阐述和最佳实践作为策略的一部分工作。参考这些原则可以减少潜在的阻力。随着时间的推移，在组织中会出现更多的指导原则与相关的数据治理组件，以共同对内部发布。

3.1.3 数据治理的核心内容

DAMA国际认为完整的数据治理包括战略、组织、制度、流程、绩效、标准、工具及数据价值、数据共享、数据变现等内容。

1.战略

数据治理的首要任务是制定数据治理战略目标，否则如果缺乏目标和行动纲领，数据治理将难以开展。企业的信息化是为了服务于业务，因此，企业的信息化战略必须匹配业务战略。数据战略是信息化战略的重要组成部分，企业要清晰地定义企业数据治理的使命、愿景，中长期目标及行动计划，用以指导企业数据治理。企业数据战略一般根据IT战略的制定而制定，随着IT战略的修订而修订，由企业的信息化负责人及业务负责人共同主导制定。

2.组织

建立合适的数据治理组织是企业数据治理的关键。数据治理的组织建设一般包括组织架构设计、部门职责、人员编制、岗位职责及能力要求、绩效管理等内容。

3.制度

企业的数据治理必须有相关制度，否则如果无法可依，再好的技术工具也没有用。因此，建立完善的数据治理制度很重要。企业的数据治理制度通常根据企业的IT制度的总体框架和指导原则制定，往往包含数据质量管理、数据标准管理、数据安全管理、数据绩效管理等制度，以及元数据管理、主数据管理、交易数据管理、数据指标管理等办法及若干指导手册。

4.流程

制定数据治理的流程框架及流程也是数据治理的重要工作。数据治理流程主要包括从数据的生产、存储、处理、使用、共享到销毁全生命周期过程中所遵循的活动步骤，以及元数据管理、主数据管理、数据指标管理等流程。

5.绩效

要使数据治理的体系运转良好，必须有好的激励机制。数据绩效管理包括数据管理指标、数据认责机制、数据考核标准、数据管理的奖惩机制以及绩效管理过程的一系列活动集合。

6.标准

数据标准是实现数据标准化、规范化的前提，是保证数据质量的必要条件。数据标准一般分为元数据标准、主数据标准、交易数据标准、数据指标标准、数据分类标准、数据编码标准、数据集成标准等内容。数据标准管理是规范数据标准的内容、程序和方法的活动，分为标准制定、标准实施和控制、标准修订等。例如中国联通开展的数据标准管理体系建设，截至2023年6月通过数据治理平台管理业务术语2 129个、数据元27 190个、主数据对象54个、参考数据1 254个、指标数据1 211个等，通过数据标准使得集团上下同讲“普通话”。

7.工具

数据治理工具包括数据架构工具、元数据管理工具、数据指标管理工具、主数据管理工具、时序数据管理工具、数据交换与服务工具、质量管理工具和安全管理工具等。

3.1.4 数据治理与数据管理的关系

数据治理是企业数字化转型的基础，是针对企业数据的管理和使用所实施的一套完整体系，是在管理数据资产过程中行使权力和管控，包括计划、监控和实施。

1.DAMA国际观点

DAMA国际认为正如财务审计人员实际上并不执行财务管理一样，数据治理确保数据被恰当地管理而不是直接管理数据。数据治理相当于将监督和执行的职责分离。数据治理和数据管理的关系如图3-1所示。

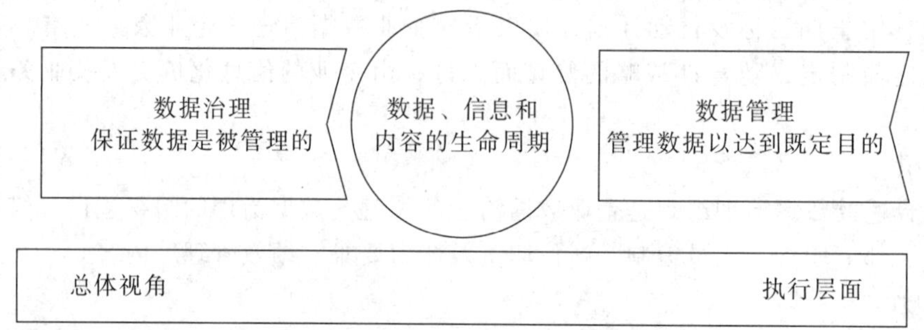

图3-1 数据治理和数据管理的关系

2.用友平台与数据智能团队观点

数据治理、数据管理、数据管控三者的确有重叠的地方，容易混为一谈，这就造成了在实际使用中人们经常将这三个词混着用、随机用的现象。有观点认为数据治理是包含在数据管理中的，数据管理的范围更广，例如DMBOK 2明确提出数据管理包含数据治理；也有观点认为数据治理高于数据管理，是企业的顶层策略。

以上观点各有各的道理，用友平台与数据智能团队（2021）认为可以用一个“金字塔”模型来描述数据治理、数据管理、数据管控之间的关系，如图3-2所示。

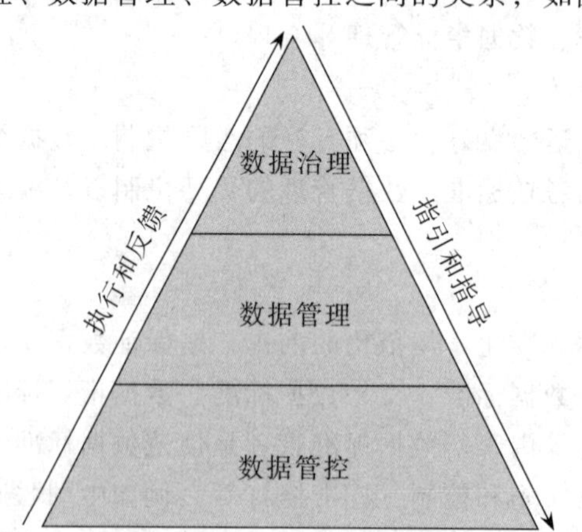

图3-2 数据治理、数据管理和数据管控的关系

（1）数据治理

金字塔的最顶层是数据治理，与治理相关。从某种意义上讲，治理是一种自上而下的策略或活动。因此，数据治理应该是企业顶层设计、战略规划方面的内容，是数据管理活动的总纲和指导，它指明数据管理过程中有哪些决策要制定、由谁负责，更强调组织模式、职责分工和标准规范。

（2）数据管理

数据管理是为实现数据和信息资产价值的获取、控制、保护、交付及提升，对政策、实践和项目所做的计划、执行和监督。用友平台与数据智能团队（2021）认为，数据管理是执行和落实数据治理策略并在过程中给予反馈，强调管理流程和制度，涵盖不同的管理领域，比如元数据管理、主数据管理、数据标准管理、数据质量管理、数据安全管理、数据服务管理、数据集成等。

（3）数据管控

数据管控侧重于执行层面，是具体落地执行所涉及的各种措施，例如数据建模、数据抽取、数据处理、数据加工、数据分析等。数据管控的目的是确保数据被管理和监控，从而让数据得到更好利用。

综上所述，数据治理强调顶层的策略，数据管理侧重于流程和机制，而数据管控侧重于具体的措施和手段，三者是相辅相成的。

现在我们听得最多的是“数据治理”，似乎只要是涉及数据管理的项目，都会被说成数据治理。之所以会出现这种现象，主要是因为企业越来越意识到传统IT驱动或者说技术驱动的专项数据管理项目在实施过程中很难推进，并且很难解决业务和管理上用数难的问题。而从战略、组织入手的数据治理顶层设计更有利于实现数据管理的目标。需要说明的是，实务界所说的数据治理包含的内容与DAMA国际所言的数据管理是相似的。

3.1.5 数据治理发展趋势

1.国外数据治理的发展

“数据治理”的概念被首次提出以来，数据治理已在政府、企业、公共服务性机构中得到广泛关注、研究和实践。随着数字经济的发展，数据已成为企业最有价值的资产之一。然而，目前企业的数据状态与数据管理水平并不匹配，普遍存在着“重创造轻管理、重数量轻质量、重利用轻增值”的现象，在数据质量、服务创新、开放共享、安全合规、隐私保护以及数据伦理道德规范等方面面临众多挑战。例如数据“高量低质”、安全与隐私泄露频发、偏见与歧视随处可见等数据管理中出现的问题，究其根源是由于在更深的层面——数据治理中出现混乱或缺失。这些问题，也是当前人工智能大模型时代数据治理的难题。

事实上，主要发达国家都高度重视数据治理工作，自2012年以来密集出台了多项政策予以支持和指导。从各国的举措来看，政策着力点主要体现在以下三个方面：一是开放数据，给予产业界高质量的数据资源；二是在前沿及共性基础技术上增加研发投入；三是积极推动大数据的共享与应用。

2.国内数据治理的发展

我国数据治理已上升为国家战略层面，大数据技术和应用对国家的数字化治理和企业的智能化升级，产生着深刻的影响。数据已成为第五大生产要素，近年来国家密集出台了一系列数据要素发展的政策，在大力促进新质生产力发展的同时，也对数据治理提出了新的要求。

在金融、电信、能源、互联网等信息化较为成熟的行业中，多年前就已经积极开展相关的数据治理工作，赋能企业运营，积累了丰富的数据资产管理经验。总结企业数据治理成功经验，对于完善我国数据治理理论体系、推进数据资产管理和促进企业数字化转型在各个行业的普及和发展有着重要的指导意义。

信通院、中国通信标准化协会大数据技术标准推进委员会（CCSA TC601）及众多的技术研究机构，通过白皮书、技术论坛和研讨会等多种形式，就数据治理相关的内容和目标、实施步骤、实践模式和数据治理实践案例进行研究和讨论，为政府和企业开展数据治理工作提供参考，为相关服务商和工具产品开发提供指导。

大数据技术标准推进委员会副主席姜春宇于2023年4月在数据治理新实践峰会上分享了我国数据治理发展趋势。姜春宇认为当前我国数据治理主要呈现以下五个发展趋势：

（1）DCMM贯标推动各行业数据治理能力建设

国内的数据治理方法论正在形成，DCMM是我国数据管理领域首个国家标准，2014年立项，2018年发布，2020年开始在全国范围内进行贯标评估工作。DCMM标准定义了8个能力域、28个能力子域、445个条款、5个能力等级。工信部发布的《“十四五”大数据产业发展规划》提出，完善数据管理能力评估体系，推动“数据管理能力成熟度评估模型”和数据安全管理等国家标准贯标，持续提升企事业单位数据管理水平。有关DCMM评估的内容详见第11章。

（2）数据治理亟须融入数据开发

目前多数头部的企业如大型银行、大型运营商等已经搭建了较为强大的数据治理体系，但普遍存在数据治理和数据开发“两张皮”的问题，如何将治理能力嵌入到数据开发流程中，加速数据开发的效率，打通团队间的协作壁垒，形成数据开发、治理一体的数据生产流水线成为头部企业的迫切需求。

（3）数据治理向数据资产管理跃进

当前一些数据基础比较好的企业已经开始探索数据资产化的工作。我国从2017年开始提出数据资产这个概念，推行数据资产在中国的发展，目前由大数据技术标准推进委员会发布的《数据资产管理实践白皮书》已经更新至6.0版。数据不仅会产生一系列问题，还会产生很多的价值，这些价值如何在企业内外部进行衡量和体现？这里提到了数据资源化和数据资产化两个阶段。当前做的很多数据治理工作，其实就是把原始数据作为数据资源治理好，那么下一步面临的就是数据价值的释放，也就是数据资产化。数据资产化包括资产的估值、运营和流通三大活动。相关内容详见《数据资产管理实践白皮书》（6.0版）。领先的企业把数据汇聚起来，并在业务端产生了价值，但这个价值还远远不够。因为业务对数据的感知不深，所以需要数据资产运营。数据团队要主动出击，要向业务讲清楚它有什么价值。数据运营包括资产规划、资产引入、资产推广、资产使用和资产优化五个阶段。现在企业的数据团队普遍要做很多的工作，包括已经超出数据本身的技术性工作。原因无他，因为让业务去理解这些数据内容很难，为了成效，数据团队必须多干一点，尽管最终的目标是让业务自己来用数、取数，但是中间必须有一个过程，那就是数据团队首先要拥抱业务，不光需要把数据整理好、汇聚好、加工好，还需要告诉业务如何使用数据，要更好地帮助业务做数据价值的释放。

（4）数据安全治理建设需求迫切

《数据安全法》要求企业建设数据安全治理体系，以应对各种数据安全风险。这个要求普遍适用于数据治理水平较高的先进企业，也就是说，规模以上的企业都必须建设体系化的数据安全治理能力。目前大数据技术标准推进委员会正在推出数据安全治理能力评估框架，这套评估框架不仅定义了数据安全治理的概念和框架，同时也告诉大家应该如何去一步一步构建数据安全治理体系。企业强调数据安全治理，需要从安全的规划、生命周期、基础安全等方面去全面评估数据安全的整体能力并通过体系化的方法论来落地。此外，数据安全治理建设路径逐渐明晰，大数据技术标准推进委员会在《数据安全治理实践指南2.0》提出了“规划—建设—运营—优化”的实践路径。其中，治理规划环节要做现状分析、方案规划和方案论证；治理建设环节要围绕数据的生命周期场景和业务运行场景来梳理进而落地；治理运营环节需要做好风险的防范、内控预警和应急处理；治理优化环节要做好内外部持续的评估和优化。

（5）数据治理的智能化

数据治理的智能化也是一个很重要的发展趋势，尤其是以ChatGPT、图智能等为代表的新一代人工智能技术，可以在数据治理中发挥巨大的效应。一是能够提升数据治理的效率，减少大量的手工工作，比如分类分级；二是能增强元数据管理能力，提升血缘分析、影响分析等能力。

综上，当前国内的数据治理方法论已经逐渐形成，通过DCMM评估来推动整个数据治理体系的建设，尤其是大型企业，利用DCMM引起上层领导的重视；数据治理与数据开发要融合在一起，不能是“两张皮”，否则整个效能和应用价值会打折扣；数据资产管理应进入数据治理2.0阶段，数据估值和价值运营成为数字化转型的“指南针”；数据安全成为数据利用的基本底线，体系化的数据安全治理能力对企业应对各类数据风险非常必要，也是一个保障；智能化，提升数据治理效率，促进数据治理价值化，也是未来数据治理演化的一个非常重要的趋势。

3.新技术下的数据治理

当前新技术的发展突飞猛进，物联网、人工智能、云计算、增强现实、虚拟现实、深度学习、机器学习、机器视觉和图像识别等新技术日新月异。一方面，新技术之间的相互组合及快速发展与应用，产生海量数据，推动企业生产效率提高、产品质量提高、产品成本和资源消耗降低，并将传统工业提升到智能工业的新阶段；另一方面，大量数据在为数据治理带来新的挑战的同时，也促进了数据治理观念、方式和工具进一步完善。

（1）区块链与数据治理

工业企业数据治理的目的是优化企业数据资源，盘活企业数据资产，发现新的应用场景以挖掘和利用数据资产价值，使企业数据资源化、数据资源资产化、数据资产产品化，以最大限度发挥企业数据资产价值。区块链具有的自治、匿名、可溯源及不可篡改的分布式账本技术，非常适用于多主体参与、多流程复杂过程的机制重塑及流程改造，以增强各参与方的信任度，提高系统效率。区块链的应用有助于更好地提高企业数据质量、保障数据安全和促进数据共享。

① 分布式可追溯数据区块链系统有助于提高数据质量。在传统的工业企业数据治理系统中，企业主体之间的商业行为，需要工商部门、税务部门、行业协会、银行、会计师事务所等充当中介组织进行协调或出具证明，导致企业数据以孤岛的形式散落在不同部门、不同机构的数据库中，或集中在行业龙头企业中，企业的数据难以实时获取、共享和

利用。区块链在不同企业主之间（甚至企业内的业务部门之间）构建了点对点分布式数据系统。各企业主体通过访问此数据系统，将各项生产经营和交易活动记录入区块链，保证数据资产交易、转移事件及生产、经营信息等能被快速广泛传播、校验和确认，保证数据的真实性与完整性，提高了数据质量。

② 非对称加密与分散式数据库技术可提升数据安全性。数据的私密隐私性与数据的完整性是数据安全的重要内容。区块链运用数据的非对称加密、哈希算法等技术可以实现数据安全和隐私保护。非对称加密算法能验证数据来源，保护数据在存储和传递过程中的安全。哈希算法等匿名算法能保护数据隐私，防止数据泄露。数据的使用者和监管机构用相应的公钥访问数据库，解密并读取数据。由于时间戳记录读取数据的时间，当任何一方发现不合理时，可随时随地通过区块链数据和时间戳来追溯历史数据。

③ 点对点技术与智能合约有助于实现数据共享。作为一种“去中心化”的分布式账本系统，区块链中的每个参与主体都能单独地写入、读取和存储数据，并在全网迅速传播和及时查证。经全体成员确认及核实后，数据作为某一事件的唯一、真实的信息在区块链全网中实现共享。另外，利用区块链技术和智能合约可以打破各自为政的数据统计标准和方法，取代传统的数据协议。当某些部门需要统计数据时，区块链会自动根据智能合约上的写入代码对照相关数据的类型、标准、范围、数量等内容和电子签名进行核对和验证，方便数据统计及共享，提高效率。区块链技术可扩大数据共享的范围和程度，提高数据共享的及时性和标准化程度，从而提升数据治理效果。

（2）大数据与数据治理

新技术的广泛应用，使得各种数据信息呈爆发式增长，如果没有有效的数据治理，这些大量的数据要么使得系统崩溃或者变慢，要么就安静地躺在数据服务器里变成一堆毫无用处的“废弃品”，沦为数据垃圾。数据治理成为数字经济发展绕不开的话题。随着大数据的发展以及对数据治理的需求，采用与机器学习相关的数据分析模型和算法，可实现对数据的精准类别的识别、划分；采用线性回归、逻辑回归、支持向量机、决策树等算法，可实现设备、产品等数据预测模型的建立，实现对设备和产品的运行趋势或故障状况进行科学预测分析，支撑设备和产品的预测性维护，提高企业设备、产品等运营管理水平。

在大数据时代，数据治理能够更好地辅助新技术的推广与应用，促进技术的不断创新发展，而新兴技术的广泛应用又能带动数据治理体系的建立和完善。

（3）人工智能与数据治理

人工智能（AI）是一个与认知科学/心理学、哲学、语言学和数学等学科进行了知识融合的计算机科学。AI意味着使计算机能够执行各种高级功能（包括查看、理解和翻译口语和书面语言、分析数据、提出建议等能力），达到帮助替代或超越人类的工作的能力。数据治理的核心治理内容主要围绕数据质量、数据安全、数据合规等内容展开。数据治理越来越受到企业的普遍重视，在数据生命周期的各个阶段通过相应的工具与方法论，使数据发挥出更大的价值，是实现数据服务与应用必不可少的阶段。目前传统数据治理体系多停留在结构性数据化治理工作阶段，尚难满足AI应用对数据的高质量要求。企业可吸收传统体系的智慧沉淀，以AI应用数据需求为核心，优化建设“面向人工智能的数据治理”体系，显著提升AI应用的规模化落地效果。

近年来，随着新技术模型出现、各行业应用场景价值打磨与海量数据积累下的产品效果提升，AI应用已从消费、互联网等泛C端领域，向制造、能源、电力等传统行业辐射。各行业企业在设计、采购、生产、管理、营销等经济生产活动主要环节的AI技术与应用成熟度在不断提升。企业应逐渐将AI与主营业务相结合，以实现产业地位提高或经营效益优化，进一步扩大自身优势。AI技术创新应用的大规模落地，带动了大数据智能市场的蓬勃发展，同样也为底层的数据治理服务注入了市场活力。

企业在部署AI应用时，数据资源的优劣极大程度决定了AI应用的落地效果。因此，为推进AI应用的高质量落地，开展针对性的数据治理工作是首要环节。企业本身已搭建好的传统数据治理体系，目前多停留在对结构性数据的治理优化阶段，在数据质量、数据字段丰富度、数据分布和数据实时性等维度尚难满足AI应用对数据的高质量要求。为保证AI应用的高质、高效落地，企业仍需进行面向AI应用的二次数据治理工作。

企业在AI数据层面多存在反复治理工作，极大拉低了AI应用的规模化落地效率。借助有效的方法论和实用的工具提高数据治理的效率，是企业管理数据资产与实现AI规模化应用的重要课题。搭建面向AI的数据治理体系，可将面向AI应用的数据治理环节流程化、标准化和体系化，降低数据反复准备、特征筛选、模型调优迭代的成本，缩短AI模型的开发构建全流程周期，最终显著提升AI应用的规模化落地效率。

当前以大模型为代表的生成式模型成为推动AI发展的重要驱动力。大模型的兴起对数据治理提出了新的挑战和需求。现阶段企业需避免落入“数据埋点大而全”的治理陷阱；供需两侧需共同保证数据治理体系建设后的运营流转；需建立符合管理现状及发展需求的数据安全治理框架，确保数据全周期的安全与合规。

3.2 数据治理的业务驱动因素

DAMA国际指出数据治理最常见的驱动因素是法规遵从性，特别是重点监控行业。例如，金融服务和医疗健康，需要引入法律所要求的治理程序。高级分析师、数据科学家群体的迅猛壮大也成为新增的驱动力。

尽管监管或者分析师可以驱动数据治理，但很多组织的数据治理是通过其他业务信息化管理需求所驱动的，如主数据（MDM）管理等。一个典型场景：一家公司需要更优质的客户数据，它会先选择开发客户主数据平台，然后才意识到成功的主数据管理需要数据治理。

数据治理并不是到此为止，而是需要直接与企业战略保持一致。数据治理越显著地帮助解决组织问题，人们越有可能改变行为、接受数据治理实践。数据治理的驱动因素大多聚焦于减少风险和改进流程。

3.2.1 减少风险

1.一般性风险管理

洞察风险数据对财务或商誉造成的影响，包括对法律（电子举证E-discovery）和监管问题的响应。

2.数据安全

通过控制活动保护数据资产，包括可获得性、可用性、完整性、连续性、可审计和数据安全。

3.隐私

通过制度与合规性监控，控制私人信息、机密信息、个人身份信息等。

3.2.2 改进流程

（1）注重法规遵从性，即有效和持续地响应监管要求的能力。

（2）提升数据质量，即通过真实可信的数据提升业务绩效的能力。

（3）元数据管理，即建立业务术语表，用于定义和定位组织中的数据，确保组织中数量繁多的元数据被管理和应用。

（4）注重项目开发效率。要在系统生命周期（SDLC）中改进，以解决整个组织的数据管理问题。

（5）注重供应商管理。控制数据处理的合同，包括云存储、外部数据采购、数据产品销售和外包数据运维。

在整个组织内应澄清数据治理的业务驱动因素是基础性工作，将它与企业整体业务战略保持一致。经常聚焦“数据治理”往往会疏远那些认为治理产生额外开销却没有明显好处的领导层。对组织文化保持敏感性也是必要的，需要使用正确的语言、运营模式和项目角色。

数据治理不是一次性行为。治理数据是一个持续性的项目集合，以保证组织一直聚焦于能够从数据获得价值和降低有关数据的风险。可以由一个虚拟组织或者有特定职责的实体组织承担数据治理的责任。只有理解了数据治理的规则和活动，数据治理才能实现高效执行，为此需要建立可良好运转的运营框架。数据治理程序中应该考虑到组织和文化的独特性问题，以及数据管理在组织内面对的具体挑战和机遇。

数据治理要与IT治理区分开。IT治理制定关于IT投资、IT应用组合和IT项目组合的决策，从另一个角度还包括硬件、软件和总体技术架构。IT治理的作用是确保IT战略、投资与企业目标、战略的一致性。相反，数据治理仅聚焦于管理数据资产和作为资产的数据。

3.3 数据治理组织与职责

3.3.1 数据治理组织

治理项目的核心词是治理。DAMA国际认为数据治理可以从政治治理的角度来理解。它包括立法职能（定义策略、标准和企业架构）、司法职能（问题管理和升级）和执行职能（保护和服务、管理责任）。为更好地管理风险，多数组织采用了典型的数据治理形式，以便能够听取所有利益相关方的意见。

每个组织都应该采用一个支持其业务战略，并可能在其自身文化背景下取得成功的治理模型。组织也应该准备好发展这种模式以迎接新的挑战。模型在组织结构、形式级别和决策方法方面有所不同，可以是集中式的、分布式的，也可以是联邦式的（参见第13章相关内容）。

数据治理组织可以具有多个层次，以解决企业内不同级别的问题——本地、部门和企业范围。治理工作通常分为多个委员会，每个委员会的目的和监督水平与其他委员会不同。

图3-3展示了一个通用的数据治理组织模型。在组织内部（垂直轴）的不同级别上进行活动，并在组织功能内以及技术（IT）和业务领域之间分离治理职责。图3-3说明了各个领域如何共同开展数据治理。表3-1描述了可能在数据治理操作框架内建立的典型数据治理委员会。

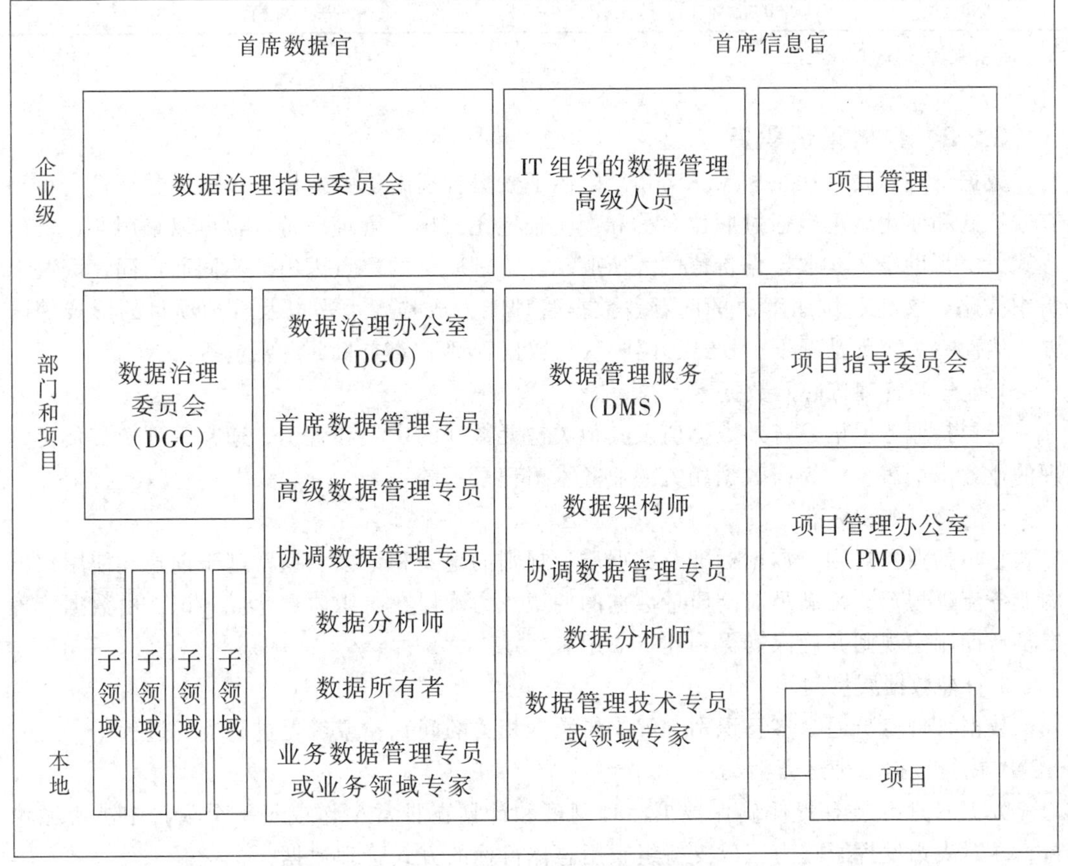

图3-3 数据治理组织通用模型

资料来源：DMBOK 2.

表3-1 典型数据治理委员会

数据治理结构	说 明
数据治理指导委员会	组织中数据治理的主要和最高权威组织，负责监督、支持和资助数据治理活动。由跨职能的高级管理人员组成 通常根据DGC和CDO的建议，为数据治理发起的活动提供资金。该委员会可能会反过来受到来自更高级别组织或者委员会的监督

续表

数据治理结构	说明
数据治理委员会	管理数据治理规则（如制度或指标的制定）、问题和升级处理，根据所采用的运营模型由相关管理层人员组成
数据治理办公室	持续关注所有DAMA知识领域的企业级数据定义和数据管理标准，由数据管理专员、数据保管人和数据拥有者等协调角色组成
数据管理团队	与项目团队在定义和数据管理标准方面进行协作、咨询，由聚焦于一个或者更多领域或项目的成员组成，包括业务数据管理专员、技术数据管理专员或者数据分析师（注：偏重管理职责）
本地数据治理委员会	大型组织可能有部门级或数据治理指导委员会分部，在企业数据治理委员会（DGC）的指导下主持工作，小型组织应该避免这种复杂设置

资料来源：DMBOK 2.

3.3.2 数据管理职责

数据管理职责（Data Stewardship）描述了数据管理岗位的责任，以确保数据资产得到有效控制和使用。可以通过职位名称和职责描述正式确定管理职责，也可以采用非正式的形式，由帮助组织获取数据价值的人所驱动。管理职责的焦点因组织不同而不同，取决于组织战略、文化、试图解决的问题、数据管理能力成熟度水平以及管理项目的形式等因素。然而在大多数情况下，DAMA国际认为数据管理活动或职责主要包括：

1.创建和管理核心元数据

它包括业务术语、有效数据值及其他关键元数据的定义和管理。通常管理专员负责整理的业务术语表，成为与数据相关的业务术语记录系统。

2.记录规则和标准

它包括业务规则、数据标准及数据质量规则的定义和记录。通常基于创建和使用数据的业务流程规范，来满足对高质量数据的期望。为确保在组织内部达成共识，由数据管理专员帮助制定规则并确保其得到连贯应用。

3.管理数据质量问题

数据管理专员通常参与识别、解决与数据相关的问题，或者促进解决的过程。

4.执行数据治理运营活动

数据管理专员有责任确保数据治理制度和计划在日常工作或每一个项目中被遵循执行，并对决策发挥影响力，以支持组织用总体目标的方式管理数据。

3.3.3 数据管理岗位的类型

管理专员（Steward）是指其职责是为别人管理财产的人。数据管理专员代表他人的利益并为组织的最佳利益来管理数据资产。数据管理专员代表所有相关方的利益，必须从企业的角度来确保企业数据的高质量和有效使用。有效的数据管理专员对数据治理活动负责，并有部分时间专门从事这些活动。

DAMA国际指出根据组织的复杂性和数据治理规划的目标，各个组织中正式任命的这些数据管理专员在其工作职责上会有一些区别，例如：

1.首席数据管理专员（Chief Data Stewards）

CDO的替代角色，担任数据治理机构的主席，也可以是虚拟的（基于委员会）或者在分布式数据治理组织中担任CDO。他们甚至也可能是高层发起者。

2.高级数据管理专员（Executive Data Stewards）

他们是数据治理委员会（DGC）的资深管理者。

3.企业数据管理专员（Enterprise Data Stewards）

他们负责监督跨越业务领域的数据职能。

4.业务数据管理专员（Business Data Stewards）

他们是业务领域专业人士，通常是公认的领域专家，对一个数据域负责。他们和利益相关方共同定义和控制数据。

5.数据所有者（Data Owner）

他们是某个业务数据管理专员，对其领域内的数据有决策权。

6.技术数据管理专员（Technical Data Stewards）

他们是某个知识领域内工作的IT专业人员，如数据集成专家、数据库管理员、商务智能专家、数据质量分析师或元数据管理员。

7.协调数据管理专员（Coordinating Data Stewards）

协调数据管理专员在大型组织中尤为重要，其领导并代表业务数据管理专员和技术数据管理专员进行跨团队或者数据专员之间的讨论和协调。

3.4 数据治理战略

数据治理战略是指组织在数据管理过程中所采取的管理和控制措施，定义了治理工作的范围和方法。它包括制定数据管理政策和规范、建立数据所有权和责任、确保数据安全和隐私等方面的决策和实施。数据治理战略的目标是确保数据的合规性、可信度和可用性，以支持组织的决策和管理。

数据治理战略和数据管理战略之间存在密切的关系。数据管理战略是指组织在处理和管理数据方面所采取的方法和策略，它包括数据收集、存储、处理、分析和使用等方面的决策和规划。数据管理战略的目标是确保数据的质量、完整性和可靠性，以支持组织的业务需求。数据管理战略提供了数据处理和管理的框架和方法，而数据治理战略则确保这些方法的有效实施和执行。数据管理战略为数据治理提供了基础和指导，而数据治理战略则确保数据管理战略的有效性和合规性。

DAMA国际指出，数据治理战略定义了治理工作的范围和方法，应根据总体业务战略以及数据管理、IT战略全面定义和明确表述数据治理战略。

3.4.1 数据治理运维框架

开发数据治理的基本定义很容易，但是创建一个组织采用的运维框架将会很困难。DAMA国际指出在构建组织的运维框架时需要考虑以下几个方面：

1.数据对组织的价值

如果一个组织出售数据，显然数据治理具有巨大的业务影响力。将数据作为最有价值的组织（如Facebook、亚马逊、腾讯等）将需要一个反映数据角色的运营模式。

2.业务模式

分散式与集中式、本地化与国际化等是影响业务发生方式以及如何定义数据治理运营模式的因素。与特定IT策略、数据架构和应用程序集成功能的连接，应反映在目标运营框架设计中。

3.文化因素

就像个人接受行为准则、适应变化的过程一样，一些组织也会抵制制度和原则的实施。开展治理战略需要提倡一种与组织文化相适应的运营模式，同时持续地进行变革。

4.监管影响

与受监管程度较低的组织相比，受监管程度较高的组织具有不同的数据治理心态和运营模式，其可能还与风险管理或法律团队有关。

数据治理层通常作为整体解决方案的一部分，这意味着需要确定管理活动职责范围、谁拥有数据等。运营模型中还应定义治理组织与负责数据管理项目人员间的协作、参与变革管理活动以引入新的规程以及通过治理实现问题管理的解决方案。图3-4展示了一个运维框架示例，应定制这种工作才能满足不同组织的个性化需求。

3.4.2 数据治理目标、原则和制度

依据数据治理战略制定的目标、原则和制度将引导组织进入期望的未来状态。通常由数据管理专业人员、业务策略人员，在数据治理组织的支持下共同起草数据治理目标、原则和制度，然后由数据管理专员和管理人员审查并完善，最终由数据管理委员会（或类似组织）进行终审、修订和发布采用。

DAMA国际认为，管理制度主要包括以下方面：

（1）由数据治理办公室（DGO）认证确认组织用到的数据。

（2）由DGO批准成为业务拥有者。

（3）业务拥有者将在其业务领域委派数据管理专员，数据管理专员的日常职责是协调数据治理活动。

（4）尽可能地提供标准化报告、仪表盘（Digital Dashboard）或计分卡，以满足大部分业务需求。

（5）认证用户将被授予访问相关数据的权限，以便查询临时（Ad Hoc）报表和使用非标准报告。

（6）定期复评所有认证数据，以评价其准确性、完整性、一致性、可访问性、唯一性、合规性和效率等。

其中，数据业务拥有者是指拥有特定数据集的个人、组织或企业。他们对数据的收集、管理和使用拥有所有权和控制权。数据业务拥有者可以是数据提供者、数据收集者、数据持有者或数据分析师等。他们负责确保数据的安全性、合规性和有效性，并决定如何使用数据以实现业务目标。

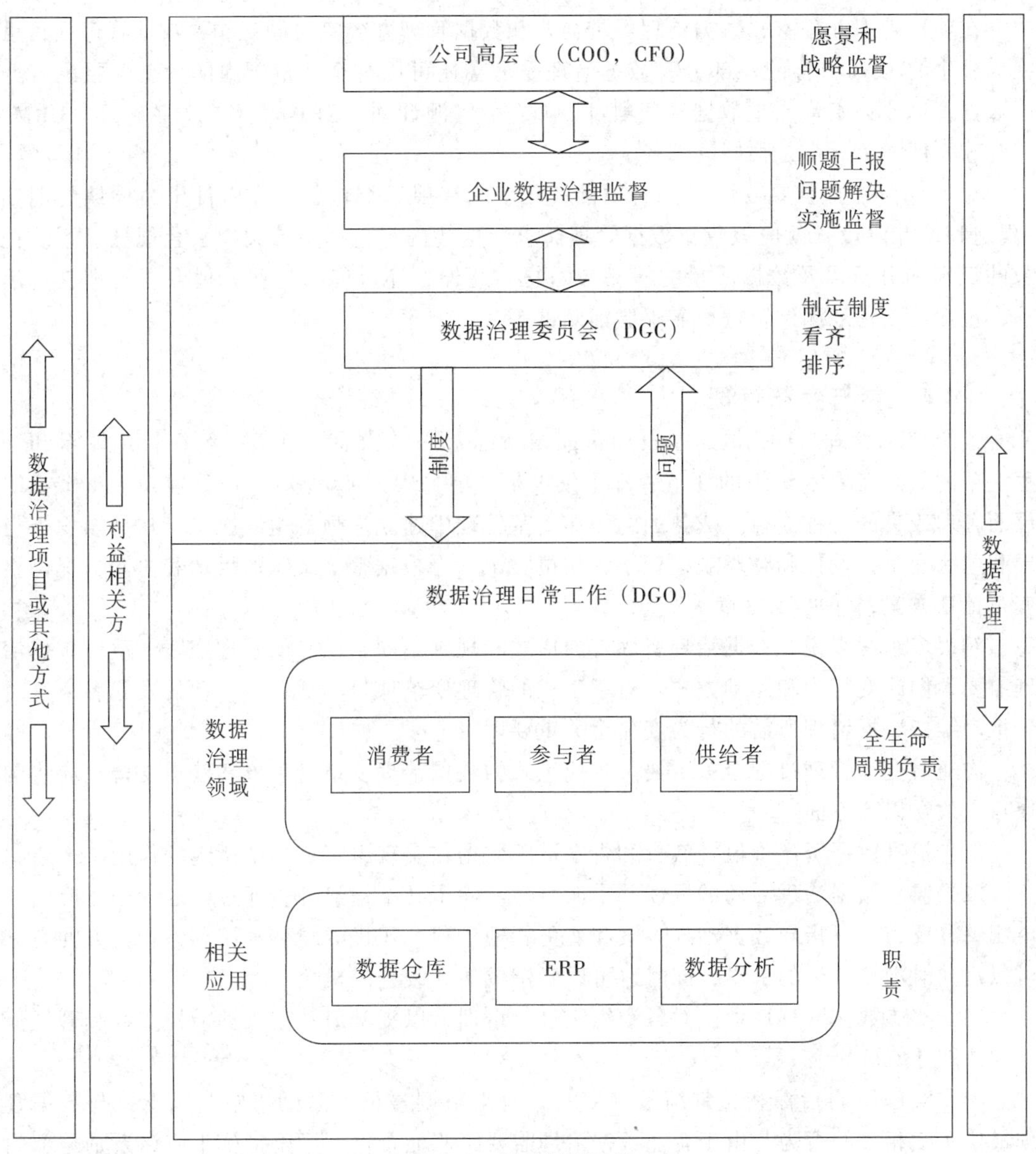

图3-4 运维框架示例

资料来源：DMBOK 2.

组织必须有效地沟通、监督、执行和定期复评数据管理制度。数据管理委员会可将此权力委托给数据管理指导委员会。

3.4.3 推动数据管理项目

改进数据管理能力的举措可为整个企业带来好处。这些通常需要来自数据治理委员会的跨职能关注和支持。数据管理项目很难推动，它们经常被看作“完成工作”的障碍。推动数据治理项目关键是阐明数据管理提高效率和降低风险的方法。组织如果想从数据中获得更多价值，则需要有效优先发展或提升数据管理能力。

数据治理委员会负责定义数据管理项目的商业案例，监督项目状态和进度。如果组织中存在项目管理办公室，数据治理委员会要和数据管理办公室协同工作，数据管理项目可视为整个IT项目组合的一部分。数据治理委员会还可以与企业范围内的大型项目配合开展数据管理改进工作。主数据管理项目，如企业资源计划（ERP）、客户关系管理（CRM）和全球零件清单等都是很好的选择。

对于每个含有重要数据组件的项目（几乎所有项目都包含）在软件生命周期的前期（规划和设计阶段）就应该收集数据管理需求。这些内容包括系统架构、合规性、系统记录的识别和分析以及数据质量的检测与修复。此外，还可能有一些其他数据管理支持活动，包括使用标准测试台进行需求验证测试等。

3.4.4 参与变革管理

组织变革管理（Organizational Change Management，OCM）是进行组织管理体系和流程变革的管理工具。组织的变革管理不仅仅是“项目中人的问题”，应该被视为整个组织层面管理改良的一种途径。成熟的组织在变革管理中建立清晰的组织愿景，从高层积极引导和监督变革，设计和管理规模较小的变革尝试，再根据整个组织的反馈和协同情况调整变革计划方案，详见第13章。

对很多组织来说，数据治理所固有的形式和规则不同于已有的管理实践。适应数据治理需要人们改变行为和互动方式。对于正式的管理变革项目，需要有合适的发起者，这对于推动维持数据治理所需的行为变化至关重要。

沟通对变革管理过程至关重要。为使正式的数据治理变革管理方案获得支持，应将沟通重点放在以下方面：

（1）提升数据资产价值。教育和告知员工数据在实现组织目标中所起的作用。

（2）监控数据治理活动的反馈并采取行动。除了共享信息外，通过沟通计划还应引导出相关方反馈，以指导数据治理方案和变更管理过程。积极寻求和利用利益相关方的意见可以建立对项目目标的承诺，同时也可以确定成功和改进的机会。

（3）实施数据管理培训。对各级组织进行培训，以提升对数据管理最佳实践和管理流程的认知。

（4）实施新的指标和关键绩效（KPI）。应重新调整员工激励措施，以支持与数据管理最佳实践相关的行为。由于企业数据治理需要跨职能合作，激励措施中应该鼓励跨部门活动和协作。

3.4.5 参与问题管理

问题管理是识别、量化、划分优先级和解决与数据治理相关的问题的过程，主要包括以下方面：

（1）授权，即关于决策权和程序的问题。

（2）变更管理升级，即升级变更过程中出现问题的流程。

（3）合规性，即满足合规性要求的问题。

（4）冲突，包括数据和信息中冲突的策略、流程、业务规则、命名、定义、标准、架构、数据所有权以及冲突中利益相关方的关注点。

（5）一致性，即与策略、标准、架构和流程一致性相关的问题。

（6）合同，即协商和审查数据共享协议，购买和销售数据、云存储等。

（7）数据安全和身份识别，即有关隐私和保密的问题，包括违规调查。

（8）数据质量，即检测和解决数据质量问题，包括灾难事件或者安全漏洞。

很多问题可以在数据管理团队中解决。需要沟通或者上报的问题应记录下来，并将其上报给数据管理团队或者更高级别的数据治理委员会，如图3-5所示。数据治理计分卡可用于识别与问题相关的趋势，如问题在组织内发生的位置、根本原因等。数据治理委员会无法解决的问题应升级上报给公司治理或管理层。

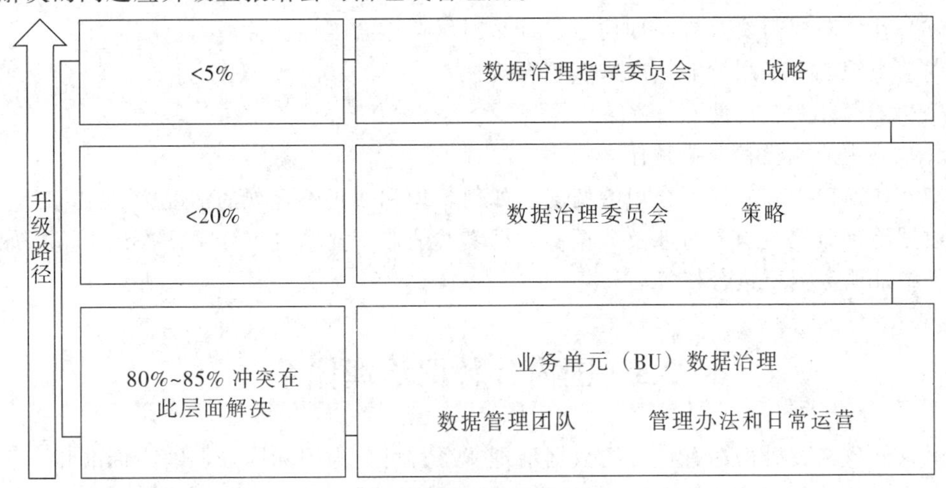

图3-5　数据问题升级路径

资料来源：DMBOK 2.

通过问题管理为数据治理团队建立信任，减轻生产支持团队的负担，这对数据消费者有直接、积极的影响，通过解决问题也能够证明数据管理和质量的提高。

3.4.6　评估法规遵从性要求

每个组织都受到政府法规和行业规范的影响，其中包括规定如何管理数据和信息的法规。数据治理的部分功能是监督并确保合规。合规性通常是实施数据管理的初始原因。数据治理指导实施适当的控制措施，以记录和监控数据相关法规的遵从情况，详见第8章和12章相关内容。

1.对管理数据资产有重大影响的部分全球性规范

（1）会计准则。政府会计准则委员会（GASB）、财务会计准则委员会（FASB）等所发布的会计准则对管理数据资产具有重大影响。

（2）BCBS239（巴塞尔银行监管委员会）和巴塞尔Ⅱ。这是指有效的风险数据汇总和风险报告原则，是一整套针对银行的规范。自2006年以来，在欧盟国家开展业务的金融机构必须报告证明流动性的标准信息。

（3）CPG235。澳大利亚审慎监管局（APRA）负责监督银行和保险实体，公布了一些标准和指南以帮助被监管对象满足这些标准，其中包括CPG235，一个管理数据风险的标准。制定这个标准的目的是解决数据风险的来源，并在整个生命周期中管理数据。

（4）PCI-DSS。支付卡行业数据安全标准（PCI-DSS）。

（5）偿付能力标准Ⅱ。欧盟法规，类似巴塞尔协议Ⅱ，适用于保险行业。

（6）隐私法。适用于某些地区、某些主权实体。

2.评估各种法规的影响

数据治理组织与其他业务和技术的领导一起评估各种法规的影响。例如，评估过程中每个组织必须确定：

（1）与组织相关的法规有哪些？

（2）什么是合规性？实现合规性需要什么样的策略和流程？

（3）什么时候需要合规？如何以及什么时候监控合规性？

（4）组织能否采用行业标准来实现合规性？

（5）如何证明合规性？

（6）违规的风险和处罚是什么？

（7）如何识别和报告不合规的情况？如何管理和纠正不合规的情况？

数据治理监控组织要对涉及数据和数据实践的监管要求或审计承诺作出响应，如在监管报告中证明数据质量合格等。

3.5 国内外数据治理体系

国内外各相关机构都有自己的数据治理体系，可分为国际标准、国内标准和专业组织标准。其中国际标准主要有ISO 8000数据质量的国际标准和ISO 38500 IT治理国际标准；国内标准主要有《数据管理能力成熟度评估模型》（GB/T 36073—2018，详见本书第11章）和《信息技术服务 治理 第5部分：数据治理规范》（GB/T 34960.5—2018）；专业组织标准主要有DAMA数据管理知识体系（详见本书第2章）和《数据资产管理实践白皮书》（6.0版）。

以上标准均为公开资料，读者可自行查阅。这里主要介绍由大数据技术标准推进委员会于2023年1月4日发布的《数据资产管理实践白皮书》（6.0版）。它是大数据技术标准推进委员会在数据资产管理领域的系列研究报告之一，是国内数据资产管理的“风向标”。这是一套针对数据资产的管理体系，引入了数据资产价值管理和运营等内容，并囊括了数据资产管理保障措施和实践步骤。其构成要素主要包括数据模型管理、数据标准管理、数据质量管理、主数据管理、数据安全管理、元数据管理、数据开发管理、数据资产流通、数据价值评估、数据资产运营等10个数据资产管理活动职能。相对于其数据治理标准而言，《数据资产管理实践白皮书》（6.0版）主要是一部偏重数据资产管理方面的国家标准，实践案例丰富，可参考价值较高。但相对而言，其偏重行业实践案例研究，理论指导性稍弱。

不同的数据治理框架和标准适用于不同的行业和企业，企业应根据自身特点，选择适合自己的数据治理标准体系。数据治理是一个动态过程，数据治理体系不应一成不变，过于僵化的体系不仅不会给工作带来便捷，还会增加应用的复杂度。

华为经过多年的实践证明，只有构筑一套企业级的数据综合治理体系，才能确保：关键数据资产有清晰的业务管理责任，IT建设有稳定的原则和依据，作业人员有规范的流程和指导；当面临争议时，有裁决机构和升级处理机制；治理过程所需的人才、组织、预算有充足的保障。综合上述因素，只有最终建立有效的数据治理环境，数据的质量和安全得到保障，数据的价值才能真正发挥出来。华为数据治理体系框架如图3-6所示。

数据是企业的战略资产

公司数据管理总纲

政策指引

信息架构管理政策

数据质量管理政策

数据源管理政策

数据架构标准管理

基于主业务流的信息价值链综合治理（数据、流程、IT）：纵横打通+数据清洁

主数据在交易中打通

战略到执行 信息价值链

业务交易到核算 信息价值链

产品创意到生命周期管理 信息价值链

存量管理到问题解决 信息价值链

维度数据在报告中打通

数据质量管理

流程

管理信息架构

管理数据质量

管理数据分析

组织

公司数据 Owner

数据管理部

信息架构专家组

IT

主数据管理平台

维度数据管理平台

元数据管理平台

数据质量管理工具

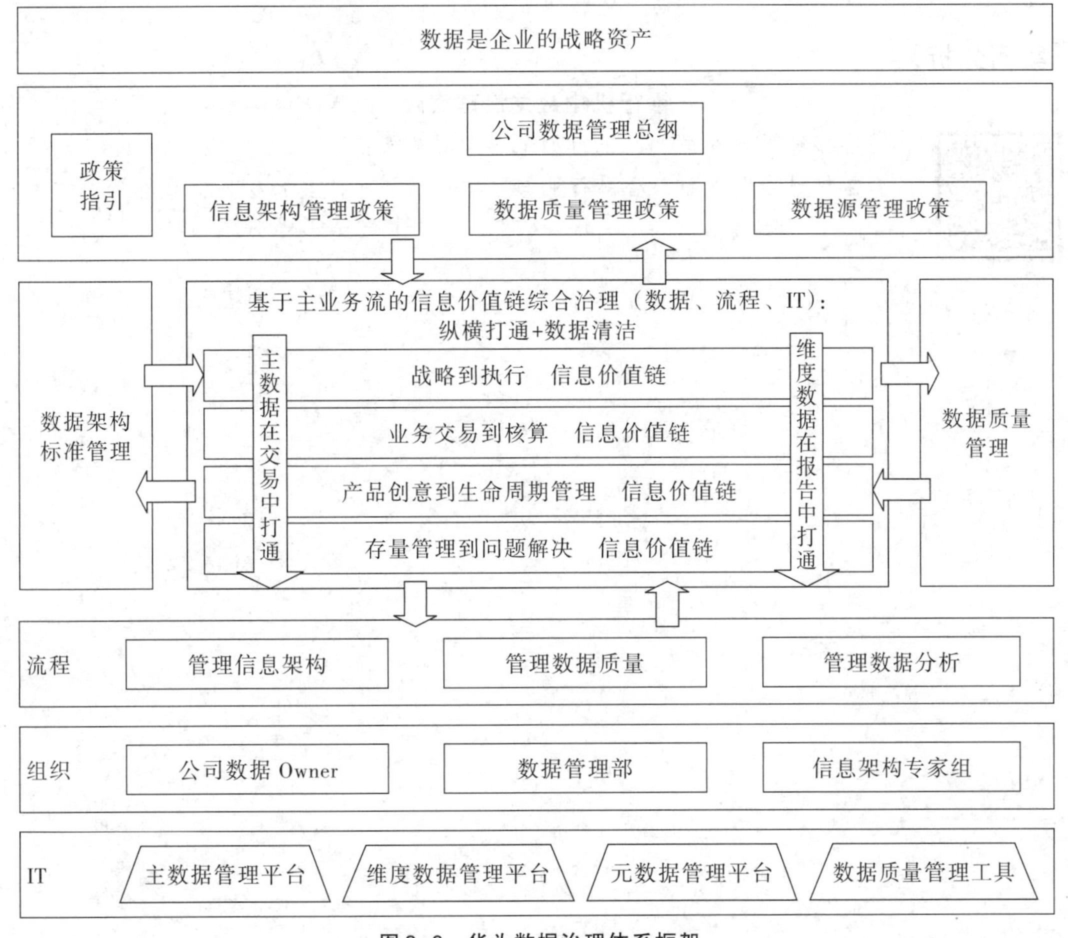

图3-6 华为数据治理体系框架

资料来源：华为公司数据管理部.华为数据之道［M］.北京：机械工业出版社，2020：18.

【本章小结】

本章首先给出了数据治理的定义、目标以及核心内容。围绕企业数据治理体系，分析了数据治理、数据管理和数据管控之间的关系，介绍了国内外数据治理的发展趋势。阐述了数据治理业务驱动因素、数据治理组织与职责以及数据治理战略。对比分析了主流数据治理体系之间的异同和华为数据治理体系框架。

思维导图

【课后思考】

1. 什么是数据治理？
2. 数据治理的核心内容包括哪些？
3. 数据治理、数据管理以及数据管控，三者之间的关系是什么？

4. 数据管理岗位包括哪些类型？

5. 构建数据治理组织的运维框架时，需要考虑哪些方面的内容？

6. 当前我国数据治理主要呈现哪些发展趋势？

【案例分析】

银行机构数据治理实践

案例分析

请扫码研读本案例，进行如下思考与分析：

在数据治理方面，金融行业与其他行业相比，其特殊性体现在哪些方面？

第4章　数据架构

【学习目标】

通过本章的学习，了解数据架构的相关基本概念，掌握企业架构类型和企业架构框架，理解和掌握数据建模的目标和组件。培养结构化思维，通过对问题不断分解，最后发现问题答案。在分解问题的过程中，一方面不断扩展广度，将问题分解为若干部分；另外一方面，在一个方向上逐步深入，在深度上不断深化。当广度和深度互相结合的时候，问题便可迎刃而解。

【素养目标】

通过本章的学习，培养学生的结构性思维、整体思维、架构性思维和科学思维。通过多层次的教学设计和实践，引导学生点、线、面地把所学知识点串联起来，构筑整体知识结构；启迪学生进行知识的再发现，激发问题意识和创新意识，培养学生的工匠精神和创新精神。

【引导案例】

货拉拉 TDengine：数据架构改造实例

“值得一提的是，TDengine的SQL原生语法支持时间维度聚合查询，数据存储压缩率高、存储空间小，这两点直接切中了我们的痛点。落地后实测相同数据的存储空间只有MySQL存储空间的1/10甚至更少。还有个惊喜是，在现有监控数据存储（MySQL）顶不住的情况下，一台8C16GB的单机版TDengine轻松就扛下目前所有监控流量和存储压力，且运行稳定，基本没有故障。”

目前货拉拉DBA团队管理的数据存储包括MySQL、Redis、Elasticsearch、Kafka、MQ、Canal等，为了保证监控采样的实时性，其自研的监控系统设置的采样间隔为10秒，每天都会产生庞大的监控数据，监控指标的数据量达到20亿+。随着管理实例越来越多，使用MySQL来存储规模日益庞大的监控数据越发力不从心，急需进行升级改造。结合实际需求，通过对不同时序数据库进行调研，最终货拉拉选择了TDengine，顺利完成了数据存储监控的升级改造。

资料来源：马祥荣.存储空间降为MySQL的十分之一，TDengine在货拉拉数据库监控场景的应用[EB/OL].[2024-01-10]. https://www.taosdata.com/tdengine-user-cases/3626.html.

从引导案例可以看到，数据架构对于企业管理规模巨大的数据至关重要。架构是构建一个系统（如可居住型建筑）的艺术和科学，以及在此过程中形成的成果——系统本身。用通俗的话说，架构是对组件要素有组织的设计，旨在优化整个结构或系统的功能、性能、可行性、成本和用户体验。企业架构包括多种不同类型，如业务架构、数据架构、应用架构和技术架构等。良好的企业架构管理有助于组织了解系统的当前状态，加速向期待状态的转变，实现遵守规范、提高效率的目标。其中数据架构的主要目标是有效地管理数据以及有效地管理存储和使用数据的系统。

本章将从以下几个方面考虑数据架构：数据架构的相关基本概念、企业架构框架、企业数据架构和数据建模。

4.1 企业架构类型

架构（Architecture）是指为了优化整体结构或系统的功能、性能、可行性、成本和美感而对构成要素进行的有组织的设计。"架构"已经被采纳为用来描述信息系统设计中多个方面的术语。在架构上进行战略规划可以使组织对其系统和数据作出更好的决策。

在实践中，架构应用在组织内的不同级别（包括企业、部门或项目）和不同的关注点（例如基础设施、应用程序或数据）层面执行。企业架构（Enterprise Architecture，EA）涵盖业务架构、数据架构、应用架构和技术架构，表4-1描述并比较了不同类型的架构。在企业架构中，业务架构描述了企业各业务之间相互作用的关系结构和贯彻企业业务战略的基本业务运作模式；数据架构将企业业务实体抽象为信息对象，将企业的业务运作模式抽象为信息对象的属性和方法，建立面向对象的企业数据模型，数据架构帮助企业实现从业务模式向数据模型的转变、业务需求向信息功能的映射、企业基础数据向企业信息的抽象；应用架构以数据架构为基础，建立支撑企业业务运行的各个业务系统，通过应用系统的集成运行，实现企业信息自动化流动。数据架构是业务与应用系统建设的桥梁。数据架构基于业务架构（业务模式、流程、规则等）识别出业务数据需求，统一数据语言及操作手段，成为应用系统的应用架构（系统功能、组件、接口等）和技术架构（技术指标、技术选型等）设计和开发的依据。来自不同领域的架构师应协同处理开发需求，因为领域之间是互相影响的。

表4-1 企业架构类型

架构类型	目的	元素	依赖关系	角色
企业业务架构	确定企业如何为客户和其他利益相关者创造价值	业务模型、流程、功能、服务、事件、策略、词汇	为其他域制定需求	业务架构师和分析师、业务数据管理专员
企业数据架构	描述如何组织和管理数据	数据模型、数据定义、数据映射规范、数据流、结构化数据API	管理那些由业务架构创建和要求的数据	数据架构师和建模师、数据管理专员
企业应用架构	描述企业应用程序的结构和功能	业务系统、软件包、数据库	根据业务需求对指定数据执行操作	应用架构师
企业技术架构	描述使系统能够运行和交付价值所需的物理技术	技术平台、网络、安全、集成工具	托管和执行应用程序架构	基础设施架构师

资料来源：DMBOK 2.

良好的企业架构管理应用，有助于组织了解系统的当前状态，促进系统的未来提升，实现监管合规性，并提高效率。对数据及用以存储和使用数据的系统加以有效管理是架构学科的共同目标。

4.2 企业架构框架

企业架构是构成组织的所有关键元素和关系的综合描述，而企业架构框架（EAF）是一个描述企业架构方法的蓝图。经过近30年的发展，企业架构理论已经相当成熟，目前，国际上影响力比较大的企业架构框架有Zachman框架、DGI数据治理框架、DoDAF框架、FEAF框架、TOGAF框架（The Open Group Architecture Framework）等。这里，本书主要介绍Zachman框架和DGI数据治理框架两种典型企业架构框架。

4.2.1 Zachman框架

企业架构框架是用于开发广泛的相关架构的基础结构。架构框架提供了思考和理解架构的方法，代表了一个总体的“架构的架构”。对于非架构师而言，往往无法搞清楚架构师在做什么。架构框架的重要价值就在于，不用进行详细描述就能帮助非架构人员理解这些概念之间的关系。

著名的企业架构框架是由John A. Zachman在20世纪80年代开发的Zachman框架（如图4-1所示），这个框架仍在不断演进发展中。Zachman意识到在建筑、飞机、企业、价值链、项目或系统中，有许多利益相关方，且各方对架构往往持有不同的观点。因此，他就将此概念应用到一个框架中，该框架反映了企业对不同架构类型和层次的需求。

	是什么	怎样做	在哪里	是谁	何时	为什么	
管理层	对象（数据）识别	过程识别	网络识别	组织识别	时间识别	动机识别	上下文范围
业务管理者	对象定义	规程定义	网络定义	组织定义	时间定义	动机定义	业务概念
架构师	对象描述	过程描述	网络描述	组织描述	时间描述	动机描述	系统逻辑
工程师	对象规范	规程规范	网络规范	组织规范	时间规范	动机规范	实施部署
技术人员	对象配置	过程配置	网络配置	组织配置	时间配置	动机配置	工具组件
操作人员	对象实例化	过程实例化	网络实例化	组织实例化	时间实例化	动机实例化	操作实例化
	对象集	过程流	网络节点	责任分配	时间周期	动机原因	

图4-1 简化的Zachman框架

资料来源：DMBOK 2.

Zachman框架是一个本体，即6×6矩阵构成了一组模型，这组模型可以完整地描述一个企业以及相互之间的关系。它并不定义如何创建模型，只是显示哪些模型应该存在。

矩阵框架的两个维度为：问询沟通（如，是什么、怎样做、在哪里、是谁、何时、为什么）在列中显示，重新定义转换（如识别、定义、描述、规范、配置和实例化）在行中显示。框架分类按照单元格呈现（问询和转换之间的交叉）。框架的每个单元格代表一个独特的设计组件。

1.列维度

在问询沟通时，可以询问关于任何一个实体的基本问题，将其转换成企业架构，每列都可以按照如下各项理解：

（1）是什么（What）。目录列，表示构建架构的实体，如业务数据。

（2）怎样做（How）。流程列，表示执行的活动，如业务流程。

（3）在哪里（Where）。分布列，表示业务位置和技术位置。

（4）是谁（Who）。职责列，表示角色和组织，如业务部门。

（5）何时（When）。时间列，表示间隔、事件、周期和时间表。

（6）为什么（Why）。动机列，表示目标、策略和手段。

2.行维度

重新定义转换是将抽象的概念转变为具体的实例（实例化）的必经步骤。矩阵中的每一行代表不同的角色，具体的角色包括规划者（管理层）、业务管理者、设计者（架构师）、建造者（工程师）、实施者（技术人员）和用户（操作人员）。每个角色对整个过程和不同问题的解决均持有不同的视角。这些不同的视角对应的内容在每行中进行显示。例如，每个视角与“什么”列（目录或数据）均有交叉，说明相互之间具有不同的关联关系。

（1）管理层视角（商业环境）。在识别模型中对商业元素设定了框架范围。

（2）业务管理者视角（经营理念）。在定义模型中阐明主管领导对各业务的定义以及这些定义之间的相互关系。

（3）架构师视角（业务逻辑）。在描述模型中展示系统的逻辑模型，由架构师作为设计者给出系统需求和非约束性设计等。

（4）工程师视角（业务实体）。在规范模型中，工程师作为建造者，明确描述在特定技术、人员需求，成本和时间等特殊需求下优化设计所需要使用的物理模型。

（5）技术人员视角（组件组装）。在配置模型中，技术人员作为实施者，配置特定技术，并且在不受具体场景影响的情况下，组装和操作系统组件。

（6）操作人员视角（操作类）。参与人员所使用的实际功能实例。

3.单元格

Zachman框架的每个单元格代表设计组件的独特类型，在行列的交叉中进行定义。每个组件代表每个具体视角如何回答具体问题。

4.2.2 DGI数据治理框架

DGI（数据治理研究所）是业内最早、最知名的研究数据治理的专业机构。DGI于2004年推出DGI数据治理框架，为企业根据数据作出决策和采取行动的复杂活动提供新方法。该框架认为，企业决策层、数据治理专业人员、业务利益关系人和IT领导者共同制定决策和管理数据，从而实现数据的价值，最小化成本和复杂性，管理风险并确保数据管理和使用遵守法律法规与其他要求。

DGI数据治理框架的设计采用“5W1H”法则，将数据治理分为人员与治理组织、规则、流程3个层次，共10个组件：数据利益相关者，数据治理办公室和数据管理员；数据治理的愿景，数据治理的目标、评估标准和推动策略，数据规则与定义，数据的决策权、职责和控制；数据治理流程。DGI数据治理框架如图4-2所示。

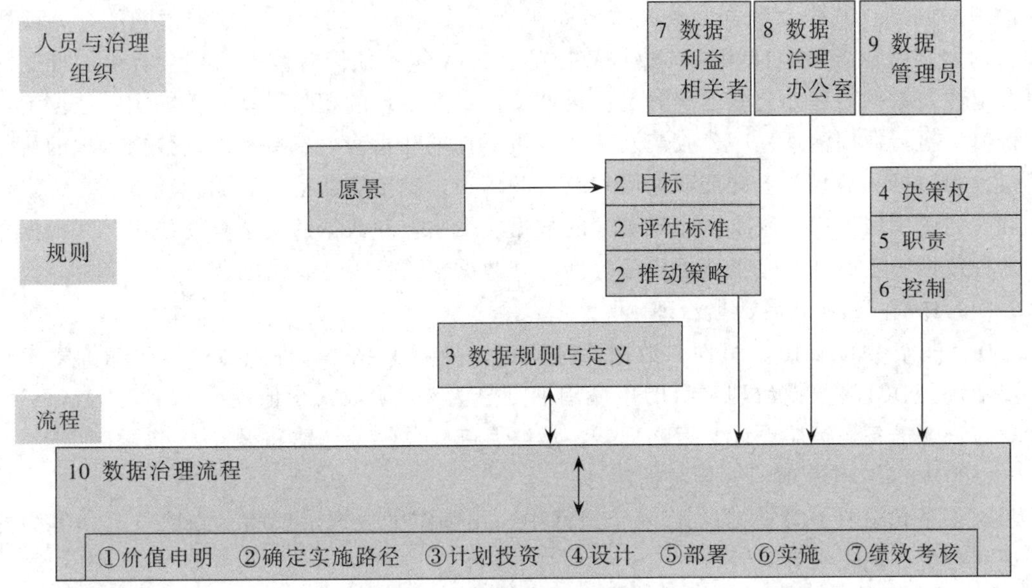

图4-2　DGI数据治理框架

资料来源：用友平台与数据智能团队.一本书讲透数据治理：战略、方法、工具与实践［M］.北京：机械工业出版社，2021：24.

（1）Why：为什么要做数据治理

对应于DGI框架中的第1~2个组件：数据治理的愿景，数据治理的目标、评估标准和推动策略。下面主要阐述一下数据治理的愿景和数据治理的目标。

① 数据治理的愿景。对于企业“为什么要做数据治理”这个问题的回答是对数据治理的最高指引。它为企业数据治理指明了方向，是其他数据治理活动的总体策略。DGI指出最高级的数据治理方案应具有三个目标：主动的规则定义与一致性调整；为数据的利益关系人提供持续的、跨职能的保护和服务；解决因违反规则而产生的问题。

② 数据治理的目标。数据治理目标的定义应可量化、可衡量、可操作，且要服务于企业的业务和管理目标。例如：增加利润，提升价值；管控成本的复杂性；控制企业的运营风险等。不同组织的数据治理方案应有所侧重，企业的数据治理通常涵盖以下一个或多个侧重点：政策、标准、战略制定；数据质量；隐私、合规与安全；架构与集成；数据仓库与商业智能；支持管理活动等。

（2）What：数据治理“治”什么

对应于DGI框架中的第3~6个组件：数据规则与定义、数据的决策权、职责和控制。这4个组件回答了数据治理“治”什么的问题。其中，数据规则与定义，侧重业务规则和数据标准的定义，例如数据治理相关政策、数据标准、合规性要求等；数据的决策权，侧重数据的确权，明确数据归口和产权，为数据标准的定义以及数据管理制度、数据管理流程的制定奠定基础；数据的职责，侧重数据治理职责和分工的定义，明确谁应该在什么时候做什么；

数据的控制，侧重采用什么样的措施来保障数据的质量和安全，以及数据的合规使用。

（3）Who：谁参与治理

对应于DGI框架中的第7~9个组件，即数据利益相关者、数据治理办公室和数据管理员。这3个组件对数据治理的主导、参与者的职责分工给出了相关参考，回答了谁参与数据治理的问题。其中，数据利益相关者是可能会影响或受到所讨论数据影响的个人或团体，例如某些业务组、IT团队、数据架构师、DBA等，他们对数据治理会有更加准确的目标定位。数据治理办公室的职责是促进并支持数据治理的相关活动，例如阐明数据治理的价值，执行数据治理程序，收集及调整政策、标准和指南，支持和协调数据治理的相关会议，为数据利益相关者开展数据治理政策的培训、宣传等活动。数据管理员负责特定业务域（如营销域、用户域、产品域等）的数据质量监控和数据的安全合规使用，并根据数据的一致性、正确性和完整性等质量标准检查数据集，发现并解决问题。

（4）How：如何开展数据治理

DGI框架中的第10个组件：数据治理流程，描述了数据治理项目的全生命周期中的重要活动。DGI将数据治理项目的生命周期划分为7个阶段：价值声明，确定实施路径，计划与资金准备，策略设计，策略部署，策略实施，监控、评估和报告。

（5）When：什么时候开展数据治理

这一条包含在DGI框架的第10个组件中，用来定义数据治理的实施路径，回答数据治理的时机和优先级等问题。

（6）Where：数据治理位于何处

这一条包含在DGI框架的第10个组件中，强调明确当前企业数据治理的成熟度级别。找到企业与先进标杆的差距是确定数据治理目标和策略的基础。

DGI框架是一个强调主动性、持续化的数据治理模型，对实际治理实施的指导性很强。DGI框架可以普遍应用于企业的数据治理和管理中，它具有良好的扩展性，框架中的10个组件都将出现在最小的数据治理项目中，并可以随着参与者数量的增加或数据系统复杂性的提高灵活扩展（用友平台与数据智能团队，2021）。

4.3 企业数据架构

数据架构是数据管理的基础，是一组规则、策略、标准和模型，用于管理和定义收集的数据类型以及如何在组织及其数据库系统中使用、存储、管理和集成这些数据。由于大多数组织拥有海量的数据，从而有必要在不同层次上展示组织的数据，以便管理层能够理解并对其作出决策。数据架构不仅应能够支持组织捕获和收集数据的数量、来源和速度的不断增加，而且还应能够满足不断变化的业务需求。因此，数据架构优化应该有助于打破数据孤岛，并创建一个更加共享和丰富的数据环境，从而更好地为业务赋能。

数据架构在能够完全支持整个企业的需求时体现出最大价值。企业数据架构为整个组织的重要元素定义标准术语和设计内容。企业数据架构设计包括对业务数据本身的描述，以及数据的收集、存储、整合、迁移和分布。企业数据架构有助于整个组织实现一致性数据的标准化和数据的整合。

当数据在组织中通过源或接口流动时，需要安全、集成、存储、记录、分类、共享的报表和分析，最终交付给利益相关方使用。在这个过程中，数据可能会被验证、增强、链接、认证、整合、脱敏处理以及用于分析，直到数据被归档或清除。因此，企业数据架构描述必须包括企业数据模型和数据流设计。

4.3.1 企业数据模型

根据企业架构国际标准TOGAF，数据组件的类型有数据实体、逻辑数据组件和物理数据组件。数据模型是数据组件、组件之间的连接关系和关系基数的图形呈现。其中，数据实体是数据的封装，可被业务领域专家认知为某种事物。逻辑数据实体可绑定到应用、存储库和服务上。逻辑数据组件是将相关数据实体封装到有边界的区域以便保留逻辑位置，例如外部采购信息。物理数据组件用于将相关数据实体封装到有边界的区域以便保留物理位置，例如采购订单对象，由采购订单表头和采购订单项对象节点组成。

企业数据模型是一个整体的、企业级的、独立实施的概念或逻辑数据模型，为企业提供通用的、一致的数据视图。企业数据模型包括数据实体（如业务概念）、数据实体间关系、关键业务规则和一些关键属性，它为所有数据和数据相关的项目奠定了基础。任何项目级的数据模型必须基于企业数据模型设计。企业数据模型应该由利益相关方审核，以便它能一致有效地代表企业。

认识到企业数据模型需求的组织，应决定投入多少时间和精力用于构建该模型。企业数据模型可以在不同的细节层次上进行构建，因此资源可用性将影响其初始范围。随着时间的推移和企业需求的增加，企业数据模型中采集详细信息的范围和级别通常也会扩展。大多数成功企业的数据模型都是多层次的，并以递增和迭代的方式构建。图4-3关联了不同类型的模型，并显示了概念性的模型最终如何连接到物理应用数据模型。其特点体现为：企业主题域的概念视图；各主题域的实体及其关系视图；关于同一主题域的详细或部分属性化的逻辑视图；为某个特定的应用程序或项目建立的逻辑模型和物理模型。

图4-3中的所有层级都是企业数据模型的一部分。我们可以通过层级之间的链接来追溯上下模型之间以及同一个层级的实体的路径。

各层级的模型是企业数据的组成部分，模型链接定义和管理了模型的纵向从上到下以及横向之间的关联路径。

（1）纵向。不同层级模型之间的映射。例如，项目的物理模型中定义的“移动设备”存储的数据表/数据文件，可以和项目的逻辑模型中的移动设备实体对应，可以和企业逻辑模型中的产品主题域中的移动设备实体、产品主题域模型中的概念实体以及企业概念模型中的产品实体相关联。

（2）横向。同一个实体和关系可能出现在同一层级的多个模型中。位于一个主题域中的逻辑模型中的实体可以和其他主题域中的实体相关联，在模型图中标记为其他主题域的外键。例如，一个产品的部分实体可以出现在产品主题域模型中，也可以以外部关联的形式出现在销售订单、库存和营销主题域中。

企业概念数据模型是由主题域模型相结合构建的。每个企业数据模型既可以采用自上而下，也可以采用自下而上的方法进行构建。自上而下是从主题域开始，先设计主题，再逐步设计下层模型。而采用自下而上的方法时，主题域结构则是基于现有逻辑数据模型向

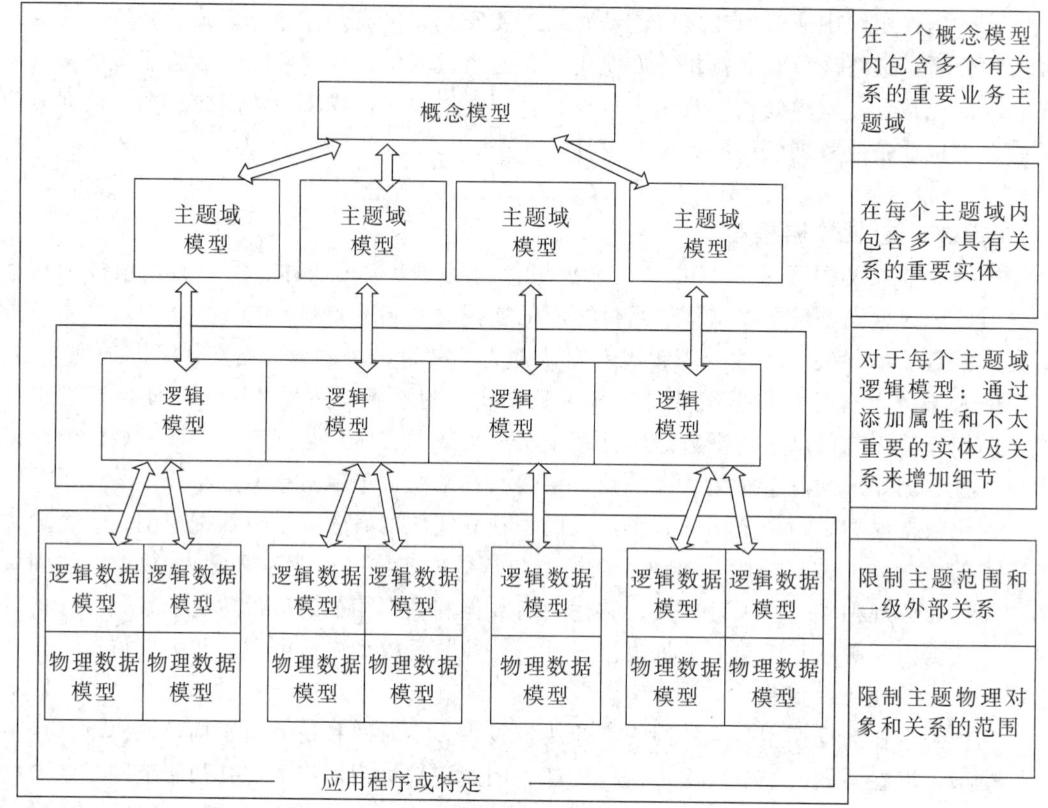

图4-3 企业数据模型

资料来源：DMBOK 2.

上提炼抽象而成。通常推荐两种方法相结合，即自下而上地从分析现有模型开始，自上而下地设计主题模型，通过两种方法的结合来共同完成企业数据模型的设计工作。

4.3.2 数据流设计

数据流设计定义数据库、应用、平台和网络（组件）之间的需求和主蓝图。这些数据流展示了数据在业务流程、不同存储位置、业务角色和技术组件间的流动过程。数据流是一种记录数据血缘的数据加工过程，用于描述数据如何在业务流程和系统中流动。端到端的数据流包含了数据起源于哪里，在哪里存储和使用，在不同流程和系统内或之间如何转化。数据血缘分析有助于解释数据流中某一点上的数据状态。

数据流映射记录了数据与以下内容之间的关系：

（1）业务流程中的应用程序。

（2）环境中的数据存储或数据库。

（3）网段（有助于安全映射）。

（4）业务角色（描述哪些角色负责创建、更新、使用和删除数据）。

（5）出现局部差异的位置。

数据流可以用于描述不同层级模型的映射关系，比如主题域、业务实体，甚至属性层面的映射关系。系统可以由网段、平台、通用应用程序集或单个服务器表示。数据流可以用二维矩阵（如图4-4所示）或数据流图（如图4-5所示）的方式呈现表示。

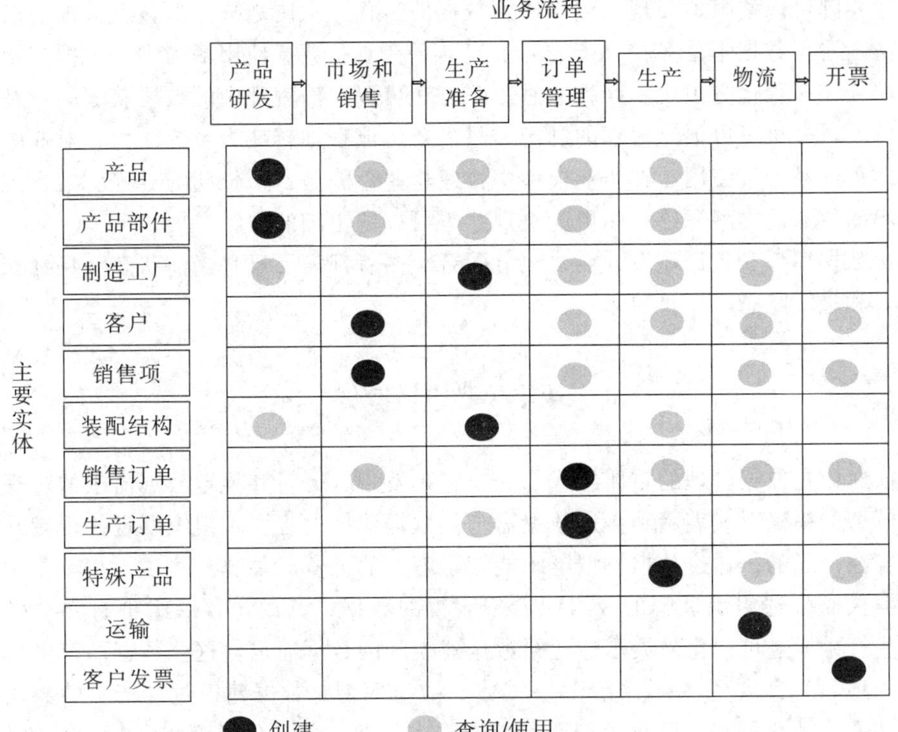

图4-4 二维矩阵描述的数据流

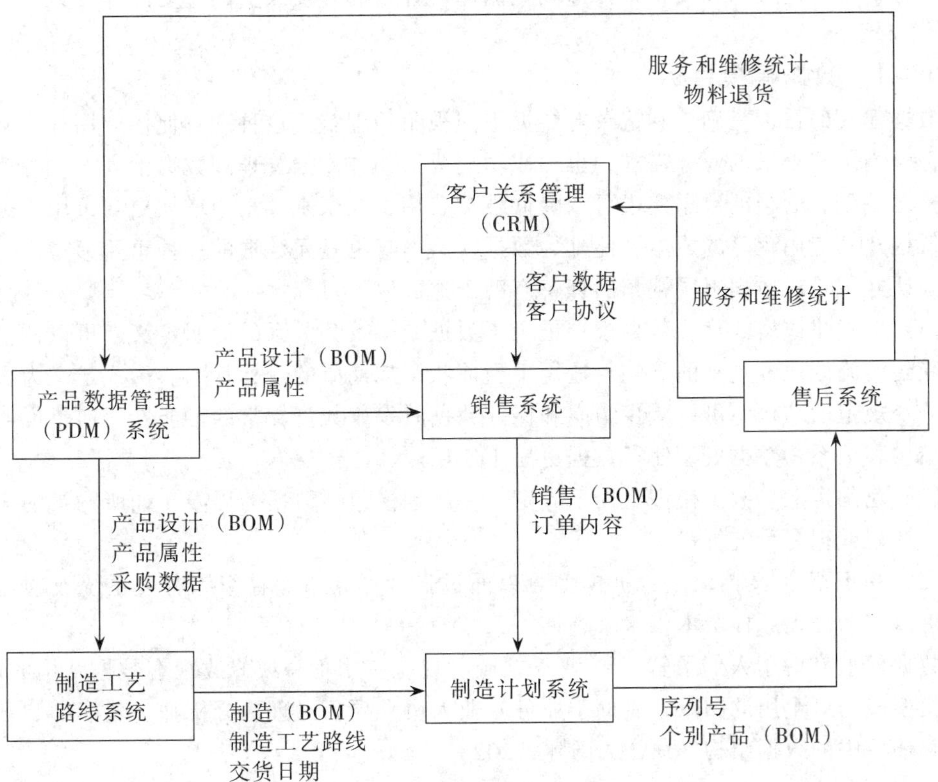

图4-5 数据流图示例

通过矩阵可以清晰地展现创建和使用数据的过程。采用矩阵方法显示数据需求的优势是可以清晰看出数据不是只在一个方向上流动。在复杂数据使用场景中，数据交换是多对多的，并会在多种地方出现，而且通过矩阵方法可以明确流程中的数据获取职责及数据依赖关系，反过来也可以促进流程的制定。只需要将流程轴转变为系统能力，对业务熟悉的人便可以很容易上手使用。在企业模型中构建这些矩阵是一个长期的过程。数据流图描述了系统间的数据流类型，这种图更为直观，也可以向更细的内容扩展。

企业数据模型和数据流设计需要充分配合。两者都需要反映当前状态、目标状态（架构视角）和过渡状态（项目视角）。

4.4 数据建模

数据建模是数据管理的重要组成部分，它是发现、分析和界定数据需求的过程，然后以数据模型的精确形式表示和传达数据需求。数据建模过程要求组织发现并记录其数据是如何组合在一起的，通过数据模型组织能够了解其数据资产情况。

数据模型描述组织理解的或组织希望获得的数据，其中包含一组带有文本标签的符号，这些符号通过可视化来展示传达给数据建模师的数据需求。这些数据的范围可以从小型（对于项目）到大型（对于组织）。因此，数据模型是数据建模过程产生的数据需求和数据定义的文档化形式。数据模型是将数据需求从业务部门传递到IT部门、IT部门内部，以及从分析师、建模师和架构师传递到数据库设计者和开发人员的主要媒介。

4.4.1 数据建模目标

数据建模的目标是确认和记录对数据不同视角的理解。这种理解促使应用程序和数据更加符合当前和未来的业务需求，也为成功完成诸如主数据管理和数据治理方案等广泛的计划奠定基础。恰当的数据建模可以降低维护费用，在未来计划中增加更多重用机会，从而降低构建新应用程序的成本。此外，数据模型本身也是元数据的一种重要形式。

确认并记录对数据不同视角的理解有助于达成以下目标：

（1）形式化或格式化。数据模型记录了数据结构及其关系的简明定义，可以评估数据如何受到实施的业务规则的影响，适用于当前状态或期望的目标状态。形式定义为数据增加了一个规范的结构，可以减少访问和保存数据时发生数据异常的可能性。通过说明数据中的结构和关系，数据模型使得数据更易于使用。

（2）范围定义。数据模型有助于界定项目的规模包括数据的界限，如所购买的应用程序包、计划或现有系统等。

（3）知识留存/文档化。数据模型可以通过显性形式来保存组织有关系统或项目的信息，可以作为历史原样版本供未来查询。

数据模型有助于人们了解组织/业务领域、现有应用程序或修改现有数据结构的影响。数据模型成为可重用的图示，有助于业务专业人员、项目经理、分析师、建模师和开发人员了解环境中的数据结构（DAMA国际，2020）。

4.4.2 数据模型组件

数据模型有不同的类型，包括关系模型、多维模型等。数据建模者将根据组织的需要、建模的数据及模型开发系统来使用合适的模型类型。不同类型的数据模型使用不同视觉上的惯例来收集和表达信息。数据模型也因所描述信息的抽象级别的不同而不同，但是数据模型都使用相同的构建组件：实体、关系、属性和域。作为组织的领导者，如果能了解数据模型是如何描述数据的，将会对组织大有帮助。

1.实体

在数据建模中，实体是组织收集信息的对象。实体有时被称为组织的一组名词。在关系数据模型中，实体是标识被建模的概念性的框。一个实体可以被认为是一个基本问题的答案：谁、什么、何时、何地、为什么、如何，或这些问题的组合。表4-2定义并给出了常用实体类别的示例。

表4-2　**常用实体类别**

类　别	定　义	示　例
谁（Who）	感兴趣的人或组织，即谁对企业很重要。通常“谁”与客户或供应商等角色相关联。个人或组织可以有多个角色，也可以包含在多个当事人之中	员工、依赖者、患者、玩家、嫌疑人、客户、供应商、学生、乘客、竞争对手、作者
什么（What）	企业感兴趣的产品或服务。它通常指的是组织所做的或者提供的服务，即什么对企业很重要。类别、类型等属性在这里非常重要	产品、服务、原材料、成品、课程、歌曲、照片、书
何时（When）	企业感兴趣的日历或时间间隔，即业务什么时候开始运营	时间、日期、月份、季度、年份、日历、学期、财政周期、分钟、出发时间
何地（Where）	企业感兴趣的位置。位置既可以指实际场所也可以指电子场所，即业务在哪里进行	邮寄地址、分发点，网址URL、IP地址
为什么（Why）	企业感兴趣的事件或交易。这些事件使业务得以维持，即为什么要运行	订货、退货、投诉、取款、存款、查询、交易、索赔
如何（How）	企业感兴趣的事件文档化（记录）。文档提供事件发生的证据，如记录订单事件的采购订单，即我们如何知道事件发生了	发票、合同、协议、账户、采购订单、超速罚单、装箱单、交易确认书
度量（Measurement）	关于时间、地点和对象的计数、总和等	销售数量、项目数、付款额、余额

资料来源：DMBOK 2.

2.关系

关系是实体之间的关联。关系捕捉概念实体之间的高级交互、逻辑实体之间的详细交互及物理实体之间的约束。关系在数据建模图中显示为线段。在两个实体之间的关系中，基数表示一个实体参与另一个实体关系的数量。基数由出现在关系线两端的符号表示。基数只能选择0、1或多。关系的每一方都可以有0、1或多的任意组合。

例如，一个组织雇用一个或多个员工，一个员工可以支持0、1或多个家庭成员（依赖者）。假设员工在一段时间内只能有一份工作，基数关系是捕获与数据相关的规则和期望的一种方式；如果数据显示员工在设定的时间段内拥有多份工作，就意味着数据中存在错误，或组织违反了规则。

3.属性

属性是一种定义、描述或度量实体某方面的性质。实体中属性的物理对应关系是表、视图、文档、图形或文件中的列、字段、标记或节点等。如图4-6所示，组织具有税务登记号、电话号码和名称的属性；员工具有员工编号、姓名、出生日期的属性；工作详情和依赖者（家庭成员）具有描述其特征的属性。

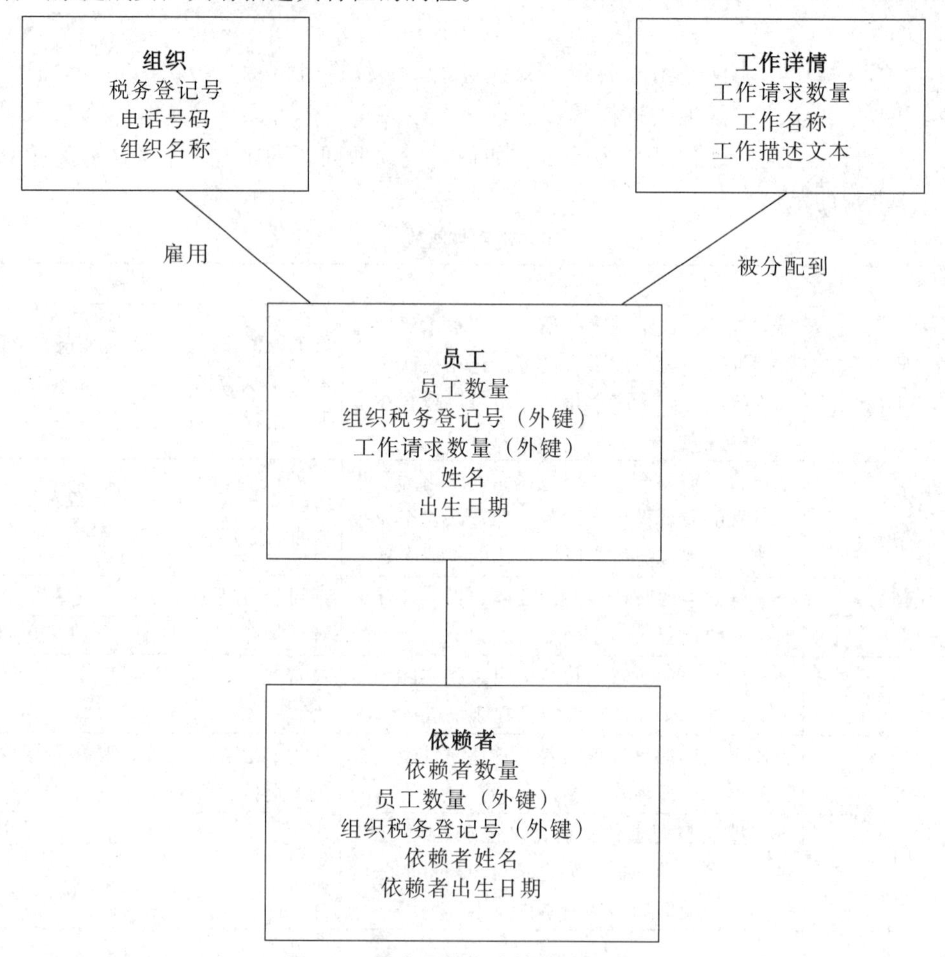

图4-6 具有属性和主键的关系模型

4.域

在数据建模中，域（Domain）代表某一属性可被赋予的全部可能取值。域提供了一种标准化属性特征的方法，并约束了该字段可填充的数值。例如，可以将包含所有可能有效日期的日期域分配给逻辑数据模型中的任何日期属性或物理数据模型中的日期列/字段，如员工雇用日期、订单输入日期等。

域对于理解数据质量至关重要。域内的所有值都是有效值，域外的值被称为无效值。属性不应包含其指定域外的值。员工雇用日期的域可以简单地定义为有效日期。根据这一规则，员工雇用日期的域不包括任何一年的2月30日。

4.4.3 数据建模和数据管理

数据建模是一个发现和记录信息的过程。这些信息对于组织通过其数据了解自身至关重要。模型可以捕获并使用组织内的知识，它们甚至能通过执行命名规则和其他标准来提高信息的质量，从而使信息更加一致和可靠。

数据分析师和设计人员充当信息消费者（对数据有业务需求的人）和数据生产者（在可用表单中采集数据的人）之间的中介。数据专业人员必须平衡信息消费者的数据需求和数据生产者的应用需求。数据设计人员还必须平衡短期和长期业务利益。信息消费者需要及时获取数据，以满足短期的业务需求并利用好当前的商业机会。系统开发项目团队必须受到时间和预算的限制，但同时也必须确保组织数据位于安全、可恢复、可共享和可重用的数据架构中，并使这些数据尽可能正确、及时、相关和可用，从而满足利益相关者的长期利益。因此，数据模型和数据库设计应在企业短期需求和长期需求之间作出合理的平衡。

【本章小结】

本章首先概述了数据架构的相关概念，进一步介绍了企业架构框架：Zachman框架、DGI数据治理框架。企业数据架构描述包括企业数据模型和数据流设计。其次，指出数据建模是数据管理的重要组成部分。数据建模过程要求组织发现并记录其数据是如何组合在一起的。最后，介绍了数据建模的目标和组件。

思维导图

【课后思考】

1. 什么是架构、企业架构和数据架构？
2. 企业架构的类型包括哪些？
3. 企业数据模型的核心内容是什么？
4. 数据建模的目标是什么？
5. 数据模型构建，需要考虑哪些因素？

【案例分析】

数据架构升级

请扫码研读本案例，进行如下思考与分析：

在车联网背景下，数据架构是如何应用于车企业务的？

案例分析

第5章　主数据管理

【学习目标】

通过本章的学习，了解主数据管理的特性和基本步骤，掌握主数据标准管理和全生命周期管理包含的主要内容，掌握企业常用主数据包含的类型以及主数据管理具体实施的关键点。

【素养目标】

通过对主数据标准管理的学习，学会规避对信息的盲目吸收与应用，强化信息伦理的规范性，最大限度避免数据侵权和数据风险。把控主数据质量，充分发挥数据价值，这样才能不断提高数据在社会生活中的作用。主数据的应用范围非常广泛，在学习中应注重社会责任意识和公共利益意识的培养，了解主数据如何在社会生活中具体实施，明确自己在主数据管理中需要承担的责任，并在社会实践中积极维护公共利益。

【引导案例】

A有色金属集团主数据管理存在的问题

A有色金属集团（以下简称“A集团”）成立于2002年，出资人为省国资委，注册资金12.6亿元人民币，是以有色金属、稀有金属、黄金资源开发为主，集地质勘查、采矿、选矿、冶炼、加工、科研设计、机械制造、建筑安装、商贸物流及物资进出口、房地产开发、物业管理为一体的多元化大型企业集团，拥有全国最大的稀有金属采选企业和最先进的稀有金属采矿、选矿生产工艺，拥有锂盐系列产品最先进的冶炼工艺技术，在国内锂盐业的发展中起着主导作用。

目前，A集团共有14家全资子公司、6家控股公司（包括两家上市公司和1家拟上市公司）、4家参股子公司，1家事业单位。该有色金属集团凭借近10年的信息化建设实现了生产、供应链、安全、管理、市场等各个领域的信息化，取得了一定的成绩。随着矿业信息化正朝着信息扩展、高度集成、综合应用、自动控制、预测预报、智能决策的方向发展，A集团的主数据管理已经不能满足集团未来发展的需求。

长期以来，A集团缺少专门从事数据治理及主数据标准体系建设方面的管理机构，导致物料、客户及供应商等相关基础数据未能在整个集团内得到统一、规范和有效的管理。A集团的主要信息系统（如ERP系统）普遍存在一物多码和描述不统一的现象，给集团及各单位的经营数据的统计和分析造成了障碍，严重影响了统计分析、财务核算、财务合并的准确性，也极大地制约了各信息系统之间的互联互通。

（1）组织主数据面临的问题：组织数据分布于各个信息系统，且编码不一致、名称不规范，数出多门、口径不统一、差距大，相互之间无法形成逻辑推理和空间、时间上的衔接关系，严重影响领导对经营活动的正确判断和科学决策。

（2）客户、供应商主数据面临的问题：现有系统中的客户供应商数据量约为1.55万条，其中存在重复的数据，数据中的某些关键字段值存在空值或错误的情况，这些数据都需要进行清洗或标准化。

（3）物料主数据面临的问题：①物料种类复杂，涉及面广，包括黑色金属、有色金属、医药、化工、食品等多种行业，物料分类及标准建立工作难度大；②物料数据量庞大，现有ERP系统中的数据总量达到10万条，同时，无效数据（重复数据、不完整数据等）数量庞大，需要对数据进行科学的分析及清洗；③物料主数据中存在分类交叉重叠、无法层级化管理和分析、无法控制数量快速增长等问题。

（4）人员主数据面临的问题：大量人员入职后信息未及时录入，对在职、离职、退休等的统计数据不准确，相应的管理决策存在失误。

主数据是实现A集团信息化智慧运营系统的重要的基础和前提。A集团没有建立内部统一的数据标准，大量数据分散在各业务系统中，对数据的标准没有进行统一规范和结构化，这明显不利于整体数据价值提升及运营指标分析。

资料来源：亿信华辰.数据治理案例：某有色金属集团主数据治理实践［EB/OL］.［2023-11-29］. https：//mp.weixin.qq.com/s/jhQUl4NaaBEp50k-cGoe4w.

由引导案例可以发现A集团在主数据管理方面存在诸多问题。我们不禁思考：究竟何为主数据？什么是主数据管理？主数据管理的意义是什么？如何化解该有色金属集团的主数据管理问题？本章将围绕这些核心问题展开阐述。

5.1 主数据管理概述

5.1.1 主数据的定义与特点

随着互联网和信息技术应用的日益普及，很多企业为了有效解决日趋复杂的业务经营和管理问题，都在持续大力推进信息化智能化建设工作，为企业经营效率和管理水平的提升不断注入活力。但在越来越多的信息系统投入运行后，会发现这些系统在数据互联互通、融合协同方面存在严重的问题，信息孤岛大量存在、数据标准不统一、数据质量差等问题阻碍了企业由信息化向数智化的换代升级。因此，完善主数据的管理已经成为提高企业信息化数字化建设效益、改善业务数据质量、在高端决策上为企业提供强有力支持的重要途径。

1.主数据定义

DAMA国际认为主数据（Master Data）是有关业务实体（如员工、客户、产品、供应商、财务结构、资产和位置）的数据，这些实体为业务交易和分析提供了语境信息。实体是现实世界的对象（如人、组织、地点或事物），以数据/记录的形式表示。主数据是代表关键业务实体权威的、最准确的可用数据。主数据具有高业务价值的、可以在企业内跨越各个业务部门被重复使用的数据，是单一、准确、权威的数据来源。管理良好的主数据的值是可信的，可以放心使用。主数据是公司核心的基本业务数据，通常长期存在且应用于多个系统（如PDM系统、ERP系统、OA系统等），描述企业整体业务信息的对象和分类，在整个公司范围内各个系统间要共享的数据，例如物资、供应商、员工等数据。

2.主数据特点

主数据是参与业务事件的主体或资源，是具有高业务价值的、跨流程和跨系统重复使用的数据。主数据与基础数据有一定的相似性，都是在业务事件发生之前预先定义；但又与基础数据不同，主数据的取值不受限于预先定义的数据范围，而且主数据记录的增加和减少一般不会影响流程和IT系统的变化。但是，主数据的错误可能导致成百上千的事务数据错误，因此主数据最重要的管理要求是确保同源多用和重点进行数据内容的校验。主数据具有如下特性：

（1）唯一性。主数据应该代表企业中的某个业务对象的唯一实例，以对应真实世界的对象。重复创建实例将导致数据的不一致，进而给业务流程和报告带来问题。为确保数据跨系统、跨流程的唯一性和一致性，需要为每个属性的创建、更新和读取确定一个应用系统作为数据源。

（2）全流程。主数据不依赖某个具体的业务流程，但是主要业务流程是需要的。主数据的核心是反映对象的状态属性，它不随某个具体流程而发生改变，而是整个完整流程中不变的要素。正确的主数据需要在正确的流程中创建、更新和使用，并在正确的应用系统中落地，这种协同将确保全公司范围内的数据质量；而且应该在主数据创建阶段就主动管理数据质量，而非在问题出现后被动解决。

（3）综合性。主数据是不依赖于特定业务主题却又服务于所有业务主题的、有关业务实体的核心信息，且不局限于某个具体职能部门，而是满足跨部门业务协同需要的、各个职能部门在开展业务过程中都需要的数据，是所有职能部门及其业务过程的“最大公约数据”。

（4）跨系统。主数据管理系统是信息系统建设的基础，应该保持相对独立，它服务于其他业务信息系统但是权限高于其他业务信息系统，因此，对主数据的管理需要集中化、系统化、规范化。由于主数据要满足跨部门的业务协同，它必须适应采用不同技术规范的不同业务系统，所以主数据必须应用一种能够被各类异构系统所兼容的技术。

（5）主数据还具有高价值、高共享和相对稳定的特点。

5.1.2 主数据管理的定义、规划流程及意义

构建完整的主数据管理体系可以对主数据实施统一、规范、高效的管理，确保分散的系统间主数据的一致性，改进数据合规性。不仅如此，主数据还是数据标准落地的关键载体，是企业实施全面数据治理的核心基础，成功实施主数据管理可以很好地推动企业全面建设数据治理体系。

1.主数据管理的定义

主数据管理（Master Data Management，MDM）是一系列规则、应用和技术，用以协调和管理与企业的核心业务实体相关的系统记录数据。需要控制主数据值和标识符，以便在整个系统中对有关基本业务实体的最准确和及时的数据进行一致的使用。这些目标包括确保提供准确的当前值，同时减少出现模棱两可的标识符的风险。MDM是集方法、标准、

流程、制度、技术和工具为一体的解决方案（用友平台与数据智能团队，2021）。

主数据管理通过对主数据值进行控制，使得企业可以跨系统地使用一致的和共享的主数据，提供来自权威数据源的、协调一致的高质量主数据，降低成本和复杂度，从而支撑跨部门、跨系统的数据融合应用。

2.主数据管理的规划流程

主数据管理具有挑战性。它用数据说明了一个根本性的挑战：人们选择不同的方式来表达相似的概念，而这些表达方式之间的协调并不总是直接的。同样重要的是，随着时间的推移，信息会发生变化，系统地解释这些变化需要数据规划、数据知识和技术技能。简而言之，主数据的管理包括数据管理和数据治理工作。

任何认识到需要进行主数据管理的组织，可能都已经拥有复杂的系统环境，有多种捕获和存储现实世界实体数据的参考方式。经过一段时间的数据合并和收购的有机增长（Organic Growth），向主数据管理流程提供数据输入的系统可能对实体本身有不同的定义，并且很可能对数据质量有不同的标准。面对这种复杂性，最好一次处理主数据管理的一个数据域。从少量属性开始，随着时间的推移逐渐扩大范围。

主数据管理的规划流程包括以下几个基本步骤：①确定提供主数据实体全面视图的候选源信息；②建立精确匹配和合并实体实例的规则；③建立识别和恢复不恰当匹配与合并数据的方法；④建立向整个企业系统分发可信数据的方法。

然而，执行过程并不像这些步骤那样简单。主数据管理是一个全生命周期的管理过程。主数据不仅必须在MDM系统中管理，还必须可供其他系统和流程使用。这就需要依靠能够共享和反馈数据的技术。此外，还需要由系统和业务流程对主数据值进行备份，并防止它们创建自己的“真相版本”。

3.主数据管理的意义

用友平台与数据智能团队（2021）指出主数据是企业的“黄金数据”，具有很高的价值，是企业数据资产管理的核心。通过统一数据标准，打通企业的数据孤岛，主数据管理对于企业的数字化建设、业务和管理能力提升、核心竞争力构建、“数据驱动”的实现具有重要意义。

（1）打破孤岛，提升数据质量

通过主数据管理，可以建立统一的主数据标准，规范数据的输入和输出，打通各部门、各系统之间的信息孤岛，实现企业核心数据的共享，提升数据质量。另外，主数据管理可以增强IT结构的灵活性，能够灵活地适应企业业务需求的变化，为业务应用的集成、数据的分析和挖掘打下良好基础。

（2）统一认知，提升业务效率

在企业的业务执行中，主数据的数据重复、数据不完整、数据不正确等问题是造成业务效率低下、沟通协作困难的重要因素。例如，“一物多码”问题常常让企业的采购部门库房管理、财务部门头痛不已。实施主数据计划，对主数据进行标准化定义、规范化管理可以建立起企业对主数据标准的共同认知，提升业务效率，降低沟通成本。

（3）集中管控，提升管理效能

当企业的核心数据分散在各单位、各部门的应用系统中时，缺乏统一的数据标准约束、缺乏管理流程和制度的保障对于企业的集约化管理是非常不利的，因为无法实现跨单位、跨部门的信息共享。企业若希望加强集团管控，实现人、财、物的集约化管理（如统一财务共享中心、共享人力资源、集中采购等），部署和实施统一集中的主数据管理是其重要前提。

（4）数据驱动，提升决策水平

数字化时代，企业的管理决策正在从经验驱动向数据驱动转型。主数据作为企业业务运营和管理的基础，如果存在问题将直接影响企业的决策，甚至误导决策。实施有效的主数据计划，统一主数据标准，提高数据质量，打通部门、系统壁垒，实现信息集成与共享是企业实现数据驱动、智能决策的重要基础。另外，管理良好的主数据不仅可以提高组织效率，而且能降低由整个系统和业务流程的数据结构差异所带来的风险，并为丰富某些类别的数据创造机会。例如，通过外部来源信息，组织拥有的用户数据可以得到扩充。

5.2 企业常用的主数据

5.2.1 参与方主数据

参与方主数据（Paty Master Data）是关于个人、组织以及他们在业务关系中所扮演角色的数据。在商业环境中，各类参与方包括客户、员工、供应商、合作伙伴和竞争对手等。在公共部门，参与方通常是指公民；在执法机构，重点关注嫌疑人、证人和受害者；在非营利组织，重点是会员和捐赠者；在医疗保健机构，重点是患者和医护人员；在教育系统，重点是学生和教师。

客户关系管理（CRM）系统能够管理客户的主数据。客户关系管理的目标是提供关于每个客户完整且准确的信息。CRM的一个重要方面是从不同的系统中识别重复、多余、相互矛盾的数据，并确定它们是代表一个客户还是多个客户。CRM必须能够解决冲突的数据值、调和差异，并准确地表示用户当前的信息。这个过程需要强大的规则，同时还要了解这些数据源的结构、粒度、血缘以及质量。

专门的主数据管理系统对个人、组织及其角色、员工和供应商发挥着类似的功能。无论什么行业，管理参与方主数据均面临一定的挑战，比如：（1）个人和组织扮演的角色和他们之间关系的复杂性；（2）唯一标识的困难；（3）数据源的数量和它们之间的差异；（4）多个移动通信信道和社交渠道；（5）数据的重要性；（6）客户想要怎样参与的期望。

主数据对于在组织中扮演多重角色的参与方（如既是客户又是员工）以及使用不同接触点或接触方法（如通过与社交媒体网站绑定的移动设备应用程序的交互）的参与方来说，极具挑战性（DAMA国际，2020）。

5.2.2 财务主数据

财务主数据（Financial Master Data）包括有关业务部门、成本中心、利润中心、总账账户、预算、计划和项目的数据。通常，ERP系统充当财务主数据（会计科目）的中心枢纽，项目的细节和交易信息在一个或多个应用程序中创建和维护。这种结构在分布式后端办公职能的组织中比较普遍。

财务主数据管理解决方案不仅包括创建、维护和共享信息，还可以模拟现有财务数据的变化如何影响公司的基线。财务主数据的模拟通常是商务智能报告、分析和规划模块以及更直观的预算和计划的一部分。通过这些应用程序，可以对不同财务结构的版本进行建模，以了解潜在的财务影响。一旦作出决定，达成一致的结构变化应能够分发给所有相关的系统。

5.2.3　法律主数据

法律主数据（Legal Master Data）包括关于合同、法规和其他法律事务的数据。法律主数据允许对提供相同产品或服务的不同实体的合同进行分析，以便更好地协商谈判，或将这些合同合并到主协议中。

5.2.4　产品主数据

产品主数据（Product Master Data）专注于组织的内部产品和服务，或全行业的产品和服务（包括竞争对手）。不同类型的产品主数据解决方案支持不同的业务功能。

1.产品生命周期管理（PLM）系统

该系统侧重于从构想、开发、制造、销售、交付、服务和废弃等方面管理产品或服务的生命周期。组织通过实施产品生命周期管理系统以加快产品的上市。在产品开发周期长的行业，产品生命周期管理系统使组织能够跟踪跨过程的成本和法律协议，因为产品的构想从最开始的想法发展到潜在产品的过程会变换名称，还可能会更换不同的许可协议。

2.产品数据管理（PDM）系统

该系统通过捕获和实现对设计文档（如CAD图样）、配方（制造说明书）、标准操作程序和物料清单（BOM）等产品信息的安全共享，以支持工程和制造功能。产品数据管理功能可以通过专门的系统或ERP系统实现。

3.企业资源规划（ERP）系统

该系统的产品数据主要关注库存单位，以支持从订单录入到库存阶段，可以通过多种技术识别各种独立的产品。

4.制造执行系统（MES）

该系统中的产品数据主要关注原材料库存、半成品和成品，其中成品与可以通过ERP系统来存储和订购的产品相关联。这些数据在整个供应链和物流系统中也很重要。

5.客户关系管理（CRM）系统

该系统支持营销、销售和交互支持，系统中的产品数据可以包括产品系列和品牌、销售代表协会、客户区域管理以及营销活动等。

此外，许多产品的主数据与参考数据管理系统密切相关。

5.2.5　位置主数据

位置主数据（Location Master Data）提供跟踪和共享地理信息的能力，并根据地理信息创建层次关系或地图。位置参考数据和位置主数据之间的区别模糊了位置数据。位置参考数据通常包括行政区域数据，如国家、省、市、县、镇、邮政编码，以及地理位置坐标，如纬度、经度和海拔高度。这些数据很少更改，如有需要一般会由外部组织进行更改。位置参考数据也可能包括组织定义的地理区域和销售区域。位置主数据包括业务方地址和位置，以及组织拥有的设备的地址和位置。随着组织的发展或收缩，这些地址的变化频率要高于其他的位置参考数据。不同的行业需要一些专门的地球科学数据（关于地震断层、洪泛平原、土壤、年降雨量和恶劣天气风险区域的地理数据）和相关的社会学数据（人口、民族、种族、收入等），这些数据通常由外部来源提供。

5.2.6 行业主数据——参考目录

参考目录是主数据实体（公司、人员、产品等）的权威清单，组织可以购买和使用主数据实体作为交易的基础。虽然参考目录是由外部组织创建的，但管理并协调妥善的信息版本是组织在自己的系统中进行维护的。获得正式许可的参考目录例子有，邓白氏公司（D&B）全球总部、各地子公司、分支机构的公司目录，美国医学协会医生处方数据库等。

参考目录可以通过以下方式帮助用户更好地使用主数据：

（1）为新记录的匹配和连接提供起始点。例如，当有5个数据源时，可以将每个数据源与目录对比（5个对比点），还可以对这5个数据源进行相互对比（10个对比点）。

（2）提供在记录创建时可能较难获得的其他数据元素。例如，对医生来说，可能包括医疗许可证状态。

（3）当组织的记录与参考目录匹配、协调时，可信记录将偏离参考目录，并且可追溯到其他源记录、贡献属性和转换规则（DAMA国际，2020）。

5.3 主数据管理活动

5.3.1 识别驱动因素和需求

受系统的数量和类型、使用年限、支持的业务流程以及交易和分析中数据使用方式的影响，每个组织都有不同的主数据管理驱动因素和障碍。其中，驱动因素通常包括改善客户服务和运营效率，以及减少与隐私和法律法规有关的风险；障碍包括系统之间在数据含义和结构上的差异。这些障碍常常与文化障碍有关——即使改变流程对整个企业来说是有益的，有些业务部门可能还是不愿意承担这些成本（DAMA国际，2020）。

在应用程序内部定义主数据的需求相对容易，跨应用程序定义主数据标准需求则比较困难。大多数组织都希望一次只针对一个主题域甚至一个实体来实施主数据工作。宜根据改进建议的成本/收益以及主数据主题域的相对复杂性等因素，对主数据工作进行优先级排序，从最简单的类别开始，在过程中逐步积累经验。

5.3.2 评估和评价数据源

现有应用中的数据构成了主数据管理工作的基础，理解这些数据的结构和内容以及收集或创建数据的过程十分重要。主数据管理工作的结果之一可能是通过评估现有数据的质量来改进元数据。评估数据源的目标之一是根据组成主数据的属性来了解数据的完整性。这个过程包括阐明这些属性的定义和粒度。在定义和描述属性时，有时会遇到语义问题，数据管理员需要与业务人员协作，并就属性命名和企业级定义达成一致。评估数据源的另一目标是了解数据的质量。数据质量问题会使主数据项目复杂化，因此评估过程应该包括找出造成数据问题的根本原因并解决问题。不要想当然地认为数据是高质量的——假定数据质量不高才比较稳妥，应将评估数据质量及其与主数据环境的适配性的工作常态化。

主数据管理最大的挑战是数据源之间的差异。在任何给定的数据源中，数据可能都是高质量的，但由于结构差异以及表示相似属性的值的差异，这些数据还是不能很好地整合在一起。数据是在应用程序中被创建和收集的，而主数据计划提供了在这些应用程序中定义和实现标准的机会。

对于某些主数据实体，如客户、顾客或供应商，可以购买标准化数据（如参考目录），以实现主数据管理工作。有些供应商可以提供与个人、商业实体或专业人士有关的高质量数据（如卫生保健专业人员），这些数据可以与组织内部的数据进行比较，以此来改善组织内存储的联系信息、地址和名称等数据的质量。除了评估现有数据的质量外，还必须了解支持主数据管理工作的输入采集技术，现有技术将影响主数据管理的架构方法。

5.3.3 定义架构方法

主数据管理的架构方法取决于业务战略、现有数据源平台以及数据本身，特别是数据的血缘和波动性以及高延迟或低延迟的影响。架构必须考虑数据消费和共享模型。维护工具取决于业务需求和架构选项。工具有助于定义数据管理和维护的方法，同时也依赖于管理和维护的方法。

在抉择整合方法时，需要考虑整合到主数据解决方案中的源系统的数量和这些系统所需的平台。组织的规模和地域分布也会影响整合方法的选择。小型组织可以有效地利用交易中心模式，而具有多个系统的全球性组织更有可能选择注册表模式。如果一个组织兼有"孤立"的业务部门和各种各样的源系统，那么组织可能会决定使用一种综合的方法进行统一整合。业务领域专家、数据架构师和企业架构师应该就各种方法提出自己的意见。

当主数据没有清晰的记录系统时，数据共享中心的架构就显得尤为重要。在这种情况下，多个系统会提供数据，一个系统的新数据或更新数据可以与另一个系统已经提供的数据相融合。数据共享中心成为数据仓库或数据集市中主数据的数据源，降低了数据提取的复杂性，并减少了数据转换、修复及融合的处理时间。当然，出于保存历史信息的目的，数据仓库必须反映对数据共享中心所做的所有更改，而数据共享中心本身可能只需要反映实体的当前状态。

5.3.4 建模主数据

主数据管理是一个数据整合的过程。为了实现一致的结果，并在组织扩展时管理新资源的整合，必须在主题域内为数据建模，可以在数据共享中心的主题域上定义逻辑或规范模型，这将建立主题域中实体和属性的企业级定义。

5.3.5 定义管理职责和维护过程

技术解决方案可以在主记录标识符的匹配、合并和管理工作中发挥重要作用，但这个过程还需要做一些管理工作，不仅要修复在此过程中遗失的记录，更重要的是还要修复和改进造成数据遗失的流程。主数据管理项目应考虑主数据保持质量所需的资源，需要对记录进行分析，向源系统提供反馈，并提供可以被用来调整和改进驱动主数据管理解决方案的算法的输入。

5.3.6 建立治理制度，推动主数据使用

尽管主数据项目的初始工作极富挑战性，需要投入大量精力，但是一旦工作人员和某系统开始使用主数据就会发现它真正的优点，如更高的运营效率、质量和更好的客户服务等。整个工作必须有一个路线图，以便让各个系统可以把主数据值和标识符作为流程的输入。在系统之间应建立单向的闭环，以保持系统之间值的一致性（DAMA国际，2020）。

5.4 主数据标准管理

数据标准（Data Standards）是保障数据的内外部使用和交换的一致性和准确性的规范性约束。数据标准管理是规范数据标准的制定和实施的一系列活动，是数据资产管理的核心活动之一，对于企业提升数据质量、厘清数据构成、打通数据孤岛、加快数据流通、释放数据价值有着至关重要的作用。主数据标准管理的目标是通过统一的标准制定和发布，结合制度约束、系统控制等手段，为主数据的唯一性、完整性、有效性、一致性、规范性管理提供支持和保障。主数据标准管理是主数据管理工作的重中之重，也是主数据全生命周期管理、主数据质量管理和主数据应用管理的重要基础。成功实施主数据标准管理，是主数据管理的首要要求。

通过主数据标准化，才能为实现部门和系统间的数据集成和共享、打通企业横向产业链和纵向管控奠定数据基础。主数据标准包含主数据业务标准、主数据模型标准。主数据标准体系在建设梳理的过程中，一般会衍生出一套代码体系表或主数据资产目录（祝守宇等，2023）。

5.4.1 主数据业务标准

主数据业务标准是对主数据业务含义的统一解释及要求，包括主数据来源（确定数据的唯一出处）、主数据的管理级次、统一管理的基础数据项、数据项在相关业务环境中产生过程的描述及含义解释、数据之间的制约关系、数据产生过程中所要遵循的业务规则。

主数据业务规则包含主数据各数据项的编码规则、分类规则、描述规则等。

1.编码规则

主数据代码的编码规则。主数据编码是在信息分类的基础上，将信息对象赋予有一定规律性、易于计算机和人识别与处理的符号。主数据编码应具有唯一性、稳定性、扩展性、适用性、简易性、规范性、统一性等特点。例如，物料代码采用以“1”开头的8位无含义数字流水码。

2.分类规则

分类规则是依据相关业务环境和管理需求形成的，用以确定主数据的分类体系。分类规则应具有科学性、系统性、扩展性、兼容性和实用性的特点。例如，根据物料的自然属性及所包括范围的大小，可以将物料分为大、中、小三类。

3.描述规则

描述规则，又被称为命名规范。例如，物料描述规则包括具体物料描述规则的定义，主要解决物料描述的规范化问题。

5.4.2 主数据模型标准

主数据模型标准包含主数据逻辑模型和主数据物理模型。

1.主数据逻辑模型

主数据逻辑模型是将高级的业务概念以主数据实体/属性及其关系的形态在逻辑层面上更详细地表达出来，主要表现形式是ERD（实体关系图）。

2.主数据物理模型

主数据物理模型，又被称为主数据的存储结构表。在应用环境中业务对数据的统一技术要求包括数据长度、数据类型、数据格式、数据的缺省值、可否为空的定义、索引、约束关系等，以保证数据模型中设计的结果能够真正落地到某个具体的数据库中。主数据物理模型提供了系统初始设计所需要的基础元素，以及相关元素之间的关系。

5.4.3 主数据代码体系表

主数据代码体系表（或称为主数据资产目录）：是描述企业信息化建设过程中所使用的主数据代码种类、各类主数据代码名称、代码属性（分类、明细、规则等）、采（参）标号及代码建设情况的汇总表。它是企业主数据代码查询和应用的依据，同时也是主数据代码的全局性和指导性文件。主数据代码体系表主要结合了企业的经营管理特点，服务于企业信息化建设和数字化转型，主要包括两部分内容：第一部分是企业信息代码体系表的框架结构及分类，第二部分是所有分类下的信息代码标准明细及建设情况。

5.5 主数据全生命周期管理

5.5.1 主数据全生命周期管理的定义

主数据全生命周期管理是指采用必要的管理工具，依据管理职责，按照规范的流程对主数据生命周期各环节实施管理行为。它是确保主数据质量的重要手段。主数据管理平台实现数据全生命周期管理是一个复杂而系统的过程，它涉及数据的创建、存储、处理、共享、存档以及销毁等多个环节。主数据全生命周期管理不但对主数据系统的数据进行管理，而且对所有承担主数据管理的其他系统进行管理，包括代管主数据的业务系统（如HR系统、CRM系统等）、主数据采集和预处理系统等，这样才能确保主数据全生命周期管理的完整性。结合企业业务特点，建立符合企业实际应用情况的主数据全生命周期管理流程，是实现主数据的持续性长效治理和提升数据质量的关键。

5.5.2 主数据全生命周期管理模式

主数据全生命周期管理通常包括申请、校验、审核、创建、发布、变更、冻结、归档等。由于不同的主数据具有各自的情况和特点，各类主数据在企业内的全生命周期管理流程不尽相同，因此需要对每类主数据按照不同的流程进行全生命周期管理的设计，以实现主数据管理最合理的分工和协同。主数据全生命周期管理模式主要有集中管理模式、源头托管模式和协同共管模式三种，如图5-1所示。

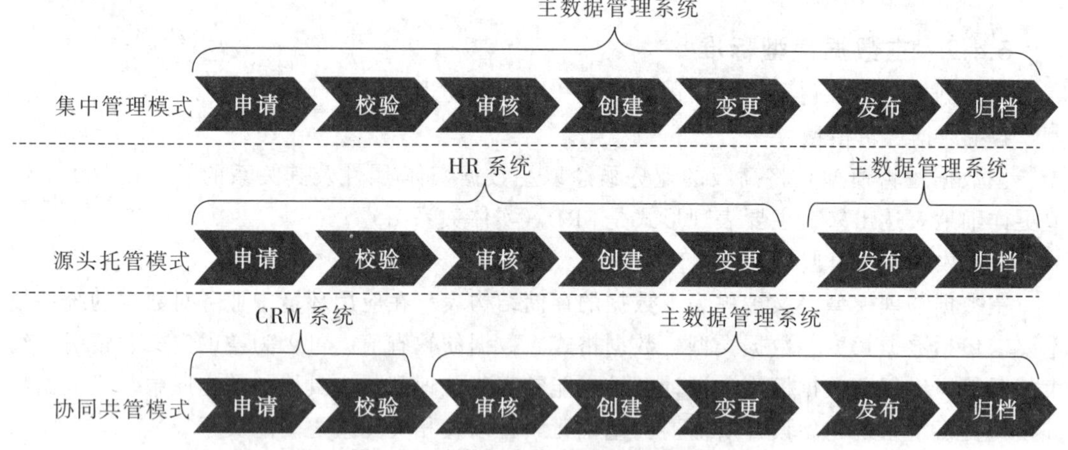

图5-1　主数据全生命周期管理模式

资料来源：祝守宇，蔡春久，等.数据治理：工业企业数字化转型之道［M］.2版.北京：电子工业出版社，2023：124.

1.集中管理模式

集中管理模式就是主数据全生命周期管理都在主数据管理系统内完成，不依赖其他业务系统的支持和协同。这种模式一般针对不需要其他业务数据支持的主数据，如物料代码数据管理。

2.源头托管模式

源头托管模式是指将主数据全生命周期管理全部委托给业务系统的管理模式。这种模式适用于采用业务数据作为参考数据的主数据，如HR的员工主数据和内部组织主数据。源头托管模式又分为单源托管和多源托管，单源托管是指主数据来源于单个系统，多源托管是指主数据来源于多个系统。单源托管主数据直接接入即可，多源托管在接入时需整合数据。

3.协同共管模式

协同共管模式是指源头业务系统和主数据系统按照协同规则对主数据全生命周期共同管理的模式。这种模式适用于源头系统参与部分管理的主数据，如用户主数据。

5.6　主数据管理实践关键点

5.6.1　大目标，小步骤

主数据管理在企业数据架构中占据重要位置，是企业数据战略中最重要的一环。企业在规划设计主数据管理项目时，既要有广度，又要有深度。在广度上，应站在全局的视角进行主数据规划设计，要覆盖企业的各组织单位、各业务领域、各应用信息系统。在深度上，主数据的规划不仅需要满足企业现有的应用需求、数据交换共享需求，还需要考虑未来主数据在大数据分析、决策支持方面的应用要求。企业在主数据项目落地时往往会陷入这样一个误区：贪大求全，恨不得通过一个项目一次就把企业多年沉积下来的各种数据问题全部解决。殊不知这样的做法却让企业的数字化治理陷入泥潭——投入了大量的人力、物力和财力，却不见成效，或者在项目建设期有一定效果，但过了一段时间似乎一切又回到了原点。

企业数据治理是场马拉松，不能被前方琐碎而繁杂的事务所吓倒，要做好整个赛程的规划，逐步推进。企业会有很多主数据，如果一次把所有主数据都管理起来，工作量会非常大，周期会很长，倒不如分阶段、分批次推进。采用“总体规划，分步实施”的原则来开展项目的设计和施工，可使项目总体目标能够支持企业发展战略，实施步骤符合企业运营现状。

1.总体规划

通过全面的需求调研和统一的主数据识别，结合企业现状和业界标杆案例，规划出企业主数据管理的总体蓝图。

2.分步实施

按照企业业务需求的紧迫程度和主数据实施的难易程度，对每个主数据的实施优先级进行排序，制定出主数据实施的行动路线图，分阶段完成主数据管理目标。“小步快跑，快速迭代”是主数据项目建设的最佳模式，它能够将企业主数据管理的难题逐步化解。

5.6.2　业务驱动，技术引领

主数据管理绝对不是为了做主数据而做主数据，而是为了服务于企业的业务目标。主数据项目建设不是一个部门的任务，也不只是IT部门的事情，需要技术和业务协同，为实现企业的业务目标而服务。主数据项目建设需要业务驱动和技术引领的双引擎。

业务驱动是业务的需求驱动，业务需求来自各个具体的生产单位，业务驱动的本质是生产单位“一把手”推动。主数据建设从需求规划、标准设计、管理流程、平台建设都需要业务部门的深度参与。主数据的分类、编码、属性模型的制定都需要由业务部门主导，将业务管理人员纳入主数据的管理组织中来，才能保障业务连贯性和数据的一致性、完整性和准确性。只有如此，才能让主数据来源于业务，服务于业务，从而让主数据达到一种“自治”的状态。

技术引领是将新技术、新思维应用到主数据管理中来。主数据+新技术将改变主数据管理模式和业务形态。例如，主数据+大数据，形成融合互补的关系，通过大数据的分析结果，会动态更新主数据标签，通过主数据体系不断完善，提高大数据分析的质量；主数据+云计算，主数据管理将打通企业内部数据和云端数据的融合通道，实现混合云模式下的数据管理和应用；主数据+人工智能，人工智能将应用于主数据的清洗、转换、集成、融合、共享、数据关系管理、运营管理等环节中，增强数据管理；主数据+微服务，每个主数据作为一个微服务，可以独立部署、独立运行，性能将更好，更能适应混合云下的主数据应用，更有利于前端业务的创新。

企业要做的是让业务和技术协同起来，基于业务进行主数据管理，利用技术引领业务创新。主数据管理通过业务驱动、技术引领对贯穿主数据全生命周期的关键数据要素进行管理，颁布数据标准，建立主数据管理平台，进而提升企业的数据管控能力，提升数据质量，为企业的数据集成和数据分析系统提供支撑。

5.6.3 重视数据清洗

数据清洗，从字面上理解就是把脏数据洗掉，这里“脏数据”是指重复、不一致、不完整、不正确的数据。数据清洗是发现并纠正数据集中数据质量问题的过程，包括检查数据唯一性、一致性，处理重复数据和缺失值等。

从定义上能够看出，数据清洗是个“脏活”。企业拥有的主数据的量有多有少，有些中小企业的物料主数据能够达到几十万条记录，对企业来说，几十万数据的清洗工作是个累活。我们都知道，主数据是业务运行、系统集成及数据分析的基础，主数据中如果存在脏数据，将直接降低业务的效率，影响管理决策的准确性。因此，数据清洗还是一个责任大、任务重的活，是数据治理中的一个苦差。

那么，如何使企业的这项苦差变成光鲜亮丽、人人都想干的美差呢？用友平台与数据智能团队（2021）提出了以下三方面的建议可供参考：

（1）思想文化建设。企业需要逐步培养全体员工的数据思维，让他们认识到数据是企业的重要资产，虽然很苦很累，但数据清洗却是一件很有意义的事情。主数据质量的高低影响到的不只是业务效率，还可能是决策方向。

（2）管理政策的倾斜。企业需要将数据管理作为一项战略性任务，给予数据清洗工作一定力度的支持，采取相应的激励和考核措施。采用约束和奖励的方式来激发数据清洗人员的积极性。

（3）“人工智能”的应用。这里的“人工智能”是以人工+智能的方式进行数据清洗。智能清洗是利用数据清洗工具和强大的算法模型找出脏数据，并进行自动化处理。这种方式效率高，但存在可靠性风险，很可能将有效数据清洗掉。人工清洗是通过查找原始记录、标准文件或请教专家来填补缺失数据、剔除重复数据和处理脏数据。这种方式能够在一定程度上保证清洗出的数据的可靠性，但效率低下。

在项目实际执行过程中，常常需要两种方式结合使用，首先利用“智能化”的计算机技术迅速排查和找到脏数据，再利用人工的方式进行核对、填补、修正。当前这种方式比单纯的机器清洗可靠性高，比单纯的人工清洗效率高。

5.6.4 主数据标准实施

主数据标准的落地是主数据项目实施中的一个难点。有些企业信息化起步较早，已经建设了多个系统，这些系统有很多是购买的套装软件，数据库不一致、开发语言不一致、系统架构不一致等问题突出，若要将主数据标准在这些异构的系统中落地往往较难。新老标准的兼容和历史数据的处理是主数据标准落地过程中不得不面对的问题。对于新建系统，可以直接引用清洗后的标准主数据，这种情况比较容易操作。对于已在运行的系统，主数据标准的落地可以参考以下方法：

1.一次到位模式

企业强力推行主数据标准化，规定所有业务系统必须按主数据标准进行整改，一次性彻底解决遗留系统的主数据问题。这种方式虽然简单粗暴，但操作起来并不容易。由于遗留系统多年来一直使用旧的编码体系，对于历史数据还存在没有结清的业务来说，想要彻底替换成新的编码体系，很难一蹴而就。

2.断点切换模式

选择一个相对合适的时间点建立断点，这个时间点之前的数据就不再处理了，对这个时间点之后的数据进行清洗、转换和映射，替换成新的主数据标准。这种方式的优点是操作简单，遗留系统的改造难度低；缺点是查询历史数据还需要按旧标准，对于企业数据的整体统计分析造成两层皮，无法有效利用历史数据，影响分析结果。

3.平滑过渡模式

所有数据按照新的主数据标准引入并与现有的数据建立映射关系，对于新增的数据直接按新标准执行，对于历史数据可以依旧使用旧标准。同时，新旧体系之间存在映射关系，因而可以为企业提供完整的数据统计分析。这种方式也有弊端，那就是要求已在运行的系统中历史数据的质量要相对较好。如果遗留系统中的主数据质量非常差，与新的主数据标准体系无法建立映射关系，就需要投入大量时间和精力去处理已在运行系统中的历史数据。

5.6.5　企业数据融合社会数据

企业数据融合社会数据，就是通过引入外部数据服务，增强企业的主数据管理能力。例如：对于客户、供应商主数据的管理，就可以引入外部的企业信息资源，改变传统主数据新增、变更的管理模式。目前国内有很多数据平台（如天眼查、启信宝、企查查等），通过与工商局、法院等部门的数据打通，能够及时获取可信的企业信息资源，企业主数据管理只需要调用这些平台提供的DaaS（数据即服务），就能轻松获取高质量的企业数据。

这种模式能够改变主数据管理维护和数据清洗的传统人工模式，在主数据管理和清洗过程中直接调用社会化数据服务，帮助企业进行智能数据治理。例如：通过自动填充客商新增的数据、自动清洗客商数据、动态更新数据，降低企业人力成本，提升数据质量。企业数据融合社会数据，为企业提供主数据清洗、主数据补全和主数据初始化服务，建立社会化主数据标准体系、管理规范，并向社会应用提供数据智能服务，提供基于知识图谱的数据分析服务，从而帮助企业提升供应链风控管理和投融资风控管理，增强企业风控管理能力。

随着DaaS的不断完善，传统的企业主数据管理模式必将迎来挑战。目前国内有远见的主数据产品供应商已经在这方面进行了布局，并取得了一定的成绩，这在很大程度上推动了数据要素市场流动和新质生产力发展。

5.6.6　重视主数据管理

主数据是企业的核心数据资产，在一定程度上，主数据质量的好坏决定了数据价值的高低。主数据不仅是实现企业各部门之间、各信息系统之间、企业与企业之间数据互联互通的基础，也是数据分析、数据挖掘的基础，这个基础如果打得不牢，企业的数字化转型将举步维艰。但现实是，不少企业对主数据运维工作的重视程度不高，将主数据运维看作一项基础性的简单工作，安排的运维人员多数是非骨干人员，甚至有的企业根本没有专职的主数据管理员。存在这种情况的企业有两个极端：要么就是主数据标准化程度非常高，企业对于主数据标准的认知高度一致，数据质量较高；要么就是企业管理层完全没有意识到主数据管理的重要性，管理质量堪忧。

因此，一方面，企业应当认识到主数据是企业最重要的数据资产，应高度重视主数据管理。主数据管理员需要对专业领域的业务非常娴熟，企业应当安排相应的业务骨干管理主数据，即便不安排业务骨干，也要对该岗位的人员做好培训。例如：物料管理员首先要能识别物料，其次要了解物料的来源、用途、价值、关键特征等，最后还应了解在设计、生产、仓储、物流和售后各环节对物料的不同管理要求，只有这样才好对物料进行归类和赋码，以更好地支持业务协同。另一方面，主数据管理员要清楚主数据是企业黄金数据，要将主数据管理作为一项核心工作，认真对待，不可懈怠，更不可麻痹大意。主数据质量将直接影响业务运营效率和管理决策水平。一个优秀的主数据管理员不仅能够将日常的数据运维工作做好，还能够影响周围的同事，为企业建立全员的数据思维和数据文化提供支撑，是企业数字化转型升级的中坚力量（用友平台与数据智能团队，2021）。

5.7 主数据管理趋势

随着各行业数字化转型的不断深入，主数据管理的形态将持续演化，业界对主数据的管理和应用需求将长期存在，并且会持续将主数据作为组织数字化转型的重要基础。主数据管理将覆盖更多核心业务领域，促进业务流程和应用系统集成，支撑更加丰富的业务流程及业务场景。

5.7.1 从结构化到非结构化

随着企业数据管理工作的深入，更多类型、更多形态的数据纳入了管理范畴，相比结构化数据，商标、图形、颜色、字体、指令等半结构化和非结构化数据在跨组织、跨系统、跨业务流程共享过程中，需要保持全局一致和动态更新，对主数据管理提出了更高的管理要求，将催生更多形态的技术手段。

5.7.2 从自动化到智能化

随着企业数字化转型相关技术的应用日益成熟，未来将有更多企业采用OCR、RPA、AI等技术提升主数据管理的自动化程度。相比传统的主数据人工维护方式，现有方式可以实现主数据的自动化创建、流转、审核，缩短主数据的创建审核周期、节省工作量投入、提高主数据完整性和准确性，在主数据新增和变更管理过程中大幅提高工作效率。

5.7.3 从组织级到行业级

主数据管理将从组织级管理升级为行业级、产业级管理，从辅助组织内部业务流程发展为支撑产业链贯通，在跨组织范围内达成对核心业务数据对象的一致共识，扩大主数据资源的共享范围，进而提升产业链协同过程中的信息互通与能力互补，并通过成熟的行业级主数据应用带动组织级主数据管理能力提升。

5.7.4 从有到“无”

随着模型驱动开发和组件化技术的日益成熟，越来越多的组织通过企业架构指导信息系统的建设和重构，对组织主营业务进行高度抽象后，客户、产品、机构等主数据管理的职能因其内在共享性，就会由独立业务组件来承担，从而实现业务流程活动、任务、信息需求的标准化。在组件化架构重构组织核心业务系统的过程中，主数据管理形态演变为企业级数据架构和应用架构管控模式，从识别和管理组织核心主数据演变为业务源头管控驱动的全域数据管理。

【本章小结】

本章首先介绍了主数据的概念和特性，以及主数据管理的基本步骤。进一步，重点介绍了主数据管理活动、主数据标准管理、全生命周期管理和主数据管理实践关键点，并介绍了企业常用主数据类型和主数据管理趋势。

思维导图

【课后思考】

1. 什么是主数据？主数据的特点有哪些？
2. 主数据管理的基本步骤包括哪些？
3. 主数据标准管理和全生命周期管理包括哪些内容？
4. 企业常用的主数据包括哪些？
5. 主数据管理具体实施的关键点有哪些？

【案例分析】

新兴际华集团有限公司主数据管理

请扫码研读本案例，进行如下思考与分析：

结合新兴际华集团有限公司发现主数据管理问题并解决这些问题的过程，您认为该公司如何长期保持主数据管理的优势？

案例分析

第6章 元数据管理

【学习目标】

通过本章的学习，掌握元数据的内涵、特征；了解元数据管理的必要性，掌握元数据架构及其管理流程；了解元数据管理工具和方法并能熟练运用；了解辨别真假元数据的方法；掌握发现并改正错误元数据的方法。

【素养目标】

倡导科学精神和批判思维。在元数据管理领域中，需要学生具备科学精神和批判思维，能够辨别真假数据并加以利用、分析和解释，不断提升思辨能力，能够准确地分析和应用元数据。

【引导案例】

元数据应用的一个典型场景

图书馆是一个需要管理大量书籍、期刊、音像资料等信息的场所。元数据管理在图书馆中起到了重要的作用，通过元数据管理，图书馆可以实现对这些信息的分类、检索和利用。比如，通过对图书的元数据管理，可以根据作者、出版社、出版时间等信息对书籍进行分类，方便读者查找所需的书籍。同时，元数据管理还可以提高图书馆的服务质量，如通过元数据管理，读者可以在网上预约图书，提高了借阅效率。

由引导案例，我们不禁思考：什么是元数据？元数据有何特点？元数据管理价值体现在哪里？如何进行元数据管理？本章将围绕这些问题展开阐述。

6.1 元数据管理概述

6.1.1 元数据

1.元数据的概念

元数据最常见的定义是“关于数据的数据”，就是“描述数据的数据”，包含了关于数据的定义、属性、结构、关系和使用规则等信息，描述了数据的来源、格式、质量要求、访问权限等方面，为数据的管理和使用提供了关键的信息。

哈佛大学数字图书馆项目团队认为元数据是帮助查找、存取、使用和管理信息资源的信息。事实上，元数据描述数据的内容（What）、覆盖范围（Where，When）、质量、管理方式、数据的所有者（Who）、数据的提供方式（How）等信息，是数据与数据用户之间的桥梁，如图6-1所示。在数据管理中，元数据的作用可以说至关重要，没有元数据就没有数据管理。不管是结构化数据还是非结构化数据，最终落地都要通过元数据管理。

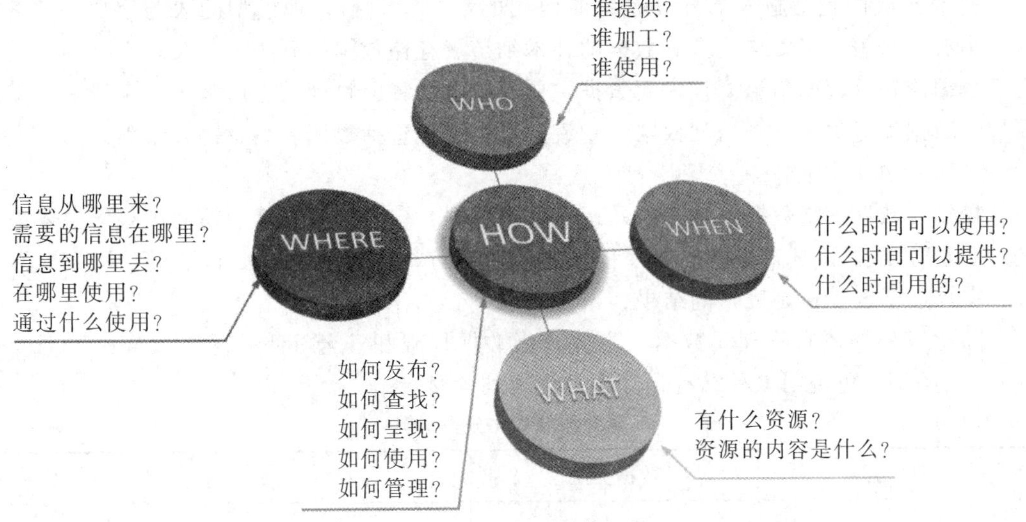

图6-1　元数据（数据资源目录）

与主数据不同，元数据可以帮助企业理解其自身的数据、系统和流程，也可以帮助用户评估数据质量。对数据库与其他应用程序的管理来说，元数据不可或缺。元数据有助于处理、维护、集成、保护、审计和治理其他数据。如一张表是学员基本信息：姓名、编号、培训班。另一张表存放学员的培训课程信息：课程编号、名称、学分。其中姓名、编号、培训班、课程编号、学分都是数据元，但这些数据元有自己的元数据，即描述数据，分别是长度、类型、值域等。对于学员基础信息表而言，姓名、编号、培训班是描述学员基础信息的数据，是学员的元数据。对于学员培训信息表而言，课程编号、名称、学分是描述学员培训信息表的数据，是学员培训的元数据。

一切元数据皆数据，一切数据皆元数据。元数据是关于数据或数据元素的数据（包括其数据描述），以及关于数据拥有权、存取路径、访问权和数据易变性的数据。元数据帮助组织了解自身的数据、业务系统和业务流程，对数据质量、数据架构、数据开发、数据安全不可或缺。

2.元数据分类

元数据分类方法不唯一，目前常见的分类方法有结构化和非结构化两种，信息技术领域中的元数据结构化分类，通常将元数据分为三种主要类型：业务元数据、技术元数据和操作元数据。

（1）业务元数据

业务元数据指的是用户访问数据时了解业务含义的途径，其中有资产目录、Owner、数据密级等。业务元数据使用业务名称、定义、描述等信息表示企业环境中的各种属性和概念，从一定程度上讲，所有数据背后的业务上下文都可以被看成业务元数据。与技术元数据相比，业务元数据的优点在于能够让用户更好地理解和使用企业环境中的数据，比如用户利用业务元数据可以清晰地理解各种指标的含义、计算方法等信息。业务元数据主要来自ERP系统、报表、表格、文件、BI工具、数据仓库等。正是因为业务元数据来源复杂、分散度高等因素，为实现业务元数据的管理，企业就需要有效的方法和手段。

（2）技术元数据

技术元数据是实施人员开发系统时使用的数据，包括物理模型的表与字段、ETL规则、集成关系等，主要描述有关数据的技术细节、存储数据的系统，以及在系统内和系统之间数据流转过程的信息。技术元数据主要有以下几种：物理数据库表名和字段名、字段属性、数据库对象属性、访问权限、物流数据模型（包括数据表名、键和索引）。

（3）操作元数据

操作元数据是指数据处理日志及运营情况数据，包括调度频度、访问记录等主要描述处理和访问数据的细节。如批处理程序的作业执行日志，抽取历史和结果，调度异常处理，审计、平衡、控制测量的结果，错误日志等。

除此以外，还有管理元数据，主要是指数据权限和安全等级等管理方面的数据。表6-1给出的例子可说明该种结构化分类的内容与含义。

表6-1 元数据结构化分类示例

元数据类型	数据类型	数据内容
业务元数据	数据值	176
	单位	cm
	指标	平均身高
	统计时间	2023年
	区域范围	江苏
	人群范围	成年男性
	阈值	80~260
技术元数据	数据库类型	MySQL
	数据库连接	××××××
	实例名	Statistic
	表名	human_stat
	字段	Height_avg
	数据接口	http：//××××
操作元数据	创建人	小方
	创建时间	2023年11月1日
	修改时间	2023年11月1日
管理元数据	数据权限	公开
	安全等级	安全

信息技术领域中的元数据非结构化分类则将元数据分为描述元数据、结构元数据、管理元数据、书目元数据、记录元数据和保存元数据等。

总的来说元数据不同类型之间的区别并不严格，最好是根据数据的来源而不是使用方式来考虑这些分类。

3.元数据特点

元数据是描述信息资源或数据等对象的数据，其使用目的在于识别、评价、追踪资源在使用过程中的变化，实现简单高效地管理大量数据，实现信息资源的有效发现、查找、一体化组织和对使用资源的有效管理。元数据的基本特点主要有：

（1）描述性

元数据提供了对数据的详细描述和说明，包括数据的属性、结构、关系等信息，可以帮助用户理解和使用数据。

（2）统一性

元数据是在整个系统中统一管理的，确保数据的一致性和准确性。通过统一的元数据管理，可以避免数据重复和冗余，提高数据的质量和可信度。

（3）可扩展性

元数据是可以扩展的，可以根据需要添加新的属性或关系。这使得元数据可以适应不同的数据需求和业务场景，保持灵活性和可定制性。

（4）可搜索性

通过元数据的搜索功能，用户可以快速定位到所需数据，提高数据的可用性和可访问性。

（5）可维护性

元数据是可维护的，可以进行更新、修改和删除。这使得元数据可以随着数据的变化进行同步更新，保持与实际数据的一致性。

（6）可分享性

元数据可以被分享和共享，方便不同用户和系统之间的交流和合作。通过共享元数据，可以实现数据的集成和共享，提高数据的复用性和效率。

总的来说，元数据是对数据进行描述和管理的重要工具，为数据的管理和使用提供了便利和支持。由于元数据也是数据，因此可以用类似数据的方法在数据库中进行存储和获取。如果提供数据元的组织同时提供描述数据元的元数据，将会使数据元的使用变得准确而高效。用户在使用数据时可以首先查看其元数据以便能够获取自己所需的信息。

4.元数据的来源

从元数据的类型可以看出元数据的来源各异，有多种途径和渠道，主要包括以下几个方面：

（1）数据源系统

元数据可以从数据源系统中获取，这些系统可能是企业内部的数据库、数据仓库、应用系统等。通过连接到这些系统，可以提取其中的元数据信息，包括数据表结构、字段定义、关系等。

（2）数据采集工具

有专门的数据采集工具可以用来收集元数据。这些工具可以扫描和解析数据源系统，自动提取其中的元数据信息，并进行整理和记录。这样可以节省人工收集元数据的时间和精力。

（3）数据管理工具

它可以用来管理和维护元数据。这些工具提供了元数据的录入、修改、删除等功能，可以手动输入元数据信息或者导入外部的元数据文件。

（4）数据字典

这是一种用于记录和管理元数据的工具。它包含了数据对象、属性、定义、关系等信息，可以用来描述和解释数据的含义和用途。数据字典可以由数据管理员或业务分析师编制和维护。

（5）文档和文档管理系统

元数据也可以从文档中获取，特别是在没有专门的数据管理工具或系统的情况下。文档中可能包含了对数据的描述和说明，可以将这些信息提取出来作为元数据。

（6）数据库和元数据仓库

元数据也可以存储在专门的数据库或元数据仓库中。这些数据库或仓库可以用来集中存储和管理元数据，提供元数据的查询、检索和共享功能。

总的来说，通过收集和整理这些来源的元数据，可以建立起全面、准确和可信的元数据库，为数据管理和使用提供支持。元数据的主要来源详见表6-2。

表6-2 **元数据来源**

元数据来源	备　注
元数据存储库	最直接的元数据获取方式
业务术语表	企业的业务概念、属于、定义以及术语之间的关系记录
商务智能工具	如概述、类、对象、衍生信息和计算的项、过滤器、报表等商务智能设计相关信息
配置管理工具	为每个配置项收集和管理标准元数据
数据字典	可用于管理每个数据模型中每个元素的名称、描述、结构、特征、存储要求、默认值、关系、唯一性和其他属性
数据集成工具	用于可执行文件将数据从一个系统移动到另一个系统或在同一个系统不同模块间移动
数据库目录	数据库目录是元数据的重要来源，它描述了数据库的内容、信息大小、软件版本、部署状态、网络正常运行时间、可用性等
数据映射管理工具	用于项目分析与设计阶段，将需求转换为映射规范
数据质量工具	通过验证规则评估数据质量，普遍具有与其他元数据存储库交换质量分数和质量概括的功能
字典和目录	不同于数据字典，其包含有关组织内数据的系统、源和位置的信息
事件消息工具	在不同系统之间移动数据，需要大量的元数据，并生产描述此移动的元数据
建模工具和存储库	用于构建各种类型的数据模型，生成的元数据包括主题域、逻辑实体、逻辑属性、实体和属性的关系、表、字段、索引、主键和完整性约束等
参考数据库	记录各种类型的枚举数据的业务价值和描述，在系统中的上下文中使用
服务注册	管理和存储有关服务和服务终端的技术信息，如定义、接口、操作、输入和输出参数、制度、版本和示例使用场景
其他元数据存储	其他特定格式的清单，如事件注册表、源列表、代码集、词典、业务规则等

资料来源：改编自DMBOK 2.

5.元数据价值

在信息世界，元数据的主要作用是对数据对象进行描述、定位、检索、管理、评估和交互。元数据对于数据管理和使用，主要具有以下几个方面的价值：

（1）数据理解和解释

通过元数据，用户可以更好地理解和解释数据，了解数据的含义、用途和来源。这有助于提高数据的可理解性和正确性，减少数据误解和错误的发生。

（2）数据质量和可信度

元数据可以用来评估和监控数据的质量和可信度。通过元数据，可以了解数据的来源、采集过程、处理方法等，从而判断数据的可靠性和准确性。元数据还可以记录数据的质量指标和规则，帮助用户进行数据质量的评估和改进。

（3）数据集成和共享

元数据可以用来实现数据的集成和共享。通过元数据，可以了解不同数据源之间的关系和依赖，从而进行数据的整合和共享。元数据还可以记录数据的格式、标准和规范，帮助用户进行数据的转换和集成。

（4）数据搜索和发现

元数据可以被搜索和查询，方便用户查找和访问相关数据。元数据还可以记录数据的关键字和标签，帮助用户进行数据的发现和探索。

（5）数据安全和隐私保护

元数据可以记录数据的安全和隐私信息，帮助用户进行数据的安全管理和隐私保护。通过元数据，用户可以了解数据的敏感性、访问权限、数据授权等，从而实现对数据的安全管控和隐私保护。

总之，可靠的、管理良好的元数据可以通过提供上下文、支持对相同概念的一致性及数据质量的度量提升数据的可信度；通过多种数据用途来增加战略信息（如主数据）的价值；通过识别冗余数据和流程提高运营效率；防止使用过期或不正确的数据；保护敏感信息；减少查找所需数据的时间；加强数据使用者和IT专业人员之间的沟通；创建准确的影响分析，从而降低项目失败的风险；通过缩短系统开发生命周期时间缩短产品上市时间；通过全面记录数据背景、历史和来源，降低培训成本并降低员工流动所造成的影响，满足合规需求并实现风险最小化等作用。

6.1.2 元数据管理的定义、目标与生命周期管理

1.元数据管理的定义

元数据管理是指通过计划、实施和控制活动确保访问到高质量的、整合的元数据，是对涉及的业务元数据、技术元数据和操作元数据进行盘点、集成和管理。管理不善的元数据可能导致冗余的数据和数据管理流程，重复和冗余的字典、存储库和其他元数据存储，不一致的数据元素定义和由数据滥用带来的风险；元数据的不同版本之间的相互矛盾和冲突会损害数据使用者的信心，导致元数据和数据的可靠性受到质疑。如果没有元数据，组织就不能将其数据作为资产进行管理。实际上，如果没有元数据，组织可能根本无法管理其数据。

2.元数据管理的目标

企业元数据管理的本质是有效利用企业数据资产，让数据发挥更大的价值。元数据管理可以使企业业务分析师、软件开发工程师等利益相关者知道企业拥有什么数据，存储在哪里，如何抽取、清理和维护数据并指导用户使用。一般企业的元数据管理目标主要有：①提供企业可理解的业务术语并使用它；②从不同来源采集和整合元数据；③确保元数据的质量、一致性、及时性和安全；④提供访问元数据的标准方法和途径；⑤推广或强制使用技术元数据标准，以实现数据交换。

3.元数据生命周期管理

元数据归根到底是一种数据，它有着生命周期，所以对元数据的管理应该基于其生命周期，并且不同类型的元数据具有不同的特定生命周期需求，元数据生命周期管理如图6-2所示。虽然构建元数据解决方案的方法不同，但从概念上讲所有元数据管理解决方案都包括与元数据生命周期相对应的架构层次：①元数据的创建与采购；②元数据被储存在一个或多个存储库中；③元数据集成；④元数据交付；⑤元数据的访问和使用；⑥元数据的控制与管理。

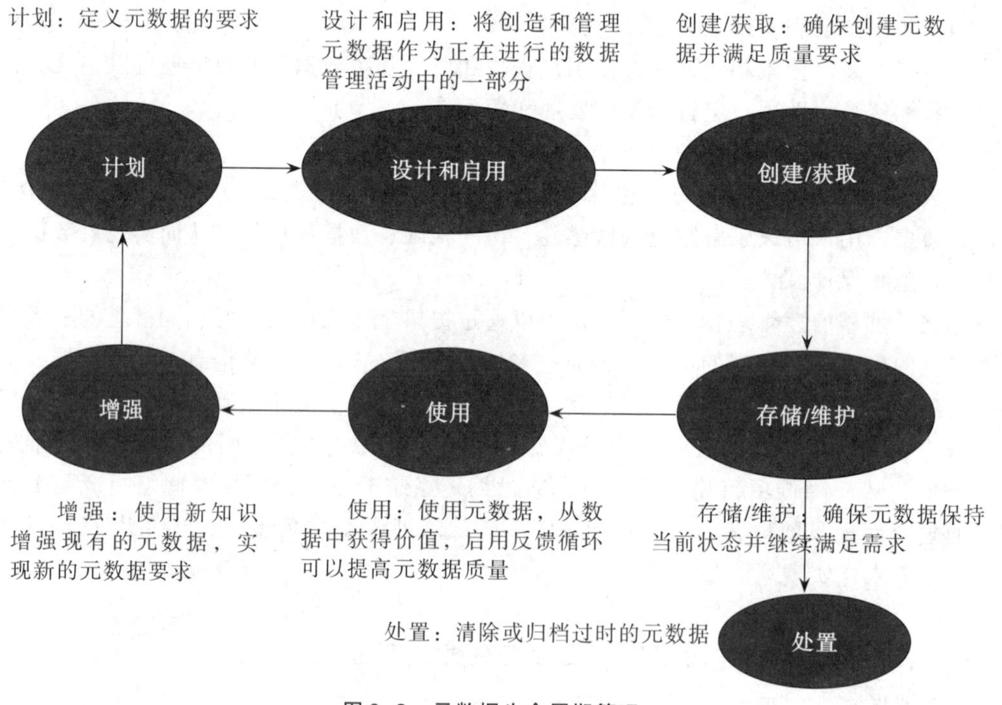

图6-2　元数据生命周期管理

资料来源：塞巴斯蒂安-科尔曼.穿越数据的迷宫：数据管理执行指南［M］.汪广盛，等译.北京：机械工业出版社，2020：125.

6.1.3　元数据管理面临的挑战

元数据的管理系统必须能够组合来自许多不同源的元数据，但是目前阶段大多数组织不能很好地管理其元数据。例如，某公司需要从发货数据里对设备保修和维保进行区分，用来对过保设备进行服务场景分析。为此，数据分析师需要面对几十个IT系统，不知道该从哪里找到合适的数据。再比如，企业需要盘点其内部研发领料情况，要从IT系统内获取研发内部的领料数据，面对复杂的数据存储结构、物理层和业务层脱离情况，业务部门的数据分析师无法读懂物理层数据，只能向IT系统求助。由此可见，尽管企业越来越意识到元数据管理的重要性，但在实际的元数据管理中依旧面临挑战（用友平台与数据智能团队，2021）。

1.局部的元数据管理

目前不少企业的元数据管理主要建立在新建系统或数据仓库项目的局部治理上，而不是企业级别的元数据管理，有的企业的元数据管理平台形同摆设，或者只有部分IT人员在用。较少在整个企业中使用和推广集中化的元数据，在一定程度上限制了企业数据资产的共享或重用。元数据管理需要全局、集中化的管理策略。

2.手动的元数据管理

在企业元数据管理项目的实施中，需要花费较长时间完成元数据的梳理和定义、元数据适配器的开发、元数据的采集、元数据的维护等任务。这些任务的完成，目前还离不开人工手动处理。但是与计算机相比较，人工手动处理的缺点在于手动元数据管理和维护烦琐且容易出错。这样使得元数据的处理成本提高和交付周期变长。元数据管理需要更加有效的方法和自动化程度更高的工具。

3.日趋复杂的数据环境

大数据时代，随着越来越多的非结构化、半结构化数据在企业数字化环境中产生和利用，此时再采用传统的元数据管理方式采集、处理和检索元数据就变得越来越具有挑战性。尤其在处理复杂的数据关系时，虽然人们很容易根据认知关联来判断两个或者多个事物是否相关，但当前元数据管理工具还很难做到。元数据管理需要更智能化的技术。

4.数据的频繁变化

企业的数据在数据供应链中不断移动。这里的数据供应链是指从数据创造到数据的加工处理、存储使用的整个生命周期链条。随着数据的不断创建、抽取和转换，有关数据来源、血缘、转换过程、质量级别以及其他数据的关系的元数据也会随之变化。企业需要将自动化算法和规则应用于数据资产管理中，自动识别和生成元数据，减少手动维护的情况，从而确保元数据描述准确可靠。

6.2　元数据管理流程

6.2.1　定义元数据战略

元数据战略描述组织应如何管理自身的元数据，以及元数据从当前状态到未来状态的实施路线。元数据战略应为开发团队提供一个框架以提升元数据管理能力。开发元数据需求，有助于阐明元数据战略的驱动力，识别潜在障碍并克服它。

元数据战略制定包括定义组织元数据架构蓝图与战略目标匹配的实施步骤，具体如下：

（1）启动元数据战略计划。关键利益相关方应参与计划制订。

（2）组织关键利益相关方的访谈，从而获取元数据战略的基础知识。

（3）评估现有的元数据和信息架构，如审查系统架构、数据模型等文档。

（4）开发未来的元数据架构。应考虑战略组成部分，如组织架构、元数据交付架构、技术架构和安全架构等。

（5）制订分阶段实施计划。

元数据需求、体系架构和元数据生命周期将随着时间的推移而发生变化，元数据战略也将随之改变（DAMA国际，2020）。

6.2.2 理解元数据需求

元数据需求主要包括元数据类型和详细级别。元数据的内容广泛，业务和技术数据使用者都可以提出元数据需求。元数据需求点包括：

（1）更新频次。元数据属性和属性集更新的频率。

（2）同步情况。数据源头变化后的更新时间。

（3）历史信息。是否需要保留元数据的历史版本。

（4）访问权限。通过特定的用户界面功能，确定访问用户及其访问方式。

（5）存储结构。元数据集如何通过建模来存储。

（6）集成要求。元数据从不同数据源的整合程度，整合的规则。

（7）运维要求。更新元数据的处理过程和规则（记录日志和提交申请）。

（8）管理要求。管理元数据的角色和职责。

（9）质量要求。元数据质量需求。

（10）安全要求。一些元数据不应公开，因为可能会泄露某些高度保密数据的信息。

其中（1）~（5）主要是指需要哪些元数据，（6）~（10）主要是指元数据详细级别。

6.2.3 定义元数据架构

元数据管理系统应具有从不同数据源采集元数据的能力，设计架构时应确保可以扫描不同元数据源和定期地更新元数据存储库，系统应支持手工更新元数据、请求元数据、查询元数据和被不同用户组查询。元数据架构应为用户访问元数据存储库提供统一的入口，该入口应向用户透明地提供所有相关元数据资源。对应元数据架构类型，元数据架构定义方法至少包含集中式、分布式和混合式三种，这些方法都考虑了存储库的实现以及更新机制的操作方式。

1.元数据架构的分类

元数据架构大致可分为四种类型：集中式元数据架构、分布式元数据架构、混合式元数据架构和双向元数据架构。

（1）集中式元数据架构

集中式元数据架构（如图6-3所示）由单一的元数据存储库组成，在这里保存了来自各个元数据来源的元数据最新副本，从而保证了其独立于源系统的元数据高可用性，加强了元数据存储的统一性和一致性，通过结构化、标准化元数据提升了元数据质量。集中式元数据架构有利于元数据标准化统一管理与应用。

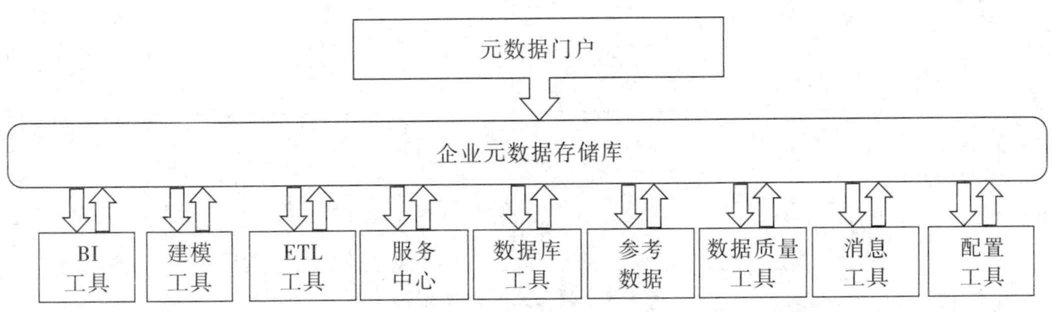

图6-3 集中式元数据架构

资料来源：DMBOK 2.

IT资源有限的组织或者追求尽可能实现自动化的组织，可能会选择避免使用此架构选项。在公共元数据存储库中寻求高度一致性的组织，可以从集中式元数据架构中受益。集中式存储库具有高可用性、快速的元数据检索的优势，同时解决了数据库结构问题，使其不受第三方或商业系统特有属性的影响。另外，抽取元数据时可进行转换、自定义或使用其他源系统中的元数据进行补充，从而提高了元数据的质量。

但集中式存储库必须使用复杂的流程确保元数据源头中的更改能够快速同步到存储库中，维护集中式存储库的成本可能很高，元数据的抽取可能需要自定义模块或中间件，另外验证和维护自定义代码会增加对内部IT人员和软件供应商的要求等。

集中式存储库在各自具有内部元数据存储库的工具中收集元数据的方式。集中式存储库通过各种工具将元数据定时导入来填充。反过来，集中式存储库公开了一个门户，供最终用户提交查询。元数据门户将请求传递到集中式元数据存储库，集中式存储库将以收集的元数据满足请求。在这种架构中，不支持将请求从用户直接传递给各种工具的功能。由于在集中式存储库中收集了各种元数据，因此可以对从各种工具收集的元数据进行全局搜索。

（2）分布式元数据架构

分布式架构包括一个完整的分布式系统架构（只维护一个单一访问点），元数据获取引擎响应用户的需求，从元数据来源系统实时获取元数据，而不存在统一集中的、持久的元数据存储库。虽然此架构保证了元数据始终是最新且有效的，但是源系统的元数据没有经过标准化或附加元数据的整合，且查询能力直接受限于相关元数据来源系统的可用性。在这种架构中，元数据管理环境维护必要的源系统目录和查找信息，以有效处理用户查询和搜索。可通过公共对象请求代理或类似的中间件协议访问这些源系统。

分布式元数据架构的优势体现为：元数据总是尽可能保持最新且有效；分布式查询可提高响应和处理的效率；来自专有系统的元数据请求仅限于查询处理，而不需要详细了解专有数据结构，可最大限度地减少实施和维护的工作量；自动化元数据查询处理的开发可能更简单，只需要很少的人工干预；减少了批处理、没有元数据复制或同步过程。

但分布式元数据架构也存在相应的缺点：无法支持用户定义或手动插入元数据项；需要通过统一的、标准化的展示方式呈现来自不同系统的元数据；查询功能受源系统可用性的影响；源系统决定元数据的质量。

在分布式元数据架构（如图6-4所示）下，没有集中式元数据存储库，门户会将用户的请求传递给相应的工具来执行。由于没有从各种工具收集元数据进行集中存储，必须将每个请求委托给源系统，因此不具有跨各种元数据源进行全局搜索的功能。

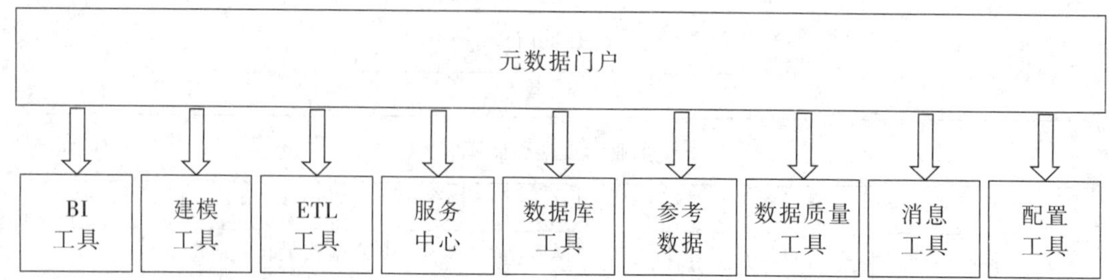

图6-4 分布式元数据架构

资料来源：DMBOK 2.

（3）混合式元数据架构

这是一种折中的架构方案，元数据依然从元数据来源系统进入存储库，但是存储库的设计只考虑用户增加的元数据、高度标准化的元数据以及手工来源添加的元数据。该架构得益于从源头近乎实时地检索元数据和扩充元数据，可在需要时最有效地满足用户需求。混合方法降低了对专有系统进行手动干预和自定义编码访问功能的工作量。基于用户的优先级和要求，元数据在使用时尽可能是最新且有效的。混合架构不会提高系统可用性。

许多组织都可以从混合架构中受益，包括那些具有快速变化的操作元数据的组织，需要一致、统一的元数据组织，以及在元数据和元数据源正在大幅增长的组织。对于大多静态元数据或元数据量较小增量的组织来说，可能无法发挥这种架构替代方案的最大潜力。

在混合式元数据架构下，采用的是在集中式元数据存储库中收集来自不同来源公共元数据的方式（如图6-5所示）。用户将他们的查询请求提交到元数据门户，元数据门户将请求传递到一个集中式存储库，集中式存储库将尝试用最初从各种源收集的公共元数据满足用户请求。当请求变得更具体或用户需要更详细的元数据时，集中式存储库将委托特定的源处理具体细节。由于在集中式存储库中收集了公共元数据，因此可以跨各种工具进行全局搜索（DAMA国际，2020）。

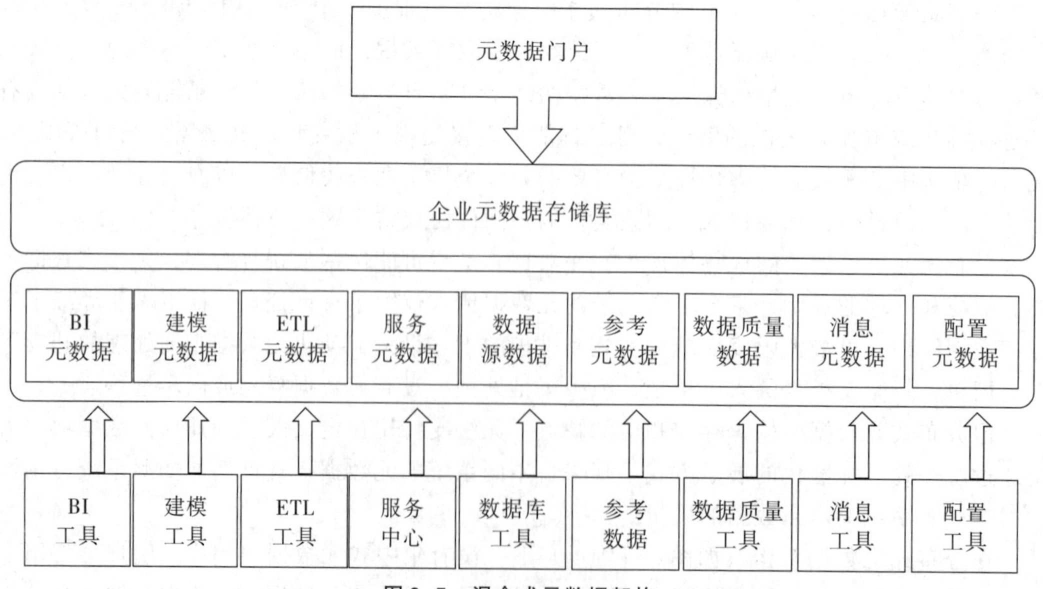

图6-5 混合式元数据架构

资料来源：DMBOK 2.

(4) 双向元数据架构

双向元数据架构允许元数据在架构的任何部分(源、数据集成、用户界面)中进行更改,然后将变更从存储库(代理)同步到其原始源以实现反馈。

这种元数据架构类型存在多种挑战。该设计强制元数据存储库包含最新版本的元数据源,并强制对源的更改管理,必须系统地捕获变更,然后加以解决;必须构建和维护附加的一系列处理接口,以将存储库的内容回写至元数据源。

2.定义元数据架构的过程

(1) 创建元模型

创建一个元数据存储库的数据模型,也叫元模型,可以根据需求开发不同级别的元模型,高级别的概念模型描述了系统之间的关系,低级别的元模型细化了各个属性,描述了模型组成元素和处理过程。作为一种规划工具和表达需求的方案,元模型本身也是一个有价值的元数据源。

(2) 应用元数据标准

元数据解决方案应遵循在元数据战略中已定义的对内和对外的标准,数据管理活动应监督元数据的标准遵从情况。组织对内元数据标准包括命名规范、自定义属性、安全、可见性和处理过程文档,组织对外元数据标准包括数据交换格式和应用程序接口设计。

(3) 管理元数据存储

存储库的控制活动有元数据专家执行的元数据迁移和存储库更新的控制。这些活动应可管理、可监控、可报告、可预警、有作业日志,同时可以解决各种已实施的元数据存储库环境问题。许多控制活动是数据操作和接口维护的标准,控制活动应受到数据治理过程的监督,如质量控制活动、元数据管理活动、培训活动等(DAMA国际,2020)。

6.2.4 创建和维护元数据

元数据是通过一系列过程创建的,并存储在组织中的不同地方。为保证高质量的元数据,应把元数据当作产品进行管理。好的元数据不是偶然产生的,而是认真计划的结果。元数据管理原则:

(1) 责任:流程的执行者对元数据的质量负责。

(2) 标准:制定、执行和审计元数据标准,简化集成过程,并且适用。

(3) 改进:建立反馈机制以便用户将不准确或已过时的元数据报告给元数据管理团队。

6.2.5 查询、报告和分析元数据

元数据指导如何使用数据资产。元数据存储库应具有前端应用程序,并支持查询和获取功能,从而满足各类数据资产管理的需要。提供给业务用户的应用界面和功能,与提供给技术用户和开发人员的界面和功能有所不同,后者可能会包括有助于新功能开发或有助于解决数据仓库和商务智能项目中数据定义问题的功能(DAMA国际,2020)。

6.3　元数据应用

认识元数据架构后，还需要能够使用元数据。元数据管理的主要工具是元数据存储库。元数据存储库包括整合层和手工更新的接口。处理和使用元数据的工具集成到元数据存储库中作为元数据来源。元数据管理工具提供了在集中位置（存储库）管理元数据的功能。元数据可以手动输入，也可以通过专门的连接器从其他各种源中提取。元数据存储库还提供与其他系统交换元数据的功能。元数据应用主要体现在数据资产地图、元数据血缘分析、元数据影响分析、元数据冷热度分析和元数据关联度分析等方面。

6.3.1　数据资产地图

该应用是指按数据域对企业数据资源进行全面盘点和分类，并根据元数据字典自动生成企业数据资产的全景地图。该地图可以知道有哪些数据，在哪里可以找到这些数据，能用这些数据干什么。数据资产地图支持以拓扑图的形式可视化展示各类元数据和数据处理过程，通过不同层次的图形展现粒度控制，满足业务上不同应用场景的图形查询和辅助分析需要，如图6-6所示。

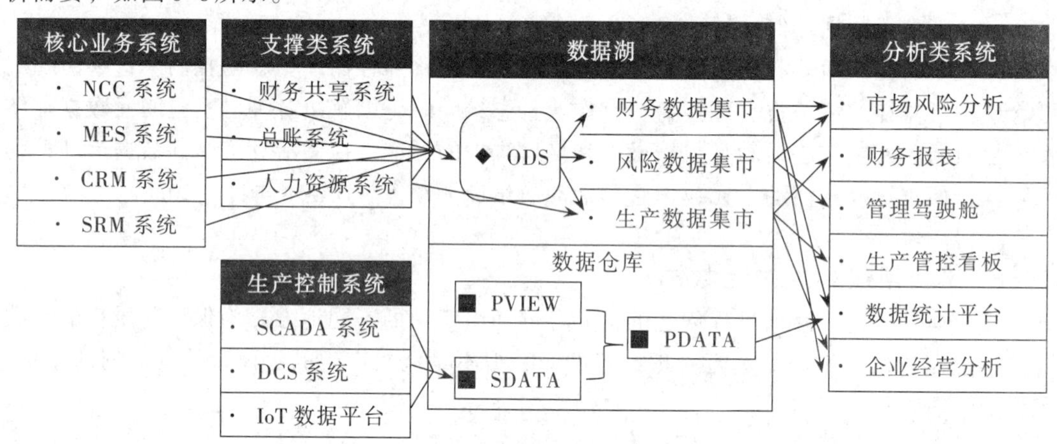

图6-6　数据资产地图示例

资料来源：用友平台与数据智能团队.一本书讲透数据治理：战略、方法、工具与实践［M］. 北京：机械工业出版社，2021：202.

6.3.2　元数据血缘分析

元数据血缘分析是指分析数据的来源和数据的流向，揭示数据的上下游关系。在元数据管理工具中可以分析、描述并可视化其中的细节，方便用户对关键信息进行跟踪。完善的血缘分析需要横向（当前）和纵向（历史）皆可用，以方便对同一时期的不同对象进行分析和不同时期的同一对象的变化进行分析。记录血缘关系有助于业务和技术人员使用数据。如果缺失数据血缘，用户将需要花费大量时间来检查异常现象、潜在的变更影响和其他未知结果。

元数据血缘分析可了解数据来自哪里，经过了哪些加工。其价值在于当发现数据问题时可以通过数据的血缘关系追根溯源，快速定位到问题数据的来源和加工过程，减少数据问题排查分析的时间和难度，如图6-7所示。例如，一天，你的上司看到某个指标的数据违反常识，让你去排查这个指标计算是否正确。你首先需要找到这个指标所在的表，然后顺着这个表的上游表逐个去排查校验数据，才能找到异常数据的根源。

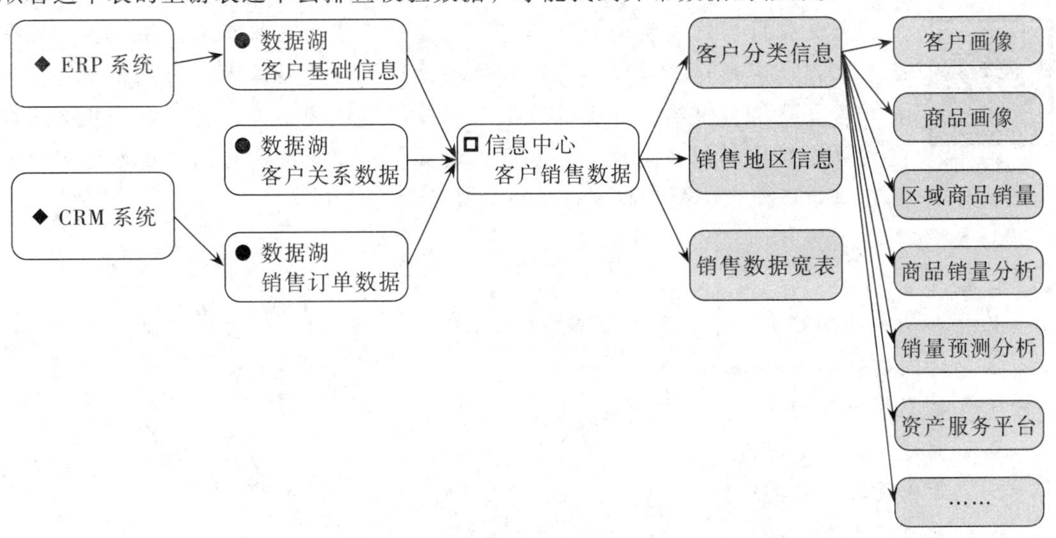

图6-7　元数据血缘分析示例

资料来源：用友平台与数据智能团队.一本书讲透数据治理：战略、方法、工具与实践［M］.北京：机械工业出版社，2021：202.

通过元数据血缘分析可以实现元数据影响分析、元数据冷热度分析和元数据关联度分析等功能。

6.3.3　元数据影响分析

元数据影响分析可知道数据去了哪里，经过了哪些加工。其价值在于当发现数据问题时可通过数据的关联关系向下追踪，快速找到有哪些应用或数据使用了这个数据，从而最大限度减小数据问题带来的影响。这个功能常用于数据源的元数据变更对下游ETL、ODS、DW等应用的影响分析。

血缘分析是向上追溯，影响分析是向下追踪，这是这两个应用的关键区别。元数据血缘和影响分析，表明元数据可进行全链路分析。

6.3.4　元数据冷热度分析

元数据冷热度分析可知道哪些数据是企业常用数据，哪些数据属于僵死数据。其价值在于让数据活跃程度可视化，使企业中的业务人员、管理人员都能够清晰地看到数据的活跃程度，以更好地驾驭数据，处置或激活僵死数据，从而为数据的自助式分析提供支撑。

6.3.5　元数据关联度分析

元数据关联度分析可知道数据之间的关系，以及它们的关系是如何建立的。关联度分析是从某一实体关联的其他实体及其参与的处理过程两个角度来查看具体数据的使用情况，形成一张实体和所参与处理过程的网络，如表与ETL程序、表与分析应用、表与其他表的关联情况等，从而进一步了解该实体的重要程度。

【本章小结】

思维导图

企业应根据数据生命周期确定其元数据管理的具体需求，并开展元数据管理工作以满足这些需求。元数据管理过程依赖元数据本身的可靠性，因此其来源显得格外重要，这也是数据资产地图形成的重要依据。在此基础上确定元数据架构，创建元数据，使用元数据，从而形成一套完整的行之有效的元数据管理模式，是数据管理学中的重要内容。

【课后思考】

1. 什么是元数据？元数据管理的必要性是什么？
2. 简述元数据和主数据之间的关系。
3. 元数据管理架构及其工作原理是什么？
4. 试简述元数据管理流程。
5. 元数据管理的工具有哪些？
6. 元数据应用有哪些？

【案例分析】

虹科HK-Weka数据文件存储系统

案例分析

请扫码研读本案例，进行如下思考与分析：

1. 简述虹科HK-Weka系统管理数据的架构。
2. 结合本章所学知识，阐述虹科HK-Weka系统数据缩减功能在元数据管理方面的应用。
3. 分析虹科HK-Weka系统是如何化解数据孤岛的。

第7章　数据质量管理

【学习目标】

通过本章的学习，掌握数据质量的内涵及数据质量管理的必要性，了解组织数据质量管理的社会责任；掌握数据质量管理目标和原则，了解数据质量管理的社会公共利益；了解数据质量管理的策略并运用。

【素养目标】

强调社会责任和公共利益。数据管理的应用范围非常广泛，因此在数据质量管理的学习中，应重视对社会责任意识和公共利益意识的培养。

树立严谨的科学精神和工匠精神。本章内容涉及质量管理相关的定量定性方法及实践案例。数据质量常常是差之毫厘，谬以千里。树立以事实为依据、实事求是、严谨认真的科学精神和工匠精神。应充分理解：在数据要素时代，数据价值的有效发挥，重点在于符合应用场景需要的数据质量管理。

【引导案例】

某商业银行最近在做客户信息完整性、真实性的梳理及质量检查工作中发现，某分行有一个客户10年前申请了一笔助学贷款，但是客户姓名、客户地址、客户联系方式居然全记录为“0”，而后这个客户近两年又申请了一笔住房贷款，居然又发生了这种情况。幸运的是，此客户助学贷款如期还清，住房贷款也在按期还款。抛开贷款金额不说，这种数据质量问题将给银行将带来极大的风险，如果客户不按期还款，那么银行就无法联系到客户，也就没有办法采取任何挽救措施。

由引导案例我们不禁思考：究竟什么是数据质量？如何评估？如何管理？本章将围绕这些问题展开阐述。

7.1　数据质量管理概述

随着大数据时代的发展，数据质量正逐步变成商业业务的一种必要元素。一些法规要求组织拥有提供高质量数据的能力，同时业务合作伙伴和客户也希望组织的数据是真实可靠的。一个拥有较高能力提供高质量数据，并且能够进行数据质量管理的企业将会享有更大的竞争优势。

7.1.1 数据质量

1.数据质量定义

DAMA国际认为“数据质量”是指高质量数据的相关特征，同时也是指用于衡量或改进数据质量的过程。数据质量就是数据达到数据使用者的满意度和期望值。如果使数据达到数据使用者使用数据的需求，我们就可以称之为高质量的数据；如果使用的数据不能达到使用者的需求，那就称之为低质量数据。因此，数据质量可以由数据的使用场景和数据使用者的需求决定。

但是，人们的需求和期望是复杂的，其要求的不仅是数据能表示什么，还在于人们如何使用数据。例如：一条标有客户姓名、电话、喜好的信息，对于销售人员来说可能是符合需求的，他们会根据客户的喜好，推荐相应的产品，这属于高质量的数据；但对于财务人员来说，除了知道姓名、电话这些基本信息外，还需要知道其消费记录、开票信息等，对于他们来说，这属于低质量数据。因此，数据的质量是相对且主观的。数据质量管理存在着挑战：与数据质量相关的期望并不总是已知的，客户可能不清楚自身的质量期望。

组织有大量的数据，但是并非所有的数据都非常重要，因此数据质量应关注关键数据。数据质量管理的原则是将改进的重点集中在对组织及客户最重要的数据上，从而明确项目的范围。关键数据可能因行业而异，但可根据持续经营的要求进行评估。

2.数据质量管理的必要性

强化数据质量管理，利于增加组织数据价值和数据利用的机会，降低低质量数据导致的风险和成本，提高组织效率和生产力，保护和提高组织的声誉。

当然，高质量数据本身不是目的，它只是组织获取成功的一种手段。可靠的高质量数据不仅能降低经营风险，还能降低经营成本。凭借正确的高质量数据，组织可减少发现问题的时间，从而节约更多的时间用于提升服务质量及高效决策。

3.数据质量维度

数据质量维度是指数据的某个可测量的特性。为了衡量数据质量，需要对数据值得测量的部分进行测量，获取参数，建立特征。而数据质量维度就是提供了一系列描绘数据特征、定义数据要求的词汇，通过这些维度的定义，对数据质量进行评估，持续改进，进而达到预期成效。

由于影响维度的因素众多，所以准确测量数据中因素对数据使用者的影响非常困难。尽管数据质量维度目前没有统一的界定，但一般都包含了完整性、有效性、一致性等客观衡量的特征，同时也包含了依赖情境或主观解释的可用性、可靠性、声誉的特征。总之，数据质量维度一般包括数据的完整性、唯一性、及时性、有效性、准确性和一致性。其中，完整性（Completeness）表示存储数据与潜在数据的比例；唯一性（Uniqueness）表示被识别数据在满足识别的基础上保证不被多次记录；及时性（Timeliness）表示数据能在要求的时间点被获得的真实程度；有效性（Validity）表示数据能符合被定义的格式、类型、范围等语法要求；准确性（Accuracy）表示数据能正确描述事件的程度；一致性（Consistency）表示比较事物多种表述与定义的差异。

另外，DAMA国际还对影响质量的其他特性进行了描述，如可用性（Usability）：数据是否可理解、可相关、可访问、可维护，并保证相对正确的精度。时间问题（Timing

Issues)：该项数据是否稳定，是否可及时回复合法变更的请求。灵活性（Flexibility）：数据是否具有可比性、可兼容性，数据使用的操作是否简便，并且获取的数据能否被重用。可靠性（Confidence）：数据治理和保护管控是否到位，数据的可信性是否经验证或是可验证。价值（Value）：数据是否能得到最佳的应用，是否有良好的成本/收益实例，是否危及人们的安全、隐私或企业的法律责任，是否支持或无助于建立企业形象或企业信息。

如果企业想提升数据质量，采用或者开发一套适用于企业自身的数据质量维度是必要的。企业管理者应以上述维度为基础，达成共识，建立自己的数据质量维度。

7.1.2 数据质量差的后果

在现实生活中，我们不能保证所有的数据都是高质量的。使用质量较差的数据，可能会造成经济损失、成本增加、名誉受损和运营风险的增加。如无法正确开具发票；增加客服工作量，降低解决问题的能力；影响并购后的整合进展；增加受欺诈的风险等。

1.经济损失

质量差的数据，对企业最直接的影响就是会造成企业的经济损失。高质量的数据信息，可精准了解用户的需求和喜好，从而能按照客户的需求和喜好合理地规划企业的产品，留住并吸引更多客户；而质量差的数据，无法对客户进行精准分析，更可能连营销信息都无法送达客户，导致不能及时了解客户需求，甚至误导决策，从而失去机会和市场。比如曾经的诺基亚手机，作为老牌手机品牌，在获取客户需求信息时，没有做到及时更新，在智能手机时代，不重视系统的更新和用户的新体验，最终造成巨大的经济损失，被其他手机公司所取代。

2.成本增加

企业如果存在大量不完整、不正确的低质量数据，无形之中就会带来大量的沟通成本。这里的沟通成本，包括直接的时间成本和沟通不力的或有损失。若企业利用低质量数据进行数据分析，并据此作出决策，就会造成更大的损失。低质量的数据，其决策结果一定是不可信的，不具备任何辅助决策意义，只会徒增成本。

3.名誉受损

企业若大量使用低质量的数据，易造成信息混乱，从而搞错客户群体。一旦出现重大失误，通过媒体的负面渲染，会严重损害企业名誉，从而在竞争中处于不利的地位。

4.运营风险增加

运营风险是存在于企业核心业务职能执行方面的风险，主要包括内部流程、内外监管、人力资源等各方面的风险。企业由于使用低质量的数据，可能导致不能满足监管部门的需求，从而面临监管风险等。

总之，使用劣质数据会损害组织声誉，导致罚款、收入损失、客户流失和负面的媒体曝光等，因此，为减少数据质量差带来的不良后果，让人人相信数据，首先应提供满足需求的高质量数据。

7.1.3 数据质量问题的常见原因

数据质量问题的原因分析，本质上是明确谁对数据质量负责。对出现问题的根本原因进行分析，不仅在于解决业务部门和技术部门的矛盾，更重要的是帮助企业利益关系人发现数据质量问题的症结所在，从而找到适当的问题解决方案。企业数据质量管理应关注数据生命周期的每个阶段，数据规划、创建、使用、老化、消亡阶段均可能发生数据质量问题。任何数据，从创建到处置，其质量问题在数据生命周期的任何节点都可能出现。为了防止因数据质量问题而导致的不良后果出现，应找寻产生数据质量问题的原因，并加以干预，减少不必要的损失。用友平台与数据智能团队（2021）认为数据质量问题的主要原因集中在经营管理、业务应用和技术操作三个层面。

1.经营管理层面

（1）企业的发展和并购

由于企业发展迅速，需要以并购的方式快速扩大自己的规模，完成新的市场布局，达到多元化发展的创新升级。而在合并过程中，会出现两家使用不同数据系统的合并数据问题，由于系统数据的标准不统一，往往会出现数据上的摩擦和问题，从而导致数据质量问题。

（2）缺乏领导力导致的问题

大量数据质量问题是由缺乏对高质量数据的组织承诺造成的，而缺乏组织承诺本身就是在治理和管理的形式上缺乏领导力。许多数据治理和信息资产项目仅由合规性驱动，而不是由作为数据资产衍生的潜在价值驱动。领导层缺乏认可意味着组织内部缺乏将数据作为资产并进行质量管理的承诺。这些问题往往是由于领导和员工缺乏意识、领导缺乏领导力和管理能力、企业缺乏治理、测量价值的工具不合适或不起作用等原因引起的。当然，也与企业缺乏整体的数据规划、有效的数据认责机制和有效的数据管理制度与流程有关。

（3）缺乏统一的数据标准

数据标准是否一致成为数据质量管理中比较重要的一个话题。面对同一份数据，如果缺乏统一的数据标准，对数据的理解也就不尽相同，在双方进行沟通交涉时，就会产生较大的分歧，从而导致项目无法继续进行。尽管知道数据标准需要统一的重要性，可在交涉中，仍有不少企业对数据标准重视程度不够高，只是停留在口头上，并没有采取实际措施去弥补漏洞。

2.业务应用层面

（1）数据需求模糊不清

数据需求不清晰，对于数据的定义、业务规则描述不清晰，将导致建模人员无法构建合理、正确的数据模型。例如，业务人员因对数据需求描述不清，导致后期数据不符合需求，需要重新调整设计，这对数据质量影响较大。因为需求改变，数据模型的设计，数据的录入、采集、转换、传输、存储等环节都会随之改变，从而不可避免地出现数据质量问题。

（2）数据录入不规范

数据录入过程可能导致数据质量问题，例如数据输入接口问题、列表条目放置、字段重载问题，即使是数据输入界面的一个简单小功能，如下拉列表中的值顺序，也可能导致数据输入错误。另外，业务部门人为因素也是造成数据质量低的重要原因，常见的如人为拼写错误、大小写等数据输入不规范问题。当然，这些人为原因只要在技术上稍作控制，还是可以避免的。

除此之外，还会出现系统更新不及时（如业务流程变更但系统中的规则未曾改变）等问题，这些问题还有待技术部门解决。

3.技术操作层面

技术操作层面导致的数据质量问题，主要体现在系统设计过程和数据传输过程两个方面。

（1）系统设计过程

①数据模型不准确。在设计阶段，由于对数据模型质量的关注不足，导致对需求的理解不到位，未与业务部门达成共识，导致后期因数据不符合要求，而需要经常性地修改模型，造成数据不完整、不一致等质量问题。

②编码不准确和分歧。如果编码不准确或产生分歧，则在数据处理过程中所映射的数据格式出现差异，从而导致计算错误、数据不匹配等问题。

③时间数据不匹配。在没有统一的数据字典的情况下，多个系统可能会采用不同的日期格式，在进行数据提取过程中，可能会出现数据不匹配或者数据丢失的问题。

（2）数据传输过程

数据的传输包括数据的采集、转换、装载、存储等环节。在数据的采集和转换过程中，经常出现诸如采集过程中采集点、采集频率、采集内容、映射关系等采集参数和流程设置不对，或者数据采集接口效率低，导致数据采集失败、数据丢失、转换失败等问题；在数据装载和存储过程中，经常出现诸如数据存储结构不合理、数据存储能力不匹配、后台人为调节数据等，从而导致数据丢失、无效、失真、记录重复等问题。

7.1.4 数据质量管理的定义和主要内容

1.数据质量管理的定义

数据质量管理是指对数据从计划、获取、存储、共享、维护、应用到消亡生命周期的每个阶段可能引发的数据质量问题，进行识别、测量、监控、预警等一系列管理活动，并通过改善和提高组织的管理水平使数据质量获得进一步提高。简单来说，数据质量管理可以理解为一种业务原则，就是将合适的人员、流程、技术进行整合，将各维度的数据问题进行适当的改进，以达到提高数据质量的目的。

数据质量管理贯穿了组织整个生命周期，是一个整体的流程，不只包括一个项目。它包括专题项目、日常维护工作、交流和培训工作。数据质量能长期且持续得到改进的关键之处在于，组织能改变企业文化并且能够采取数据质量思维模式去引导问题。为确保满足数据消费者的需求，应采用数据管理技术进行规划、实施和控制等管理活动。

数据质量管理是数据管理的重要组成部分，通常在数据模型的设计、数据资产的管理、数据仓库中起到重要作用。数据质量管理可以在事故发生后进行反应性的被动管理，也可以在事故发生前进行预防性的主动管理，有灵活多变的优点。很多公司将数据质量管理的技术与企业管理的流程相结合，来提升企业管理数据质量的能力，从而达到优化企业管理的目的。

2.数据质量管理的主要内容

数据质量管理主要内容主要包括以下四个方面：通过数据质量标准、规则和需求来定义高质量的数据；对照已制定的相关标准评估数据，并向利益相关方通报评估结果；对应用中的数据和数据存储进行监控和报告；识别问题并提出改进建议。

7.2 数据质量管理目标与原则

7.2.1 数据质量管理目标

数据质量管理主要包括以下目标：

（1）根据数据消费者的需求，开发一种使数据符合要求的管理办法；

（2）定义数据质量控制的标准和规范，并将其作为数据生命周期的一部分；

（3）定义和实施测量、监控和报告数据质量水平的过程。

应根据消费者需求，通过过程和系统的改进以及参与可显著改善数据质量的活动，识别和提倡提高数据质量的机会（DAMA国际，2020）。

7.2.2 数据质量管理原则

在相关目标的驱动下，数据质量管理应遵循以下原则（DAMA国际，2020）：

（1）重要性。数据质量管理应关注对企业及其客户最重要的数据，改进的优先顺序应根据数据的重要性以及数据不正确时的风险水平来判定。

（2）全生命周期管理。数据质量管理应覆盖从创建或采购直至处置的数据全生命周期，包括其在系统内部和系统之间流转时的数据管理（数据链中的每个环节都应确保数据具有高质量的输出）。

（3）预防。数据质量方案的重点不应放在简单的纠正记录上，而应放在预防数据错误等情形上。

（4）根因修正。提高数据质量不仅仅是从表象来理解和解决数据问题产生的根因，通常需要对其流程和支持它们的系统进行更改。

（5）治理。数据治理活动应支持高质量数据的开发，数据质量规划活动应支持和维护一个受治理的数据环境。

（6）标准驱动。在可能的情况下，对于可量化的数据质量需求应以可测量的标准和期望的形式来定义。

（7）客观测量和透明度。数据质量水平需要得到客观、一致的测量，应该与利益相关方一同讨论并分享测量过程和测量方法。

（8）嵌入业务流程。业务流程所有者对通过其流程生成的数据质量负责，应在其业务流程中实施相应的数据质量标准。

（9）系统强制执行。系统所有者应让系统强制执行数据质量要求。

（10）与服务水平关联。数据质量报告和问题管理应纳入服务水平协议。

7.3 数据质量管理策略

数据质量管理作用于数据的整个生命周期，可划分为事前、事中和事后三个阶段，但数据质量管理的前提和基础在于数据质量检查。

7.3.1　数据质量检查

数据质量检查，能够帮助用户了解各种数据的状况，并确定这些数据与具体业务规则和既定数据标准之间的符合程度。数据探查和数据剖析作为数据质量检查的核心技术，在数据清洗及优化规则发现方面扮演着重要角色。通过数据探查和数据剖析可以检查数据质量情况。

数据质量检查主要涉及数据内容及背景分析，数据结构及路径分析，数据成分及业务规则合规分析，数据间的关系及相关资源匹配，识别数据转化机制，建立数据有效性及准确性规则，校验数据间的依赖性等。

在进行数据质量管理时，企业应秉持预防为主的理念，坚持将“以预控为核心，以满足业务需求为目标”作为工作的出发点和落脚点，加强数据质量管理的事前预防、事中控制和事后补救对应的策略，以实现企业数据质量的持续提升，如图7-1所示。

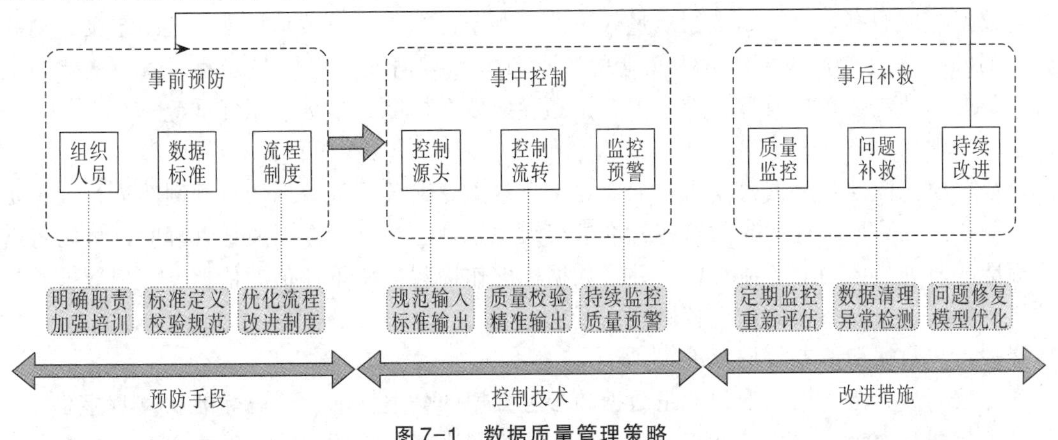

图7-1　数据质量管理策略

资料来源：用友平台与数据智能团队.一本书讲透数据治理：战略、方法、工具与实践［M］.北京：机械工业出版社，2021：276.

7.3.2　数据质量管理之事前预防

事前预防，是数据质量管理的上上之策。企业可以从组织建设、数据标准、流程制度三个方面着手进行事前预防。

1.加强组织建设

建立数据质量管理的组织体系，明确角色职责并为每个角色配置适当技能的人员，并加强对相关人员的培训，是保证数据质量的有效方式。

（1）组织角色设置

企业在实施数据质量管理时，应考虑在数据治理整体的组织框架下设置相关的数据质量管理角色，并明确其在数据质量管理中的职责分工。

常见的组织角色有数据治理委员会、数据分析师和数据管理员。其中数据治理委员会负责制定企业的数据战略，指明数据治理方向，确保在整个企业范围内采用与数据质量相关的方法和政策，建立和管理数据质量阶段目标，推动测量并分析各个业务部门内数据质量的状态。数据分析师负责数据问题的根因分析，以便为后续制订数据质量解决方案提供决策依据。数据管理员负责将数据作为资产进行管理，保障数据质量，定期进行数据清理，解决数据问题。

（2）加强人员培训

数据质量不高主要是人为因素导致的，因此加强对相关人员的培训，提升人员的数据质量意识，能够有效减少数据质量问题的产生。

数据质量管理培训对于员工和企业来说是双赢的过程。对于员工来说，一方面可以从意识上认识到数据质量对企业业务和管理的重要性，另一方面也能从理论上学习到数据管理的相关知识和技能，提高自己的业务处理效率和质量。而对企业来说，培训在提升员工数据思维和认知水平的同时，也有利于建立起企业的数据文化，使数据标准得到宣贯，以支撑企业数据治理的长治久安。因此，企业应鼓励员工参加相关的数据质量管理培训，让相关人员更加系统地学习数据管理知识体系，提升数据管理的专业能力。

2.落实数据标准

数据标准的有效执行是数据质量管理的必要条件。通过对数据标准的统一定义，明确数据的归口部门和责任主体，为企业的数据质量和数据安全提供基础的保障。从范围上看，数据标准包括数据模型标准、主数据和参照数据标准、指标数据标准等。

（1）数据模型标准

数据模型标准对数据模型中的业务定义、数据映射关系、数据质量规则等进行统一定义，并通过元数据管理工具对这些标准进行统一管理。在进行数据质量管理时，可以将这些标准映射到具体的业务流程中，并将数据标准作为数据质量评估的依据，实现数据质量的稽查核验，使得数据的质量校验有据可依。

（2）主数据和参考数据标准

主数据和参考数据标准包含主数据和参考数据的分类标准、编码标准和模型标准，它们是主数据和参考数据在各部门、各业务系统之间进行共享的保障。如果主数据和参考数据标准无法得到有效执行，则会产生数据不一致、不完整、不唯一等问题，进而影响到业务协同和决策分析。

（3）指标数据标准

指标数据是在业务数据的基础上按照一定业务规则加工汇总的数据。指标数据标准主要涵盖了业务属性、技术属性和管理属性三个方面，是对企业业务指标所涉及指标项的统一定义和管理。指标数据标准的统一能够明确指标的业务含义、统计口径，使得业务部门之间、业务和技术之间形成统一的认识，同时它也是数据仓库、BI项目的主要建设内容，为数据仓库的数据质量稽查提供依据。

3.流程制度保障

（1）数据质量管理流程

数据质量管理流程主要包括业务需求定义、数据质量测量、根本原因分析、实施改进方案、控制数据质量，如图7-2所示。

①业务需求定义。企业进行数据质量管理的目的是更好地实现业务和管理的目标。业务需求定义应做到：将企业的业务目标对应到数据质量管理策略和计划中；让业务人员深度参与甚至主导数据质量管理，这样作为数据主要用户的业务部门才可以更好地定义数据质量参数；将业务问题定义清楚，这样才能分析出数据质量问题产生的根本原因，进而制订出更合理的解决方案。

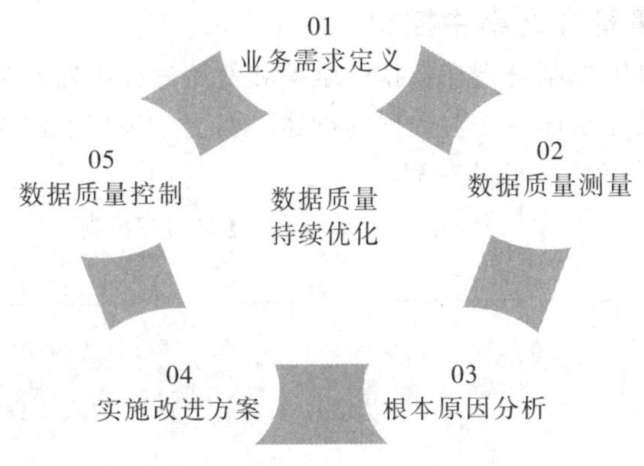

图7-2 数据质量管理流程

②数据质量测量。数据质量测量是指围绕业务需求设计数据评估维度和指标，利用数据质量管理工具完成对相关数据源的质量评估，并根据测量结果归类数据问题、分析引起问题的原因。数据质量测量应做到：首先，以数据质量问题对业务的影响分析为指导，清晰定义出待测量数据的范围、优先级等重要参数。其次，采用自上而下和自下而上相结合的策略，识别数据中的异常问题。自上而下是以业务目标为出发点，对待测量的数据源进行评估和衡量；自下而上是基于数据概要分析，识别数据源问题，并将其映射到对业务目标的潜在影响上。最后，形成数据管理评估报告，清晰列出数据质量的测量结果。

③根本原因分析。产生数据质量问题的原因有很多，但有些原因只是表象。因此需要对找到的原因进行分析，抓住影响数据质量的关键因素，设置质量管理点或控制点，从数据的源头抓起，从根本上解决数据质量问题。

④实施改进方案。数据质量改进方案并没有通用的模板，无法保证企业每个业务每类数据的准确性和完整性。企业需要结合产生数据问题的根本原因以及数据对业务的影响程度，来定义数据质量规则和数据质量指标，形成一个符合企业业务需求的、独一无二的数据质量改进方案，并付诸行动。

⑤数据质量控制。数据质量控制是指，在企业的数据环境中，根据数据问题的根因分析和问题处理策略，在发生数据问题的入口处设置数据问题测量和监控程序，从数据环境的源头或上游进行数据问题防治，形成一道数据质量“防火墙”，从而避免不良数据向下游传播并污染后续的存储进而影响业务。

（2）数据质量管理制度

数据质量管理制度的具体内容包括：设置考核KPI，通过专项考核计分的方式对企业各业务域、各部门的数据质量管理情况进行评估；以数据质量的评估结果为依据，将问题数据归类，并按所在分类的权重进行量化；总结数据质量问题发生的规律，利用数据质量管理工具定期对数据质量进行监控和测量，及时发现存在的数据质量问题，并督促落实改正。

数据质量考核制度应实行奖惩结合制，每次根据各业务域数据质量KPI的考核情况，给予相应的奖罚分值，并将数据质量专项考核结果纳入相关人员和部门的整体绩效考核体系中，以督促各方重视数据质量，对数据质量问题追根溯源、主动解决。

7.3.3 数据质量管理之事中控制

数据质量管理的事中控制是指在数据的维护和使用过程中监控和管理数据质量。通过建立数据质量的流程化控制体系，对数据的创建、变更、采集、清洗、转换、装载、分析等环节的数据质量进行控制，如图 7-3所示。

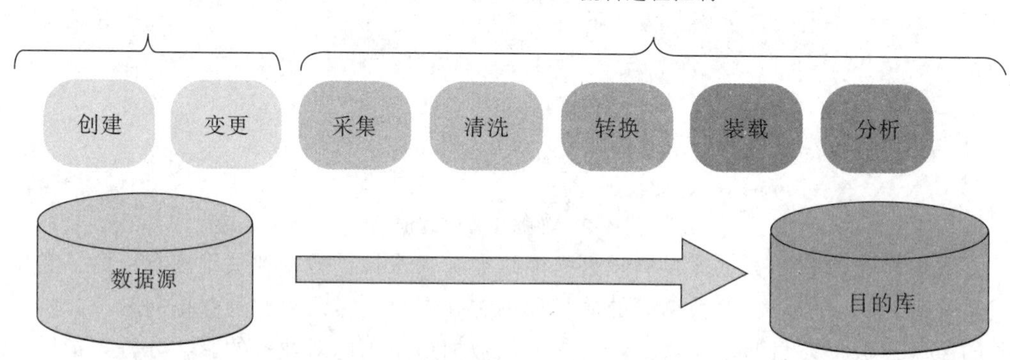

图 7-3 数据质量管理的事中控制

资料来源：用友平台与数据智能团队.一本书讲透数据治理：战略、方法、工具与实践［M］. 北京：机械工业出版社，2021：280.

1.加强源头数据控制

了解数据的来源，从源头控制好数据质量，让数据“规范化输入、标准化输出”是解决企业数据质量问题的关键所在。企业可以考虑从以下几个方面做好源头数据质量管理。

（1）维护好数据字典

数据字典是记录标准数据、确保数据质量的重要工具。通过建立企业级数据字典对企业的关键数据进行有效标识，并清晰、准确地对每个数据元素进行定义，能消除不同部门和人员对数据的误解，让企业在IT项目上节省大量时间和成本。

（2）自动化数据输入

人为因素是数据质量难以得到保障的主要原因之一，因此企业应考虑自动化输入数据的方式，例如根据关键字自动匹配客户信息并自动带入表单，以减少手动输入数据造成的数据错误。

（3）自动化数据校验

数据自动化输入后，可以通过预设的数据质量规则对输入的数据进行自动化校验，对于不符合质量规则的数据进行提醒或拒绝保存。数据质量校验规则主要有：数据类型正确性，包括数字、整数、文本、日期、参照、附件等；数据去重校验；数据阈值范围，如最大值、最小值、可接受的值、不可接受的值等；数据分类规则，确保正确归类；单位是否正确，确保使用正确的计量单位；数据权限的识别，如数据新增、修改、查看、删除、使用等权限是否受控。

（4）人工干预审核

数据质量审核是从源头控制数据质量的重要手段，应采用流程驱动的数据管理模式，控制数据的新增和变更，过程中的每个操作都需要人工审核，只有审核通过数据才能生效。

2.加强流转过程控制

数据质量问题不仅仅发生在源头，流转过程中的每一个环节都有可能出现数据质量问题，所以对数据全生命周期中的数据采集、存储、传输、处理、分析等各个过程都要做好数据质量的全面预防。

数据流转过程的质量控制策略如下：

（1）在数据采集阶段，应注意以下事项：明确数据采集需求并形成确认单；数据采集过程和模型标准化；数据源提供准确、及时、完整的数据；数据的新增和更改及时传播到其他应用程序；确保数据采集的详细程度满足业务的需要；定义采集数据的每个数据元的可接受值域范围；确保数据采集工具、采集方法、采集流程已通过验证。

（2）在数据存储阶段，应选择适当的数据库系统，设计合理的数据表；设置适当的数据保留时间；建立适当的数据所有权和查询权限；明确访问和查询数据的准则和方法。

（3）在数据传输阶段，应明确数据传输边界或传输限制；保证数据传输的及时性、完整性和安全性；确保传输过程数据不会被篡改；明确数据传输技术和工具对数据质量的影响。

（4）在数据处理阶段，应合理处理数据，确保数据处理符合业务目标；合理处理重复值、缺失值、异常值和不一致数据。

（5）在数据分析阶段，为确保数据分析的算法、公式和分析系统有效，应确保要分析的数据完整且有效；在可重现的情况下分析数据；显示适当的数据比较和关系。

3.事中控制的相关策略

（1）质量规则的持续更新

数据质量管理不是一次性的工作，而是一个持续的过程，企业需要定期检查数据质量规则对业务的满足程度，并不断改进它们。另外，企业和业务环境也在不断变化，企业需要提出新的数据质量规则来应对这些变化。

（2）数据质量的持续监控

对数据质量的持续监控，有利于及时发现数据质量问题、提出解决方案。数据质量评估框架（DQAF）给出了一种数据质量的持续监控方法，即联机测量，它强调利用数据质量管理工具的自动化功能，将定义好的数据质量规则作用于数据测量对象（数据源），能够实现对数据质量有效性的持续性检查。

（3）数据质量预警机制

数据质量预警机制用于对在数据质量监控过程中发现的数据质量问题进行预警和提醒。例如，通过微信、短信的形式提醒数据管理员发生了数据质量问题，通过电子邮件的形式向其发送数据质量问题列表等，以便相关人员能及时采取改善或补救措施。

（4）数据质量报告

数据质量报告有利于清晰地显示数据质量测量和评估结果，方便数据质量责任人分析数据问题、制订处理方案。数据质量报告有两种常见的形式：一种是以仪表盘的形式统计数据质量问题，显示数据质量KPI，帮助数据管理者分析和定位数据质量问题；另一种是生成数据质量问题日志，用日志的形式记录已知的数据问题，帮助企业预防数据质量问题和执行数据清理活动。

7.3.4 数据质量管理之事后补救

尽管很多时候数据质量管理的事前预防和事中控制已经做得相对完善了，但数据质量问题仍无法避免。为了尽可能减少数据质量问题，减轻其对业务的影响，需要及时发现并采取相应的补救措施。

1.定期质量监控

定期对数据进行全面“体检”，有利于企业数据质量的持续提升，找到数据质量问题的“病因”。定期质量监控也叫定期数据测量，是指定期监控数据状况，对非关键性数据和不适合持续测量的数据进行重新评估，发现数据质量问题及其变化，从而制定有效的改进措施，为数据在某种程度上符合预期提供保障。

2.数据问题补救

尽管数据质量控制可以在很大程度上减少不良数据的产生，但再严格的质量控制也无法做到100%的数据问题防治，甚至过于严格的质量控制还会引起其他的数据问题。因此，企业需要时常进行数据清理和补救，以纠正现有的数据问题。

（1）清理重复数据

对经数据质量核验出的重复数据，要进行人工或自动处理，处理的方法有删除或合并。例如对于两条完全相同的重复记录，删除其中一条；如果重复的记录不完全相同，则将两条记录合并，或只保留相对完整、准确的那一条。

（2）清理派生数据

派生数据是由其他数据派生出来的数据。一般情况下，存储派生出的数据是多余的，不仅会增加存储成本，而且会增大数据出错的风险。因此需要对派生数据进行清理，可以存储其相关算法和公式，而不是结果。

（3）缺失值处理

处理缺失值的策略是对缺失值进行插补修复，一般有两种方式：人工插补和自动插补。对于“小数据”的数据缺失值问题，一般采用人工插补的方式，例如主数据的完整性治理。而对于大数据的数据缺失值问题，一般采用自动插补的方式。自动插补主要有三种方法：利用上下文插值修复；采用平均值、最大值或最小值修复；采用默认值修复。当然，最有效的方法是采用相近或相似数值进行插补。

（4）异常值处理

异常值处理的核心是找到异常值。异常值的检测方法有很多，大多要用到机器学习技术，如基于统计的异常检测、基于距离的异常检测、基于密度的异常检测等。检测出异常值后，处理就相对简单了，可以删除或替换异常值，进行数据转换或聚类，或者分离对待。

3.持续改进优化

数据质量管理策略的不断优化，能使企业从对数据问题和紧急数据故障的被动反应过渡到主动预防和控制数据缺陷的发生，如图7–4所示。

经过数据质量测量、数据问题根因分析和数据质量问题修复，企业可以回过头来评估数据模型设计是否还有优化和提升的空间，数据的新增、变更、采集、存储、传输、处理、分析这些过程是否规范，预置的质量规则和阈值是否合理。如果模型和流程存在不合理的地方或可优化的空间，那么就需要实施优化措施。

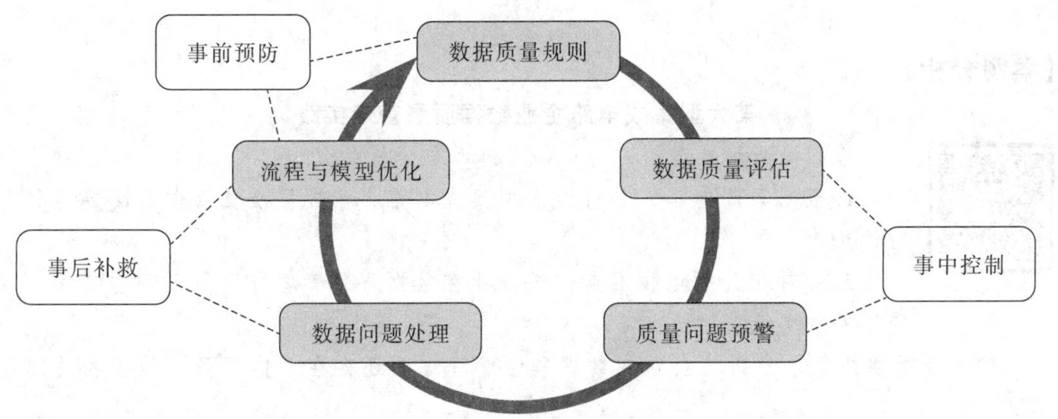

图7-4 数据质量持续优化模型

资料来源：用友平台与数据智能团队.一本书讲透数据治理：战略、方法、工具与实践［M］.北京：机械工业出版社，2021：284.

值得注意的是，事后补救并不是数据质量管理最理想的方式，建议还是坚持以预防为主的原则来开展数据质量管理，并通过持续的数据质量测量和探查，不断发现问题，改进方法，提升质量（用友平台与数据智能团队，2021）。

知识延伸：数据质量评价指标可参阅《信息技术 数据质量评价指标》（GB/T 36344—2018）。

【本章小结】

数据质量维度一般包括数据的完整性、唯一性、实时性、有效性、准确性和一致性等6个方面。通过数据质量管理可提高组织数据价值和数据利用的机会，降低低质量数据导致的风险和成本，提高组织效率和生产力，保护和提高组织的声誉。数据质量管理的侧重点随着数据管理过程的推进而变化，主要包括事前对低质量数据的预防、事中对阻碍高质量数据形成和管理的控制以及事后对低质量数据带来后果的补救。总之，数据质量管理贯穿组织数据管理的全过程，是组织数据管理战略目标得以实现的重要保障。

思维导图

【课后思考】

1. 什么是数据质量？数据质量差会引起何种后果？
2. 导致数据质量问题的原因有哪些？
3. 数据质量管理目标有哪些？
4. 数据质量管理原则有哪些？
5. 如何进行数据质量检查？
6. 请简述数据质量管理过程中的事前、事中和事后管理策略。

【案例分析】

某大型集成电路企业数据质量管理实践

案例分析

请扫码研读本案例，进行如下思考与分析：

1. 根据案例内容，分析该大型集成电路企业数据质量管理的必要性和可行性。

2. 针对相关痛点和难点，该企业在数据质量管理方面做了哪些工作？取得了哪些成绩？

3. 结合所学内容，分析该企业在数据质量管理方面还存在哪些不足，给出相关改进建议。

第8章　数据安全管理

【学习目标】

通过本章的学习，掌握数据安全管理的目标与原则，了解数据安全在国家安全防护体系中的地位；了解数据安全脆弱性及管理体系框架，理解数据安全防护管理策略及其审计流程；了解数据安全管理相关法律规定。

【素养目标】

强调数据安全和隐私保护。在数据应用中，人们需要把大量的个人信息输入到系统中，因此数据安全和隐私保护非常重要。培养数据的保护意识，了解相关的法律法规，并且学习相关技术手段以保证数据的安全性。

【引导案例】

数篷科技——创新数据安全管理平台引领者

1.数据安全：市场从沉寂到爆发，产品从单一到多样

随着《数据安全法》《个人信息保护法》出台，所有与数字化相关的企业均须满足数据安全的合规要求。但在具体落地过程中，不同类型、规模的企业往往需要解决不同类型的数据安全问题。

国内的数据安全市场萌芽较早，但数据安全一直处于不被大多数企业认知和重视的阶段。而在2013年，斯诺登事件爆发，在全球范围内大幅提升了对数据泄露的关注度。2018年左右，随着数据安全厂商持续的市场教育，国外相关政策法规的出台，以及更多年轻企业IT负责人的成长，国内企业客户对这一话题的认知更加深化。而2021年国内针对性法律的相继出台，更是一个里程碑式的节点，让数据安全在国内翻开了崭新一页。

从过去十余年的市场发展历程中可以看出，国内企业践行数据安全，遵循着由点及面、由少到多的特性。具体来说，早前在政策未强制要求时就重视数据安全建设的企业，往往身处金融、互联网等领域——由于业务和数据安全强绑定，它们较早就自发开展了相关建设。在这类企业中，采购基础类的数据安全产品已是早就开始的工作。如今，它们大概率也已建立起自己的数据安全团队。

但在更多领域，如教育、医疗、制造业等，不少企业在法律法规完善前并未意识到数据安全的重要性。曾有专注数据合规的厂商告知36氪，在很长一段时间内，一些医院的数据保护都处于粗放状态。“在医疗机构共建项目的场景里，我们见过微信传输数据的情况。可能就是在传输一个存着患者个人信息的表格。”这家厂商表示。

也就是说，国内企业的数据安全意识和水平长期处于参差不齐的状态。而且，有动力在数据安全方面进行高投入的企业往往是少数，这同样带来另一个现象——由于市场空间受限，数据安全产品类型也长期单一化。

多位数据安全行业人士曾表示，过去多年在国内被普遍使用的数据安全产品主要有两种：数据库/仓库安全（包括数据分类分级、数据库加密、数据库审计、数据库防火墙，脱敏、水印等）和数据防泄密（DLP）。简单地讲，前者主要保障数据本身在保管、存储时的安全，如数据库加密就是一个典型例子；而DLP的主要目标是防止数据丢失和滥用，产品主要部署在数据出口位置，对内容进行识别、加密、管控和审计。

这两类产品基本能够满足《数据安全法》《个人信息保护法》等法规出台之前的数据安全需求。有行业人士曾举例表示，数据库安全范畴内的一些细分产品，如数据库审计、脱敏等已几乎成为标配，属于基础类产品。但在新的数据安全法律法规的作用下，如今企业需要做到的远不止内容不被丢失、滥用，以及数据被安全地存放在“保险箱”中——它们需要在存储安全的基础上更进一步，关注数据在不断流动状态下的安全性，在整个业务活动中都做到对数据的安全管控。

新的需求带来新的商机。面对固有产品无法解决的问题，过去被许多投资人视为“市场天花板太低”的数据安全赛道，出现了不少带有创新色彩的产品。

2.基于通用底层架构，发布游戏、制造业行业专属解决方案

数篷科技自成立初期就关注数据安全，提供了一系列结合了零信任理念的数据安全产品。这类产品既可以帮助客户保护数据在流动中的安全，也可以和各种各样的其他产品合作，综合满足客户的数据安全需求。

但正如前文提及，在数据安全成为全民议题的当下，由于业务特点、过往安全基础等方面的差异，不同类型、规模的企业依然面临着不同挑战。对数篷科技而言，为了更贴近业务、更好地服务客户，其进行的尝试之一就是，面向不同行业的客户发布行业专属解决方案。

当前数篷科技已经针对游戏和制造业发布数据安全专属解决方案。

其中，游戏专属解决方案在2022年Q1发布。研发类游戏公司的核心竞争力在于代码、美术等内容，它们需要保证自己研发的游戏在开发、测试、运营过程中的安全。这类需求过往没有好的解决方案，主要是因为游戏研发过程中大型设计软件、大容量数据存储需求、适配各种终端的调试等问题不好解决。数篷科技的DACS-Gaming有针对性地作出了优化和适配，可以很好地解决游戏行业的痛点，让企业可以更有效率、更安全地完成产品研发和运营。

2022年Q3，数篷科技还针对制造行业发行了专属解决方案DACS-Manufacturing。

整体而言，制造业也在数字化转型中。不论是流程制造还是离散制造，都有研发、测试、业务过程数据保护的需求。同时，随着工业互联网的发展，很多制造企业也在引入智能化的手段来实现产品优化和工厂管理效率的提升。传统的方式随着IT和OT融合的趋势渐渐不再适用。数篷科技针对这些特点，并与制造业的业务应用相结合，帮助企业更好地解决数据流转过程中的问题。

目前在制造行业，数篷科技已经和浪潮、立讯精密、蔚来汽车、长城汽车、smart汽车等达成合作。在游戏领域，公司也已经服务数十家客户。在整体客户覆盖面上，数篷科技还在持续深耕互联网、金融等领域的客户，标杆案例包括建设银行、中信建投、太平洋

保险、泰康集团、度小满和贝壳找房等。

总之，通过提供结合零信任理念的数据安全平台，帮助更多企业客户高效、灵活地应对新形势下的数据安全挑战，实现数据流动的安全，既是数篷科技一直以来的初心，也是这家公司持续坚持的目标。

资料来源：根据公开资料整理，有删改。

由引导案例，我们不禁思考：《数据安全法》的主要内容和适用范围是怎样的？数据安全市场的需求是怎样的？数据安全面临的挑战是什么？又当如何化解？本章将围绕这些问题展开阐述。

数字化时代，数据是企业的命脉，无论是敏感的知识产权、商业秘密、交易记录，还是从员工到客户、业务合作伙伴的所有与业务相关的数据。这些数据对于企业具有巨大的价值，对于试图通过窃取数据来获取利益的人也具有极大的诱惑。大数据的发展给企业带来了前所未有的机遇，也带来了前所未有的数据安全挑战。因此，做好企业数据的安全管理迫在眉睫！

8.1 数据安全管理概述

近年来，我国数字经济持续快速发展，其产值占国内生产总值比重逐年高速增长，已成为推动经济增长的重要引擎。国家高度重视数据要素化市场配置改革进程，自2022年以来，陆续发布了《“十四五”数字经济发展战略》《中共中央 国务院关于构建数据基础制度更好发挥数据要素作用的意见》《数字中国建设整体布局规划》等一系列数字经济发展的战略性文件，推动加快数据要素市场流通，创新数据要素开发利用机制。但是，数据在广泛流动、释放价值的同时，也面临着被窃取、泄露、篡改、破坏、滥用的巨大威胁。新形势下的数据安全风险形态也呈现多样化、复杂化特点，造成对个人、组织、社会公共利益甚至国家安全的严重威胁和损害。为规范数据处理活动，保障数据依法有序自由流动，近年来，我国数据安全相关法律法规、部门规章持续密集发布，数据安全标准化研究制定工作加速推进，相关审查、评估、认证、审计等制度陆续推出，为各行各业落实数据安全治理、增强数据安全保障能力提供了具体指引和实施参考，持续推动了数据安全的有法可依、有章可循、有标可落。

8.1.1 数据安全

1.数据安全的定义

随着数据要素与企业运营的交互日趋紧密，其安全管理问题也得到了学者和管理者的广泛关注。数据安全的内涵有狭义和广义之分：狭义的数据安全是指数据客体本身的安全；广义的数据安全则是指保护数据管理系统的硬件、软件及相关数据，使之不因为偶然或恶意侵犯而遭到破坏、更改和泄露，保证信息系统能够连续、可靠、正常地运行。

数据安全是数据的质量属性，其目标是保障数据资产的保密性、完整性和可用性。数据安全包括安全策略和过程的规划、建立和执行，为数据和信息资产提供正确的身份验证、授权、访问和审计。

2.数据安全三要素

数据安全的三要素分别为数据保密性、数据完整性和数据可用性。其中，数据保密性又称数据机密性，是指个人或组织的信息不为不应获得者获得，确保只有授权人员才能访问数据。数据完整性是指在传输、存储或使用数据的过程中，保障数据不被篡改或者被篡改后能够迅速被发现，从而确保信息可靠且准确。数据可用性是一种以使用者为中心的设计概念，是指确保数据既可用又可访问，以满足业务需求。其重点在于让产品的设计符合使用者的习惯与需求。高并发访问或者Dos网络攻击会引起网络堵塞，破坏数据的可用性。

3.数据安全需求来源

降低风险和业务增长是数据安全活动的主要驱动因素。确保组织数据安全，可以降低风险并增加竞争优势。数据安全活动本身也是一项宝贵的资产。数据安全的具体细节（如哪些数据需要被保护）因国家和行业而异，但数据安全实践的目标是一致的：保护信息资产，以符合隐私和保密规定、合同协议、业务要求。这些数据安全需求主要来自以下方面：

（1）利益相关者

组织必须意识到其利益相关者的隐私和保密需求。利益相关者包括客户、学生、公民、供应商或商务合作伙伴等。组织中的每个人都必须是利益相关者数据的负责任的受托人。

（2）政策法规

政策法规是为了保护一些利益相关者的权益，不同的法规有不同的目的。一些法规是为了限制信息获取，另一些法规则是为了确保信息的开放性、透明度和可靠性。各国的法规皆有不同，这意味着进行国际交易的组织需要意识到并能够达到业务开展国的数据保护要求。

（3）商业机构

每个组织都有需要保护的专有数据。一个组织的数据提供了关于其客户群的深层信息，当数据得到有效利用时，可以形成竞争优势。如果保密数据被盗或被破坏，组织就可能失去竞争优势。

（4）合法访问需求

在保护数据时，组织还必须启用合法访问权限业务流程，要求具有特定职能的人才能访问、使用和维护数据。

（5）合同义务

合同和不可披露协议（Non-disclosure Agreement）也会影响数据安全要求。例如，支付卡行业（Payment Card Industry，PCI）标准是信用卡公司和个体企业之间的一种协议，要求以特定的方式保护某些类型的数据（比如对客户密码的强制加密）。

有效的数据安全政策和程序使得合适的人员以正确的方式使用和更新数据，并限制所有不适当的访问和更新。数据安全需求来源如图8-1所示。

了解并遵从所有利益相关者的隐私和保密需求，符合每个组织的最佳利益。客户、供应商及其他相关方都依赖于可信任并负责任的数据使用（DAMA国际，2020）。

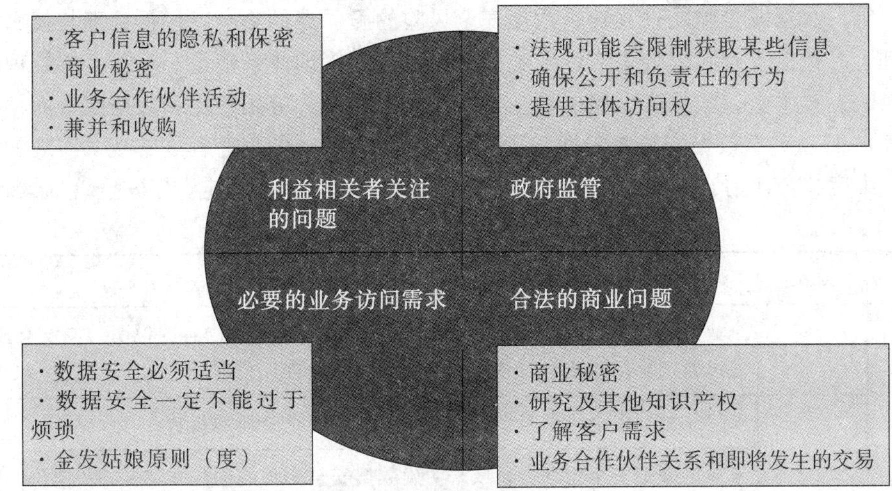

图8-1　数据安全需求来源

资料来源：塞巴斯蒂安-科尔曼.穿越数据的迷宫：数据管理执行指南［M］.汪广盛，等译.北京：机械工业出版社，2020：112.

8.1.2　数据安全目标与原则

1.数据安全目标

数据安全活动的目标包括：对企业数据资产启用适当的访问权限并阻止不当访问；遵守有关隐私、数据保护和保密性的政策法规；确保满足利益相关者对隐私和保密性的要求。

2.数据安全原则

因为数据安全的具体要求可能随时间或地点发生变化，所以数据安全实践应遵循相关指导原则，具体包括：

（1）协作。

数据安全涉及信息技术安全管理人员、数据管理/数据治理人员、组织内部和外部的审核团队，以及法律部门的相互协作。

（2）基于企业整体的角度。

数据的安全标准和规章制度必须在企业整体层面得到一致且全面的贯彻。

（3）主动管理。数据安全管理的成功取决于积极主动的态度，需要所有利益相关者一起参与管理变革，并克服组织或文化瓶颈。

（4）明确责任。必须明确角色设定和职责含义，包括跨部门的数据“监管链”（Chain of Custody）。

（5）元数据驱动。数据安全分类分级是数据定义的重要组成部分。

（6）减少接触以降低风险。最大限度地减少敏感/保密数据的扩散，尤其是向非生产环境扩散。

8.1.3　数据安全脆弱性

脆弱性（Vulnerability）是系统中容易遭受攻击的弱点或缺陷，本质上是组织防御中的漏洞。例如，没打安全补丁（或过期）的网络计算机、密码较弱的网站或系统、含病毒的电子邮件附件等。数据安全脆弱性是存在数据安全风险的脆弱点的集合，包括管理与技术两个方面。管理上，数据安全脆弱性主要涉及数据安全治理、管理体系建设、系统运维管理等方面存在的风险；技术上，数据安全脆弱性主要涉及操作系统、应用程序和数据库方面存在的风险（见表8-1）。对于数据安全脆弱性，需要从其对数据资产的损害程度、技术实现的难易程度等多个维度综合评估，对脆弱性严重程度进行赋值，以针对性制定数据安全管理策略。

表8-1 **数据安全脆弱性的表现**

类型	对象	数据安全脆弱性
管理方面	管理目标	企业数据管理的总纲中不包含数据安全目标及相关内容的说明，或没有成文的，经过专门部门制定、审核、发布的数据安全管理总纲
	组织人员	未建立数据安全治理组织机构并形成数据安全管理的机制
		未指定数据安全管理员，或未明确数据安全相关的岗位并定义相关岗位的职责
		缺乏对数据安全相关人员的数据安全意识教育和岗位技能培训
		未将数据安全相关岗位纳入绩效考核
	制度流程	缺乏数据安全管理流程和制度体系的建设
		未建立数据审计制度来定期对数据日志进行数据安全方面的审计
		未建立数据加密制度来对相关的结构化数据、半结构化或非结构化数据进行加密
		未建立数据脱敏制度来对敏感数据进行脱敏处理
		未建立数据的申请和使用规范
		未建立从数据安全风险评估到数据安全改进的闭环管理体系
		未建立数据的备份和恢复策略
		未建立数据安全的应急预案
技术方面	操作系统	未通过专业机构或软件进行评测，以检查操作系统漏洞、防火墙、网络访问控制（NAC）、防病毒软件安装等是否存在安全风险
	数据库	未通过专业机构或软件进行评测，以检查数据库是否存在安全漏洞
		未对数据库进行全量或增量备份
		数据库口令薄弱或长时间未修改数据库口令
	应用程序	未识别敏感数据并对数据进行分类、分级管理
		缺乏对敏感数据的访问控制策略
		数据在使用、传输、共享过程中未脱敏
		未对敏感数据进行加密存储
		未提供数据安全审计功能，无法进行数据安全审计

资料来源：用友平台与数据智能团队.一本书讲透数据治理：战略、方法、工具与实践［M］.北京：机械工业出版社，2021：287-288.

8.1.4 数据安全风险

1.威胁

威胁是一种可能对组织采取的潜在进攻行动。威胁包括发送到组织的感染病毒的电子邮件附件、使网络服务器不堪重负以致无法执行业务（拒绝服务攻击）的进程，以及对已知漏洞的利用等。

威胁可以是内部的，也可以是外部的。威胁并不总是恶意的。一个穿制服的内部人员可能在其不知情的情况下对组织采取攻击性行动。威胁可能与特定的漏洞有关，因此应优先考虑对这些漏洞进行补救。对每种威胁，都应该有一种相应的抵御能力，以防止或限制威胁可能造成的损害（DAMA国际，2020）。

无论是普通的信息管理系统还是数据管理系统，其一般构成均包含六层，由下至上分别为物理层、网络层、系统层、数据库层、应用层和用户层。数据安全威胁可能发生在任何一个层次，导致企业产生损失，如图8-2所示。

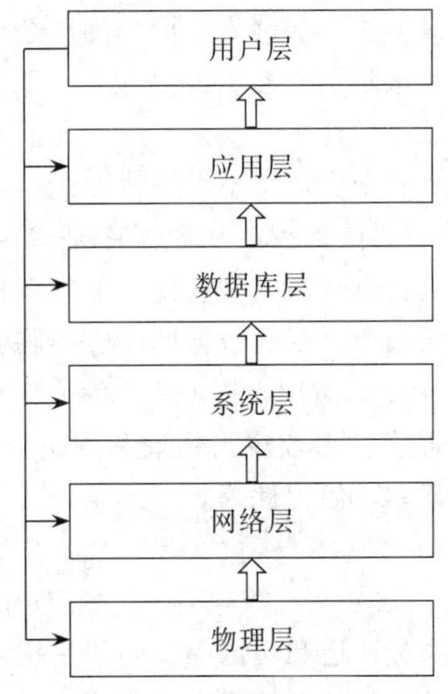

图8-2 信息管理系统一般构成

图8-2中粗空心箭线表示下层对上层的支持作用，细箭线表示用户层对其下面的每一层都具有入侵可能。其中物理层以实物组成为主，非法用户对其入侵的较少，此类入侵一般证据确凿、难逃法网，因此对企业来说，对物理层防护工作相对容易。而网络层、系统层、数据库层和应用层基本由软件、数据、信息和协议等内容组成，这些内容属于无形资产，有些甚至是虚拟产品，遭遇入侵后常常因无据可寻而无法得到法律的保护，因此具有高超的入侵手段或存在侥幸心理的非法用户将有选择地对其开展入侵。企业的各项安全措施可降低非法用户入侵率，以提高安全水平、减少期望损失。

（1）网络层的安全威胁

网络层的主体为若干种协议，这些协议本身存在缺陷，容易导致入侵者入侵，如IP协议缺乏对用户身份、路由协议的鉴别，其数据包分片也存在缺陷，这些容易导致IP地址欺骗，或以IP地址欺骗为手段的拒绝服务攻击（Denial of Service，简称DoS）。入侵者攻击网络层的常用手段有探测攻击、网络监听、解码类攻击、未授权访问尝试、缓冲区溢出、伪装攻击、电子欺骗、万维网攻击和DoS，攻击步骤一般为先隐蔽攻击源，接着踩点扫描，然后掌握系统控制权，再实施入侵，最后擦除攻击痕迹并安装后门。

（2）系统层的安全威胁

这里的系统指的是操作系统，用于管理计算机资源、控制整个系统的运行，下与硬件相连，上为用户与信息系统提供接口，是计算机软件运行的基础，因此系统层的安全是信息系统安全的重要基础之一。系统层自身存在的脆弱性是其易受攻击的主要原因之一，如2004年5月“震荡波”病毒利用Windows系统的LSASS脆弱性在网络肆虐，使得安全认证子系统崩溃，操作系统反复重启。尽管系统提供商（如微软）不断推出补丁程序，但是脆弱性与信息系统还是如影随形，基本无法全部消除。正因为系统自身存在诸多的脆弱性，其将面临许多来自外界的威胁，主要有恶意程序和代码的感染、入侵者非法访问和多用户系统中的程序冲突等。这些威胁一般是利用系统脆弱性进而入侵系统的。换言之，若可以消除操作系统的所有脆弱性，那操作系统就基本安全了，这便为企业带来了难题，一边需要消除信息系统脆弱性，一边又无法全部消除它们，因此企业必须寻求其他方法来防护其信息系统，如选择其他安全技术来阻挡或检测入侵等。

（3）数据库层的威胁

数据库层的安全在信息系统安全中地位不可一概而论，这主要取决于其存储的数据本身的重要性，企业对数据库系统的依赖程度和数据库是否为入侵者入侵操作系统的通道等。同操作系统一样，数据库也具有自身的脆弱性，如安全机制不完善、管理方面存在漏洞和用户对数据库的不同操作权限等，因此数据库层也面临着许多安全威胁，主要包括用户误操作、合法用户的非法操作（如滥用权限）、病毒感染、信息泄密和篡改、非法用户入侵等。因此数据库层的安全需求主要表现为物理和逻辑上的数据完整性、元素完整性、可审计性、访问控制、用户认证和可使用性等。

（4）应用层的威胁

应用层多由各种软件组成，软件在开发与应用的过程中不可避免地会产生许多脆弱性：陷门、漏洞、可能存在的隐蔽通道和溢出等。陷门是指软件在开发过程中开发者可能会设置后门或编程错误，这会导致软件在使用中被非法用户成功入侵。漏洞是指软件在开发过程中，由多人完成各自的工作部分后再整合，由于整合不当而影响软件的可用性。隐蔽通道是指那些不被用户察觉或非正常的通信路径。溢出是指缓存溢出漏洞，这是入侵者常加以利用的漏洞，可能成为入侵的切入口。入侵者对应用层的攻击一般包括社会工程攻击、利用数据执行发起入侵、伪装成授权用户或服务器、非法使用应用程序和系统软件、数据修改、拒绝服务、流量分析、设备修改和窃取、密码分析、信息重放、分发攻击和合法用户的误操作等。

2.风险定义

风险既是指损失的可能性，也是指构成潜在损失的事物或条件。对于每个可能的威胁，可从以下几个方面计算风险：

（1）威胁发生的概率及其可能的频率。

（2）每次威胁事件可能造成的损害类型和规模，包括声誉损害。

（3）损害对收入或业务运营的影响。

（4）发生损害后的修复成本。

（5）预防威胁的成本，包括漏洞修复手段。

（6）攻击者可能的目标或意图。

风险可按潜在损害程度或发生的可能性来确定优先级，而容易被利用的漏洞会具有发生风险的更大可能性。通常，风险的优先排序应由各利益相关方通过正式的流程来确定（DAMA国际，2020）。

3.风险分类

风险分类描述了数据的敏感性以及出于恶意目的对数据访问的可能性。分类用于确定谁（即角色中的人员）可以访问数据。用户权限内所有数据中的最高安全分类决定了整体的安全分类。从数据安全管理视角，风险主要分为关键风险数据、高风险数据和中等风险数据（DAMA国际，2020）。

（1）关键风险数据（Critical Risk Data，CRD）

由于个人信息具有很高的直接财务价值，因此内部和外部各方可能会费尽心思寻求未经授权使用这些信息。滥用关键风险数据不仅会伤害他人，还会导致公司遭受重大的监管惩罚，增加挽留客户、员工的成本以及损害公司品牌与声誉，从而对公司成财务损害。

（2）高风险数据（High Risk Data，HRD）

高风险数据为公司提供竞争优势，具有潜在的直接财务价值，往往被主动寻求未经授权使用。如果高风险数据被滥用，那么可能会因此使公司遭受财务损失。高风险数据的损害可能会导致因不信任而使业务遭受损失，并可能导致法律风险、监管惩罚以及品牌和声誉受损。

（3）中等风险数据（Moderate Risk Data，MRD）

对几乎没有实际价值的公司非公开信息，未经授权使用可能会对公司产生负面影响。

4.数据安全风险来源

伴随着大数据、人工智能、区块链，物联网、5G等新技术的快速迭代和持续创新，各种新兴技术被越来越广泛地应用到各行各业，企业内、不同企业间、不同行业间的数字化迁移速度不断加快。但是我们一定要认识到，现在的网络并不安全，包括“云”也不是绝对安全。当前数据泄露事件频发，相应的网络攻击现象频繁发生。“网络不安全”不再是偶然，而是常态，不容忽视。

从数据泄露的根因分析统计来看，随着数字化技术和能力的普及，泄露的路径越来越多元，已经不再限于“黑客攻击”，更多的是企业内部人员、离职员工、第三方外包等的泄露行为。导致数据泄露的风险来源，可分为六类：黑客（有目的性攻击的外部人员）、第三方（合作社、供应商）、恶意的内部人员、操作失误的内部人员、系统漏洞和网络爬虫。

（1）黑客

数字化时代，数据是企业的宝贵资产，能够为企业创造经济利益，在不法分子眼中（如黑客），数据同样具有很高的利用价值。随着有组织网络犯罪活动的不断上升，有目的性攻击越来越倾向于窃取信息，以获取经济利益。例如，某酒店集团旗下酒店数亿条用户信息曾在暗网被售卖。根据调查，该事件是由疑似该酒店集团程序员在GitHub（面向开源及私有软件项目的托管平台）上传的名为CMS的项目被黑客攻击所致。来自黑客的数据安全威胁见表8-2。

表8-2 来自黑客的数据安全威胁

攻击类型	说　明
恶意软件	恶意软件也叫作"流氓软件"，是为了获得未经授权的访问或造成损害而开发的软件。恶意软件的类型多种多样，例如行为记录软件、浏览器劫持软件、搜索引擎劫持软件、欺诈性广告软件、自动拨号软件、盗窃密码软件等
网络病毒	可以通过网络传播，同时破坏某些网络组件（服务器、客户端、交换和路由设备）的程序，例如病毒、蠕虫、特洛伊木马等。一旦网络病毒感染一台计算机，它就可以在网络中迅速传播，对计算机系统造成非常大的伤害，甚至使服务器瘫痪
DDos攻击	DDoS攻击即分布式拒绝服务攻击，它可以使很多计算机在同一时间遭受攻击，使攻击目标无法正常使用
电子邮件轰炸	电子邮件轰炸也就是通常所说的邮件炸弹，指的是用伪造的IP地址和电子邮件地址向同一信箱发送数以千计、万计内容相同的垃圾邮件，致使受害人邮箱被"炸"。严重者可能会给电子邮件服务器带来危险，甚至使其瘫痪
网络欺诈	攻击者佯称自己为系统管理员（邮件地址和系统管理员完全相同），向用户发送邮件要求其修改口令（口令可能为指定字符串），或者在看似正常的附件中加载病毒或木马程序
网络监听	网络监听是主机的一种工作模式，在这种模式下，主机可以接收到本网络在同一条物理通道上传输的所有信息，而不管这些信息的发送方和接收方是谁

资料来源：用友平台与数据智能团队.一本书讲透数据治理：战略、方法、工具与实践［M］. 北京：机械工业出版社，2021：289.

（2）第三方

缺乏足够网络安全性的合作伙伴和承包商也可能是企业数据泄露的一个重要渠道。无论是由于服务提供者所管理的在线资源配置不当，还是不安全的第三方软件，或是与第三方的不安全通信渠道，如果企业没有关注与防范，那么与第三方的合作很可能会使企业面临巨大的数据安全风险。近年来某些与第三方合作的公司出现的大量用户信息被泄露和滥用事件，就充分说明了这一问题。

（3）恶意的内部人员

这里的恶意的内部人员是指故意窃取数据或破坏系统的员工，利用窃取的数据开展竞争性业务，在黑市上出售所窃取的数据，或者针对真实或可感知的问题向雇主进行报复。

大量证据表明多数数据泄露行为与内部参与者即企业内部员工高度相关。黑客攻击不过是数据泄露来源的冰山一角。例如，某知名电商平台曾被曝其部分员工通过中间人向该平台的商家出售内部数据和其他有关客户的机密信息，使购买数据的商家在竞争中获得优势；特斯拉曾起诉一名前员工盗取公司的商业机密并向第三方泄露了大量公司内部数据，这些数据包括数十份有关特斯拉生产制造系统的机密照片和视频等；江苏常州警方曾破获一起特大侵犯公民个人信息案，涉及"内鬼"多达48名，涵盖银行、卫生、教育、社保、快递、保险及网购等多个行业，包括个人征信、开房住宿及收货地址等数十种实时信息；央视曾曝光了一起涉及50亿条公民信息的数据泄露事件，根据调查，嫌犯利用其网络安全部员工的身份为黑客提供大量物流信息、交易信息及个人身份等数据，从事违法犯罪活动。

企业数据泄露的一个重要威胁来自企业内部，内部人员导致的数据泄露造成的破坏性巨大，并且防不胜防。尽管很多企业意识到了这一点，与能够接触到数据的员工签订了保密协议，并进行了数据安全教育和培训，然而在利益的驱使下，这种由内部人员导致数据泄露的情形仍然是企业今后要面临的主要数据安全风险来源之一。

（4）操作失误的内部人员

此类风险来源主要包括：企业缺乏数据安全管理体系，导致数据被破坏；企业人员缺乏数据安全意识，也没有接受有效的数据安全培训，在无意中泄露了数据；企业人员缺乏数据安全的专项技能，不具备岗位技术要求，导致数据泄露或被盗等。疏忽和意外是造成企业数据安全事件的一个主要原因。使用数据的用户或系统管理员的意外失误代价高昂。例如，内部人员将包含敏感数据的文件复制到其个人设备，误将该文件通过电子邮件发送给了非授权的收件人。

风险是数据安全保障的起点，正是由于有了风险，有了特定威胁动机的威胁源使用各种攻击方法，利用信息系统的各种脆弱性对数据资产造成各种影响，才引起了数据安全问题。

（5）系统漏洞

美国运动品牌安德玛旗下的健身应用MyFitnessPal曾因存在系统漏洞遭到黑客攻击，导致1.5亿条用户数据被泄露，涉及用户名、电子邮件地址和密码等信息。美国票务巨头Ticketfly、面包连锁店Panerabread以及谷歌等企业均曾因系统漏洞导致数据泄露。

由系统漏洞引发的数据泄露事件不一而足，那么什么是漏洞呢？在计算机领域，漏洞特指系统存在的弱点或缺陷，一般被定义为硬件、软件、协议的具体实现或系统安全策略上存在的缺陷。1947年9月9日，美国海军对MarkII型计算机进行测试时，计算机突然发生了故障。经过几个小时的检查，当时的美国海军中尉、电脑专家格蕾丝·霍波（Grace Hopper）发现，一只被夹扁的小飞蛾卡在了Mark Ⅱ型计算机的继电器触点之间，导致电路中断。将飞蛾取出后，计算机恢复正常。霍波在工作日志上写道："就是这个Bug（虫子）害我们今天的工作无法完成。"自此，"Bug"一词被当作计算机系统缺陷和问题的专业术语一直沿用至今。在日常生活中，人们也通常将Bug与漏洞画上等号。

系统漏洞往往与网络黑客一同作用而产生数据泄露。2018年，Facebook遭遇自创立以来的至暗时刻，全年3次被曝发生数据泄露事件，其中2次都与系统漏洞直接相关，涉及约1亿用户。2018年9月，Facebook在泄露5 000万条用户信息后再次卷入数据泄漏漩涡，其系统因安全漏洞遭黑客攻击，导致3 000万条用户信息泄露，包括1 400万条用户的姓名、联系方式、搜索记录、登录位置等敏感信息。12月，Facebook再次被曝因软件漏洞可能导致6 800万用户的私人照片泄露。

（6）网络爬虫

网络爬虫又称网页蜘蛛、网络机器人，是一种按照一定规则自动从互联网上提取网络信息的程序或脚本。本质上，网络爬虫是通过代码实现对人工访问操作的自动化。但是，网络爬虫具备的代码解析能力使其可能访问到人工不会访问或者无法访问的内容。技术往往具有两面性，虽然网络爬虫已广泛应用，但绝不能无限制使用。过度使用网络爬虫，可能引发一些问题：过于野蛮的数据爬取操作可能加大网站负荷，导致网站瘫痪等；用爬取技术获取数据，可能导致数据所有者失去对数据的唯一拥有权。如果爬取数据中的企业信息和个人信息未经授权或被不正当地使用，可能引发商业纠纷、侵犯个人的合法权益等。

为了规范网络爬虫行为，荷兰软件工程师马蒂恩·科斯特（Martijn Koster）于1994年2月起草了网络爬虫的规范——Robots协议。Robots协议全称网络爬虫排除标准（Robots Exclusion Protocol）又称爬虫协议、机器人协议，实质上是为了解决爬取方和被爬取方之间通过计算机程序完成关于爬取的意愿沟通而产生的一种机制。Robots协议存在于网站中，负责告诉网络爬虫哪些页面可以抓取，哪些页面不能抓取。Robots协议是行业广泛遵守的规范，但它只是一个未经标准组织备案的非官方标准，也不属于任何商业组织，不具有强制性，相当于一个“君子约定”；不过，无视Robots协议肆意抓取数据必然存在法律风险。

2017年，今日头条起诉某有限公司采用技术手段非法抓取视频数据。经审理，该公司被判定构成非法获取计算机信息系统数据罪。根据判决书，该公司使用伪造device ID绕过服务器的身份校验、使用伪造UA及IP绕过服务器的访问频率限制等破解防抓取措施的行为，成了获罪的重要依据。

《中华人民共和国刑法》第二百八十五条规定：违反国家规定，侵入国家事务、国防建设、尖端科学技术领域的计算机信息系统的，处三年以下有期徒刑或者拘役。违反国家规定，侵入前款规定以外的计算机信息系统或者采用其他技术手段，获取该计算机信息系统中存储、处理或者传输的数据，或者对该计算机信息系统实施非法控制，情节严重的，处三年以下有期徒刑或者拘役，并处或者单处罚金；情节特别严重的，处三年以上七年以下有期徒刑，并处罚金。提供专门用于侵入、非法控制计算机信息系统的程序、工具，或者明知他人实施侵入、非法控制计算机信息系统的违法犯罪行为而为其提供程序、工具，情节严重的，依照前款的规定处罚。单位犯前三款罪的，对单位判处罚金，并对其直接负责的主管人员和其他直接责任人员，依照各该款的规定处罚。

结合上述案例，企业和个人在使用爬虫技术抓取数据时切勿突破、绕开反爬虫策略及协议，切勿破解客户端和加密算法。

8.1.5 数据安全管理的内涵与外延

1.数据安全管理的概念界定

（1）数据安全管理的定义

结合数据安全的定义，可从广义的社会层面管理和狭义的组织层面管理来理解数据安全管理：从广义的社会层面管理来看，是指在国家整体数据安全战略指导下，依法依规整合多方相关单位共同参与、协同实施的一系列为实现既定目标活动的集合。其涉及的相关组织包括国家、行业、研究机构、组织及个人等多元实体。从狭义的组织层面管理来看，数据安全管理是指从自身视角出发，多部门协作，推动合法合规使用数据的一系列活动的集合。其核心活动包括明确数据安全管理工作的团队及职责，规划制定相关制度规范，构建数据安全技术体系等。

综上所述，数据安全管理是指对企业数据进行合理、有效和安全的处理、传输、存储、使用，以确保数据的保密性、完整性和可用性，并遵守相关的法律法规和行业标准；即确保数据的保密性、完整性和可用性所采取的各种策略、技术和活动，包括从企业战略、企业文化、组织建设、业务流程、规章制度、技术工具等各方面提升数据安全风险应对能力的过程，控制数据安全风险或将风险带来的影响降至最低，解决上文所提到的各种数据安全威胁。

(2) 数据安全管理的对象

企业在数据管理过程中，会遭遇到各种各样的威胁，这些威胁可能会给企业带来巨大损失，为了消除威胁或减轻威胁带来的期望损失，企业需投入一定的财力、人力和物力等形成防御体系，显然这是一个需要管理的过程，因此数据安全管理的对象即为数据。

(3) 数据安全管理的内容

数据安全管理的内容主要包含四个方面，数据安全测评、数据安全风险评估、数据安全策略制定、应急响应与灾难恢复。

数据安全测评是指，企业根据国际上流行的安全评价标准，如国际信息安全评价标准和国际通用准则等，来分析并确定其数据安全需求，并将其划分等级，以方便制定恰当的数据安全策略，完成信息系统安全防护工作。数据安全风险评估是安全管理的下一步工作，主要是进一步量化安全需求，因为安全需求和安全投入是一对矛盾体，只有通过风险评估量化了安全需求后才能更准确地确定数据安全成本投入，尽量避免出现入不敷出的后果。数据安全风险评估工作可进一步细分为资产确定、脆弱性分析、威胁分析、现有安全控制分析、可能性及影响分析和确定风险。数据安全策略制定是继数据安全风险评估后的又一项重要工作，其主要是指为了达到某种安全程度而制定一组规则和目标约束，通常通过管理和技术的方法来实现。数据安全策略的内容主要包括监视日志，脆弱性管理，入侵检测，口令，用户身份识别、加密，灾害预防与应对策略等。若威胁发生了，企业必须采取应急响应与灾难恢复措施以将损失程度降为最低。

(4) 数据安全管理措施

数据安全管理措施是数据安全管理得以实现的良好保证。其类型可以从不同的角度进行划分。

依据数据安全管理的对象来分，可以分为物理安全管理措施、数据安全管理措施、人员安全管理措施、软件安全管理措施、运行安全管理措施和技术文档安全管理措施。物理安全管理措施主要是用来保障机房与设施、环境与人身的安全，并使用相关控制技术避免非法接触相关硬件与设施。数据安全管理措施不仅需要对数据本身的保密性、可用性、可追溯性等属性加以保护，还需要对数据载体，如纸质、磁带、光盘和硬盘等加以保护。人员安全管理措施主要是指对企业内部可能引起数据安全问题的人员进行管理，如同员工签订保密协议或对离岗人员进行管理，防止信息泄露等数据安全问题。软件安全管理措施主要是用来保障计算机软件（系统软件、数据库管理软件、应用软件及相关资料等）的完整性及其不会被破坏或泄露。运行安全管理措施主要是应对数据运用过程中出现故障、性能变更等运行问题，保障数据安全可靠运行。

依据数据安全防护手段分，数据安全措施则可以分为两大类：对内减少数据管理系统脆弱性和对外减少数据安全威胁。减少脆弱性措施是数据安全防护较为直接的措施，它主要是通过运用脆弱性扫描和补丁管理等技术减少数据管理本身的脆弱性（脆弱性是入侵者入侵得以成功的必要条件之一），从而降低入侵者入侵成功的概率。相对减少脆弱性措施而言，减少威胁措施主要是通过阻拦、检测、警报和惩罚等方式间接地威慑入侵者，从而降低其入侵的可能性。

2.数据管理与数据安全管理的关系

管理是指为达到组织的既定目标而以人为中心对组织拥有的资源进行有效的决策、计划、组织、领导和控制的过程。安全管理更强调控制和执行，通过自上而下的制度和规范的垂直管理落地，达到安全防护目标，通常会以形成制度和条例规范的形式加以表述和落实。数据管理与数据安全管理之间的相同点在于同属管理范畴。两者之间的不同点主要表现在以下三个方面：第一，管理对象不同。数据管理的对象是数据，数据安全管理的对象为数据安全。第二，管理目标不同。数据管理的目标是为了理解并支撑企业及其利益相关方（包括客户、员工和业务合作伙伴等）的信息需求得到满足，并确保数据资产的完整性和数据的质量；而数据安全管理的目标则在于确保利益相关方的数据隐私和保密性，防止数据和信息未经授权或被不当访问、操作及使用。第三，管理手段不同。数据管理手段与技术，强调对数据的收集、处理、存储与流通；数据安全管理手段与技术，侧重于保证数据安全。

从上述分析可知，数据安全管理是数据管理的重要组成部分，更具安全管理的专业性。

3.数据安全管理的需求与挑战

（1）执行数据安全战略顶层规划

在顶层规划方面，伴随法律法规的颁布和各种政策文件的发布，国家数据安全的战略日趋明确：一是在数据安全供给侧，数据安全管理相关的隐私计算等关键核心技术要持续提升以逐步满足商用化需求；数据确权、数据公平交易、数字信任体系等技术也需完善；促进产学研深度融合，培育数据安全领军企业和数字化安全人才队伍，是落实国家整体战略规划的重要任务之一。二是数据安全管理涉及业务开展、法规要求、技术建设、持续运营等多个维度，需要进行顶层规划、全面布局。

但是，面对各个环节的数据安全风险，企业层面当前缺乏落实国家数据安全顶层战略的方针，亦尚未形成一套规范的、行之有效的数据安全管理机制，导致在响应相关法律法规方面还存在很大的挑战。一是，大部分企业不具备研究制定数据全生命周期安全管理的愿景、目标、指导原则、责任模型的能力和水平，无法为数据安全建设提供统一指引。二是，数据安全管理是需要综合考虑业务当前与未来发展需要，为保障数据安全所开展的一项系统工程。在为确保内部对数据安全治理的方针达成共识、合理配置数据安全工作任务与资源、准确评估投入产出比等方面，许多企业尚缺少有效的支持方法和评价依据。三是，数据的动态性要求组织应及时根据政策合规与制度规范提升需求，滚动修订数据安全的制度、流程、标准，保障数据安全的规划、实施、运行、监督的全程管控，持续提升数据安全能力，可是在管理和技术措施尚不完善的现状下，闭环管理落地困难。

（2）满足跨组织、部门协同管理需求

在组织协同方面，组织内部的数据与业务紧密联系，数据安全需随数据活动场景变化随需而变，数据处理活动涉及多个部门，内部组织和协调难度较大。主体多元、利益多元，组织内数据安全与发展、秩序与突破，诸多价值目标在组织协同这一问题上交织碰撞。如何满足内部和外部各方利益关系，实现数据开发利用和安全合规的平衡需求的满足度，成为保障数据的共享和开放的需求。从法律层面上讲，当前数据权属相关的法律法规和实施细则尚未颁布，在这样的前提下作为数据使用者如何向外部组织或者个人的数据所有者落实数据管理义务，是组织亟须解决的需求之一。从实际落地层面上讲，作为数据所有者，通过交换、共享、委托等处理活动对外提供的数据流出了自己可控的安全域，对于此类数据的防范属于自身技术防护的“盲区”。作为数据使用者，在使用数据中，如何落实外部组织或个人的数据所有者提出的数据安全管理义务，并提供合规性检测证明，以及网络安全事件发生后的安全取证、责任鉴定等对数据流转过程中的数据监管需求强烈。由于数据作为特殊资产，其所有权和使用权分离的特性，导致在数据共享交换层面面临着无法满足其安全共享和开发的困境。在数据通过共享、交换等过程离开组织之后，数据的跟踪与溯源问题变得愈加困难。如何统筹各相关部门的治理授权和责任，落实数据从产生、使用到流转全生命周期中各环节责任主体，强化分行业和跨行业协同治理，完善分类、分级的安全管理要求以及追责机制等配套制度成为行业面临的共同挑战。

8.2 数据安全管理体系框架与模型

8.2.1 数据安全管理体系框架

数据安全管理体系框架是一种系统性的方法，用于保护组织的数据和信息资源。它包括一系列的措施和策略，以确保数据的完整性、机密性和可用性。数据安全管理体系框架主要通过政策法规及标准规范、技术架构层面、安全组织与人员构建而成，如图8-3所示。构建数据安全管理体系框架，应在符合政策法规及标准规范的同时，还需要在技术上实现对数据的实时监管，并配备经过规范培训的安全组织与人员。

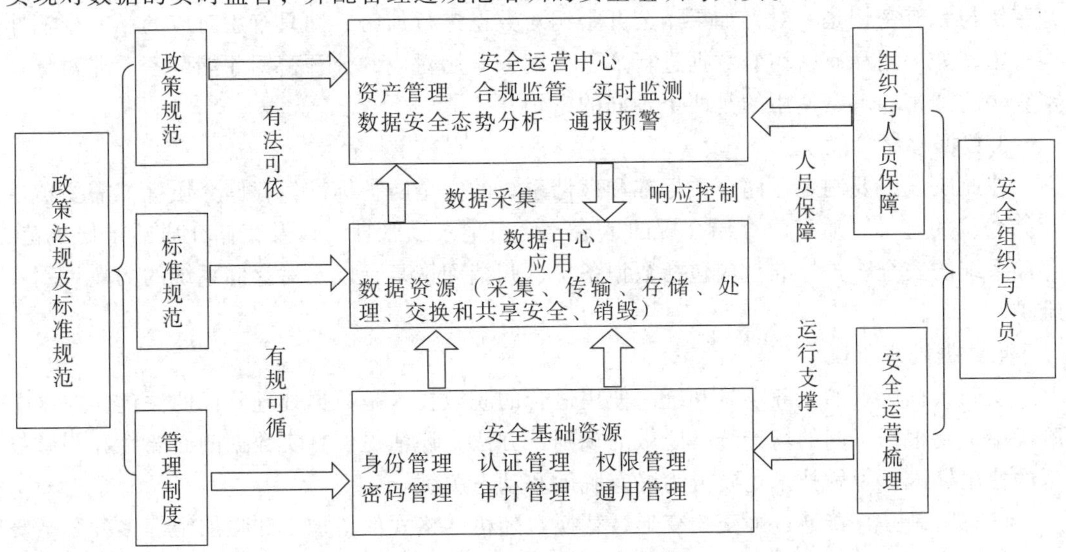

图8-3 数据安全管理体系框架

资料来源：祝守宇，蔡春久，等.数据治理：工业企业数字化转型之道［M］. 2版.北京：电子工业出版社，2023：177.

在整个数据安全管理体系框架中，核心监管技术体现在技术架构层面，具体包括安全运营中心、数据中心及安全基础资源。安全基础资源通过提供基础技术工具支撑数据中心，安全运营中心对整个数据中心进行实时的响应控制。

其中，安全基础资源包括身份管理、认证管理、权限管理、密码管理、审计管理和通用管理等功能，是整体技术框架的支持组件，在提供最基础的技术保障的同时，以工具的形式保障数据安全。

安全运营中心包括数据的资产管理、合规监管、实时监测、数据安全态势分析及通报预警等功能，主要通过采集数据中心中的数据，对数据进行汇聚、分析及治理。实现对整体数据的实时管控，并从监管的角度分析、集成数据，实时处理异常情况，保障数据安全。

数据中心分为数据资源和应用两个层面，数据资源在支撑应用的同时，覆盖数据生命周期的六个阶段，包括数据的采集、传输、存储、处理、交换和共享安全、销毁。

1.数据采集阶段

在此阶段，要明确数据采集规范，制定数据采集策略，完善数据采集风险评估及保证数据采集的合规合法性；在数据采集规范中明确数据采集的目的、用途、方式、范围、采集渠道等内容，并对数据来源进行鉴别和记录；制定明确的数据采集策略，只采集经过授权的数据并进行日志记录；对数据采集过程中的风险项进行定义，形成数据采集风险评估规范，包括评估方式和周期细节等。

2.数据传输阶段

在此阶段，要使用合适的加密算法对数据进行加密传输，其中主要用到的是对称加密算法和非对称加密算法。对称加密（也叫私钥加密）算法是指加密和解密使用相同密钥的加密算法，有时又叫传统密码算法，其加密密钥可以从解密密钥中推算出来，解密密钥也可以从加密密钥中推算出来。非对称加密算法需要两个密钥，即公开密钥和私有密钥。公开密钥与私有密钥是一对，如果用公开密钥对数据进行加密，则只有用对应的私有密钥才能解密；如果用私有密钥对数据进行加密，则只有用对应的公开密钥才能解密。非对称加密算法的加密和解密使用的是两个不同的密钥。

3.数据存储阶段

在此阶段，要制定存储介质标准和存储系统的安全防护标准。存储介质标准需要覆盖存储介质的定义、质量，存储介质的运输、使用记录及管理，以及存储介质的维修规范。存储系统的安全防护标准，应包括数据备份、归档和恢复，以及对存储系统的弱点识别及维护。

4.数据处理阶段

明确数据脱敏的业务场景和统一使用适合的脱敏技术是数据处理阶段的关键。在这个阶段中，要根据不同的场景统一脱敏的规则、方法，评估提供真实数据的必要性和脱敏技术的使用标准。脱敏技术主要分为静态脱敏和动态脱敏。

静态脱敏是直接通过屏蔽、变形、替换、随机、格式保留加密和强加密等多种脱敏算法，针对不同数据类型进行数据掩码扰乱，并可将脱敏后的数据按用户需求装载至不同环境中；其导出的数据以脱敏后的形式存储于外部存储介质中，此时存储的数据内容实际上已经发生改变了。动态脱敏是通过精确地解析SQL语句匹配脱敏条件，例如，访问IP、数据库用户、客户端工具等，在匹配成功后改写查询SQL语句，将脱敏后的数据返给应用端，从而实现对敏感数据的脱敏。此时存储于生产数据库中的数据未发生任何变化。

5.数据交换和共享安全阶段

在此阶段，要建立数据交换和共享的审核流程和监管平台；建立数据导入/导出的流程化规范，统一权限管理、流程审批，以及监控审计，确保对数据共享的所有操作和行为进行日志记录，并对高危行为进行风险识别和管控。

6.数据销毁阶段

在此阶段，要从整个销毁过程管理和技术保障措施上进行管理。首先，数据销毁要符合组织的数据销毁管理制度、办法和机制，需明确销毁对象、原因和流程；其次，在整个销毁过程中要进行安全审计，保证信息不可被还原，并验证效果；最后，针对物理销毁的介质，要进行登记、审批和交接工作。一般在技术上采用删除文件、格式化硬盘、文件覆写和消磁等方法进行数据销毁，且最后要保证数据无法被复原，防止出现数据泄露的风险。

为了实现对数据安全的监控和审计，对数据的分级分类必不可少。在对数据分级分类之前，需要发现敏感数据，以及数据主要存储的位置。对数据进行结构化分级分类，可以实现对数据资产进行安全敏感分级，并依据级别分别部署相对应的数据安全策略，以保障在数据资产全生命周期过程中，数据的保密性、完整性、真实性和可用性。

为打造“安全合规”的数据可控共享能力，华为践行了“数据安全隐私管理不仅仅是一套IT工具组合”的思路，基于有关数据安全的两个公司级治理文件——《数据底座共享与安全管理规定》和《数据底座的隐私保护规定》，落实管理要求，分别建设了数据标识、存储保护、授权控制、访问控制的能力。同时公司数据管理平台调用了传统IT安全措施，通过态势感知、堡垒机、日志服务等，结合数据安全治理方法与传统的IT安全手段，做好数据的内外合规，形成了完整的数据安全与隐私保护框架，实现了数据使用更安全的目标。华为的数据安全与隐私保护能力架构如图8-4所示。

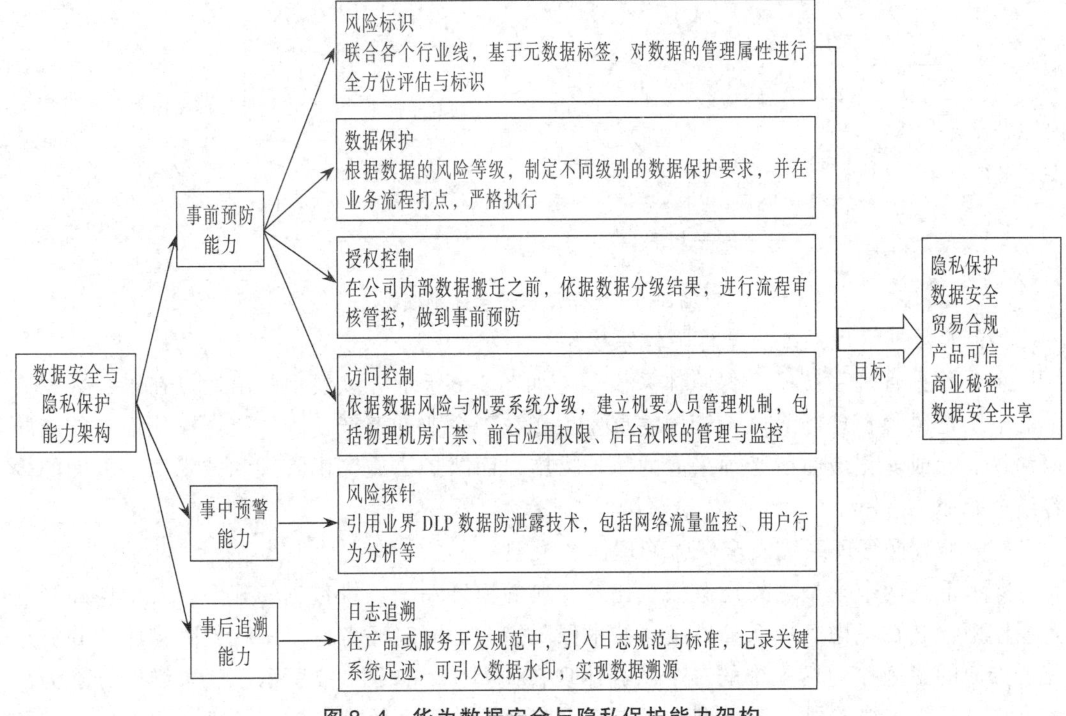

图8-4 华为数据安全与隐私保护能力架构

资料来源：华为公司数据管理部.华为数据之道［M］.北京：机械工业出版社，2020：278.

当然，人工智能的发展将带来更多的数据安全问题，数据安全管理体系框架需要不断完善优化以适应新的数据安全挑战，不断提高防御能力。与此同时，法规和标准的发展将对数据安全管理体系框架产生影响，需要遵循相关法规和标准，确保数据安全管理体系框架的合规性。

8.2.2 数据安全管理模型

目前数据安全管理领域提出了若干管理模型，这些模型用于支持数据安全管理活动，有的侧重于数据安全管理活动的动态特性，有的侧重于管理过程，有的侧重于管理维度，有的侧重于各种体系之间的关系。主要有以下三种模型：

1.全网动态安全体系模型

全网动态安全体系模型能够提供更完整、合理的安全机制，如图8-5所示。该动态模型可用一个公式表示：网络安全=风险分析+制定策略+系统防护+实时监测+实时响应+灾难恢复。该模型也是信息系统安全管理的过程与内容的体现，且更注重各个环节的动态性和关联性。

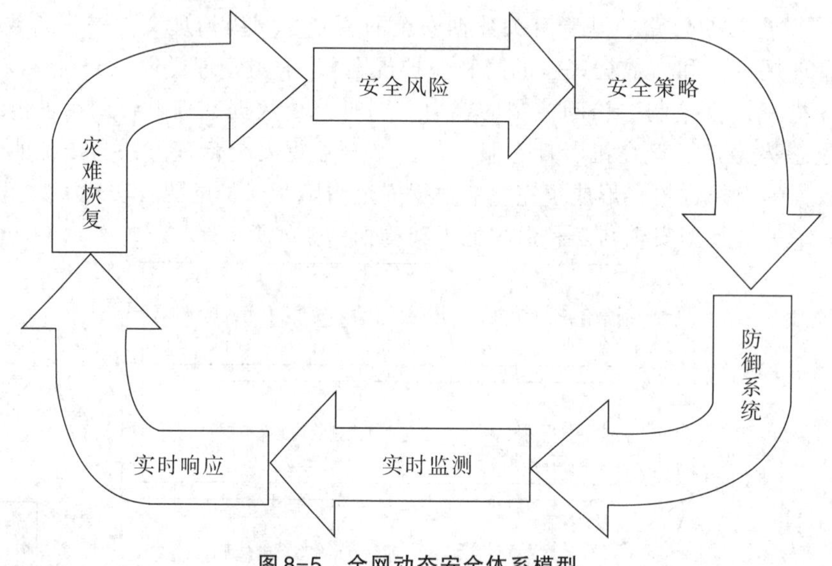

图8-5 全网动态安全体系模型

2.企业数据管理系统安全保障体系模型

企业数据管理系统安全保障体系模型，如图8-6所示。该模型的出发点在于：数据安全的本质是风险管理，而风险管理的重要工作在于企业的资产识别、资产可能面临的威胁识别、消除或弱化威胁所必须采取的防护措施，而防护措施又由管理和技术两个方面的内容结合而成。

3.三维数据管理系统安全保障管理体系模型

除了上述两个模型之外还有一个比较经典的模型——三维数据管理系统安全保障管理体系模型，其在考虑管理保障措施、技术保障措施的同时还考虑了工程保障措施，并将这三个方面的措施作为措施维的三个内容体现在模型中，如图8-7所示。三个维度分别为系统维、过程维和措施维。该模型的优点在于将数据管理系统安全同其管理过程相联系、糅合在一起，能够比较全面地发现各类安全问题，从而在此基础上实施不同的措施。

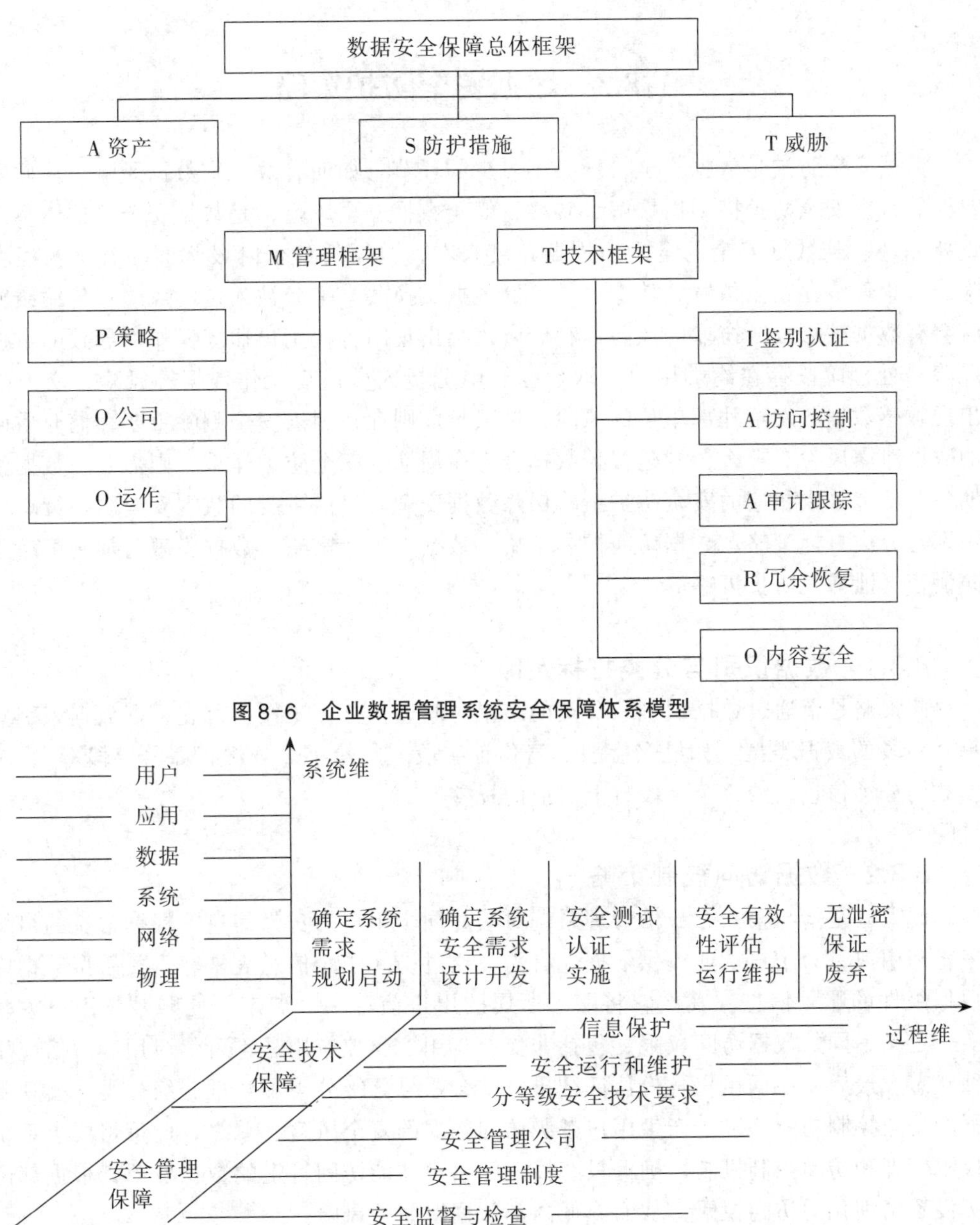

图8-6 企业数据管理系统安全保障体系模型

图8-7 三维数据管理系统安全保障管理体系模型

以上模型都是数据安全管理领域的研究成果，对企业数据安全管理具有重要的启示和指导意义。尽管它们各有侧重点，但也有共性，尤其是企业数据管理系统安全保障体系模型和三维数据管理系统安全保障管理体系模型，均强调数据安全管理过程中安全技术和管理行为的重要影响。

8.3 数据安全防护策略

数据安全防护是数据安全管理必不可少的环节。如何有效识别数据风险，从而采取针对性的数据安全防护措施以缓解、转移、规避数据安全风险，是数据安全防护体系建设的重要一环。从数据安全的全生命周期角度来看，数据的各个阶段都面临着不同程度的风险。采集环节存在因仿冒、伪造而导致的数据交换共享平台被入侵的风险；传输线路被监听会有数据被篡改、窃取的风险；存储阶段会出现因特权用户违规操作而导致的数据泄露风险；处理阶段存在终端用户窃取数据、BI分析人员违规操作数据等风险；交换阶段会出现敏感数据分发给外部单位的风险；销毁阶段则存在因未安全删除重要存储介质而造成的数据泄露风险。那么，构建覆盖数据全生命周期的安全防护体系，则需要在数据生命周期各个环节采取相应的安全防护策略保障数据安全。目前主要的数据安全防护策略有数据识别与分类打标策略、数据访问控制策略、数据库审计策略、数据脱敏与加密策略和数据防泄密（泄漏）防护策略等。

8.3.1 数据识别与分类打标策略

此策略是指通过数据识别和分类的结果对其进行打标操作。首先根据数据识别判断出每个字段的数据类型（如姓名字段、身份证字段、邮箱字段、银行账号字段等），然后根据数据分类信息，给每个字段打上对应的标签。

8.3.2 数据访问控制策略

此策略是指与第三方身份管理系统对接并同步用户的身份信息，根据常见的组织关系来管理用户，为用户认证提供依据。首先，通过访问账号信息表来获得关系型数据库和大数据组件的账号信息。其次，将账号所属的用户信息逐一绑定，使账号与用户关联。再次，定义不同的数据访问权限，包括非受控应用、受控应用、不可信应用和可信应用这四种状态。最后，根据用户身份认证结果，结合账号分级分类和数据分级分类，实现基于数据的访问控制功能，以防产生用户越级访问数据的安全风险。总之，此策略要求系统通过权限管理和访问控制机制，确保只有授权的用户才能访问特定的数据资源，根据部门和人员设置精细化的访问权限，从而降低内部数据泄露的风险。

8.3.3 数据库审计策略

此策略是指审计用户的数据库操作行为、网络监控行为和网络传输内容。除了可以识别谁访问了系统并于何时访问之外，它还能显示系统的使用状况。审计信息可以确定问题和攻击的来源，这对于确定是否有网络攻击非常重要。同时，系统事件的记录可以更快、更系统地识别问题，为网络犯罪行为及泄密行为提供取证基础。此外，该策略还对网络的潜在威胁者起到威慑作用。总之，数据库审计策略要求系统提供详细的数据审计功能，记录所有数据访问的详细信息，包括访问者、访问时间、访问操作等，便于企业在发生数据泄露时进行追踪和调查。

8.3.4　数据脱敏与加密策略

基于加密的技术主要用于解决数据存储和通信的安全性问题。数据存储过程可根据数据敏感度等支持分级的加密方法，分别进行不加密、部分加密（脱敏）、完全加密等不同存储。从保护敏感数据机密性的角度来看，此种防护策略通常包括两类场景：一类是在生产环境中敏感数据要在脱敏后展示；另一类是在测试、培训等环境中敏感数据要在脱敏后使用。在进行数据展示、调用和查询时，应用系统需要对敏感数据进行模糊化处理，特别是姓名、身份证号码、手机号码、家庭住址等个人敏感信息。如果需要查询原始敏感信息，应用系统需要进行二次鉴权。业务系统或后台管理系统在展示数据时需要具备数据脱敏功能，或嵌入专门的数据脱敏技术工具。在测试区进行测试系统或验证数据挖掘算法时，必须对数据进行批量脱敏并导入测试环境。为防止敏感数据在传输过程中出现数据窃听、中间人攻击和身份伪造等威胁数据安全的情况，需采用专线传输或加密的方式传输数据。

8.3.5　数据防泄密（泄漏）防护策略

可通过对数据敏感程度分类分级来实现对数据泄密（泄露）风险的控制（见表8-3）。数据防泄密（泄露）防护（Data Leakage Prevention，DLP）策略主要分为终端数据安全防护策略和网络数据安全防护策略。终端数据安全防护策略通常包括敏感数据的识别、威胁监控、日志审计及终端外设的端口管理等。网络数据安全防护策略通常以串联的方式来发现是否有敏感数据在网络中传输，对于网络中传输的低敏感级别数据采取网络审计策略，对于高敏感级别数据采取阻断和告警的安全防护策略。

表8-3　数据风险分类分级与管控措施

序号	类别	级别	管控措施
1	1类	极度敏感级别	实施严格的技术和管理措施，保护数据的机密性和完整性，确保数据访问控制安全，建立严格的数据安全管理规范及数据监控机制。此类数据严格控制外传
2	2类	敏感级别	实施较为严格的技术和管理措施，保护数据的机密性和完整性，确保数据访问控制安全，建立数据安全管理规范及数据标准监控机制，此类数据在满足相关安全条件下可以外传
N	N类	低敏感级别	实施必要的技术和管理措施，确保数据生命周期安全，建立必要的监控机制，此类数据在满足相关安全条件下可外传

当然，数据全生命周期安全管控策略（见8.2.1部分）也是数据安全防护策略重要组成部分。

8.4　数据安全审计

数据安全审计是一种系统性的、周期性的、预先定义的审计过程，旨在评估组织的数据安全控制措施是否有效，以及确保数据安全控制措施符合法规要求和业务需求。作为一种关键的数据安全管理方法，数据安全审计旨在确保组织的数据安全，防止数据泄露、盗用和损失。数据安全审计涉及对组织的数据处理、存储和传输等环节的审计，以确保数据安全性、完整性和可用性。数据安全审计还可以帮助组织识别和纠正数据安全漏洞，并确保合规性。数据安全审计主要包括以下六个方面：

8.4.1 账号管理审计

根据账号管理要求，账号的创建和销毁都应符合组织管理制度，并且在安全管理平台上集中管理应用系统账号，实现一人一账号；通过定期开展账号管理审计，防止出现违反账号管理规定的问题。

8.4.2 账号授权审计

根据账号授权管理要求，在安全管理平台中，系统责任人负责对账号权限进行分类、对账号最小化权限进行控制，确保账号授权至责任人；通过定期开展账号授权审计，预防责任人缺失、账号权限滥用等问题的出现。

8.4.3 账号认证审计

根据账号认证管理要求，禁止维护人员在安全管理平台中访问资源时，绕过平台直接或跳转访问资源；通过定期开展账号认证审计，防止违规访问行为的出现。

8.4.4 访问控制审计

根据访问控制管理要求，通过制定多维度访问控制策略，加强对关键资源的访问控制，为关键资源提供多层次的安全防护；通过定期开展重要资源访问控制审计，防止重要数据泄漏的风险。

8.4.5 敏感信息审计

根据客户数据安全保护管理要求，对敏感信息进行全面的分析，加强对前后台维护中查询、删除、导出敏感业务信息等操作行为的安全管控；通过定期开展敏感信息操作审计，防止客户敏感信息的泄漏。

8.4.6 重要操作审计

根据安全运维操作记录要求，通过全面记录运维人员的操作记录，以及定期开展重要操作、违规操作审计，从而威慑内部的违规行为，防止出现安全事件无法追溯到责任人的问题。

8.5 数据安全管理的政策法规

大数据时代，面对层出不穷的安全事件和数据泄露，给个人隐私、企业资产乃至国家安全都带来了巨大的挑战。因此，各国在保护数据安全方面都相继出台了大量的法律法规。本节部分相关内容参见第12章。

8.5.1 欧盟的数据安全管理政策法规

欧盟与数据安全相关的最具影响力的法律法规主要有1981年出台的《个人数据自动化处理中的个人保护公约》（Convention for the Protection of Individuals with regard to Automatic Processing of Personal Data，简称108公约）和2016年发布的《通用数据保护条例》(2018年正式实施)。其中，《通用数据保护条例》（简称GDPR）规定了企业如何收集、使用和处理欧盟公民的个人数据，旨在遏制个人信息被滥用，保护个人隐私。虽然这是一部欧盟法律，但在全球化时代，它产生的影响力绝不仅限于欧盟成员方。根据GDPR，只要公司为欧盟居民提供服务，收集、持有或处理欧盟居民的数据，即便公司位于欧盟境外，也要受此条例约束。这部有着史上最严数据隐私保护法之称的GDPR，在个人数据处理和保护方面的特点如下：第一，数据控制者应合法、公平和透明地收集与处理数据当事人的个人数据。在收集个人数据时要强调目的的合法性与一致性，同时在数据处理中要遵循数据最小化原则，所处理的数据是适当相关的并且限于与目的有关。第二，在收集个人数据时，数据控制者须向当事人披露数据管理员的相关信息、个人数据收集目的、个人数据处理和使用的法律依据等。第三，数据控制者应采取合理的措施保证数据的准确性并在必要时保持数据更新，数据当事人可以要求修正或删除正在被处理的数据。

2023年通过的最新版《个人数据传输模范合同条款草案》(Draft Model Contractual Clauses for the Transfer of Personal Data)，简称“108公约MCC草案”，标志着1981年的108公约迈出了现代化的新步伐。这一历史最悠久、覆盖范围最广泛的个人数据保护公约自通过之后，历经了多次修订，包括2001年的欧洲委员会181公约，以及2018年的欧洲委员会223公约。除了欧洲委员会当前的46个成员外，还有8个国家也成为了108公约的缔约方。108公约因此也是世界上覆盖范围最广、具有法律效力的个人信息保护国际公约，并被公认为欧盟GDPR的前身。目前的108公约MCC草案文本基于223公约所修订的最新版108公约起草，反映了最新版108公约的发展以及全球个人数据保护趋势的变化，其特色条款包括：第一，延续了欧盟SCC（Standard Contractual Clause）的模块化设计，目前的草案是控制者（Controller）向控制者（Controller）传输模块。第二，没有对接条款(Docking Clause)，不允许第三方直接加入合同。第三，在个人同意的情况下，数据主体可以通过仲裁向数据跨境传输的双方追偿。这扩展了个人保护其个人信息权益的渠道，但并不一定适用于那些法律中禁止或裁或审条款的国家。第四，适用的法律必须为数据出口方所在国（地区）法律，但如果数据出口方所在国（地区）法律不允许第三方受益权，则可以任选适用法律。第五，数据出口方及数据进口方之间的争议可选择仲裁管辖，仲裁规则为世界知识产权组织（WIPO）仲裁规则和国际商会（ICC）仲裁规则之一。

8.5.2 美国的数据安全管理政策法规

美国影响数据安全的法律法规主要有1966年发布的《信息自由法》；1974年发布的《隐私权法》；1986年发布的《电子通信隐私法》；1987年发布的《计算机安全法》；1998年发布的《儿童网上隐私保护法》；2002年发布的《联邦信息安全管理法》；2012年发布的《消费者隐私权利法案》；2016年发布的《应用程序隐私保护和安全法案》；2018年加利福尼亚州发布的《加州消费者隐私法案》(CCPA）等。

这里重点讨论CCPA。CCPA是继欧盟的GDPR颁布后又一部数据隐私领域的重要法律。CCPA的出台弥补了美国在数据隐私专门立法方面的空白，它旨在加强加州消费者隐私权和数据安全保护，其被认为是美国当前最严格的消费者数据隐私保护立法。

CCPA规定：企业必须披露收集的信息、商业目的以及共享这些信息的所有第三方；企业需依据消费者提出的正式要求删除相关信息；消费者可选择出售他们的信息，而企业则不能随意改变价格或服务水平；对于允许收集个人信息的消费者，企业可提供财务激励；加州政府有权对违法企业进行罚款，而每次违法行为将被处以7 500美元的罚款。该法案还规定，从2020年开始，掌握超过5万人信息的公司必须允许用户查阅自己被收集的数据、要求删除数据，以及选择不将数据出售给第三方。公司必须依法为行使这种权利的用户提供平等的服务。

8.5.3 中国的数据安全管理法律法规与政策

作为我国的根本大法，《中华人民共和国宪法》明确规定“公民的人格尊严不受侵犯”“公民享有通信自由和通信秘密的权利”，为个人信息保护提供了宪法依据。

早在2000年，九届全国人大常委会第十九次会议就通过了《关于维护互联网安全的决定》，明确规定国家保护能够识别公民个人身份和涉及公民个人隐私的电子信息，采取刑事制裁手段维护信息主体权利。

2012年通过的《关于加强网络信息保护的决定》，明确个人电子信息为“能够识别公民个人身份和涉及公民个人隐私的电子信息”，对收集、使用、保存个人电子信息作出了系统性规范，对违反义务的主体需要承担的民事、行政和刑事责任进行了规定。

2013年1月发布的《征信业管理条例》，对征信机构采集、整理、保存、加工个人信息的要求进行了系统且全面的规范。同年7月，工信部发布《电信和互联网用户个人信息保护规定》，专门规定了电信业务经营者及互联网信息服务提供者在个人信息收集、使用和安全保障方面的要求，以及相应的法律责任。

2016年11月7日，《网络安全法》颁布。该法设专章对信息安全进行规定，系统规范了个人信息收集、存储、使用等方面的要求，进一步加强了个人信息安全的法律要求。

2019年，公安部发布《互联网个人信息安全保护指南》，就个人信息安全保护的管理机制、安全技术措施和业务流程等作出规定。同年，国家互联网信息办公室发布《网络安全威胁信息发布管理办法（征求意见稿）》和《网络信息内容生态治理规定》。

2020年10月1日，国家标准《信息安全技术 个人信息安全规范》（GB/T 35273—2020）开始实施。其对个人信息控制者在收集、保存、使用、共享、转让及公开披露等信息处理环节中的相关行为进行了规范，旨在遏制个人信息非法收集、滥用、泄露等乱象，最大限度地保障个人合法权益和社会公共利益。

2021年，《数据安全法》正式颁布。《数据安全法》的出台把数据安全上升到了国家安全层面，为我国的数字化转型，构建数字经济、数字政府、数字社会提供了法治保障。作为数据安全领域纲领性法规，该法强调了数据安全保护和促进数据开发使用双向并重的重要原则，明确了分级分类保护、集中统一的数据安全机制、数据安全应急处理机制、数据安全审计制度等方面的数据安全制度，指出了建立数据安全管理制制度、组织培训、采取技术和其他必要措施保护数据安全。

2021年，《个人信息保护法》的出台为个人信息权益的保护提供了全面的、体系化的法律依据，它涵盖了个人信息的收集、存储、使用、加工、传输、提供、公开、删除等各个环节，并特别关注了敏感个人信息的处理和个人信息跨境提供等特定场景。《个人信息保护法》明确了个人信息处理活动应遵循的原则，如合法性、正当性、必要性、诚信原则等，确保个人信息处理行为满足法律规定的义务；还明确了个人信息处理者的义务和法律责任，赋予个人对其信息控制的权利，并规定了匿名化处理后的信息排除在保护范围之外，以保障正常的信息处理活动。《个人信息保护法》的出台对于促进信息产业的发展、维护网络空间良好生态、保障人民群众的合法权益以及推动数字经济的健康发展都有重要的意义。

有关数据安全管理的国家制度和法律法规将越来越完善，这样就能在很大程度上预防和惩治侵害个人信息权益的行为。然而，存在利益冲突的地方就很可能会发生犯罪。一方面，国家关于保护企业数据安全的立法和政策是必要的；另一方面，企业应主动加强数据安全防范意识，在数据安全收集、存储、处理和使用的各个环节加强安全保障。只有多措并举，为个人信息授权和应用创造更安全的环境，大数据才能更好地服务于个人、企业和社会。

【本章小结】

思维导图

随着大数据、数据仓库的深入发展和应用，数据越来越成为公司的重要资产，但围绕数据流的全链路管理工作细致且技术复杂，数据管理越来越成为数字经济时代数据资产化、价值化的关键核心，其系统脆弱性越来越复杂，面临的威胁也逐渐多样化，这使得数据管理风险不断提升，安全问题逐渐成为人们关注的焦点。本章重点阐述了数据安全管理现状及其风险、数据安全体系架构、防护策略、审计和相关政策法规，对数据管理过程中存在的安全问题进行了探讨。

【课后思考】

1. 什么是数据安全管理？
2. 简述数据安全体系框架。
3. 数据安全防护策略有哪些？
4. 简述数据安全审计的相关内容。
5. 数据安全脆弱性有哪些？威胁有哪些？将会产生怎样的风险？
6. 学习了解《会计师事务所数据安全管理暂行办法》。

【案例分析】

案例分析

民航数据安全管理案例

请扫码研读本案例，进行如下思考与分析：

1. 简述民航数据安全管理目标与原则，说明其与制造企业有何异同。

2. 简述民航数据安全管理策略，说明其与一般企业数据安全策略有无差异。

3. 结合本章所学知识，评价民航数据安全管理措施的优劣。

第9章　数据共享与开放

【学习目标】

通过本章的学习，了解数据共享与开放的内涵及必要性，了解数据开发和共享服务对象；掌握数据共享与开放的关键影响因素及其过程，掌握面向对象的数据开发和共享方法；掌握数据共享与开放的主要应用与评价，了解合法确定数据开发与共享程度的方法。

【素养目标】

数据共享与开放是数据管理的目的。开放数据的目的是确保公众能够更好地分享数据，最大限度地实现数据价值。同时，还应该尽可能提高数据使用的便利度，降低成本。培养在合法合规的前提下共享数据的利他主义行为，提高数据隐私保护和尊重产权意识。

【引导案例】

基于异构数据源传输的数据共享平台

某企业有App、外卖平台、线下门店多个销售渠道。糕点、色拉等食品是全渠道共享库存，所以各个渠道需要实时掌控每家门店的库存情况，以防超卖。

1.业务挑战

（1）数据任务多，且数据量庞大。涵盖多个业务条线，全量超20亿数据，需要稳定高效的数据传输。

（2）数据实时性较低。业务部门对数据时效性要求高，为实时掌握各家门店库存情况，避免超卖，需要全渠道库存数据秒级同步。

（3）监控运维压力大，成本高。数据源繁多、数据量庞大、旧架构体系崩溃频发等问题为运维带来巨大压力，且成本较高。

2.解决方案

（1）实时库存管控。为各家门店出售的食品提供实时进货处理、库存计算、记录库存变更及下发、套餐和子品库存联动变更、预约库存计算等能力。

（2）基于DataPipeline平台，建立中央库存，对各地的仓库、门店库存进行集中监控、管理和调度。

（3）实时数据任务管理平台。为客户提供实时数据任务的管理平台，为各种数据库和消息队列提供实时数据对接能力，提高管理效率。

3.客户价值

（1）线上线下数据实时共享，客户满意度提升。实现门店食品库存与线上平台实时同步的能力，有效规避了客户下单而无货导致退款的情况，大大提升了客户满意度。

（2）降低企业经营成本和风险。应用安全库存及库存预警策略，有效避免了企业出现超卖情况，降低了经营成本和风险。

（3）开发运维成本降低。快速上线部署、高效稳定传输以及友好可交互的界面，极大减轻了运维压力，运维成本大幅降低。

资料来源：作者根据公开资料整理。

由引导案例，我们不禁思考：数据共享的目的是什么？基于异构数据源的数据共享原理是什么？数据共享的挑战是什么？企业数据共享与开放之前，需要做哪些前期准备工作？本章将围绕这些问题展开阐述。

9.1 数据共享与开放概述

数据作为信息的载体，其本身的流动就会带来跨领域信息的传递、融合，有助于原有领域知识的普及和新知识的产生，进而催生出更多的数据创新应用。与此同时，数据开放本身也会带来数据交易的机会，从而更好地激发商业模式的升级和发展。综合来看，共享与开放无疑是数据资源创造价值的关键举措和重要手段。

9.1.1 数据共享与数据开放的概念

企业的数据共享与开放在通常意义上分为“数据共享”和“数据开放”两个概念。

1.数据共享

数据共享主要指的是面向企业内部的数据流动，其中由数据应用单位提出企业内部跨组织、跨部门数据获取需求，由对应数据供给单位进行授权，并由信息部门向该数据应用部门开放数据访问权限，强调在一定的法律、伦理和技术框架下，将数据资源分享给他人或组织，使其能够访问、使用和再利用这些数据。数据共享有助于提高数据的可访问性和可利用性，促进跨部门、跨组织、跨领域、跨学科的研究、合作、创新以及解决问题。数据共享就是通过信息技术和平台将分散的、互不关联的数据进行整合，使其产生出新的价值。

2.数据开放

数据开放侧重于企业向政府部门、外部企业、组织和个人等外部用户提供数据的行为，是指以开放的格式和标准公开发布数据，使任何人在合法授权下可以自由获取、使用和再发布这些数据。数据开放追求数据的透明性、开放性和可持续性，促进公众参与、创新和社会发展。数据开放可以通过政府机构、研究机构、企业和社会组织等机构来实现，其目的是促进数据的广泛应用和创造更大的社会价值。

9.1.2 数据共享与开放的重要性和优势

1.促进科学研究和创新

数据共享和数据开放为科学研究提供了更广泛的资源和合作机会。研究人员可以访问他人的数据集，验证研究结果、开展复现研究和进行跨学科合作。这有助于加速科学知识的发展和创新的产生。

2.促进公共决策和政策制定

数据开放使政府和公共部门能够更好地了解社会需求和问题，从而得以制定更有效的政策和决策。企业和政府可以通过数据共享，将其拥有的数据资源与其他机构和个人分享，从而促进各方对数据的更充分利用，加快数据生态的发展。

3.防控风险和推动经济增长

数据开放为企业和创业者提供商业机会和洞察力，防控风险，推动经济增长。比如，商业银行与三大电信运营商、公安系统通过数据合作，共同开展金融反欺诈业务，可以提升风险防控能力。再如，在用户授权的基础上通过数据融合提升金融服务的广度和深度，既能为商业银行拓展获客渠道，降低信息获取成本，提升风控效率，又能为客户提供更好的消费体验。

4.提升教育和学术界的可及性和可持续性

开放教育资源和学术研究数据的共享可以促进教育公平和学术进步，为学习者和研究人员提供更广泛的资源。

9.1.3 数据共享与开放的主要参与者

在数据共享与开放的过程中，主要参与角色有数据拥有者、数据消费者、数据服务者和数据运营者，如图9-1所示。

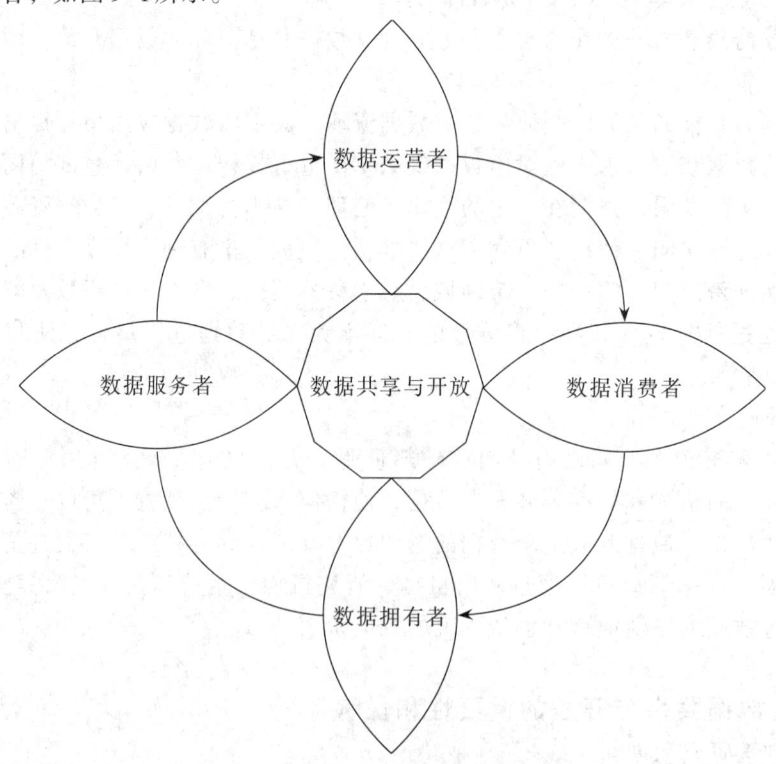

图9-1 数据共享与开放的主要参与者

资料来源：祝守宇，蔡春久，等.数据治理：工业企业数字化转型之道［M］. 2版.北京：电子工业出版社，2023：201-202.

1.数据拥有者

数据拥有者通常是指数据的合法拥有方。在数据共享与开放中，特指信息系统的业务管理部门及单位。其负责在日常业务活动中，组织人员在信息系统中录入数据，或合法获取外部数据并提供使用。

2.数据消费者

在数据共享中，数据消费者是指发起数据共享需求申请并使用数据用于开展合法业务的内部部门及单位。在数据开放中，则是指发起数据开放需求申请并使用数据用于开展合规业务的外部单位，包括政府单位、外部企业或个人。

3.数据服务者

数据服务者负责在数据拥有者给出的数据资源基础上，根据数据消费者可能的使用需求，提供各类服务，如将原始数据加工为应用产品，提供数据交易过程中的代理服务，针对数据真实性或有效性提供验真服务，对数据开放过程的合法、合规性提供审计服务等。

4.数据运营者

数据运营者负责提供一个支持数据共享与开放的环境，如统一的服务平台、标准化的数据产品、数据资源目录查询检索等，以及开展以创造经济价值为导向的运营活动，如客户管理、订单管理、营销宣传等。

9.1.4 数据开放业务模式

从实践案例来看，当前主要存在三种数据开放业务模式，如图9-2所示。

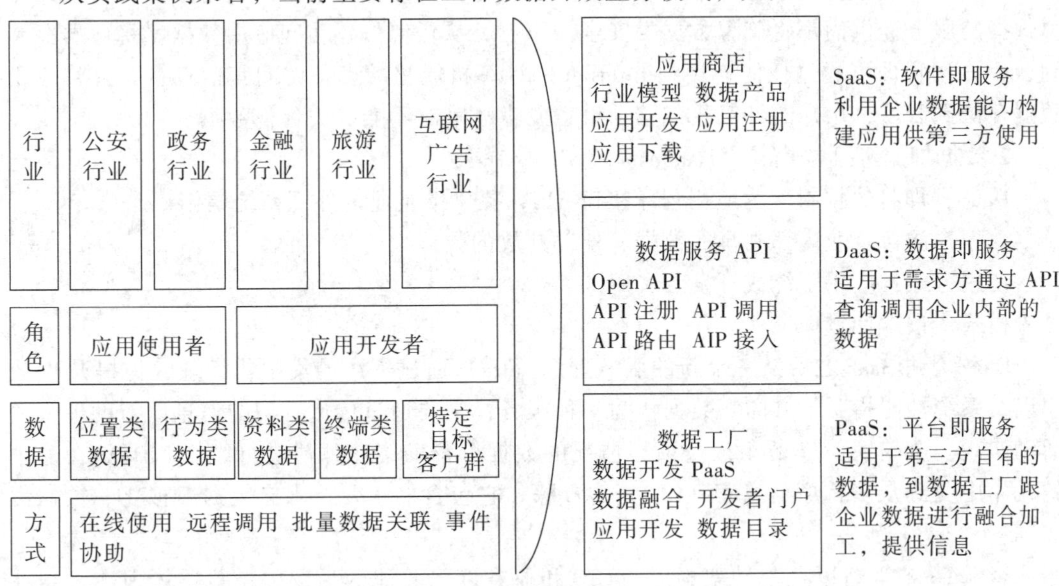

图9-2 三种数据开放业务模式

资料来源：祝守宇，蔡春久，等.数据治理：工业企业数字化转型之道［M］.2版.北京：电子工业出版社，2023：202.

1.软件即服务开放模式（Software as a Service，SaaS）

SaaS，即通过数据共享与开放，开发并发布数据应用供企业外部用户在线使用。

应用的所有权：包括企业内部的应用和合作伙伴的应用。

使用方式：企业外部用户在线使用应用。

模式：作为数据产品对外定价打包销售。

SaaS让用户能够通过互联网连接和使用基于云的应用程序。常见示例有电子邮件、日历和办公工具。它不需要用户将软件产品安装在自己的电脑或服务器上。SaaS提供完整的软件解决方案，用户可以从云服务提供商处以即用即付方式进行购买，为组织租用应用，组织用户即可通过互联网连接到该应用（通常使用Web浏览器）。所有基础结构、中间件、应用软件和应用数据都位于服务提供商的数据中心内。服务提供商负责管理硬件和软件，并根据适当的服务协议确保应用和数据的可用性和安全性。SaaS让组织能够通过最低前期成本的应用快速建成投产。

SaaS主要特点包括：第一，可以使用先进的应用程序。向用户提供SaaS应用，无须购买、安装、更新或维护任何硬件、中间件或软件。SaaS让缺乏自行购买、部署和管理必需基础结构和软件所需资源的企业能够使用ERP和CRM等非常先进的企业应用程序。第二，只为自己使用的资源付费。SaaS服务将根据使用水平自动扩展和收缩，可节省费用。第三，使用免客户端软件。用户可以从其Web浏览器直接运行大部分SaaS应用而无须下载和安装任何软件（部分应用需要插件）。这意味着无须为用户购买和安装特殊软件。第四，轻松增强员工“移动性”。SaaS能够轻松增强员工“移动性”，因为用户可以从任何连接到Internet的计算机或移动设备访问SaaS应用和数据。无须考虑将应用开发为可在不同类型的计算机和设备上运行，因为服务提供商已经完成了这部分工作。此外，无须学习专业知识即可处理移动计算带来的安全问题。无论使用数据的设备是什么类型，谨慎选择的服务提供商都将确保数据的安全。第五，从任何位置访问应用数据。将数据存储到云后，用户即可通过任何连接到Internet的计算机或移动设备访问其信息；并且将应用数据存储到云后，用户的计算机或移动设备发生故障时不会丢失任何数据。

2.数据即服务开放模式（Data as a Service，DaaS）

DaaS，即将数据封装为应用程序接口API，提供给企业内外部系统调用。

数据来源：企业内部共享的数据、外部开放的数据。

使用方式：应用系统或开发者调用。

模式：按次计量。

DaaS是继SaaS之后又一个新的服务理念。DaaS通过资源的集中化管理，为提升IT效率以及系统性能指明了方向。数据作为一种服务，主要通过传递有用的信息以帮助他人的活动实现。如有关汽车的组成及损坏情况的数据可帮助维修师傅进行维修。DaaS在过去的几年中受到众多首席信息官（CIO）的青睐，它包含的主要技术有数据虚拟化、数据集成等。

企业DaaS策略以及基础架构成为CIO和业务部门关注的话题之一，这体现在：企业数据仓库越来越倾向于DaaS策略，结构化与非结构化数据增长促使了DaaS的发展应用。随着孤岛中的数据越来越集中化管理，DaaS基础架构就变得更加重要，要做企业级的数据分析就必须先推行DaaS策略。

在早期市场，DaaS主要关注的行业包括金融服务、电信以及公共部门，而当前如医疗、汽车、保险、零售、制造、电子商务以及媒体娱乐等行业也涌现出不少DaaS应用案例，DaaS逐渐成为一种有效的决策辅助工具。

3.平台即服务开放模式（Platform as a Service，PaaS）

PaaS，即第三方将自有数据加入企业提供的开放环境中，对数据进行融合、加工后提取其中的信息，满足业务应用的模式。通过网络进行程序提供的服务模式称之为SaaS，将服务器平台或者开发环境作为服务进行提供的模式称之为PaaS。

数据来源：企业内部共享的数据、外部开放的数据。

使用方式：第三方开发者在企业数据中心内访问数据。

模式：根据议价合同。

PaaS是云计算的重要组成部分，提供运算平台与解决方案服务。在云计算的典型层级中，PaaS层介于软件即服务与基础设施即服务之间。PaaS将云端基础设施部署与创建至用户端，用户可借此获得使用编程语言、程序库与服务。用户不需要管理与控制云端基础设施（包含网络、服务器、操作系统或存储），但需要控制上层的应用程序部署与应用托管的环境。PaaS将软件研发的平台作为一种服务，以SaaS模式交付给用户。PaaS 提供软件部署平台（Runtime），抽象掉了硬件和操作系统细节，可以无缝地扩展（Scaling）。开发者只需要关注自己的业务逻辑，不需要关注底层。即PaaS 为生成、测试和部署软件应用程序提供了一个环境。

PaaS 是云中的完整开发和部署环境，其资源使组织能够提供从简单的基于云的应用到复杂的支持云的企业应用程序的所有内容。资源是按照“即用即付”的方式从云服务提供商处购买的，并通过安全的互联网连接进行访问。

PaaS 通常用于以下两个主要场景：一是开发框架。PaaS 提供了一种框架，开发人员可以基于该框架进行构建，从而开发或自定义基于云的应用程序。就像 Microsoft Excel 宏一样，PaaS 使开发人员能够使用内置软件组件创建应用程序。包含可扩展性、高可用性和多租户功能等在内的云功能减少了开发人员的代码编写工作量。二是 Analytics 或商业智能。借助作为 PaaS 服务提供的工具，组织可以分析和挖掘其数据，可以查找见解和模式并预测结果，以改进预测、产品设计和投资回报等业务决策。

9.2 数据集成与共享

数据集成是对企业内部各系统之间、各部门之间，以及企业与企业之间数据移动过程的有效管理。通过数据集成可实现企业内部ERP、CRM、数据仓库等各异构系统的应用协同和数据共享。通过数据集成可连通企业与企业之间的数据通道，实现跨企业的数据共享与开放，发挥数据价值。应用集成是一种将基于各种不同平台的异构应用系统进行集成的方法和技术。其本质是一种数据集成。典型的企业应用集成包括门户集成、服务集成、流程集成和数据集成四个层面（用友平台与数据智能团队，2021）。

9.2.1 门户集成

企业门户是一个连接企业内部和外部的网站，它为企业不同角色的用户提供一个单一的、按角色访问企业各种信息资源的统一入口。门户集成一般包括统一用户管理、统一身份认证、单点登录、界面集成、待办集成、关键指标集成、内容管理等。门户集成的重要思想是“统一入口，按需推送”。“门户”强调的是为不同角色的用户提供企业数据资源的统一入口，提升企业整体的数据资源查找效率。

1.统一用户管理

统一用户管理是为了方便用户访问企业所有的授权资源和服务，简化用户管理，对企业中所有应用系统实行统一的用户数据存储、认证和管理接口。通过将用户归纳或分配到不同的角色、组织、部门、组来实现对用户的访问权限控制，通过设定角色、组织、部门、组的权限来对应用和数据的访问权限进行分类、分级管理和设置。

2.统一身份认证

当用户登录某系统时，用户应提供鉴别信息，系统则根据用户所提供的鉴别信息来验证用户身份的真实性，只有通过身份认证的用户才可以访问系统和已授权的应用与数据。常用的认证方式如用户名/口令、智能卡或令牌、生物信息识别等。

3.单点登录

单点登录是指当用户在身份认证服务器上登录一次以后，即可获得访问单点登录系统中其他关联系统和应用软件的权限，即用户只需一次登录就可以访问所有相互信任的应用系统。单点登录是门户安全服务中一个必需的特性，被作为一种标准门户服务提供给用户。

4.界面集成

界面集成是采用网页技术将单点认证后的应用系统界面嵌入门户框架中，这样在门户中就能访问应用系统的界面。该技术实现起来方便、快捷，集成工作量小，适于完整的功能集成，也适于不便于改造的应用系统集成。界面集成一般要求集成的界面遵循门户的主题风格进行适当的调整，以满足门户整体的风格要求。

5.待办集成

待办集成是将用户在各个应用系统中需要处理的待办工作统一集成到门户中进行集中展示、统一处理。单点登录是实现待办集成的前提条件。用户利用待办服务能够快速办理工作中的待办事项，提高工作效率。

6.关键指标集成

关键指标集成是将应用系统中的关键业务指标按照一定的规则统一集成到门户中进行集中展示，为领导即时了解企业运营状况提供支持，构建了管理驾驶舱的雏形。

7.内容管理

内容管理系统是企业门户平台的重要组件，它将企业的内容资源（如文本文件、HTML网页、Web服务、关系数据库等）统一集成到门户中进行统一发布、管理和查看。

9.2.2 服务集成

这里的服务即Web服务，它提供了一项不依赖于语言，不依赖于平台，可以实现用不同语言编写的应用程序相互通信的技术。Web服务使用基于XML的协议来描述要执行的操作或者要与另一个Web服务交换的数据。

在企业应用集成体系中，服务集成是一项用来实现流程集成和数据集成的技术，通过标准化的XML消息传递操作，实现跨系统、跨平台的应用交互和数据共享。

9.2.3 流程集成

流程集成也称业务流程集成，是指通过编排各个业务应用系统中提供的功能，实现一个完整的业务流程。流程集成主要用于将分布在不同应用系统中的“片段式”业务流程，完整地整合到一起，真正实现业务流程的“端到端”。

流程集成能够协调及控制在多个业务系统中执行的、涉及不同角色人员参与的活动，主要管理跨系统的业务流程运行及其流程状态，涵盖工作流技术，实现自动化业务流程与人员参与流程的有机结合。流程集成的应用场景主要有以下三种：

1.跨多个应用系统的自动业务流程

一个企业级的完整业务流程需要跨多个应用系统才能完成闭环。例如：对于差旅费报销，用户需要通过报销审批系统进行报销流程申请，申请通过后，由财务人员到财务系统进行付款冲账，自动生成财务凭证。这个流程需要借助流程集成工具将报销审批流程、付款流程进行整合，实现业务流闭环。

2.自动与人工协作完成的业务流程

一个企业级的完整业务流程有时不仅需要跨多个业务应用还需要部分的人工干预才能完成。例如，A制造企业的产品质量问题处理流程。首先需要在质量管理系统中进行质量问题登记，在OA系统中提交质量问题督办，督办的进展情况需要及时在质量管理系统中更新。这个过程也可以借助流程管理工具、服务集成工具，将OA系统流程和质量管理系统的数据进行打通。质量系统登记完质量问题后，通过流程集成自动触发OA系统生成一个质量问题督办流程，当质量问题全部处理完成、形成闭环之后，OA中的督办任务自动完成。

3.纯人工完成的业务流程

一个企业级完整业务流程有时候需要并行在多个业务应用处理，由人工协调多个应用系统来完成。例如：甲企业出国计划审批，需要完成OA的出国申请流程和安全保密系统中的出国登记，两个系统中的流程没有强依赖，所以都由人工来触发。

9.2.4 数据集成

数据集成是把不同来源、格式、特点性质的数据在逻辑上或物理上有机地集中，从而为企业提供全面的数据共享。数据集成的核心任务是将互相关联的异构数据源集成到一起，使用户能够以透明的方式访问这些数据源。数据集成的目的是维护数据源整体上的数据一致性，解决企业数据孤岛问题，提高信息共享和利用的效率。企业大多数应用集成常采用接口集成的形式。

9.3 数据资源目录

9.3.1 数据资源目录的定义

数据资源目录是按照一定的分类方法，对数据资源进行排序、编码、描述，便于检索、定位与获取，依据规范的元数据描述，对企业数据资产进行逻辑集中管理的一种方式。数据资源目录中含有各种数据资源的描述信息，便于用户对数据资源的检索、获取，并提供数据资源显性化的应用入口，真正实现数据的可管、可用。

建立数据资源目录，能够让企业准确浏览企业内所记录或拥有的线上、线下原始数据资源（如电子文档索引、数据库表、电子文件、电子表格、纸质文档等）。数据资源目录是实现组织内部数据资产管理、业务协同、数据共享、数据服务，以及组织外部数据开放、数据服务的基础和依据。

基于数据资源目录的对外服务，主要是面向企业数据的使用方进行企业数据的访问、获取，包括用户对元数据的统一检索，以及对数据的查询服务等。其数据服务形式包括数据使用者直接登录平台进行数据访问、第三方系统通过接口等方式进行数据获取等。各种访问方式均受平台统一的权限控制，需要进行访问申请。

编制数据资源目录是启动数据资源共享与开放服务的第一项任务，本阶段的工作成果是后续工作的基础。

9.3.2 数据资源目录编制工作内容

总体来看，面向共享与开放服务的数据资源目录编制工作包括以下内容：

1.研究数据资源梳理方法

对当前企业现有数据资源进行分析和梳理，制定共享与开放数据资源梳理的流程和方法，包括梳理目标、梳理范围、梳理原则、组织形式、流程步骤、工作要求等。

2.编制数据资源目录

按照企业制定的相关数据标准，如元数据标准、数据共享与开放管理标准等，开展企业数据资源梳理，形成用于共享与开放的数据资源目录。

3.分析数据集的元数据

针对每一个数据集，分析相关元数据信息，包括但不限于数据集编号、数据集名称、数据集类型（结构化、非结构化、半结构化）、数据集摘要、数据集关键字、数据领域、主题分类、数据更新频度、数据提供方单位、数据提供方地址、数据提供方联系方式等。

4.确定数据集的数据逻辑模型

数据逻辑模型包括数据项英文名称、数据项中文名称、数据项类型、数据项大小、可否为空、是否主键等。

5.确定数据集的采集方式

要确定每个数据集通过何种方式进行数据采集。例如，从生产系统采集、从数据中心采集、人工采集等。

9.4 数据资源准备

数据资源准备是指将未做处理的原始数据经过加工处理（包括清洗、比对、脱敏、分类、打标签等）后形成可开放的数据集并具备共享与开放条件的过程。数据资源准备主要分为数据采集、数据加工、数据保密、数据装载和数据发布五个过程。

9.4.1 数据采集

本阶段的任务以共享与开放数据资源目录为目标，采集可以用于共享与开放的数据资源。除个别数据因条件限制外，数据采集应实现自动化数据抽取、修正或者补录过程，为数据存储、数据分析提供基础内容。

9.4.2 数据加工

本阶段的任务是对已采集的数据进行清洗、转换、比对和质量检查等加工操作，从而使加工后的数据可用，确保被共享与开放的数据能够满足数据需求者的要求。对于数据清洗操作，应过滤那些不符合要求的数据，主要包括不完整的数据（如身份证字段为空），或是错误的数据（如字段中存在乱码）等。对于数据转换操作，应对数据进行字段的枚举值转换、空值转换，或是基于规则的计算等。对于数据比对操作，应对数据进行业务逻辑校验，检查数据的关键数据项是否符合业务规则，按照统一标准对不同数据集中的业务含义相同的数据进行一致性检查等。对于质量检查操作，应提供检查数据质量的手段。例如，在数据上线时，对数据进行稽核检查，验证数据信息的完整性、合理性等。

9.4.3 数据保密

由于数据涉及隐私、机密等内容，在共享与开放过程中，需要提供安全防护操作，做到有组织、有保障、有分级、有步骤的数据共享与开放。数据保密手段主要有以下三种：

1.数据权限控制

数据权限控制是指对用户进行数据资源可见性的控制，就是符合某个条件的用户只能看到该条件下对应的数据资源。数据权限控制是确保系统用户只能访问和操作其被授权的数据资源的关键措施。最简单的数据权限控制就是用户只能看到自己的数据。而在实际的系统环境中，会有很多复杂的数据权限控制需求场景，如领导需要看到所有员工的客户数据，而员工只能看自己的客户数据等。

2.数据脱敏处理

数据脱敏处理是为了防止用户非法获取有价值的数据而加设的数据模糊化处理手段，从而保证用户根据其业务所需和安全等级，适当地访问敏感数据。数据脱敏处理是一种关键的数据保护措施，旨在通过对敏感数据进行处理，保护数据的隐私性和安全性。其本质上就是对敏感数据进行屏蔽、随机替换、乱序处理和加密等操作，将敏感数据转化为虚构数据，将个人信息匿名化，为数据的安全使用提供基础保障。常见的数据脱敏处理方式包括：①数据替换，以虚构数据代替真实值，将敏感数据替换为符合规则的非敏感数据。例如，将姓名替换为随机生成的字符串，将手机号码替换为统一格式的虚拟号码。②截断、加密、隐藏或使数据无效，以“无效”或“*****”代替真实值。③随机化，以随机数据代替真实值。④偏移，通过随机移位改变数据。⑤字符子链屏蔽，为特定数据创建定制屏蔽。⑥限制返回行数，仅提供可用回应的一小部分子集。⑦基于其他参考信息进行屏蔽。⑧根据预定义规则仅改变部分回应内容等。

当然，值得一提的是，数据脱敏处理时应注意以下三个方面的事项：一是避免过度脱敏。过度脱敏可能会破坏数据的完整性和可用性，影响数据分析的结果。在进行数据脱敏操作时，应根据实际需求平衡数据隐私和数据可用性的关系。二是保持数据的一致性。在进行数据脱敏操作时，应保持数据的一致性。同一类型的数据应使用相同的脱敏方法，以确保脱敏后数据的一致性和可分析性。三是记录脱敏过程。为了便于追溯和审计，应对数据脱敏的过程进行记录。这有助于在发生问题时迅速定位原因，并采取相应的措施进行解决。

3.数据加密处理

数据加密处理是一种关键的数据安全保护措施，通过加密算法和密钥将数据从明文（即原始的、未加密的数据）转换为密文，以防止数据在传输或存储过程中被非法访问或篡改。数据加密处理实质上是通过技术手段对现有数据进行加密设置，保证数据无法被非授权人员获取、破解。在数据共享与开放的过程中，需要根据数据敏感度等，使用分级的加密方法，分别采取不加密、部分加密、完全加密等策略。常规的数据加密处理方式主要有对称加密和非对称加密。

9.4.4 数据装载

数据装载即数据入库，是将经过清洗、转换和验证的数据按照特定的方式和规则存储到数据仓库或其他存储介质中的过程。它是数据仓库建设的重要环节之一，也是数据集成、数据处理和数据应用之间的重要桥梁。本阶段的任务是将经加工处理后满足数据共享与开放质量及安全要求的数据，存储至指定的数据库或相关存储环境中。

9.4.5 数据发布

数据发布是对数据访问用户的数量、操作和使用以及安全方面的管理。它是指将数据以某种形式或格式提供给用户或公众使用的过程。数据发布阶段的任务是将进入指定存储环境的数据资源，通过门户或数据共享与开放平台向数据用户发布。根据不同的服务形式，数据发布的内容可包括数据集、元数据、数据文件、数据应用链接、数据开放接口等。

9.5 数据服务

9.5.1 数据服务的定义

数据共享与开放的实现需要建设数据服务封装能力，通过文件、接口、推送等多种数据服务形式为数据消费者提供灵活、可靠的数据供给能力，提升数据共享与开放的便捷度和流通效率，同时也避免将原始数据完全暴露在数据用户面前，实现数据的“可用不可见”，并支持运营管理过程中进行的监测、管控及优化处理。

9.5.2 数据服务的主要方式

1.数据集

数据集，即数据的集合，通常以表格形式出现。数据集的服务方式就是通过数据库批量导出部分数据明细，并提供给数据需求方。

2.API接口

这是指通过预先定义的函数，提供基于软件或硬件得以访问一组例程的能力。API接口具备体量轻、使用方式灵活、可管控等优点。众多企业均选择API接口为最主要的数据服务方式。

3.数据报表

这是指根据规定的业务逻辑，通过简单的统计处理，以数据集合或图形的方式将结果展现出来。

4.数据报告

这是指对数据进行深度加工，并基于数据分析，加上文字或图表解释，将数据反映出的规律和问题展示出来。数据报告提供的是一种知识。

5.数据标签

数据标签是指对一组数据的基本特性或共同特性的提炼。在数据挖掘或数据分析过程中可以通过数据标签直接获取符合相应特性的数据集。

6.数据订阅

通过统一、开放的数据订阅通道，可以使用户高效获取订阅对象的实时增量数据。其中包含业务异步解耦、异构数据源的数据实时同步，以及包含复杂ETL技术的数据实时同步等多种应用场景。

7.数据组件

数据组件是指具备特定数据处理逻辑的工具，可以根据需要直接处理数据或作为数据应用的调用对象。

8.数据应用

这是数据服务的高级形式。数据应用将数据通过功能、程序进行处理后，通过自身的界面展示出来，可以实现复杂的数据处理和多样化的界面呈现。

9.6　数据共享与开放的主要应用与评价

9.6.1　数据共享与开放的主要应用

数据共享是指多个组织、机构或个人之间共享数据资源，以实现更高效、更智能、更有针对性的决策、创新和发展。数据共享的应用案例很多，这里介绍几个比较典型的应用案例。

1.医疗健康领域

医疗健康领域的数据共享可以优化医疗服务，提高医疗质量，节约卫生资源。通过数据共享，医疗机构可以获取更全面的患者信息，了解患者的个人资料、病史、用药信息等，医疗机构可以根据患者的个人情况，提供更符合患者需求的医疗服务。此外，医疗机构还可以基于大数据技术，对疾病进行分析，提供更高效的诊断方法，减少医疗资源的浪费和滥用，提高医疗效率和质量。

2.城市管理与规划领域

城市管理与规划领域的数据共享可以帮助城市实现更高效、更智能、更安全的管理与规划，为城市发展提供可靠的决策基础。数据共享可以实现城市各部门之间的信息互通、协作共享，有效提高城市管理效率与质量。例如，通过共享交通、气象、道路、人口等方面的数据，可以为城市交通规划、路网调整、交通管制等提供精准的数据支撑，为城市交通拥堵、环境污染等问题提供解决方案。例如在灾害响应方面，提供预警和预测服务：数据共享可以为灾害响应提供实时的监测和预警信息；通过共享气象数据、地质数据、人口流动数据等，可以提前识别潜在的灾害风险，预测灾害的影响范围和程度，有助于采取适时的防范和救援措施。此外，共享灾害响应数据可以促进不同机构和组织之间的协同合作。通过共享灾害情报、救援资源分布情况等数据，各方可以更好地协调行动，优化资源调配，提高灾害应对的效率和协同性。

3.金融服务领域

金融服务领域的数据共享可以加强风险控制，提高金融服务质量和效率。金融机构可以通过共享客户信息，对客户进行更全面、更精细的风险评估和管理，从而降低金融风险，减少损失。此外，金融机构还可以通过共享数据，提高客户服务的质量和效率，提高客户满意度和忠诚度。

4.商业经济领域

开放数据的商业应用，主要包括以下方面：

（1）市场洞察和商业分析

企业可以利用开放数据来进行市场洞察和商业分析。通过分析消费者行为数据、市场趋势、竞争情报等开放数据，企业可以更好地了解目标市场，识别需求和机会，制定更有效的市场策略。

（2）产品和服务创新

开放数据可以为企业的产品和服务创新提供基础。通过分析行业数据、社交媒体数据、用户反馈等开放数据，企业可以发现新的产品需求、改进现有产品，并开发创新的解决方案。

（3）数据驱动的决策和战略

企业可以利用开放数据来作出数据驱动的决策和战略规划。通过分析市场数据、经济指标、行业趋势等开放数据，企业可以评估风险、预测趋势、作出战略决策，从而提高业务的成功率和效益。

（4）客户洞察和个性化服务

开放数据可以帮助企业获得更深入的客户洞察，并提供个性化的产品和服务。通过分析客户行为数据、偏好数据、社交媒体数据等开放数据，企业可以了解客户需求、个性化营销和提供定制化的产品和服务。另外，实时共享信息，能够为用户提供实时服务。例如，一位乘客计划了一次深夜出行，滴滴的系统会实时记录并更新乘客的上车时间、行驶路线，以及预计到达时间。这些及时的数据被滴滴共享给后台，他们再利用这些数据实时地通过短信或电话方式，向乘客指定的联系人报告他/她的安全状况。这种安全监控只有在数据实时共享的情况下才有效。如果这些数据延迟一天后才共享，那么它们就失去了实时保护乘客安全的价值。这就体现了实时交互式数据的独特价值，只有在数据即时共享的时候，这种价值才能实现。换言之，如果数据不能即时共享，许多创造价值的机会就会流失。对于这些数据的接收方来说，事后的数据除构建一个“过时”的用户画像外几乎没有什么用处。

传统企业往往保持数据的封闭性，但在数字时代的生态系统中，开放和共享数据成为连接不同生态参与者，释放数据潜能的关键。通过开放交互式数据，传统企业不仅能够拓宽其业务范围，更能在数字生态系统中发现新的价值创造机会。因此，数据共享的文化需要被培育和发展。

(5) 数据驱动的运营和效率提升

企业可以利用开放数据来优化运营和提高效率。通过分析供应链数据、交通数据、能源数据等开放数据，企业可以优化供应链管理、物流安排、资源利用等方面，降低成本、提高效率和减少浪费。

(6) 数据合作和生态系统建设

开放数据可以促进数据合作和生态系统建设。企业可以与其他组织、数据提供商、科研机构等合作，共享数据资源、开展合作项目、推动创新。这种数据合作有助于扩大数据的规模和多样性，创造更大的商业价值和创新潜力。

例如，Citymapper是一家创业公司，提供城市交通导航和出行建议的应用程序。公司利用开放的交通数据、实时公共交通信息和用户反馈，为用户提供智能的出行建议和导航。通过整合和分析开放数据，Citymapper提供了更准确和实时的交通信息，帮助用户优化出行路线和交通方式。再比如，Zillow是一家房地产科技公司，通过开放的房地产数据和算法，为用户提供房屋估值和市场分析。公司整合了大量的开放数据，包括房屋销售记录、地理数据、经济指标等，用于建立房屋估值模型和市场趋势分析。这种数据驱动的创新为用户提供了更准确和全面的房地产信息，帮助用户作出更明智的房屋购买和投资决策。

总之，数据共享在多个领域具有重要应用价值和实际意义，是实现智能化、高效化、可持续发展的重要路径之一。随着对数据共享意识的加强以及技术手段的不断革新，数据共享的综合应用已经成为一个持续发展的趋势。

9.6.2 数据共享与开放的评价

数据共享与开放是一项涉及多个部门，涵盖业务、技术和管理多个方面的复杂工作，只有建立对于数据共享与开放过程及效果的合理评价体系，才能有助于理顺数据共享与开放过程中建立的各种关系，确保数据共享与开放工作高效、有序地开展。为此，企业需要根据系统、科学的理论，结合数据资源的基本特性，以及数据共享与开放的发展目标来建立相关的评价体系。通常来说，可以围绕以下四个方面来展开工作。

(1) 对数据资源目录的编制过程进行评价，主要从数据资源目录的业务覆盖率、完整性、规范性等方面来评价是否符合相关规定。

(2) 对数据资源目录的内容和应用效果进行评价，主要从数据资源共享和开放工作的落实状况，评价相关执行方的工作成效，包括共享与开放数据的质量、更新频率等。

(3) 对数据共享与开放的组织管理能力进行评价，从管理中最主要的3个方面（制度、流程、人员）来建立指标体系，并评价管理举措是否落实。

(4) 对共享与开放数据资源的应用效果进行评价，主要从数据资源通过共享带来的协同效果，或是通过开放带来的经济效益等展开综合评价。

9.7 数据共享与开放的主要挑战与障碍

9.7.1 数据共享与开放的主要挑战

随着信息技术的快速发展，大量的数据被收集和生成，数据共享与开放面临诸多挑战与风险，成为全球关注的焦点之一。

1.数据隐私与安全性

个人隐私保护与数据共享的平衡：匿名化、脱敏和数据访问控制的挑战。

数据泄露和滥用的风险：数据安全措施、法律法规和技术解决方案还需进一步完善。

2.数据质量和准确性

开放数据的质量管理和验证：数据清洗、标准化和质量评估的挑战。

数据偏见和误解的影响：数据收集方法、样本偏倚和算法偏见的纠正等还难以形成令各方满意的解决方案。

3.数据拥有权和知识产权

数据产权和数据许可的问题：知识产权法律框架和数据确权的界定等。

开放数据的知识共享和创新：知识产权保护与数据共享的平衡问题。

9.7.2 数据共享与开放的主要障碍

数据共享与开放面临诸多挑战，也遇到了许多进一步发展的障碍（如图9-3所示），主要包括来自法规、合同、文化、商务、技术和安全等方面的内容。

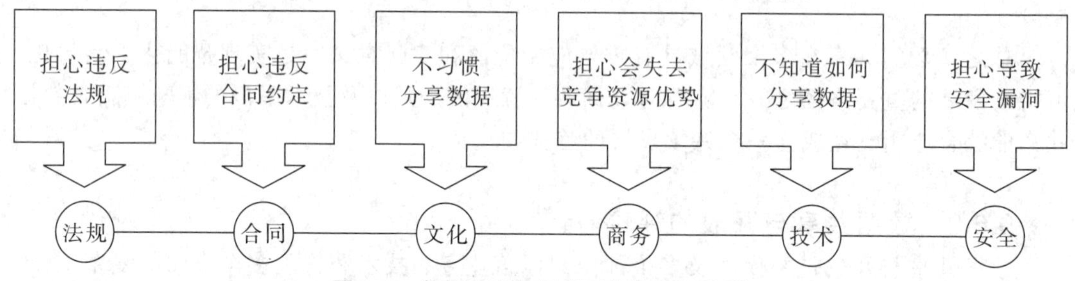

图9-3 数据共享与开放面临的主要障碍

例如，在物流数据共享与开放方面，国家工业信息安全发展研究中心李昱萱等（2022）认为，当前我国物流数据开放共享的困境主要面临三个方面的问题：

1.法律困境：数据安全合规问题

数据安全合规是物流数据开放共享必须解决的核心问题。当下，物流数据的违规风险主要来源于个人数据、企业数据、国家数据三个维度。首先，个人数据违规风险主要来自物流企业对用户信息的过度采集。例如，货运平台的一个配送订单可能涵盖商品类型、目的地址、驾驶证、行驶证、轨迹等多维度个人数据。物流企业对用户信息的过度采集、系统采集、长期采集，加之数据分析、用户画像等技术手段，将可能对个人隐私产生侵害。其次，企业数据违规风险主要体现在物流数据对公众信息安全的威胁。当前，物流企业信息化水平参差不齐，若在物流业施行不予区分的开放共享，极易在脆弱点发生敏感数据泄露、数据违规操作访问、数据异常流转等安全问题，不仅将对个人权利造成侵害，还可能破坏公共数据存储的整体安全。化解企业数据违规风险需要在明确物流数据属性边界的基础上，确定物流各环节主体数据开放共享的权利、义务、责任，促使物流企业不断强化个人信息和重要数据保护。最后，国家数据违规风险更多出现在物流数据跨境流动环节上。由于智慧物流数据可能涉及较为敏感的基础设施数据、地理位置数据、交通数据等，其数据安全问题将可能直接影响国家安全和公共利益。我国《网络安全法》明确了数据本地化存储的总体思路，要求关键信息基础设施运营者应当将个人信息和重要数据存储在境内，给国际货运数据开放共享带来了潜在的制度约束。各国数据安全法律法规的差异性将影响物流企业的数据开放共享能力，欧盟《通用数据保护条例》关于数据跨境的相关规定在一定程度上同样限制了物流数据越过国界。推动物流数据开放共享需要法律基础制度的持续完善，只有建立合理有效的数据权利制度，方能确保企业在安全合规的情形下合理处理数据，并对相关数据财产权益提供有效的制度保障。

2.市场困境：数据互联互通问题

数据已成为新的生产要素，物流数据不仅是物流企业的基础性资源，更是其重要生产力，这将导致不同经营主体间为数据控制权激烈博弈，而使数据互联互通受阻。强化数据互联互通，旨在破除主体间的“数据孤岛”，扩大数据的财产价值，防止数据控制者对数据的垄断和其他不正当竞争行为。在这一语境下，权益保护和市场价值的平衡将成为一大难题。数据立法应当合理协调数据权益和数据流通之间的关系，既要保证物流数据中的主体权利不受数据开放共享行为的侵害，又要确保在开放共享中推动物流数据的财产价值最大化。

3.技术困境：数据跨境流动问题

数据开放共享是国际货运活动中的重要环节，但目前跨境物流普遍存在信息不对称、各运营主体数据不能及时交换的问题。跨境物流数据开放共享的各类主体通常跨国家、跨区域分布，加剧了主体间的不信任，阻碍了物流交易双方的信息交互。这些均导致跨境物流各方普遍无法对物流链上的实时、准确信息进行掌握。与此同时，物流数据跨境流动问题对海关口岸的监管工作提出了更高要求，监管部门对此需要采用更完备的技术工具和管理制度开展技术监管工作。目前的物流数据跨境流动主要对海关监管提出三方面挑战：一是数据实时性不强，传统物流数据的获取方式仍然是先填写统计报表，再行查验和录入的方式，数据获取存在滞后性；二是数据可用性不强，传统物流数据由企业自主申报，伪造的数据难以辨识；三是数据标准化水平不高，当前物流数据包括港务、理货、港监、船务、船代、货代等多元主体，以及数据库、文本、图片等各类结构化、半结构化与非结构化数据，数据格式不一致的情况阻碍了有效的数据跨境监管。解决物流数据跨境流动问题迫切需要建立新的技术机制，在数据流动的不同环节建立统一的数据标准和访问方式，这样不仅市场主体间能合规开展数据共享，监管部门之间、监管部门与市场主体之间也能实现有效的数据交换。数据跨境流动监管的有效性、针对性亟待加强。

【本章小结】

思维导图

数据共享与开放[1]具有巨大的潜力，能够改变世界在科学、政府、商业、教育和社会福利等领域的运作方式。数据共享与开放为加速科学研究、促进创新、提升公共决策、推动经济增长、促进教育公平和社会公正等方面提供了新的机会和挑战。然而，数据共享与开放也面临着数据隐私、数据质量、数据拥有权和数据管理等方面的挑战与风险。因此，需要制定合适的政策、法规和技术措施，建立健全数据管理和合作机制，以实现数据共享与开放的潜力，并确保其在改变世界的过程中发挥积极的作用。

【课后思考】

1. 数据共享与开放的重要性和优势是什么？
2. 数据共享与开放的参与者有哪些？他们扮演的角色又是怎样的？
3. 请简述数据开放业务模式。
4. 试简述数据资源准备的过程。
5. 数据共享与开放的主要应用有哪些？
6. 数据共享与开放的评价标准是什么？
7. 试简述当前我国数据共享面临的挑战与障碍以及如何应对。

【案例分析】

龙湖地产的数据共享与开放

案例分析

请扫码研读本案例，进行如下思考与分析：

1. 龙湖地产在数据共享与开放相关事务中的做法有哪些？
2. 龙湖地产在数据共享与开放方面的方案是否能够帮助其化解所面临的挑战？
3. 结合本章所学内容，对龙湖地产企业级实时数据融合平台进行评价。

---

① 注：关于数据共享与开放的相关做法，可参考《四川省健康医疗大数据共享应用指南》（T/SHIA 8—2020）。

第10章　数据分析

【学习目标】

通过本章的学习，了解数据分析的含义和意义，掌握数据分析的分类、三个层次及其关键技术，理解商务智能、数据挖掘、机器学习和数据分析的区别和联系，掌握常用的数据分析方法以及数据分析发展趋势，以更好地发挥数据价值。

【素养目标】

数据分析可以发挥出数据的巨大价值。进行数据分析，可以发现数据中潜在的价值和商业机会。培养创新能力、探索和创业精神，挖掘和利用数据价值。在数据分析过程中必须遵守相关法律法规和道德规范，保护用户隐私和数据安全。

【引导案例】

壳牌通过分析数据预测机器故障

很少有行业能比能源行业产生更多的数据了。但多年来，石油巨头壳牌甚至不知道其在世界各地的各种设施中的零件都位于哪里；不知道什么时候需要进货，直到部件开始出现故障，才知道出现了维护问题。由于机器停机每天给公司造成了数百万美元的损失，于是壳牌决定收集数据以避免这些问题。

壳牌卓越数据科学中心的总经理Daniel Jeavons表示，壳牌基于多家供应商的软件建立了一个分析平台，运行预测模型，以预测3 000多种不同的石油钻井机的部件何时会出现故障。其中一个名为Databricks的工具通过Apache Spark来捕获流数据。壳牌使用这个工具来更好地计划什么时候购买机器部件，保存多长时间，以及在哪里存放库存物品。该工具托管在微软Azure的云中，帮助壳牌将库存分析从超过48小时减少到不到45分钟，每年减少数百万美元的库存转移和重新分配成本。

避免机器故障需要很多工具。Jeavons表示，壳牌的平台包括了来自Databricks、Alteryx、C3、SAP和其他供应商的软件，所有的这些软件共同帮助了壳牌的数据科学家来产生商业见解。最终，首席信息官必须正确评估这些工具，并在进行大额购买之前了解哪些才是有效的。

资料来源：大数据观察.【数据分析】五个数据分析成功案例［EB/OL］.［2023-12-23］. https：//www.sohu.com/a/277327134_398736.

从引导案例可以看到，石油巨头壳牌要想全面掌握公司的运营状况，离不开公司在数据分析方面的工作。当前，商业分析、数据科学、数据挖掘、商务智能、机器学习和数据分析等术语在商业界和科学界随处可见。虽然覆盖范围和应用领域各有不同，但它们的目的都是相同的，即将数据转换为可操作的洞见。它们的目标是使用特征丰富的数据来解决看似无法解决的问题。传统统计和现代机器学习的协同使用使得知识发现过程在很多行业和科学领域中成为现实。数据分析的含义是什么？数据分析具有哪些类别和关键技术？商务智能、数据挖掘、机器学习和数据分析的区别和联系是什么？本章将围绕这些问题展开阐述。

10.1 数据分析概述

10.1.1 数据分析的含义

数据分析是指使用适当的统计分析方法对收集的大量数据进行分析，将隐没在一大批看似杂乱无章的数据中的有价值的信息进行整合并提炼出来，找出所研究对象的规律。

数据分析的含义中有如下几个关键点：①数据分析的分析对象是数据，包括数值、音频、视频、文字等多种表现形式。②数据分析使用的方法是统计分析方法，既包括简单的描述性统计，也包括推断性统计、预测性统计分析等高级统计分析方法。③数据分析的目的是获得有用信息，以便更好地为决策服务。④数据分析的基础是数学，但是大规模应用离不开计算机。

数据分析就是我们为了获得有用的信息或者为了决策，而利用现代计算机技术，运用现代的数学与统计学理论，对数据进行的分析。一般情况下，初始收集的原始数据都是相对比较粗糙的，需要通过一定的技术手段进行加工，最后提炼出方便用户理解的知识。通常底层的粗糙数据经过一系列加工处理，然后将处理产生的相关信息与实际业务结合，进行规律性总结，生成知识（解决方案或商业预测）。

实践证明，数据分析非常有价值，它与现实生活密切相关。例如，信用卡的审批额度、电商网站对消费者的产品推荐、游戏活动的奖品设置、超市的捆绑式促销、病人疾病的诊断预测等，数据分析可以渗透到这些业务环节中，帮助实现业务流程优化，提高工作效率，并能辅助用户进行快速判断，以便采取有效活动。

10.1.2 数据分析的分类

由于与作出更好、更快决策的需求以及硬件和软件技术的可用性与可负担性相关的诸多因素，分析要比我们近来在历史上看到的其他趋势都更受欢迎。据业内专家和顶级咨询公司预测，在未来几年，分析部门的增长将比任何其他业务部门增长更快。它们还认为分析（和数据科学）是近十年最重要的商业趋势之一。随着对分析的兴趣和采纳率的迅速增长，需要为分析定义一个简单的分类。埃森哲（Accenture）、高德纳（Gartner）、弗雷斯特（Forrester）等咨询公司和一些技术导向的学术机构已经开始着手创建简单的分析分类。如果得到适当开发和普遍采纳，那么这样的分类法可以构建分析的上下文描述，从而有利于形成有关分析是什么的共识，其中包括分析包含什么以及分析相关的术语（如商务智能、预测性建模、数据挖掘）之间的相互关联是什么样的。运筹学与管理科学研究院（Institute For Operations Research and Management Science，INFORMS）是参与这项挑战的学术机构之一。为了触达广泛的受众，INFORMS 聘请战略管理咨询公司凯捷

(Capgemini）来研究分析及其特征。

凯捷的研究给出了分析的简洁定义："分析通过报告数据来分析趋势，通过构建模型来进行预测和业务流程优化，最终提高绩效并促进商业目标的实现。"这项研究的关键发现之一是，高管将分析视为使用它的企业的核心功能。分析贯穿组织中的多个部门和职能。在成熟的组织中，分析则贯穿整个企业。这项研究将分析分为描述性分析、预测性分析和规范性分析。这三组分析有时会重叠。根据组织的分析成熟度级别，这三组是分层级的。大部分组织从描述性分析开始，然后转向预测性分析，最后实现规范性分析，即分析层次结构的最高层。虽然这三组分析在复杂性上是分层的，但是较低层次和较高层次之间的界限并不明确。也就是说，企业在处于描述性分析的时候，也可以以某种零散的方式使用预测性分析甚至规范性分析。因此，从一个层次移动到下一个层次在本质上意味着上一层次的分析已经成熟，下一层次的分析正在被广泛使用。图10-1所示的是INFORMS开发的数据分析分类的图形化描述，已被大多数行业领袖和学术机构广泛采用。

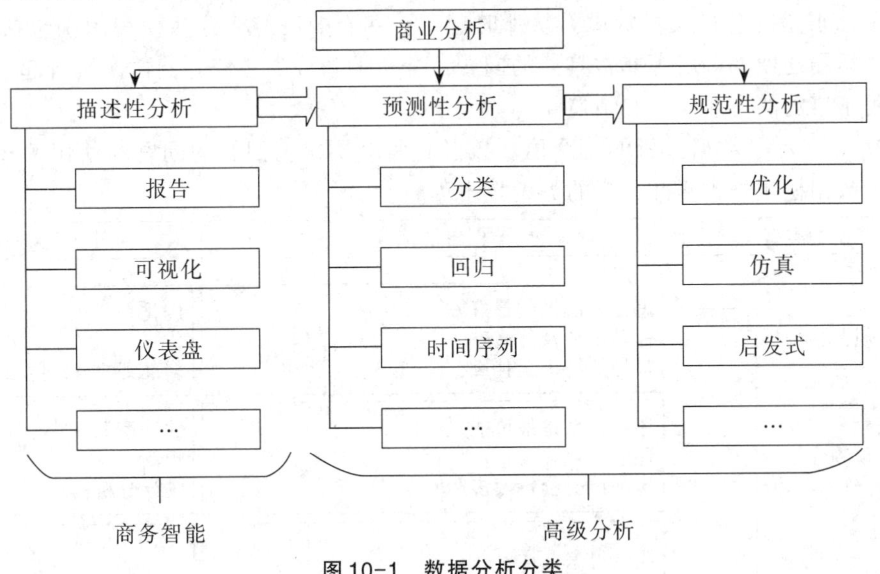

图10-1 数据分析分类

10.1.3 数据分析层次

描述性分析（Descriptive Analytics）是入门级的分析。因为这一级的大部分分析活动都是处理创建报表以汇总业务活动来回答诸如"发生了什么"和"正在发生什么"的问题，所以描述性分析通常又称为业务报告。这些报告包括按照固定的时间表（如每天、每周、每季度）交付给知识工作者（即决策者）的业务交易的静态快照、以易于理解的形式（通常是仪表盘型的图形界面）连续地交付给经理和高管的业务绩效指标动态视图，以及特定报告。决策者可以通过创建特定报告（使用直观的拖放式图形用户界面）来处理特定或独特的决策情况。

描述性分析又称为商务智能，预测性分析和规范性分析统称为高级分析。这里的逻辑是，由于从描述性分析到预测性分析或规范性分析存在复杂度的显著转变，因此需要使用"高级"这个标签。商务智能是通向分析世界的门户，为更复杂的决策分析奠定基础并铺平道路。描述性分析系统通常以数据仓库为基础，数据仓库是专门为支持商务智能功能和工具而设计、开发的大型数据库。

在三层分析层次结构中，预测性分析紧随描述性分析之后。在描述性分析方面成熟的组织会迁移到这个层次。在这个层次上，组织的目光会放在已经发生的事情之外，并试图回答“将会发生什么”的问题。在本质上，预测是对客户需求、利率和股票市场走势等变量的未来值进行智能/科学估计的过程。如果被预测的是分类变量，那么预测就被称为分类；否则，它就被称为回归。如果被预测的变量是与时间相关的，那么预测过程通常称为时间序列预测。

规范性分析是分析层次结构中的最高层。它通常是由预测性分析或描述性分析创建/确定的诸多行动方案中，使用复杂的数学模型确定的最佳可选方案。因此，在某种意义上，这类分析试图回答“应该做什么”的问题。规范性分析使用基于优化、仿真和启发式信息的决策建模技术。

大多数构成规范性分析的优化模型和仿真模型都是在两次世界大战期间开发的。当时资源有限，但是却急需大量资源。从那时起，一些企业已经将这些模型用于包括产出/收益管理、运输建模和调度等非常具体的问题。分析的新分类法使它们再次流行起来，让它们可以用于广泛的商业问题和情境。

图 10-2 展示了数据分析的三个层次以及在每个层次上回答的问题和使用的技术。可以看出，数据挖掘是预测性分析的关键技术因素。

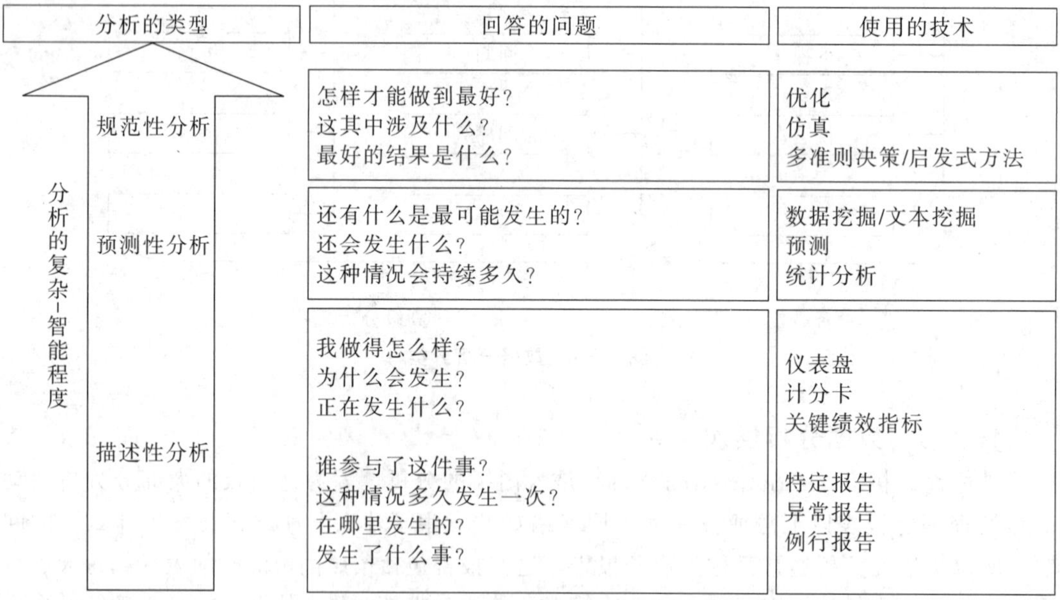

分析的复杂-智能程度（↑）

分析的类型	回答的问题	使用的技术
规范性分析	怎样才能做到最好？ 这其中涉及什么？ 最好的结果是什么？	优化 仿真 多准则决策/启发式方法
预测性分析	还有什么是最可能发生的？ 还会发生什么？ 这种情况会持续多久？	数据挖掘/文本挖掘 预测 统计分析
描述性分析	我做得怎么样？ 为什么会发生？ 正在发生什么？ 谁参与了这件事？ 这种情况多久发生一次？ 在哪里发生的？ 发生了什么事？	仪表盘 计分卡 关键绩效指标 特定报告 异常报告 例行报告

图 10-2　数据分析的三个层次以及各层次的关键技术

商业分析之所以越来越受欢迎，是因为它有望为决策者提供成功所需的信息和知识。无论商业分析系统属于分析层次中的哪一层，其有效性在很大程度上都取决于三个因素，即数据的质量和数量（数量和数据表示的丰富性），数据管理系统的准确性、完整性和及时性，以及分析过程中使用的分析工具和程序的功能及复杂度。理解分析的分类有助于组织正确地选择和实施分析功能，从而有效地赋能企业决策。

当然，数据分析应首先熟悉业务，在此基础上基于对业务的理解发现业务上的问题，提出分析方案，其次再用工具进行分析，最后给出结论和建议，并推动相关方实施落地，进而解决问题，完成从业务中发现问题，再回到业务中解决问题的完整闭环。这才是数据分析的真正意义。

10.2 常用的数据分析方法

数据分析方法很多，不同视角有不同的分析方法，这里主要从商业、经济视角介绍常用的数据分析方法。

10.2.1 关联分析

关联分析，在商业领域又称“购物篮分析”，是一种通过研究用户消费数据，将不同商品之间进行关联，并挖掘二者之间联系的分析方法。关联分析的目的是找到事物间的关联性，用以指导决策行为。如沃尔玛客户数据表明“67%的男性顾客在购买啤酒的同时也会购买尿布”，因此通过合理的啤酒和尿布的货架摆放或捆绑销售可提高超市的服务质量和效益。关联分析在电商分析和零售分析中应用相当广泛。关联分析需要考虑的常见指标如下：

（1）支持度，是指A商品和B商品同时被购买的概率，或者说某个商品组合的购买次数占总商品购买次数的比例。

（2）置信度，是指购买A之后又购买B的条件概率，简单说就是因为购买了A所以购买了B的概率。

（3）提升度，是指购买A对购买B的提升作用，用来判断商品组合方式是否具有实际价值。

10.2.2 对比分析

对比分析就是用两组或两组以上的数据进行比较。对比分析是一种挖掘数据规律的思维，能够和任何技巧结合，一次合格的分析通常要用到N次对比。

对比分析主要分为以下几种：

（1）横向对比：同一层级不同对象比较，如江苏省不同市区2023年某产品销售情况。

（2）纵向对比：同一对象不同层级比较，如江苏省南京市2023年各月份某产品销售情况。

（3）目标对比：常见于目标管理，如完成率等。

（4）时间对比：如同比、环比、月销售情况等，很多地方都会用到时间对比。

10.2.3 聚类分析

聚类分析是指将物理或抽象对象的集合，分组成为由类似的对象组成的多个类的分析过程。聚类是将数据分类到不同的类或者簇这样的一个过程，所以同一个簇中的对象有很大的相似性，而不同簇间的对象有很大的相异性。聚类分析是一种探索性的分析，在分类的过程中，人们不必事先给出一个分类的标准，聚类分析能够从样本数据出发，自动进行分类。如果聚类分析所使用的方法不同，即使不同研究者对于同一组数据进行聚类分析，所得到的聚类数也未必一致。

在用户研究中，很多问题可以借助聚类分析来解决，比如，网站的信息分类问题、网页的点击行为关联性问题以及用户分类问题等。其中，用户分类是最常见的情况。常见的聚类方法有K均值（K-Means）、谱聚类（Spectral Clustering）、层次聚类（Hierarchical Clustering）等。

10.2.4 留存分析

留存分析是一种用来分析用户参与情况/活跃程度的分析模型，考查有过初始行为后的用户中，经过一段时间后仍然存在客户行为（如登录、消费）的分析方法。留存不仅是反映客户黏性的指标，还可反映产品对用户的吸引力情况。

按照不同周期，留存率分为三类：

1.日留存

日留存又可以细分为以下几种：

次日留存率=（当天新增的用户中，第2天还登录的用户数）/第一天新增总用户数

第3日留存率=（第一天新增用户中，第3天还有登录的用户数）/第一天新增总用户数

第7日留存率=（第一天新增用户中，第7天还有登录的用户数）/第一天新增总用户数

第14日留存率=（第一天新增用户中，第14天还有登录的用户数）/第一天新增总用户数

第30日留存率=（第一天新增用户中，第30天还有登录的用户数）/第一天新增总用户数

2.周留存

以周为单位的留存率，是指每一周相对于第一周的新增用户中，仍然还有登录的用户数。

3.月留存

以月为单位的留存率，是指每个月相对于第一月的新增用户中，仍然还有登录的用户数。

留存率是针对新用户的，分析用户在不同时间周期下的留存率。正常情况下，留存率会随着时间周期的推移而逐渐降低。

10.2.5 帕累托分析

帕累托法则，源于经典的二八法则——“约仅有20%的变因操纵着80%的局面”。具体到数据分析中，该法则可以理解为20%的数据产生了80%的效果，需要围绕找到的20%有效数据进行挖掘，使之产生更高的效果。比如，一家商超在进行产品分析的时候，可对每个商品的利润进行排序，找到前20%的产品，那这些产品就是能够带来较多价值的商品，可以再通过组合销售、降价销售等手段，进一步激发其带来的收益回报。

将帕累托法则用在产品分类上就表现为ABC分类。常见的做法是将产品最小存货单位（Stock Keeping Unit，SKU）作为维度，并将对应销售额作为基础度量指标，将这些销售额指标从大到小排列，并计算累计销售额占比。百分比在70%（含）以内，划分为A类；百分比在70%~90%（含），划分为B类；百分比在90%~100%（含），划分为C类。按照A、B、C分组对产品进行了分类，根据产品的效益分三个等级，这样就可以针对性

投放不同程度的资源，以产出最优的效益。

10.2.6 象限分析

象限分析是通过对两种及以上维度的划分，运用坐标的方式，人工对数据进行划分，从而传递数据价值，将之转变为策略。象限分析是一种策略驱动的思维，常应用在产品分析、市场分析、客户管理、商品管理等场景，像RFM模型、波士顿矩阵都是象限分析思维。

1.RFM模型

RFM模型就是利用象限分析，分别从最近一次消费距离现在的时间R（Recency）、最近一段时间内的消费频次F（Frequency）和最近一段时间内的消费总金额M（Monetary）将用户分为8个不同的层级，从而对不同用户制定不同的营销策略，如图10-3所示。

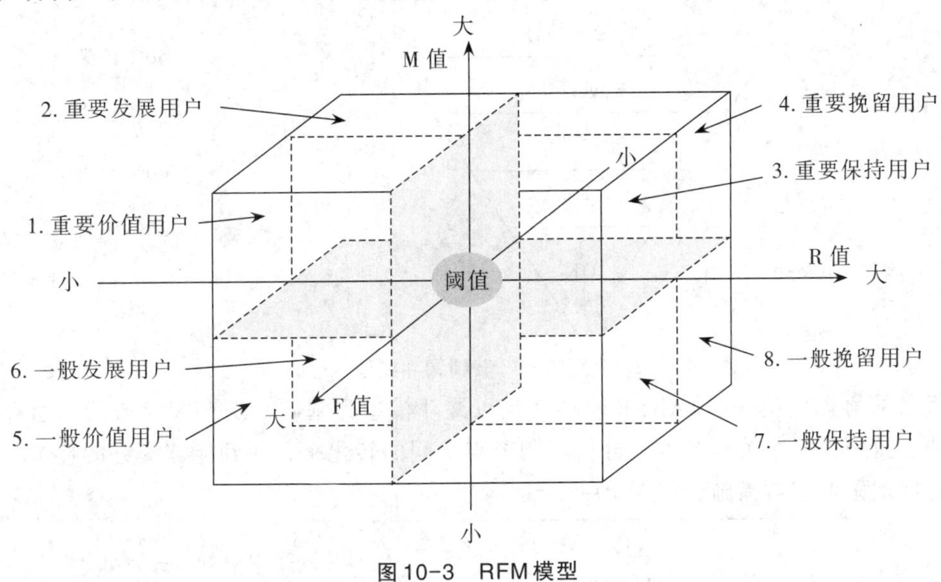

图10-3 RFM模型

2.象限分析的优点

（1）找到问题的共性原因

通过象限分析，可将有相同特征的事件进行归因分析，以总结其中的共性原因。

（2）建立分组优化策略

通过象限分析，可以针对不同象限建立优化策略。例如，在RFM客户管理模型中，按照象限将客户分为重点发展客户、重点保持客户、一般发展客户、一般保持客户等不同类型，从而可以给重点发展客户倾斜更多的资源，比如VIP服务、个性化服务、附加销售等；可以给潜力客户销售价值更高的产品，或提供相应优惠措施。

10.2.7 A/B测试

A/B测试，是一种用于比较产品不同版本的测试方法，其基本原理是将用户随机分为两组或多组，每组用户分别体验不同的产品版本，然后收集各组用户的体验数据和业务数据，最后分析评估出最好的版本并正式采用。A/B测试的目的是通过用户行为结果数据，对用户体验进行仔细更改，以优化产品并提升用户体验和转化率。

10.2.8 漏斗分析

漏斗思维本质上是一种流程思路，在确定好关键节点之后，计算节点之间的转化率。这个思路同样适用于数据分析，如用于电商用户购买路径分析、App的注册转化率等。经典的营销漏斗模型，如图10-4所示，形象展示了从获取用户到最终转化成购买行为整个流程中的各个子环节。漏斗模型就是先将整个购买流程拆分成一个个步骤，然后用转化率来衡量每一个步骤的表现，最后通过异常的数据指标找出有问题的环节，从而解决问题，优化该步骤，最终达到提升整体购买转化率的目的。

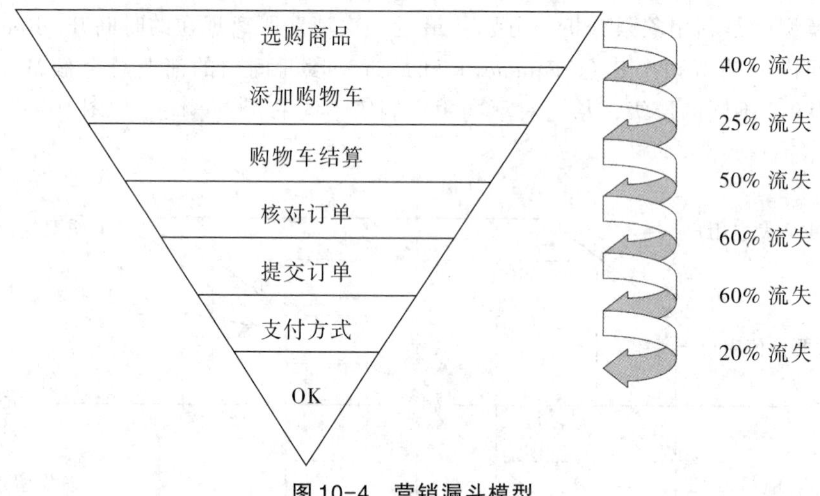

图10-4 营销漏斗模型

著名的海盗模型——AARRR模型就是以漏斗模型为基础，从获客、激活、留存、商业变现、自传播五个关键节点，分析不同节点之间的转化率，找到能够提升的环节，从而有针对性地采取应对措施，如图10-5所示。

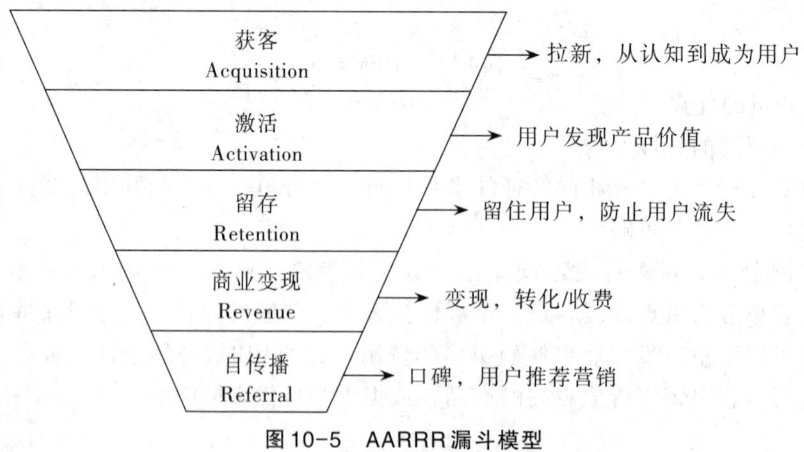

图10-5 AARRR漏斗模型

10.2.9 路径分析

路径分析，是指追踪用户从某个开始事件直到结束事件的行为路径，即对用户流向进行监测。路径分析是一种找寻频繁访问路径的方法，如通过对Web服务器的日志文件中客户访问站点访问次数的分析，挖掘出频繁访问路径。路径分析可用来衡量网站优化的效果或营销推广的效果，或用于了解用户行为偏好等。

用户行为路径分析的一般流程如下：

（1）计算用户使用网站或App时的每一步，然后依次计算每一步的流向和转化，通过数据，真实地再现用户从打开App到离开的整个过程。

（2）查看用户在使用产品时的路径分布情况。例如：在访问了某个电商产品首页后，有多大比例的用户进行了搜索，有多大比例的用户访问了分类页，有多大比例的用户直接访问了商品详情页。

（3）进行路径优化分析。例如：哪条路径是用户最多访问的；走到哪一步时，用户最容易流失。

（4）通过路径识别用户行为特征。例如：分析用户是用完即走的目标导向型，还是无目的浏览型。

（5）对用户进行细分。通常按照App的使用目的来对用户进行分类。例如：可以将汽车App的用户细分为关注型、意向型、购买型用户，并对每类用户进行不同访问任务的路径分析，比如意向型的用户，分析其在进行不同车型的比较时都有哪些路径，存在什么问题。也可以利用算法，基于用户所有访问路径进行聚类分析，依据访问路径的相似性对用户进行分类，再对每类用户进行分析。

10.3 商务智能、数据挖掘和机器学习

10.3.1 商务智能

商务智能（Business Intelligence，BI）起源于20世纪50年代，随着信息技术的发展，其概念也经历了多次调整，并且从企业广泛多样的应用形式中衍生出很多相关概念，与大数据、信息化、数字化等有密切的联系。因企业决策支持需求而问世的BI概念，需要不断适应市场环境和企业需求的变化方能充分释放其价值。

1.商务智能的定义

无论是国内还是国外，随着时间的推移，BI概念发展得越来越广泛，涵盖的内容也越来越多。从最初的技术应用到处理过程，再到一整套的解决方案，BI体系日益庞大。这一趋势也对应了信息技术和企业数据的发展过程，BI在输入和方法层面逐渐吸纳扩充了较多的内容。

BI是指在打通企业数据孤岛、实现数据集成和统一管理的基础上，利用数据仓库、数据可视化和分析技术，将指定的数据转化为信息和知识的解决方案，其价值体现在满足企业不同人群对数据查询、分析和探索的需求，从而为管理和业务提供数据依据和决策支持。商务智能这个术语具备两层含义：第一层含义，商务智能指的是一种理解组织诉求和寻找机会的数据分析活动。数据分析的结果用来提高组织决策的成功率。当人们说数据是提高竞争优势的关键要素时，其实是在说商务智能的内在逻辑，即如果一个组织向自己的数据“正确提问”，他就能获得关于产品、服务及客户方面的洞见，为实现自己的战略目标作出更好的决策。第二层含义，商务智能指的是支持这类数据分析活动的技术集合。决策支持工具、商务智能工具的不断进化，促成了数据查询、数据挖掘、统计分析、报表分

析、场景建模、数据可视化及仪表板等一系列应用，它们被用于从预算到高级分析的方方面面。

2.商务智能相关概念

除了基本概念之外，BI在企业中的不同应用形式，也有着不同的表述。为了统一表述，避免混淆，这里对这些概念以及它们之间的关系进行集中的梳理和区分。

（1）BI工具

BI工具由BI厂商提供，也被称为BI产品或BI软件。按照大众理解和企业应用的实际情况，BI工具即为狭义的BI，是指以数据可视化和分析技术为主，具备一定的数据连接和处理能力的软件，使用者能通过可视化的界面快速制作多种类型的数据报表、图形、图表，使企业不同人群在一定的安全要求和权限设置下，能在PC端、移动端、会议大屏等终端上对数据进行查询、分析和探索。企业中的各类软件系统的本质是数据采集+流程管理+数据展示，BI工具在数据展示方面提供了强大的功能，有些BI工具如FineReport还具备数据采集（填报）功能，所以不同企业可以基于自身的场景和需求，创建千姿百态的应用。

常用的BI工具主要有运营报表、业务绩效管理和描述性的自助分析等。其中，运营报表是商务智能工具的应用，用来分析短期（月度）和长期（年度）的业务趋势。运营报表还可以帮助发现趋势和模式，使用战术商务智能工具支持短期业务决策。业务绩效管理（BPM），包括对组织目标一致性的指标的正式评估，此评估通常发生在高管层面，使用战略商务智能工具支持企业的长期目标。描述性的自助分析，是为前台业务提供的商务智能工具，其分析功能可指导运营决策。运营分析将BI应用程序与运营功能和流程相结合，以近乎实时的方式指导决策。对低延迟（近实时的数据捕获和数据交付）的要求，将推动运营分析解决方案的应用发展。面向服务的体系架构（SOA）和大数据成为全面支持运营分析的必要条件。

（2）BI平台

平台是指计算机硬件或软件的操作环境，泛指进行某项工作所需要的环境或条件。计算机平台的概念基本上有三种：第一种是基于快速开发目的技术平台，第二种是基于业务逻辑复用的业务平台，第三种是基于系统自维护、自扩展的应用平台。技术平台和业务平台都是软件开发人员使用的平台，而应用平台则是应用软件用户使用的平台。BI平台便属于应用平台的范畴，是以BI工具为核心的软件结合计算机硬件等形成的，用于连接、处理、分析与展示数据的环境。用户可以利用BI平台开发各类数据应用，这些应用就组成了接下来要介绍的BI系统。

（3）BI系统

软件系统是指若干部分相互联系、相互作用的模块形成的具有某些功能的整体，是为某一个或某一类任务而设计开发的。BI系统是指利用BI平台开发的完整数据应用模块，即具备连接、处理、分析与展示业务数据等功能的企业经营主题模块。简单来说，BI系统就是企业实际业务需求在BI平台上被开发出来后形成的业务分析模块。单一的模块或多个模块组成的整体都可以称为BI系统。

（4）BI项目

严格来说，BI项目是指企业规划、开发和管理BI应用或系统的活动，其中的开发环节便是借助BI平台来完成的。有时候，BI项目其实是指该项目所开发的BI应用或系统，也指BI平台。在企业中有集团级项目，也有部门级项目，有面向管理层的企业经营管理驾驶舱项目，也有面向业务部门的如财务分析项目等。

BI项目的范围非常大，从形态上来说，业务报表、数据分析和数据可视化任务等都可以算作BI项目。一个报表分析项目，使用单个BI工具就能实现，而大的BI项目则可能需要涉及上下游的数据仓库、数据治理、数据管道、3D数据建模等。

3.商务智能的优势

如今的数据非常庞大，且仍在不断增加，呈指数级增长。随着越来越多的用户生成数据，以及越来越多的物体（通常称为设备）创建数据，数据变得日益多样化和非结构化。数据以及从数据中获取洞察的能力是维持和推动业务增长的宝贵资源。利用一流的BI方法，企业将能够建立竞争优势，减少获取、集成、分发、审查和响应新数据所需的时间和工作量。企业处理数据的能力越强，越能够充分发挥BI的优势。这种领先的数据处理能力将对未能识别潜在及时数据的竞争对手造成巨大压力。

BI是所有数据驱动型企业的核心，自然也是转型的中心。提高企业影响力和效率是实施BI工具的终极目标。但除此之外，BI技术还能带来额外收益，如提高数据准确性；更快作出更明智的决策；改善关键任务成效；跨业务职能领域共享数据；更深入地洞悉财务和运营信息；识别和减少低效因素；消除浪费、欺诈和滥用；提高工作效率和员工士气；提高投资回报，降低总成本；增强各级别的透明度和服务水平等。

BI解决方案有望成为现代企业决策和战略制定过程中的重要工具。从营销、销售到供应链和财务，它都能提供宝贵的信息，帮助高效处理业务。例如，评估营销活动效果；洞察现金流、毛利和运营支出；收集关于员工和潜在客户的洞察，进而优化HR流程和招聘；跟踪部件和物料趋势以及供应商绩效；预测收入和交易；优化呼叫中心和仓储人员配置；获取关于整个企业的全面视图；发现新的收入机会和模式等。

总之，商务智能可为企业中的每一个人赋能增效。然而，要想实现这一目标，需要一个真正卓越的BI解决方案。一般来说，大多数企业解决方案都需要IT部门来进行环境设置，很多情况下还需要IT部门来连接内部和外部数据源。

4.商务智能解决方案的必备要素

为确保所有业务部门和技术知识水平较低的用户都能真正发挥商务智能的优势，现代企业应选择和部署企业内各级员工都能轻松、便捷地使用的BI解决方案。

（1）统一的BI平台

选择基于统一的集成应用平台的BI解决方案。目前，很多企业使用的仍是传统的商务智能生态系统，通过多种解决方案实施报告、发现、分析和其他功能。这种多解决方案模式不仅使用成本高，需要用户具备丰富的技术知识，还可能引发兼容性问题。相比之下，统一平台可提供涵盖数据收集、分析和解释的端到端解决方案，所有要素都可以协同作业，不仅不会出现任何兼容性问题，用户也无须到处寻找工具。这意味着，用户可以集中管理数据模型和指标，获得全面的业务视图，这是多解决方案生态系统难以做到的。

（2）BI即服务（BIaaS）

无论是在办公室、远程办公还是移动办公，企业内用户都应当能够轻松访问BI解决方案。对此，云解决方案拥有强大的可访问性和可用性，支持用户随时随地按需访问，无论是个人单独使用还是与同事共享访问。此外，云解决方案还可以轻松扩展，出色适应几乎任意规模的组织，灵活满足不断增长的业务需求。

（3）互联BI

目前大多数BI解决方案都可以连接一个或多个数据源。选择具有预构建连接特性的BI解决方案，客户不仅可以轻松加载和集成各种来源的数据，无须耗费时间进行连接，还可以降低复杂性，让IT人员专注处理其他任务。

（4）增强分析

首先，增强分析即基于嵌入式机器学习技术，可简化商务智能的智能BI解决方案，这样才能轻松、自动化地收集、分析、解释和传达信息。解决方案应当能够自动执行数据准备以及从多个数据源收集和整合信息，加快流程速度，降低出错概率；可以增强分析，通过推荐新的数据集确保获得更准确的结果。

其次，智能BI解决方案支持轻松、快速地搜索所需信息，使用人类语言（而不是代码）提问和获取答案，直接获取数据。此外，目前一些BI解决方案甚至还提供了一个语义层，允许用户使用常用业务术语访问数据，修改请求和数据集参数。

最后，智能BI解决方案支持客户轻松访问预测性分析和预报功能，快速识别数据模式并预测未来结果和趋势，而无须掌握任何编码知识。总而言之，选择内嵌机器学习技术的智能BI解决方案，客户可以轻松获得所有这些及更多优势。

（5）数据可视化

如今很多智能解决方案都支持数据可视化，能够自动将数据转换为图表或其他类型的可视化图形，帮助用户轻松、快速地查看和理解数据模式和关系。

利用数据可视化，可以创建丰富的数据混搭，获得独特的新洞察，还可以使用高影响力视觉效果（无须专门培训即可理解）来设计业务案例。借助此类智能系统，可以从内外部数据源提取数据。然后从众多选项中确定最适合呈现数据的图形，或采纳应用根据数据结果自动提出的建议。

（6）自助商务智能

一款BI解决方案必须确保所有业务人员都能自助使用，才能成为真正的业务工具。自助式BI解决方案应支持点击/拖放操作，帮助轻松导航；应提供某种类型的仪表盘，从而帮助直观、交互式地访问信息，提供导引式分步导航和内置功能，避免耗费宝贵的时间去定制；应支持用户选择手动还是自动处理任务。利用自助式BI解决方案，用户还可以全面控制加载数据并从任何角度进行分析，发现问题和新的机遇；可以混搭和混合内外部数据，获取更加深入的洞察；可以自行创建报告，分享自己的宝贵经验。最后，用户无须等待IT部门提供协助，就可以获取针对最迫切业务问题的适当解答，然后将结果传达给整个企业的同事和管理团队。

（7）移动商务智能

在当今快节奏的世界中，无论身处何处，商务人士都需要全天候获取信息。利用移动BI解决方案，可以获得语音访问和实时警报功能，通过搜索驱动的方法与数据对话；可以在云端或本地查看、分析数据并基于数据采取行动；可以使用丰富的交互式可视化功能创建移动分析应用，而无须编写任何代码；只需创建一次，就可以将应用分发到任何位置——在手机或平板电脑上就能完成这一切。

此外，融合了AI和机器学习的移动BI解决方案还能提供一个了解客户何时何地需要什么的个人助手。例如，如果在北京有一场商务会议，个人助手可以确定在该会议上需要哪些业务报告和图表，可以将语音转换为文本，提醒有新数据可供分析。借助移动设备和基于云的BI解决方案，无论身处何处都可以访问分析功能，分析信息，不必一直待在办公桌前。

（8）制定明智决策

每个企业都需要BI。采用智能化、简单易用、功能丰富的BI解决方案，可确保企业内每一个人都能随时随地访问所需数据，充分利用数据，掌握最新信息。

5.商务智能应用场景

场景是企业某一类具体问题和需求的体现，只有在明确场景的前提下，BI应用才有落脚点，才能充分发挥数据的价值。

（1）数据大屏

数据大屏（简称为大屏）一般是指大屏这一载体，大屏中的内容更多时候被称为“管理驾驶舱”（也可简称为驾驶舱）。管理驾驶舱是一个为管理层提供的一站式决策支持的管理信息中心系统。管理驾驶舱以虚拟驾驶舱的形式，用各种常见的图表形象展示企业运营的关键绩效指标（KPI），直观地监测企业运营情况，并且可以对异常指标进行预警和分析。一般来说，管理驾驶舱可以分为战略型驾驶舱、操作型驾驶舱和分析型驾驶舱等三类。

战略型驾驶舱主要面向企业总经理、CEO、CFO等高层管理者，其作用主要是让使用者快速掌握企业的运营情况，并据此快速作出决策，总结过去的经营情况或拟定未来的战略目标。战略型驾驶舱仅需要简洁展示关键任务的信息，这些直观的信息有助于管理人员迅速决策，定位和诊断出运营中存在的问题。

操作型驾驶舱从业务需求出发，实现对业务状态和问题的提醒、监控和预警。它强调持续地汇报实时信息，因而对数据的时效性要求较高。操作型驾驶舱提供的信息，使小问题在演变成棘手的大风险之前及时被发现和解决，并有助于递增地提高业绩。

分析型驾驶舱面向中层管理人员，需要直接、显性地展现问题，关联可采取的行动，并且提供行动的优先顺序。与其他两类驾驶舱相比，分析型驾驶舱展示的信息会更详细，包含多个因素及变量之间随时间变化的细节对比，其核心是能讲出数据背后的故事，即业务问题及原因等，而不是空洞地展示数据。

（2）移动应用

移动时代，无论工作还是生活，都离不开智能手机和移动应用。对于BI项目来说，在移动端查看和分析数据是必不可少的一个需求。移动应用的落地能够使领导及业务部门不受时间与地点的约束，随时随地作出分析和决策。

由于移动端本身的特性，BI在移动端上的功能和PC端相比有所扩展，除了常规的数据分析外，还有消息推送、手机扫码、应用集成等。

移动数据分析的重点在于满足管理者随时随地、方便快捷地获取重点经营数据的需求。通过这些移动数据分析应用，管理者能够及时发现问题，改进管理制度，促进业务指标的达成，而业务人员也能够即时进行业务分析和处理日常事务。

消息推送的目的就是将模板与数据定期推送给业务人员，形成对数据的黏性，充分挖掘数据价值。绝大多数企业会将消息推送作为BI移动应用的基础功能。而因为手机短信的用户体验不友好、企业自有App对用户触达率不高等原因，消息推送功能经常被集成在微信中。除此以外，消息推送还可以用于业绩达成通报、流程管控、数据预警等多个方面。利用二维码/条形码展现数据标识，然后通过手机识别，可以极大地简化数据查询操作，因此也是BI移动应用通常会提供的基本功能。常见的扫码应用有手机电子发票报销、设备管理、扫码巡场、扫码填报等。

企业中的数据来源于各式各样的业务系统和App，而BI系统在进行数据分析之前必须先获取数据。因此，BI移动应用需要与以移动办公为主的各类移动应用集成，例如微信/企业微信、钉钉、OA等。

（3）自助分析

自助分析场景和前文提到的自助式BI和自助分析模式是紧密关联的。它强调IT人员与业务人员的配合，可以用“IT人员准备数据，业务人员自主分析”来概括。由于传统BI分析模式存在弊端以及全民争当数据分析师的热潮，自助式BI和自助分析模式迅速兴起，市场已经从“IT主导的报表模式”向“业务主导的自服务分析模式”转变。而且，这一转变的价值在企业中也得到验证，也就是说自助分析模式的确能够解放IT人员，赋能业务，提高效率。

10.3.2 数据挖掘

1.数据挖掘的定义

数据挖掘是指从大量的数据中通过算法搜索隐藏于其中的信息的过程。数据挖掘通常与计算机科学有关，并通过统计、在线分析处理、情报检索、机器学习、专家系统（依靠过去的经验法则）和模式识别等诸多方法来实现上述目标。关于数据挖掘的最为经典的例子是沃尔玛超市的尿布与啤酒的故事。沃尔玛超市工作人员通过数据挖掘发现男性顾客在给孩子买尿布的时候，会顺手购买几瓶啤酒。工作人员为了增加销量，将尿布与啤酒放在同一销售区域。

数据挖掘就是从一堆看似无关甚至是毫无关联的信息中，获取有用的信息。随着计算机技术的发展，企业信息存储能力越来越强，储藏的数据量也越来越大。这些信息之间的关系错综复杂，采用简单的数据分析方法已经满足决策需要。在这种情况下，数据挖掘技术便应运而生。

2.数据挖掘与数据分析的联系与区别

广义上来说，数据挖掘是一种数据分析方法，两者存在紧密的联系，数据挖掘与数据分析是两个相互补充的过程，但它们在重点和方法、所需技能上存在差异。

两者的差异主要体现在以下四个方面：

（1）重点和方法：数据分析侧重于通过统计分析、可视化、交叉分析等方法对现有数据进行深入研究和解释，而数据挖掘则侧重于通过机器学习、人工智能等技术预测未来的趋势和行为。

（2）侧重于解决的问题：数据分析主要侧重于对历史数据进行统计学上的分析，而数据挖掘更注重于从数据中发现“知识规则”以预测未来趋势。

（3）对专业知识的要求：数据分析需要对所从事的行业有深入的了解，并能将数据与业务紧密结合。数据挖掘则需要具有良好的统计学知识、数学能力、编程能力，并熟悉数据库技术和数据挖掘算法。

（4）数据分析不能建立数据模型，需要人工建模，而数据挖掘直接完成了数学建模。如传统的控制论建模的本质是描述输入变量和输出变量之间的函数关系，数据挖掘可以通过机器学习自动建立输入与输出的函数关系。

数据挖掘与数据分析两者都是对数据进行分析、处理以得到有价值的知识，都需要掌握统计学知识，并对数据具有较高的敏感性。在实际应用中，数据分析师和数据挖掘师可能会交替地进行对方的工作，尤其是在结果表达及分析方面，数据挖掘人员在完成建模后可能会使用数据分析手段进行结果的呈现和解释。

10.3.3　机器学习

1.机器学习的定义

机器学习是一门多领域交叉学科，涉及概率论、统计学、控制论、信息论、哲学心理学、神经生物学、逼近论、凸分析、算法复杂度理论等多门学科，使用计算机作为工具并致力于真实、实时的模拟人类学习方式，并将现有内容进行知识结构划分来有效提高学习效率。机器学习是人工智能（AI）和计算机科学的一个分支，专注于使用数据和算法，模仿人类学习的方式，逐步提高自身的准确性；通过使用统计方法对算法进行训练，使其能够执行分类或预测，以及在数据挖掘项目中揭示关键洞察，而这些洞察又可以推动应用和业务中的决策，有效影响关键增长指标。

机器学习的基本思路：以现有的部分数据（称为训练集）为学习素材（输入），通过特定的学习方法（机器学习算法），让机器学习到（输出）能够处理更多或未来数据的新能力（称为目标函数）。在大多数情况下人们很难找到目标函数的精确定义，所以通常采用函数逼近算法进行估计目标函数。

2.机器学习模型的分类

（1）监督式机器学习

使用标注数据集训练算法，以便准确进行数据分类或预测结果。将输入数据传入模型后，该模型会调整权重，直到适当拟合为止。这是交叉验证过程的一部分，可确保模型避免过度拟合或欠拟合。监督式学习可帮助组织大规模解决各种现实问题，例如将垃圾邮件归类到收件箱的单独文件夹中。监督式学习中使用的方法包括神经网络、朴素贝叶斯、线性回归、逻辑回归、随机森林和支持向量机（SVM）等。

（2）无监督机器学习

使用机器学习算法，分析未标注的数据集并将这些数据集形成聚类。这些算法可发现隐藏的模式或数据分组，无须人工干预。这种方法能够发现信息的相似性和差异，因此是探索性数据分析、交叉销售策略、客户群细分、图像和模式识别的理想之选。通过降维过程，它还可用于减少模型中的特征数量。主成分分析（PCA）和奇异值分解（SVD）是无监督学习中两种常用的方法。无监督学习中使用的其他算法包括神经网络、K均值聚类和概率聚类方法等。

（3）半监督机器学习

半监督机器学习是监督式机器学习和无监督机器学习的结合。在训练期间，使用较小的标注数据集，以指导从较大的未标注数据集进行分类和特征提取。半监督机器学习可以解决因标注数据不足而无法采用监督式机器学习算法的问题。如果标注足够的数据成本太高，也可以使用这种方法。

机器学习主要用于数据挖掘、自动化处理、动态控制、推荐与过滤、人机协同等方面。从这个角度讲，数据挖掘其实是机器学习的一个应用。

3.常用机器学习算法

（1）神经网络

神经网络模拟人脑的工作方式，包含大量相互链接的处理节点。神经网络擅长模式识别，在自然语言翻译、图像识别、语音识别和图像创建等应用领域发挥着重要作用。

（2）线性回归

线性回归用于根据不同值之间的线性关系来预测数值。例如，该算法可用于根据某个地区的历史数据预测房价。

（3）逻辑回归

逻辑回归可对分类响应变量进行预测，例如，对问题回答“是/否”。它可用于垃圾邮件分类和生产线质量控制等应用场景。

（4）聚类

通过使用无监督机器学习，聚类可以识别数据中的模式，从而对其进行分组。计算机可通过识别人类往往会忽视的数据项之间的差异，为数据科学家提供帮助。

（5）决策树

决策树既可用于预测数值（回归），也可用于将数据归入不同类别。决策树使用链接决策的分支序列，可以用树状图表示。决策树与神经网络的黑盒属性不同，易于验证和审计，这也是其优点之一。

（6）随机森林

在随机森林中，机器学习算法通过组合多个决策树的结果来预测值或类别。

4.机器学习应用

（1）语音识别

语音识别也称为自动语音识别、计算机语音识别或语音转文本，可将人类语音转换为文本或指令。许多移动设备都在系统中包含了语音识别功能，用于执行语音搜索，或者用于改进文本信息的辅助功能。

（2）客户服务

在客户服务领域，在线聊天机器人正逐步取代人工客服，改变了网站、社交媒体等平台中客户互动的方式和手段。聊天机器人可以回答有关运货等主题的常见问题，或者提供个性化建议、交叉销售产品，或为用户建议尺码等。例如，电子商务网站上的虚拟客服等。

（3）计算机视觉

这种AI技术使计算机能够从数字图像、视频和其他可视输入中获取有意义的信息，然后采取相应的行动。计算机视觉由卷积神经网络提供支持，应用于社交媒体行业的照片标记、医疗保健行业的医学影像成像以及汽车行业的自动驾驶汽车等领域。

(4) 推荐引擎

AI算法通过使用历史的消费行为数据，帮助发现可用于制定更有效的交叉销售策略的数据趋势。在线零售商常使用这种方法，在结账流程中向客户推荐相关产品。

(5) 自动股票交易

旨在优化股票投资组合，AI驱动的高频交易平台每天可处理数千乃至数百万笔交易，而无须人工干预。

(6) 欺诈检测

银行和其他金融机构可以使用机器学习来甄别可疑交易。监督式机器学习可以使用有关已知欺诈交易的信息来训练模型。异常检测可以识别看起来异乎寻常而且需要进一步调查的交易。

10.4　数据分析的发展趋势

10.4.1　技术发展趋势

大数据技术的发展使得数据采集、存储、安全等技术变得越来越成熟。人们对于采集并存储的数据的价值越来越重视，从而带动了数据分析和数据挖掘技术的发展。利用大数据分析技术从海量数据中提取的信息具有极高的价值，例如，支持企业高层进行业务决策、识别新的销售和市场机会、提升组织的社交媒体营销能力等。

10.4.2　产业发展趋势

大数据技术的发展带动了包括数据软件和硬件相结合的高科技服务行业，提供专业大数据解决方案的咨询行业，从事数据采集、处理、加工及分析为一体的数据服务产业的产生和发展。随着我国大数据战略的全面实施，大数据作为基础性战略资源，在极大地推动大数据产业发展的同时，势必促进数据分析的发展。

10.4.3　人才发展趋势

大数据技术的发展带动了企业对于大数据分析人才需求的快速增长，由于当前国内大数据人才培养的滞后，导致大数据分析人才的缺口很大，因此未来一段时间内大数据分析人才将依然炙手可热。目前国内主流招聘网站上发布的数据分析相关岗位的数量呈现持续快速增长，可以看出企业对于大数据分析人才的需求量很大。

【本章小结】

本章首先介绍了数据分析的含义，将数据分析分为描述性分析、预测性分析和规范性分析，同时阐释了三个层次上回答的问题和使用的技术；并介绍了一些商务领域常用的数据分析方法以及数据分析发展趋势。

思维导图

【课后思考】

1. 数据分析包含几类以及每类的特点是什么？

2. 关于三个层次的数据分析，每个层次使用到哪些关键技术？
3. 九类数据分析方法各自具备哪些特点？各自适于处理的数据类型是什么？
4. 简述数据分析未来的发展趋势。

【案例分析】

业务执行层的BI价值体现

案例分析

请扫码研读本案例，进行如下思考与分析：
在业务执行层面，商务智能具备哪些价值？

第 3 篇　保障篇

第11章　数据管理能力成熟度评估

【学习目标】

众所周知，可靠的数据从来都不是偶然产生的。管理良好的数据取决于计划、治理和对质量及安全的承诺，以及对数据管理过程的严格执行。通过本章的学习，了解和掌握组织数据管理能力成熟度评估动因和评估目标，掌握现有数据管理能力成熟度评估主要模型，尤其是我国的DCMM的评估和应用。

【素养目标】

理解本章对数据管理能力成熟度评估的思维逻辑和方法，从而进行知识和方法迁移，提升和优化自身综合能力。此外，DCMM是我国数据管理领域首个国家标准，当前已有千余家单位被授予数据管理能力成熟度贯标等级，覆盖了能源、通信、金融、IT、制造等行业，充分彰显了道路自信、理论自信、制度自信、文化自信。

【引导案例】

B公司数据管理能力成熟度评估案例

1.评估背景

基于DCMM评估。本次评估主要针对B公司数据能力成熟度现状，了解公司核心业务及组织模式下部门及部门间的协同情况，探讨公司总体数据能力成熟度方面工作开展的现状、存在问题及改进建议等，以期能够达成共识，形成数据能力成熟度现状分析评估结果，为后续公司开展数据管理能力提升工作提供基础。

2.评估结果（如图11-1所示）

结合DCMM等级划分，B公司数据能力成熟度总体评估结果为：数据战略1.52，数据治理1.99，数据架构2.09，数据应用1.68，数据安全1.64，数据质量1.71，数据标准1.74，数据全生命周期2.19。

概要说明如下：

（1）数据战略

制定了《以数据化推进全面量化管理重点工作任务》，应当进一步确立数据战略定位，优化数据战略保障机制，强化数据战略执行落地。

（2）数据治理

成立了数据资产管理委员会，应当进一步明确数据治理组织体系，明确责任及岗位职责等。

（3）数据架构

遵从集团制定的企业架构、企业数据模型，应当进一步构建基于全业务数据中心的企

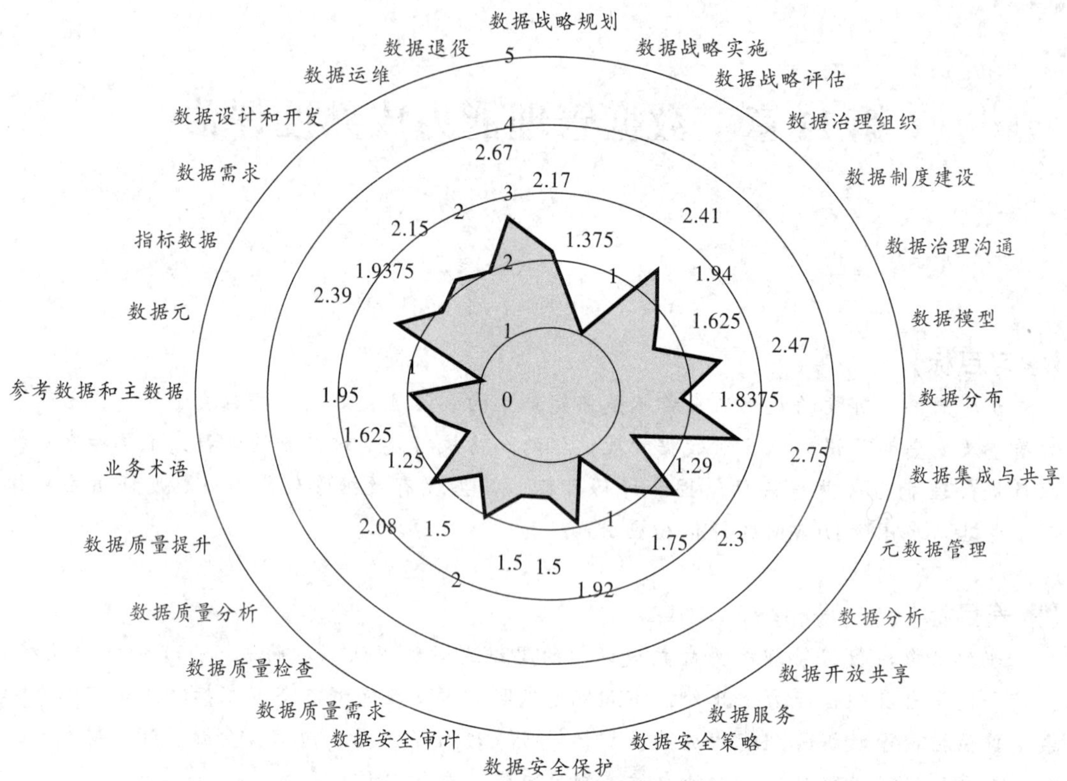

图 11-1　B 公司数据管理能力成熟度评估结果

业级数据模型，构建数据集成、共享环境，建设企业级元数据管理。

（4）数据应用

具备常规报表应用和分析，能够开展数据挖掘、大数据分析应用，需进一步提升全业务数据中心数据分析能力，加强数据开放共享和服务管理能力。

（5）数据安全

具有较为完备的信息安全体系，应当加强数据安全策略、管理、审计方面能力。

（6）数据质量

具备基于业务数据质量方面的专项提升，需加强公司级数据质量管控和数据质量工具实践。

（7）数据标准

具备基于集团层主数据管理 MDM，应当深化公司级主数据管理及应用，强化公司级数据标准编制和标准管控体系建设。

（8）数据生命周期

具备部门级数据需求应用开发、实现，应当强化数据需求、设计、研发等阶段的数据管理，统一数据需求管控，提升支撑业务的响应能力。

资料来源：企鹅号 . 企业数据能力成熟度评估案例［EB/OL］.［2023-08-27］. https://cloud.tencent.com/developer/news/428250.

引导案例中的 B 公司为什么要进行数据管理能力成熟度评估？其评估目标是什么？当

前数据管理能力成熟度评估的代表性模型有哪些？如何进行评估实施？B公司整体数据管理水平如何？还需要作哪些提升？如何回答这些问题将是本章阐述的重点。

11.1 评估动因与目标

能力成熟度评估是一种基于能力成熟度模型框架的能力提升方案，描述了数据管理能力从初始状态发展到最优化的过程。能力成熟度评估概念源于美国国防部为评估软件承包商而建立的标准。现已被广泛用于包括数据管理在内的一系列领域。

数据管理能力成熟度反映了企业在数据管理方面所具备的条件和水平。数据管理能力成熟度评估是对组织内处理数据的实践进行评级的方法，以描述数据管理的当前状态及其对组织的影响。数据管理能力成熟度评估有助于组织搞清楚哪些方面的工作做得很好，哪些方面的工作做得尚可，以及组织在哪些方面存在差距。也就是说，数据管理能力成熟度评估主要通过一系列方法、关键指标和工具评价企业数据管理现状，帮助企业进行基准评测，找到优势和差距，指出方向，提供实施建议，以利于数据资产提高业务绩效。

11.1.1 评估动因

组织进行数据管理能力成熟度评估是业务驱动的结果，主要基于以下原因：

（1）监管。监管对数据管理提出了最低成熟度水平要求。

（2）数据治理。出于规划与合规性目的，数据治理需要进行成熟度评估。

（3）过程改进的组织就绪。组织认识到要改进其实践过程应从评估其当前状态开始。例如，若组织承诺管理主数据，就需要评估其部署主数据管理流程和工具的准备情况。

（4）组织变更。组织变更（如合并）会带来数据管理挑战。

（5）新技术。技术的进步提供了管理和使用数据的新方法。组织希望了解成功采用的可能性。

（6）数据管理问题。当需要解决数据质量问题或应对其他数据管理挑战时，组织希望对其当前状态进行评估，以便更好地决定如何实施变更（DAMA国际，2020）。

11.1.2 评估目标

数据管理能力评估的主要目标是评估关键数据管理活动的当前状态，以便制订计划进行改进。评估通过分析具体的优势和弱点，将组织置于成熟度水平量尺上，从而帮助组织认知、确定优先次序和实施改进。

数据管理能力评估有助于：

（1）向利益相关方介绍数据管理概念、原则和实践。

（2）厘清利益相关方在组织数据方面的角色和责任。

（3）强调将数据作为关键资产进行管理的必要性。

（4）扩大对整个组织内数据管理活动的认识。

（5）有助于改进有效数据治理所需的协作。

11.2 数据管理能力成熟度评估模型

对于数据管理能力成熟度评估，目前国内外有很多组织在研究和实践。这里主要介绍DMM模型和DCMM。

11.2.1 DMM模型

1.DMM模型简介

DMM（Data Management Maturity，数据管理成熟度）模型是一个独特的数据管理学科综合参考模型，为企业提供了一个建立、改进和衡量其数据管理能力的标准，包括数据管理战略、数据治理、数据质量、平台和架构、数据操作和支持流程等6个数据管理领域，可帮助企业制订数据管理改进方案和实施路线图，如图11-2所示。

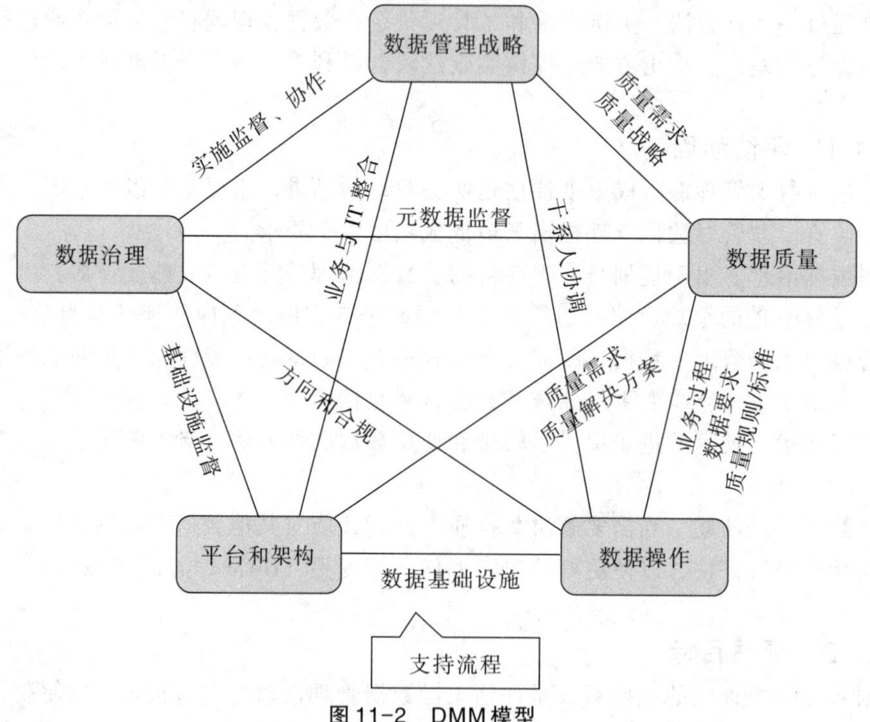

图11-2 DMM模型

资料来源：用友平台与数据智能团队.一本书讲透数据治理：战略、方法、工具与实践［M］.北京：机械工业出版社，2021：92.

DMM模型由25个过程域组成，其中包括20个数据管理过程域和5个支持流程域。按照不同的数据管控维度，这25个过程域分布在数据战略、数据治理、数据质量、数据运营、平台与架构、支持流程等6个数据管理域中，如图11-3所示。过程域是表达模型主题、目标、实践和工作实例的主要手段。通过完成过程域实践，企业可以构建数据管理能力或提升其数据管理能力的成熟度。

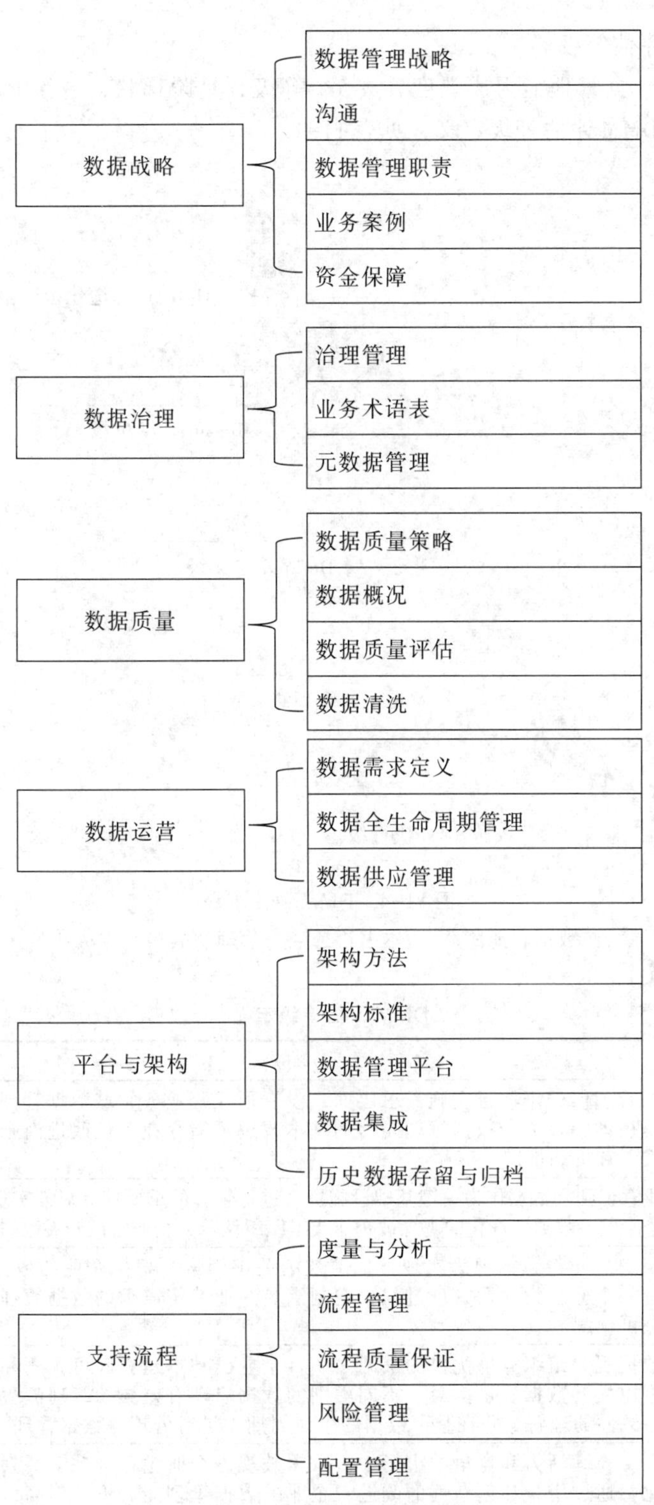

图11-3　DMM模型组成

资料来源：用友平台与数据智能团队.一本书讲透数据治理：战略、方法、工具与实践［M］.北京：机械工业出版社，2021：93.

2.DMM模型评估等级

DMM模型将数据管理能力成熟度分成5个等级，呈阶梯状，越往上成熟度等级越高，如图11-4所示。DMM评估等级定义，见表11-1。

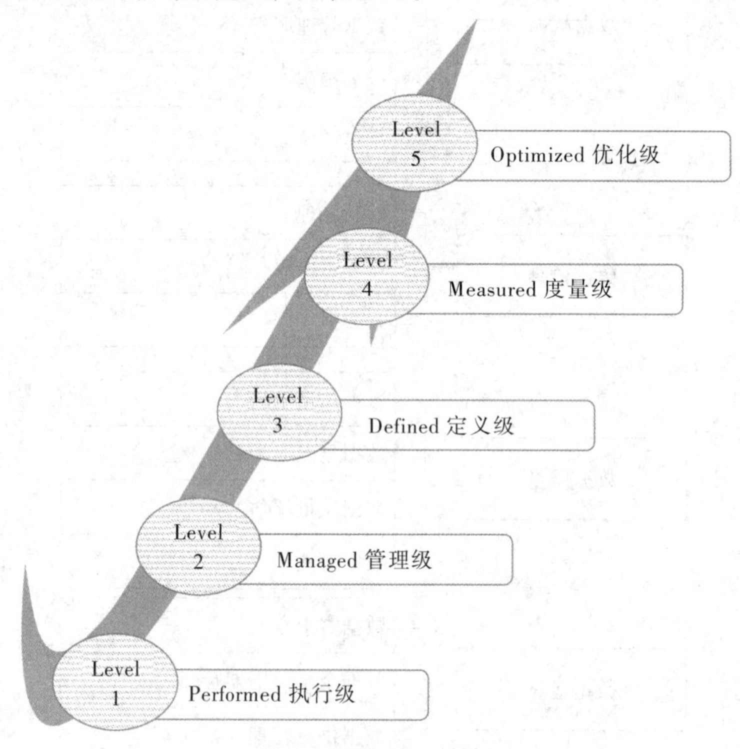

图11-4 DMM评估等级

资料来源：用友平台与数据智能团队.一本书讲透数据治理：战略、方法、工具与实践［M］.北京：机械工业出版社，2021：93.

表11-1 **DMM评估等级定义**

等级	名称	描述
1	执行级	数据管理仅处于项目实施需求层面。没有形成跨业务领域数据管理流程，数据管理过程是被动的。关于数据管理能力的基本改进可能存在，但改进尚未在组织范围内进行明确、宣贯和推广
2	管理级	企业意识到将数据作为关键基础设施资产进行管理的重要性，局部实现了常态化管理。在这个阶段，数据资产化的观念被企业或组织所认可，企业尝试开展数据管理的相关工作
3	定义级	从组织层面将数据视为实现目标绩效的关键因素。根据企业的数据战略和指导方针，通过一个标准的数据管理过程，定制满足企业特定需求的数据管理方法并执行，流程结果可预测
4	度量级	将数据视为组织竞争优势的来源之一。企业已基本建立起可预测和度量数据的指标体系，以提升数据质量。对于不同类别的数据启动有差异的管理流程，在企业范围内形成一致性的理解，并在整个数据的生命周期中进行管理。数据管理工具标准化
5	优化级	在一个充满活力和竞争的市场中，数据被视为企业生存的关键要素，并被持续提升和优化。通过增量和创新性的改进，企业的数据管理能力不断提高，进而推动业务增长和提升决策能力。企业的数据管理能力已经发展成行业标杆，可以在整个行业内进行先进经验分享

资料来源：用友平台与数据智能团队.一本书讲透数据治理：战略、方法、工具与实践［M］.北京：机械工业出版社，2021：94.

3.DMM模型的应用

DMM模型的成熟度等级为其25个过程域提供了一致的数据管理能力成熟度评估标准。评估标准是由一个以上与其能力等级匹配的数据管理实践组成，企业依据评估标准开展评估工作，衡量一段时间内的数据管理能力。

DMM模型评估工具（见表11-2）给出了25个过程域的能力成熟度标准的描述和定义，为企业提供了提升数据管理能力的依据和标准。但并不要求企业将25个过程域的能力都建立起来，在实际使用过程中，企业应根据自身的需求对25个过程域进行选择判断，以构建适合企业自身发展的数据管理能力标准。

表11-2 DMM模型评估工具

核心域	过程域	执行级	管理级	定义级	度量级	优化级	评估结果
数据战略	数据管理战略						
	沟通						
	数据管理职责						
	业务案例						
	资金保障						
数据治理	治理管理						
	业务术语表						
	元数据管理						
数据质量	数据质量策略						
	数据概况						
	数据质量评估						
	数据清洗						
数据运营	数据需求定义						
	数据全生命周期管理						
	数据供应管理						
平台与架构	架构方法						
	架构标准						
	数据管理平台						
	数据集成						
	历史数据存留与归档						
支持流程	度量与分析						
	流程管理						
	流程质量保证						
	风险管理						
	配置管理						

DMM模型是一个强大的工具，可以帮助企业创建一个数据管理远景，明确所有利益相关者的角色，提高业务参与度，提升数据管理能力。但是DMM模型并不是万能的，DMM模型虽然能够给出企业数据管理水平的基本度量，但是并没有给出明确的改进或提升方法，企业在实施DMM评估时应认识到这一点。

11.2.2 DCMM

1.DCMM简介

DCMM是《数据管理能力成熟度评估模型》（GB/T 36073-2018）的英文简称（Data Management Capability Maturity Model）。该标准（模型）于2018年3月15日发布，2018年10月1日开始实施。DCMM旨在帮助企业利用先进的数据管理理念和方法，建立和评价自身数据管理能力，持续完善数据管理的组织、程序和制度，充分发挥数据在促进企业向信息化、数字智能化发展方面的价值。该标准全面明确了数据管理的核心活动，用DCMM引导企业建立与标准相符合的能力和要求，用标准衡量企业的数据管理能力成熟度，有针对性地提升企业数据管理能力。

该标准的评估对象既可以是数据拥有方（如金融与保险机构、互联网企业、电信运营商、工业企业、数据中心所属主体、高校、政务数据中心等），通过一系列的方法、关键指标和问卷来评价某个企事业的数据管理现状，从而帮助其查明问题、找到差距、指出方向，并且提供实施建议，为企业提供与企业发展战略相匹配的数据管理能力体系建设方法；也可以是数据服务商（如数据开发/运营商、信息系统建设和服务提供商、信息技术服务提供商等），通过该标准的落地实施，可以帮助数据解决方案提供方完善自身解决方案的完备度，提升自身咨询、实施的能力。

DCMM评估能够为组织深入了解自身在数据管理能力建设方面的现状以及发现存在的问题，找到自身与所在行业平均水平之间的差距提供支持。针对存在的问题，DCMM评估能够帮助组织总结提炼关键发现，提升组织内部的数据管理意识，为组织未来数据管理能力的建设提供理论依据。

DCMM按照组织、制度、流程、技术对数据管理能力进行了分析和总结，以数据生命周期为基础，以数据战略为指引，以数据治理为支撑，建立了涵盖数据架构、数据标准、数据应用、数据质量、数据安全的全方位数据管理生态体系，形成8个能力域（如图11-5和图11-6所示），并将每个能力域进一步划分形成二级能力项，共计28个能力项。DCMM一级域和二级域的说明见表11-3。

2.DCMM应用

DCMM将组织的数据管理能力成熟度划分为了5个等级（如图11-7所示），每个等级的成熟度定义（特征描述）见表11-4。

以DCMM能力成熟度划分等级为标准，分别从DCMM的8个能力域，28个能力项出发，对每个能力项的过程描述、过程目标、能力等级标准进行评估，并给出每个能力项的成熟度评估结果，最后可汇总形成企业数据管理能力的整体成熟度。DCMM评估工具见表11-5。

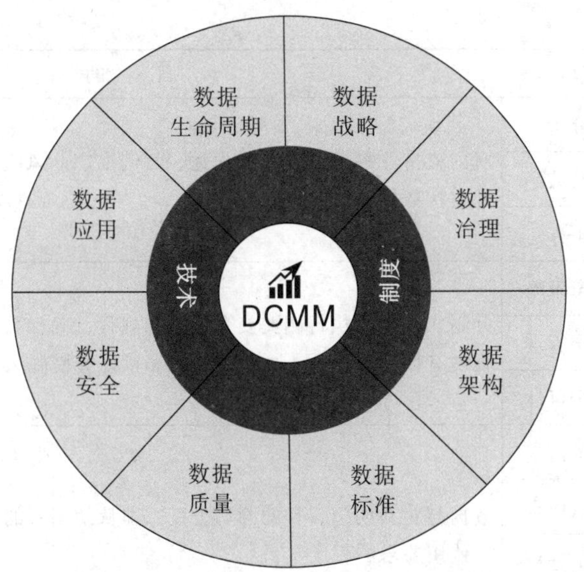

图11-5　数据管理能力成熟度评估模型

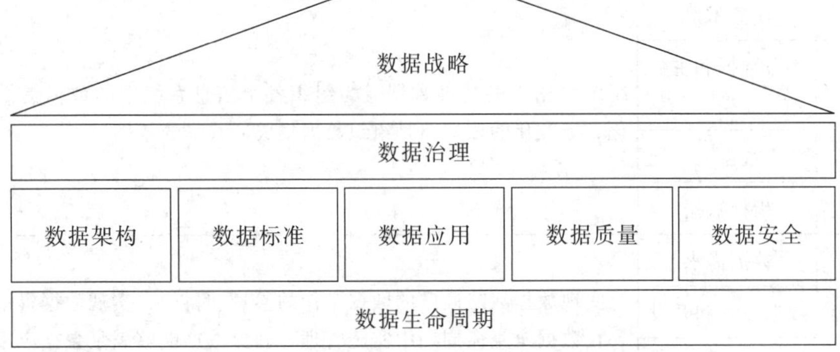

图11-6　DCMM数据管理生态体系

表11-3　DCMM一级域和二级域的说明

一级域	二级域	目　的
数据战略	数据战略规划	组织开展数据管理工作的愿景、目的、目标和原则；目标与过程监控；结果评估与战略优化
	数据战略实施	
	数据战略评估	
数据治理	数据治理组织	用来明确相关角色、工作责任和工作流程，并得到有效沟通，确保数据资产长期可持续管理
	数据制度建设	
	数据治理沟通	
数据架构	数据模型	定义数据需求，指导对数据资产的整合和控制，构建使数据投资与业务战略相匹配的一套整体规范
	数据分布	
	数据集成与共享	
	元数据管理	

续表

一级域	二级域	目　的
数据应用	数据分析	对内支持业务运营、流程优化、营销推广、风险管理、渠道整合等，对外支持数据开放共享、服务等
	数据开放共享	
	数据服务	
数据安全	数据安全策略	计划、制定、执行相关安全策略和规程，确保数据和信息资产在使用过程中有恰当的认证、授权、访问和审计等措施
	数据安全管理	
	数据安全审计	
数据质量	数据质量需求	数据与对其期望、目的的切合度，即从使用者的角度出发，数据满足用户使用要求的程度
	数据质量检查	
	数据质量分析	
	数据质量提升	
数据标准	业务术语	组织数据中的基准数据，为组织各个信息系统中的数据提供数据规范化、标准化的依据，是组织数据集成、共享的基础
	参考数据和主数据	
	数据元	
	指标数据	
数据生命周期	数据需求	为实现数据战略确定的数据工作的愿景和目标，实现数据资产价值，需要在数据全生命周期中实施管理，确保数据能够满足数据应用和数据管理需求
	数据设计和开发	
	数据运维	
	数据退役	

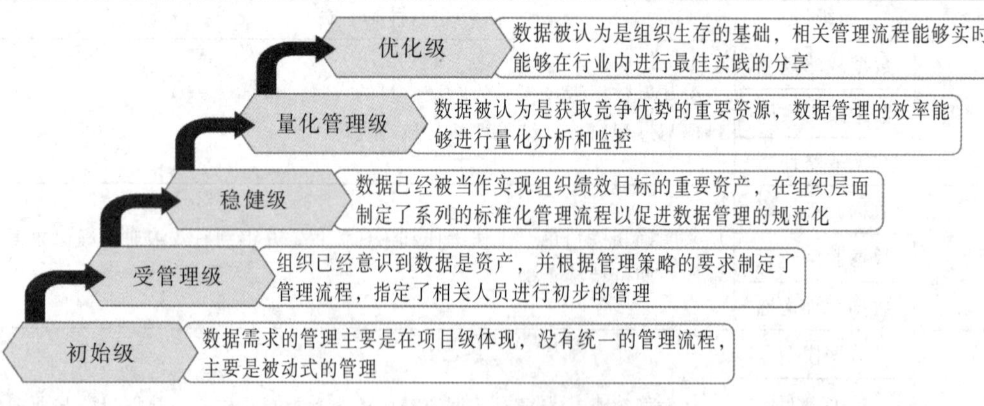

图 11-7　DCMM 评估等级

表11-4 **数据管理能力成熟度等级**

等级	名称	特征描述
1	初始级	● 组织在制定战略决策时，未获得充分的数据支持； ● 没有正式的数据规划、数据架构设计、数据管理组织和流程等； ● 业务系统各自管理自己的数据，各系统之间的数据存在不一致的现象，组织未意识到数据管理或数据质量的重要性； ● 数据管理仅根据项目实施的周期进行，无法核算数据管理、维护的成本
2	受管理级	● 意识到数据的重要性，制定了部分数据管理规范，设置了相关岗位； ● 意识到数据质量和数据孤岛是一个重要的管理问题，但目前没有解决问题的办法； ● 组织进行了初步的数据集成工作，尝试整合各业务系统的数据，设计了相关数据模型和管理岗位； ● 开始进行一些重要数据的文档工作，对重要数据的安全、风险等方面制定了相关管理措施
3	稳健级	● 意识到数据的价值，在组织内部建立起有关数据管理的规章制度； ● 数据的管理和应用能结合组织的业务战略、经营管理需求及外部监管需求； ● 建立了相关数据管理组织、管理流程，能推动组织内各部门按流程开展工作； ● 组织在日常的决策、业务开展过程中能获取数据支持，明显提升工作效率； ● 参与行业数据管理的相关培训，具备数据管理人员
4	量化管理级	● 组织层面认识到数据是组织的战略资产，了解了数据在流程优化、绩效提升等方面的重要作用； ● 在组织层面建立了可量化的评估指标体系，可准确测量数据管理流程的效率并及时优化； ● 参与国家、行业等相关标准的制定工作； ● 组织内部定期开展数据管理、应用相关的培训工作； ● 在数据管理应用的过程中，充分借鉴了行业最佳案例以及国家标准、行业标准等外部资源，促进组织本身的数据管理、应用的提升
5	优化级	● 组织将数据作为核心竞争力，利用数据创造更多的价值和提升组织效率； ● 能主导国家、行业等相关标准的制定工作； ● 能将组织自身的数据管理能力建设经验作为行业最佳案例进行推广

资料来源：用友平台与数据智能团队.一本书讲透数据治理：战略、方法、工具与实践［M］.北京：机械工业出版社，2021：95-96.

表11-5 **DCMM评估工具**

能力域	能力项	过程描述	过程目标	能力等级标准	评估结果
数据战略	数据战略规划				
	数据战略实施				
	数据战略评估				

续表

能力域	能力项	过程描述	过程目标	能力等级标准	评估结果
数据治理	数据治理组织				
	数据制度建设				
	数据治理沟通				
数据架构	数据模型				
	数据分布				
	数据集成与共享				
	元数据管理				
数据应用	数据分析				
	数据开放共享				
	数据服务				
数据安全	数据安全策略				
	数据安全管理				
	数据安全审计				
数据质量	数据质量需求				
	数据质量检查				
	数据质量分析				
	数据质量提升				
数据标准	业务术语				
	参考数据和主数据				
	数据元				
	指标数据				
数据生命周期	数据需求				
	数据设计和开放				
	数据运维				
	数据退役				

资料来源：用友平台与数据智能团队.一本书讲透数据治理：战略、方法、工具与实践［M］.北京：机械工业出版社，2021：96-97.

3.DCMM的作用

DCMM是我国首个数据管理能力评估标准，它的发布对于规范企业数据管理、促进数据产业的发展有着重要意义。

（1）为企业的数据管理指明了方向

企业可以根据DCMM进行数据管理能力成熟度的自我评估，找到改进方向，并制定改进措施，实施改进方案，提升组织的数据管理水平。

（2）培养专业人才，提升组织绩效

DCMM评估有助于企业建立起数据管理的专业团队，培养数字化人才，提升企业数据管理和应用的能力。

（3）规范行业发展，促进产业发展

DCMM评估有助于规范和指导数据行业的发展，提升从业人员的数据资产意识，赋能数据应用探索和实践，促进数据产业的发展。大数据技术标准推进委员会于2023年1月发布的《数据资产管理实践白皮书》（6.0版）表明，我国数据资产管理能力整体处于发展初期，发展态势稳中有进。中国电子信息行业联合会通过计算历年来DCMM评估企业的能力等级分布，大部分贯标企业的数据管理能力均在二级（受管理级）及以下水平，占全部贯标企业的80.1%；三级（稳健级）占总量的15.6%，四级及以上（量化级和优化级）不足5%。随着企业数字化转型相关政策不断出台，企业自身数据意识持续提升，越来越多的企业参与到DCMM贯标评估工作中，通过“以评促建”的方式加快数据资产管理能力建设。

国内首个获得DCMM优化级单位的是国家电网有限公司，中国工商银行股份有限公司、中国南方电网有限责任公司等也陆续获得。随着企业数据管理能力的增强，获得DCMM量化管理级的公司也在不断增加，截至2022年6月，已有包括国网江苏省电力有限公司等28家企业获得DCMM4级证书（证书样例如图11-8所示）。另外，值得关注的是，2022年重庆市已获得工信部授予的“数据管理能力成熟度评估模型”示范城市称号，该市计划培育100家贯标企业，并成立了重庆市云计算和大数据产业协会DCMM专委会，以进一步推动企业数据管理能力的提升。

DCMM

数据管理能力成熟度

等级证书

依据《数据管理能力成熟度评估模型》，经评估，中国移动通信集团浙江有限公司数据管理能力成熟度达到量化管理级（4级），特发此证书。

评估依据：《数据管理能力成熟度评估模型》（GB/T 36073-2018）
证书编号：DCMM4-3300-000006
查询平台：http://www.dcmm-cas.cn/

发证日期：2020-11-12
有效日期：2023-11-11止

评估机构：中国信息通信研究院

中国电子信息行业联合会

图11-8　DCMM等级证书样例

目前我国行业间数据资产管理能力差异分布显著。工业和制造业、医疗行业、教育行业等传统行业仍处于初级阶段，数据资产管理的意识和动力不足，数据资产管理处于大数据平台建设阶段，尚未组建相对专业化的数据资产管理团队，主要针对核心业务开展数据标准化、数据质量管控等工作。金融行业、互联网行业、通信行业、电力、零售行业等较早享受到了“数据红利”，持续推进业务线上化，数据资产管理重要性随之提升，逐步发展数据资产管理部门，加大技术创新与应用，开展数据分析和数据服务。中国电子信息行业联合会将DCMM评估的统计数据按照行业进行对比分析，发现通信、电力、银行三个行业处于相对领先水平，软件和信息技术业、制造业有较大提升空间。

DCMM为我国数据管理体系建设、企业数据管理能力提升提供了标准化支撑。通过DCMM评估和应用，可全面提升企业的数据管理能力，使之达到数据可视化，给企业管理提供更精准、高效的决策分析能力，推动企业数字化和高质量发展。

11.3 数据管理能力成熟度评估实施

数据管理能力成熟度评估本质上是一项数据管理咨询工作，根据中国电子技术标准化研究院对数据管理能力成熟度评估的实施建议，数据管理能力成熟度评估工作分为项目启动、培训宣贯、评估执行、总结分析、制订改进计划和重新评估6个阶段，如图11-9所示。

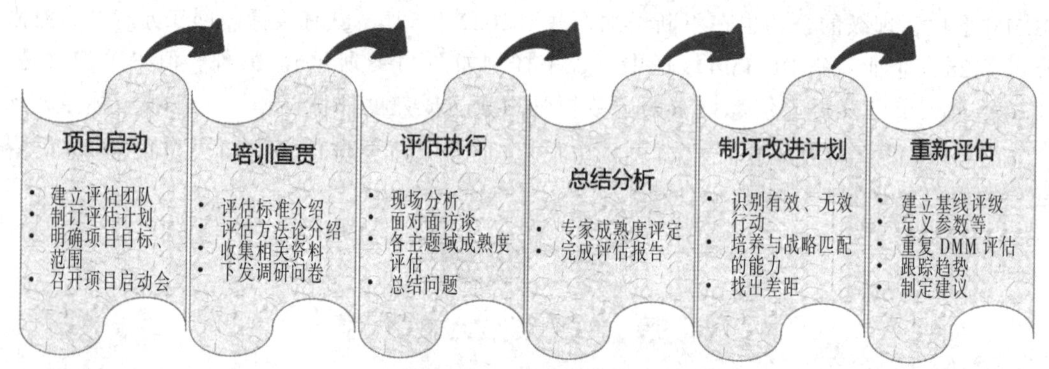

图11-9 数据管理能力成熟度评估步骤

国家市场监督管理总局和国家标准化管理委员于2022年12月30日发布了《数据管理能力成熟度评估方法》（GB/T 42129—2022），2023年7月1日起开始实施。该标准将数据管理能力成熟度评估流程分为评估准备、正式评估和结果确认三个阶段，如图11-10所示。

本书将综合中国电子技术标准化研究院对数据管理能力成熟度评估的实施建议以及该标准，对数据管理能力成熟度评估实施流程进行阐述。

11.3.1 项目启动

项目启动阶段的主要工作是了解企业自身的发展情况，建立评估团队，制订评估计划，并召开项目启动会。项目启动阶段是明确项目目标、范围的阶段，对推动整体评估工作的顺利开展具有重要意义。

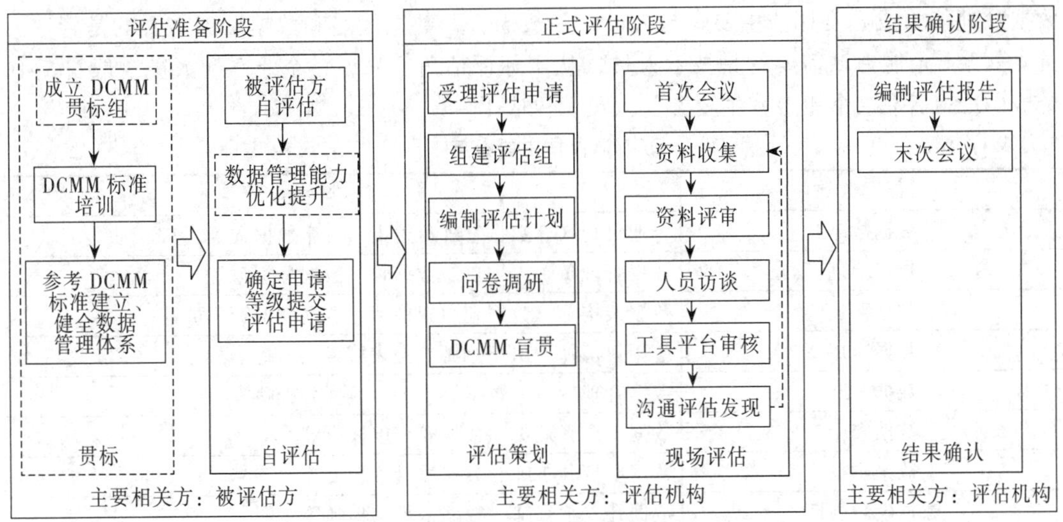

图 11-10 数据管理能力成熟度评估流程

1.建立评估工作小组

公司CEO、CIO等数字化转型小组的高层领导主导实施，抽调公司内部IT域、各业务域若干骨干，并聘请外部评估专家，组成评估工作小组，开展数据管理能力成熟度评估工作，如图11-11所示。

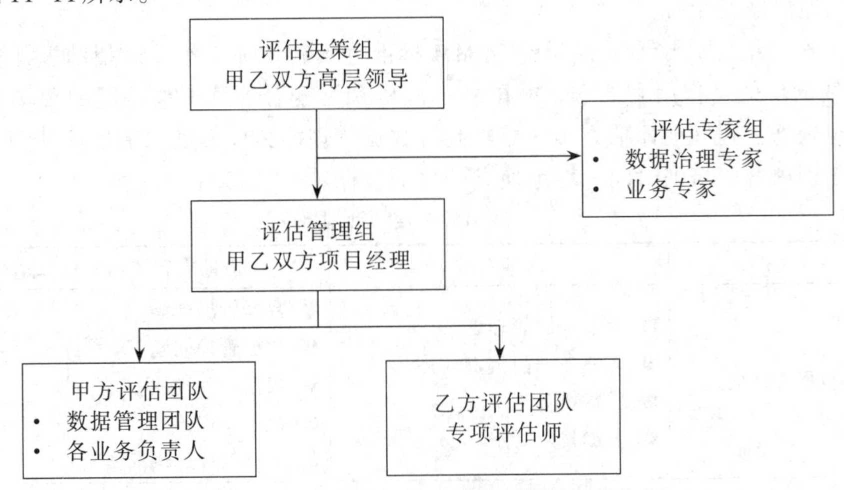

图 11-11 数据管理能力成熟度评估工作小组

资料来源：用友平台与数据智能团队.一本书讲透数据治理：战略、方法、工具与实践［M］.北京：机械工业出版社，2021：98.

2.制订评估计划

结合公司的评估范围，制订评估工作时间计划，明确各项工作的评估时间、负责人等。该计划经过评估工作小组的审核后正式执行。

3.召开项目启动会

项目启动会是数据管理能力成熟度评估的重要活动，帮助企业员工认识数据管理能力成熟度评估工作的重要性。通过启动会的召开，与会人员对数据管理能力成熟度评估的目的、意义、主要工作范围和时间计划均有清晰的认知，为评估工作的顺利开展奠定基础。

数据管理能力成熟度评估主要参与人员，一般而言，数据战略和数据治理需要的是管理人员，其余6个能力域需要的是技术人员，从实际评估角度来说，企业匹配人员一般在5~10个。DCMM评估8个能力域主要参与人员，见表11-6。

表11-6 DCMM评估主要参与人员

能力域	主要参与人员
数据战略	企业负责人、数据管理负责人、首席数据官等
数据治理	数据管理负责人、首席数据官、数据分析师等
数据架构	数据架构师、数据仓库架构师、数据模型管理员等
数据应用	应用架构师、BI架构师、报表开发人员等
数据标准	数据管理专员、数据提供者、数据分析师等
数据安全	数据安全管理员、数据安全审计员等
数据质量	数据质量分析师、数据质量管理员等
数据生命周期	数据开发工程师、数据运维工程师等

11.3.2 培训宣贯

培训宣贯阶段主要工作是进行标准介绍，帮助评估人员了解标准组成、评估方法和过程、评估重点等，并且指导相关人员开展自评估。

1.制订评估培训计划

评估工作小组应对被评估方开展DCMM标准宣贯和培训工作，以帮助被评估方理解DCMM评估的价值、作用和要求，并配备相应资源，配合评估工作小组的现场工作。评估工作小组根据公司（被评估方）的需求制订数据管理能力成熟度评估培训计划，明确培训对象、培训内容、培训时间、培训地点、培训目标等（见表11-7）。

表11-7 DCMM评估培训计划

编号	主题	培训对象	培训内容	课时	备注
1	数据管理概述	● 企业高层管理者 ● 各业务部门负责人 ● 关键业务骨干 ● 关键技术骨干	● 数据管理内涵 ● 数据管理问题 ● 数据管理挑战 ● 数据管理价值 ● 数据管理理论框架	2	
2	DCMM标准宣贯	● 企业高层管理者 ● 各业务部门和数据部门负责人 ● 关键业务骨干 ● 关键技术骨干	● DCMM标准解读 ● DCMM评估流程 ● DCMM评估方法 ● DCMM评估工具 ● 关于DCMM自评估	2	
3	DCMM评估案例	● 企业高层管理者 ● 各业务部门负责人 ● 关键业务骨干 ● 关键技术骨干	● DCMM评估案例 ● DCMM评估实战演练	2	

资料来源：用友平台与数据智能团队.一本书讲透数据治理：战略、方法、工具与实践［M］.北京：机械工业出版社，2021：99.

2.资料收集与分析

收集和分析资料是开展自评估的前提条件，特别是业务过程中的记录文件，这些文件能够表明与数据管理相关的制度、规范是否得到有效执行。由公司评估工作小组牵头，各业务部门配合，公司主要收集各业务部门与数据管理活动相关的过程记录、统计报表、规章制度、管理流程等资料。

3.企业自评估

自评估阶段是公司按照DCMM标准 开展自查、自证的工作过程。公司应在申请开展DCMM符合性评估前，组织内外部资源，按照DCMM的标准和等级要求，完成证据资料收集、自评估评分、发现数据管理工作的不足和改进方法，并确定申请DCMM成熟度等级等工作。通常在公司全面开展DCMM贯标工作并取得相应数据管理工作成果后，启动自评估工作。

基于设计好的工具和问卷，由公司评估人员根据自己的理解进行评估，评估过程中专家团队提供远程指导和服务：（1）根据自评表格了解自身情况；（2）收集、整理数据能力成熟度评估资料；（3）对成熟度评估的各项指标打分。

企业自评估不仅能够帮助企业了解自身的数据管理现状，还有利于提升公司对数据管理的整体认知和培养各级员工的数据思维能力。需要强调的是，自评估一定要客观、真实，要明白数据管理能力成熟度评估是为了发现问题，找出差距，而不是为了获得很高的评估分数。

11.3.3　评估执行

评估执行阶段的主要工作是根据自评的情况，在了解相关资料之后，评估人员在现场依据DCMM对各方面进行评分，主要方式包括现场分析、面对面访谈等。评估组应基于DCMM的要求，以及被评估方提供的自评估材料，制定数据管理能力成熟度评估的调研问卷，明确填写问卷及访谈的责任部门、责任人，初步了解被评估方的数据管理现状。

需要说明的是，参与评估者可能会对同一个评估主体产生不同的评级意见，这样就需要经过讨论而达成一致意见。

1.资料收集与现场分析

评估实施过程中，应通过适当的方法收集并验证与评估目标、评估范围、评估准则有关的证明资料，包括与数据管理相关的职能、活动和过程有关的信息。采集的证明资料应予以记录，采集方式可包括访谈、观察、现场巡视、文件与记录评审、信息系统演示等，并形成证明资料清单。资料收集应依据被评估方提交的自评估资料清单，并结合DCMM的要求，对相关证据进行现场检查和查看，以确保证据的真实性、合规性和完备性。

乙方评估人员结合前期对企业资料的解读、自评情况的分析，在公司评估人员的配合下，对DCMM涉及的各个方面进行现场分析，在此过程中需要公司团队对关键工作过程进行展示，并调取相关资料进行佐证。

2.面对面访谈

通过前期的沟通和了解，基本掌握了企业数据管理的状况后，根据企业数据管理的重点进行有针对性的面对面访谈，了解企业数据管理的关键问题及关键诉求。

3. 各能力域成熟度评估

根据DCMM的指标体系，对各能力域的成熟度进行评分，并根据评分结果确定企业在该能力域的成熟度等级（见表11-8）。其中，评分D≤1分为初始级（一级），1＜D≤2分为受管理级（二级），2＜x≤3分为稳健级（三级），3＜D≤4分为量化管理级（四级），D＞4为优化级（五级）。数据管理能力成熟度评估模型中的8个能力域等级判定以其中能力项的平均等级来定，而综合能力等级的判定以其8个能力域等级的平均等级来定。

表11-8 **某公司各能力域评估结果（节选）**

一级域	二级域	评分	等级	
数据战略	数据战略规划	1.2	二级	二级（1.77）
	数据战略实施	2.3	三级	
	数据战略评估	1.8	二级	
数据治理	数据治理组织	2.3	三级	三级（2.33）
	数据治理制度	2.6	三级	
	数据治理沟通	2.1	三级	
数据架构	数据模型	2.3	三级	三级（2.58）
	数据分布	1.2	二级	
	数据集成与共享	6.0	五级	
	元数据	0.8	一级	
数据应用	数据分析	5.0	五级	三级（2.7）
	数据开放共享	1.0	一级	
	数据服务	2.1	三级	

最后根据对企业现状及行业平均发展水平的了解，提出针对企业在各能力域的关键发现和建议。

11.3.4 总结分析报告

总结分析报告阶段的主要工作是根据对企业数据管理现状的了解，制定整体的数据管理能力成熟度等级分析及评估报告。

1. 专家成熟度评定

由数据管理相关专家对评估团队的评估过程、评估结果、分析报告等进行评审，验证过程的合规性、结果的合理性。

2. 完成评估报告

根据企业各能力域及整体的数据管理能力成熟度评估报告，提出整体的数据管理能力成熟度方面的关键发现及改进建议，并结合企业数据管理发展的需求和业界数据管理的最佳实践，提出有针对性的数据管理改进路线图，如图11-12所示。

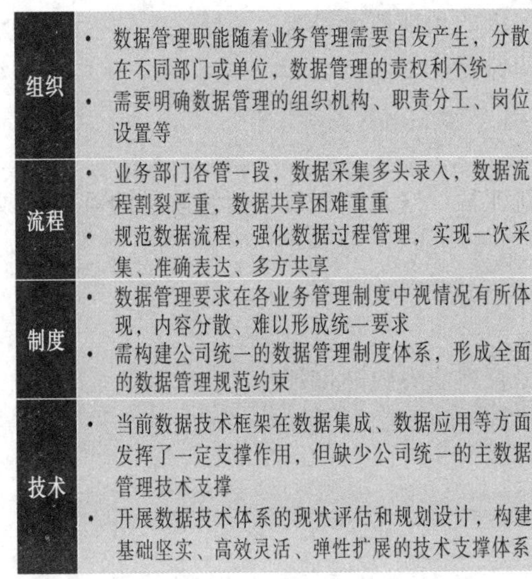

组织
• 数据管理职能随着业务管理需要自发产生，分散在不同部门或单位，数据管理的责权利不统一
• 需要明确数据管理的组织机构、职责分工、岗位设置等
流程
• 业务部门各管一段，数据采集多头录入，数据流程割裂严重，数据共享困难重重
• 规范数据流程，强化数据过程管理，实现一次采集、准确表达、多方共享
制度
• 数据管理要求在各业务管理制度中视情况有所体现，内容分散、难以形成统一要求
• 需构建公司统一的数据管理制度体系，形成全面的数据管理规范约束
技术
• 当前数据技术框架在数据集成、数据应用等方面发挥了一定支撑作用，但缺少公司统一的主数据管理技术支撑
• 开展数据技术体系的现状评估和规划设计，构建基础坚实、高效灵活、弹性扩展的技术支撑体系

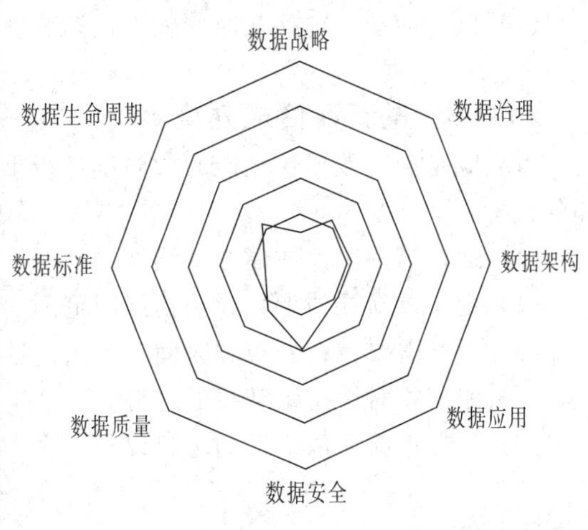

图11-12　数据管理改进路线图（节选）

资料来源：用友平台与数据智能团队.一本书讲透数据治理：战略、方法、工具与实践［M］.北京：机械工业出版社，2021：101.

11.3.5　基于结果制订有针对性的改进计划

现状评估将有助于组织识别哪些行动是有用的，哪些行动是无效的，以及在哪些方面还存在差距。评估结果为制定实施路线图提供了依据，有助于组织确定从哪里开始，以及如何快速地向前推进。

目标应该集中在下列方面：

（1）与流程、方法、资源和自动化相关的那些通过改进有高价值回报的机会。

（2）与业务战略一致的能力。

（3）定期评价组织数据管理的进展。

数据管理能力成熟度评估应该直接影响数据策略、IT治理及数据管理程序和策略。DCMM评估的建议应该是可行的，且应该描述组织所需要的能力。通过这一做法，评估可以成为IT和业务领导者的有力工具，帮助组织设定优先级和分配资源。

DCMM评级突出了管理层关注的项目。最初，评级可能被用作一个独立的度量标准，以确定一个组织从事某项特定活动的程度。但是，评级也可以快速地作用于正在进行的一些度量中，特别是对于需要改进的活动。如果评估模型用于持续的度量，那么它的标准不仅能够引导组织达到更高的成熟度级别，还能够保持评估模型对组织改进工作的关注。

DCMM评估结果应足够详细和全面，能支撑多年的数据管理改进计划，还应包括该组织为建立数据管理能力所做的最佳实践举措。由于变革主要通过项目在组织中发生，所以新项目必须采取更好的实践措施。

路线图将为优化工作流程提供目标和节奏，并辅之以衡量进展的方法。路线图或参考计划应包括：

（1）对特定数据管理功能进行改进的系列活动。

（2）实施改进活动的时间表。

（3）一旦活动实施，数据管理能力成熟度评级的预期改善情况。

（4）监督活动，包括在时间线上逐渐成熟的监督。

11.3.6 重新评估成熟度

组织应定期对数据管理能力成熟度进行重新评估，这是数据管理持续改进的重要组成部分：

（1）通过第一次评估建立基线评级。

（2）定义重新评估参数，包括组织范围。

（3）根据需要，在公布的时间表上重复数据管理能力成熟度评估。

（4）跟踪相对于初始基线的趋势。

（5）根据重新评估结果制定建议。

【本章小结】

思维导图

本章在介绍数据管理能力成熟度评估动因和目标的基础上，重点介绍了数据管理能力成熟度评估的两种代表性模型——DMM模型和DCMM，并阐述和分析了数据管理能力成熟度评估实施流程。对组织数据管理现状的了解是前进的第一步：先进行评估，确定组织数据管理处于数据管理能力成熟度的哪个级别，然后据此制订和实施改进计划。

【课后思考】

1. DCMM包括哪些能力域？
2. DCMM数据管理生态体系是什么？
3. 数据管理能力成熟度评估流程是怎样的？

【案例分析】

Y电力企业数据管理能力成熟度评估实践

案例分析

请扫码研读本案例，进行如下思考与分析：

1. DCMM评估流程有哪些？
2. 根据评估结果，Y电力企业数据管理能力成熟度总体如何？主要存在的问题有哪些？
3. 针对DCMM评估结果，Y电力企业数据管理能力还需要在哪些方面改进和提升？

第12章　数据伦理

【学习目标】

通过本章的学习，了解和理解数据伦理核心概念；了解数据伦理失范的主要表现，掌握数据伦理准则；理解并应用欧盟GDPR准则以及我国个人信息处理原则等相关内容；了解违背数据伦理风险，掌握数据伦理文化。

【素养目标】

企业等各种社会组织应以符合伦理道德准则及社会责任的方式去获取、存储、管理、解释、分析、应用和销毁数据。关注数据的公正性和公平性，了解数据的采集和分析过程中可能存在的偏见和歧视，并学会运用数据科学的方法和技术来减少或消除这些偏见，促进数据处理和应用的公正和公平。在数据全生命周期执行商务智能、分析和使用数据等相关活动时，应遵循数据伦理准则，注意隐私保护、数据安全、数据使用的合法性和职业道德等，以一种超越当前所在组织界限的伦理观念履行社会责任，形成良好的职业素养。

【引导案例】

滴滴商业模式内隐的潜在数据伦理问题

在滴滴基于数据智能驱动的商业模式中，融合算法、规则、数据的智能化系统引发了滴滴平台在价格歧视、滥用市场地位、数据的非法收集和滥用、数据安全等数据伦理问题。在滴滴的商业模式中，内隐的潜在数据伦理问题包括以下几个方面：

1.数据过度采集和违规使用

当数据在价值链中处于核心地位时，数据智能驱动的公司很可能会在没有征得用户、消费者或其他利益相关者同意的情况下过度采集和滥用其信息，从而侵犯用户、消费者和社会公众等利益相关者的数据权利。在滴滴数据的采集环节，滴滴在其《个人信息保护及隐私政策》中强调了对个人信息的收集、保存、使用、共享的权利。根据滴滴早期的《个人信息保护及隐私政策》，其中定义的个人信息范围包括身份证号码、面目识别特征、录音录像、银行卡号、IP地址，这些信息的收集已远远超出正常使用滴滴平台核心功能所需。2021年7月6日，深圳公布了《深圳经济特区数据条例》（以下简称《数据条例》），内容涵盖了个人数据、公共数据、数据要素市场、数据安全等方面，是国内数据领域首部基础性、综合性立法，提出打击过度采集个人信息以及App“不全面授权就不让用”。在滴滴数据的运用环节，滴滴《个人信息保护及隐私政策》在“个人信息的共享、转让、公开披露”中明确表示滴滴在部分情况下，会对外共享个人信息，其中包括共享给滴滴的关联公司以及共享给业务合作伙伴，而滴滴的合作伙伴包括广告、分析服务商、供应商、服务商和其他合作方。《个人信息保护法》规定："个人信息处理者向其他个人信息处理者提供其处理的个人信息的，应当向个人告知接收方的名称或者姓名、联系方式、处理目的、处理方式和个人信息的种类，并取得个人的单独同意。接收方应当在上述处理目的、处理方式和个人信息的种类等范围内处理个人信息。接收方变更原先的处理目的、处理方式的，应当依照本法规定重新取得个人同意。"显然，滴滴对个人信息的数据共享是不符合法律规定的。2021年7月4日，网信办发布消息证实"滴滴出行"App涉嫌严重违法违规收集使用个人信息。

2.数据算法带来价格歧视

价格歧视（Price Discrimination）实质上是一种价格差异，通常是指商品或服务的提供者在向不同的接受者提供相同等级、相同质量的商品或服务时，在接受者之间实行不同的销售价格或收费标准。滴滴的价格歧视分为以大数据杀熟为代表的一级价格歧视和分类定价的二级价格歧视。滴滴的大数据杀熟是基于数据算法优势而形成的用户画像（包括性别、年龄、地点、搜索词、生活方式、收入等），精准把握消费者支付意愿，估计消费者个人愿意为平均出行支付的最高价格，从而逐渐从统一的定价标准演变成个性化的定价。在个性化定价中，每个消费者都被剥夺了他们的消费者剩余，这是对消费者剩余财富的攫取。大数据杀熟的本质是利用信息不对称，通过收集的数据扭曲价格形成机制。滴滴的多层收费是基于不同偏好的消费者，由他们选择消费定价，对于认为滴滴定价过高的消费者，滴滴推出"花小猪"，采用"一口价模式""百元现金天天领""分享好友得津贴"等低价方式来提供另一个出行选择，即同一位乘客，同样的终点起点，两个不同的平台下单订单金额可能相差巨大，这使得即使在"花小猪"合规率极低的背景下，花小猪的业务依旧能实现快速成长。而随着价格歧视的进一步演变还会影响收入分配，从而加剧社会分化。《数据条例》也首次确立了数据公平竞争有关制度，如针对数据要素市场"大数据杀熟"等竞争乱象，明确将处罚上限设为5 000万元。

3.数据霸权催生垄断主义

数字时代的数据霸权正在挑战社会正义与社会公平，成为影响社会发展的一道隐形障碍，可能造成数字时代"强者越强，弱者越弱"的"马太效应"。数据霸权对社会公平的危害，一方面表现为少数企业凭借数据垄断优势，可以轻松地获取高额利润，如互联网公司不断通过并购实现"数据孤岛"的互联，垄断大量数据资源；另一方面，中小企业和普通创业人员因没有掌握数据资源而面临经营发展的困境。滴滴作为网约车业务的"数据大亨"，2015年2月，滴滴与快的合并后的市场份额曾一度超过90%，引发市场对滴滴的垄断质疑。2016年8月，滴滴与优步中国区合并，再一次巩固了滴滴在中国网约车市场的龙头地位。滥用市场地位是具有领先优势的平台常见的竞争手段，如果滴滴的垄断地位得到了巩固和确定，滴滴会通过恶意排他，限制其他中小网约车企业竞争，进而极大地削弱行业的持续创新动力。

资料来源：韩洪灵，陈帅弟，刘杰，等.数据伦理、国家安全与海外上市：基于滴滴的案例研究[J].财会月刊，2021（15）：13-23.

一般而言，数据伦理至少需要包括以下四方面的考虑：①数据权力的约束：对数据采集与使用的边界、公共数据的开放性等进行规定与约束。②数据质量的评估：对数据投入、数据处理、数据产出等各环节的数据质量进行系统评估。③数据伦理的审计：从结果和影响入手，反向核查数据应用的准确性、公正性、合理性等。④数据采集中的个人权利保护：在数据采集中保证个人的隐私权、被遗忘权等基本权利。

人工智能时代，数据泄露、数据滥用、数据主体的隐私泄露、算法技术的不透明性等问题已经成为突出的伦理问题。数据伦理失范主要表现在数据采集、分析与应用三个方面，这会对用户生活方式、企业可持续发展与国家安全造成负面影响。应构建数据伦理准则，如保障用户数据权利原则，保障用户知情同意与隐私权利原则，算法技术透明性原则，有规范的数据共享原则，数据应用的行善、公正原则等，并建立相应的数据伦理文化。

12.1 数据处理伦理与数据伦理准则

12.1.1 伦理与数据处理伦理

1.伦理

伦理即人伦道德之理，是人与人的关系和处理这些关系的规则。人们往往把伦理看作对道德标准的寻求。伦理意味着在没有人注意的情况下也应做正确的事，按照符合伦理准则的方式使用数据越来越认为是一种商业竞争优势。伦理是建立在是非观念上的行为准则。伦理准则通常侧重于公平、尊重、责任、诚信、质量、可靠性、透明度和信任等理念。组织保护数据的动机很大程度上来自法律的要求，保护数据并且确保其不被滥用，除了法律的约束以外，还有伦理的要求。伦理有着广泛的社会意义，在社会生活的各个领域，除了遵守法律的要求外，数据处理伦理的要求也是数据管理的基本要求。当然，伦理不仅仅是数据处理伦理，还涉及医学伦理、社会伦理、法官职业伦理、经济学伦理、工程伦理等范围。

2.数据处理伦理

数据伦理是指在收集、管理或使用数据时的伦理判断依据，是包括法律、监管条例等有形制度以及道德、观念等无形准则的整体秩序框架。数据处理伦理是指如何以符合伦理准则与社会责任的方式去获取、存储、管理、分析、解释、应用和销毁数据。基于伦理准则去处理数据对于任何希望从数据中持续获得价值的组织都是必要的。违反数据处理伦理准则会导致组织声誉的损失及失去客户，因为它会使那些数据被泄露的人面临风险。在某些情况下，那些违反伦理的行为甚至会触犯法律。因此，对于数据管理专业人员及其所在的组织来说，数据伦理也是一项社会责任问题。

数据处理伦理问题较为复杂，主要集中在三个核心概念上：

（1）对人的影响

数据通常代表个人（客户、员工、患者、供应商等）的特征，并可用于作出影响人们生活的决策，因此必须保证其质量和可靠性。伦理道德规范要求数据只能以维护人类尊严的方式被使用。

（2）滥用的可能

滥用数据可能会对个人和组织产生负面影响，这就带来了防止滥用数据的伦理准则要求，特别是针对那些会损害更大利益的滥用行为。

（3）数据的经济价值

数据具有经济价值，数据所有权的伦理道德规范应明确如何获取及由谁获取相关价值。

数据伦理涉及数据隐私、数字鸿沟、数据安全、数据所有权、数字身份、数据质量、数据可及等维度内容。伦理道德要求不仅要保护数据，而且要管理数据的质量。决策者及受决策影响者都希望数据完整、准确，这样才会有可靠的决策依据。从业务和技术角度来看，数据管理专业人员都有责任从伦理道德的角度来管理数据，以降低其可能被曲解、滥用或误解的风险。这种责任贯穿于数据从创建到消亡的整个生命周期。

遗憾的是，许多组织未能认识到并响应数据管理中固有的伦理道德义务。他们可能采用传统的技术观点，也无意去真正了解数据。或者认为，只要遵守了相关的法律条款，也就没有与数据处理相关的风险了。这是一个危险的假设。

数据生态正在迅速发展，组织正在以几年前其想象不到的方式使用数据。虽然法律规范了一些伦理道德原则，但立法还未能跟上因数据生态的演变而产生的风险。组织必须认识并回应其道德义务，通过培养和维持一种重视信息伦理道德的文化，来保护托付给他们管理的数据（DAMA国际，2020）。

12.1.2 数据伦理失范的表现

张博（2021）提出，人工智能时代数据伦理失范问题主要表现在数据采集、数据分析与数据应用三个层面。数据的收集处理、数据保存、数据的获取以及数据的使用都可能发生伦理问题。

1.数据采集：数据权利被迫让渡与知情同意权利侵犯

作为数据的主体，享有数据收集、加工与使用的所有知情权与选择权，企业应该自觉履行明示同意与告知的义务，保障用户在数据生态产业链中的知情权与选择权，让公众自主决定是否以及如何使用数据。但现实中情况却恰恰相反。互联网企业为了收集公众数据，常常以提供服务的权限为条件迫使公众让渡数据权利，数据的加工方式与使用目的一直以公众不可见的方式进行，公众没有选择的余地，更无法知晓自己的数据被以何种算法加工、被用于何种用途，公众完全成为结果的被动接受者。

2.数据分析：算法“暗箱”、数据与隐私泄露

人工智能时代，算法推荐与用户画像已经成为重要的信息传播方式，也成为重要的数据经济实践方式。以数据为基础、算法技术为工具的推荐式信息传播方式与网络交易模式，依赖于公众不可见的算法“暗箱”进行操作，可能发生数据保存不当导致的数据与公众隐私泄露问题。人工智能时代，数据与隐私泄露问题不断出现。例如，曾在短时间内连续发生Uber隐瞒大规模数据泄露事件、美国五角大楼AWS问题泄露18亿公民信息、趣店数百万用户数据泄露等。频频发生的数据泄露事件已经成为大数据时代数据伦理失范的突出表现。由于数据巨大的商业价值日渐凸显，资本与利益集团开始把目光转向数据拥有者，公众的数据可以被用来交易、共享或者以非法手段获取等现象屡禁不止。

3.数据应用：数据不当使用

数据是否被正当使用，关键在于确定公众数据的使用边界。人工智能时代，数据的收

集使用是为了数据经济的繁荣发展，从根本上说是商业模式催生的数据生态产业链，所以数据的使用边界也应该局限于商业场景之中。以用户不可见的方式收集数据，并在用户不知情的情况下处理加工以获取经济利益已经成为数据经济发展的既成事实。商业场景的大数据使用行为并没有引起社会的广泛关注，从某种意义上说，当数据被用于商业广告的定向投放与精准营销时，可以被牵强认为是出于为用户个性化服务的目的，但使用过程中应始终遵循数据伦理准则的要求。

12.1.3 数据伦理准则

生物伦理学以维护人类尊严为中心的公认原则为数据伦理准则提供了一个良好的起点。如贝尔蒙特医学研究原则也适用于信息管理学科。

1.尊重他人

这个准则反映了对待人类最基本的伦理要求，即尊重个人尊严和自主权。准则还要求，人们在处于“弱势群体”的情况下，应格外注意保护他们的尊严和权利。

当把数据作为资产时，内心一定要记住数据也会影响、代表或触动人。个人数据不同于其他原始“资产”，如石油或煤。非伦理地使用个人数据会直接影响人们之间的相互交往、就业机会和社会地位。例如，是否考虑过设计信息系统时是采用强制模式还是用户自由选择的模式？是否考虑过处理数据对精神患者或残疾人有何影响？是否考虑过应对访问和利用数据负责？是否考虑过应基于用户知情及授权情况下处理数据？

2.行善原则

这条准则有两个要素：不伤害；将利益最大化、伤害最小化。

“不伤害”伦理准则在医学伦理学中有着悠久的历史，在数据和信息管理的背景下也有明确的应用。数据和信息从业者应识别利益相关方，并考虑数据处理和工作的结果，以最大限度地提高效益并最大限度地降低设计过程造成的伤害风险。处理过程的设计方式是基于零和博弈，还是双赢的理念？数据处理是否具有不必要的侵入性，是否存在风险较低的方式来满足业务需求？有问题的数据处理是否缺乏透明度，可能会隐藏对人们造成的伤害？

3.公正

这一准则要求待人公平和公正。关于这一准则可能会被提到几个问题：在相似情形下，人们或某一群体是否受到不平等对待？流程或算法结果是否给部分人带来了利益或分配不均的情况？机器学习训练所用的数据集是否使用了无意中加强文化偏见的数据？

2015年，欧盟数据保护主管发表了一篇关于数字伦理方面的文章，强调了关于数据处理和大数据发展的“工程、哲学、法律和伦理含义”，呼吁关注维护人类尊严的数据处理，并明确提出了信息生态系统中数据处理伦理所必须遵循的四大支柱（EDPS，2015）：（1）面向未来的数据处理条例、尊重隐私权和数据保护权利；（2）确定个人信息处理的责任人；（3）数据处理过程中的隐私意识；（4）增加个人自主权。

这些准则与贝尔蒙特报告（Belmont Report）中提出的三条基本伦理准则大体一致，旨在提升人类尊严和自主权。EDPS指出隐私权是人类权利的基础。要求数据环境中的创新者将尊严、隐私和自主权视作可持续发展的机遇，而不是发展的阻碍，并呼吁与利益相关方保持透明和沟通。

数据治理是一个重要的工具，可以确保谁可以使用哪些数据、什么是处理数据的合适方式等情况，为进行决策时提供了参考准则。从业者必须考虑数据处理对所有利益相关方带来的伦理影响和风险，并且使用与数据质量管理类似的方式进行管理（DAMA国际，2020）。

12.2 数据隐私法背后的原则与在线数据伦理环境

12.2.1 数据隐私法背后的原则

1.欧盟GDPR准则

公共政策和法律试图根据在伦理准则基础上把各种是非法典化，但法律法规无法细化每一种情况。欧盟、加拿大和美国在数据隐私法的编制中使用了不同的数据伦理方法。这些伦理准则可以为组织制度提供框架。

隐私和信息隐私概念与尊重人类权利的伦理要求紧密相关。在1980年，经济合作与发展组织（OECD，简称经合组织）制定了公平信息处理指引和准则，成为欧盟数据保护法律的基础。经合组织的8项核心原则，即公平信息处理标准，旨在确保以尊重个人隐私权的方式处理个人数据，具体包括数据采集的限制、对数据高质量的期望、为特定目的进行采集数据、对数据使用的限制、安全保障、对开放性和透明度的期望、个人挑战与自己有关数据的准确性，以及组织遵守准则的责任。

此后，经合组织的准则被欧盟《通用数据保护条例》（GDPR）所取代。GDPR于2018年5月开始实施，其准则见表12-1。

表12-1 GDPR准则

GDPR准则	描　述
公平、合法、透明	数据主题中的个人数据应以公平、合法、透明的方式进行处理
目的限制	必须按照指定、明确、合法的目的去采集个人数据，并且不得将数据用于采集目的之外的方面
数据最小化	采集的个人数据必须足够相关，并且仅限于与处理目的相关的必要信息
准确性	个人数据必须准确，有必要保持最新的数据。必须采取一切合理步骤，确保在完成个人数据处理后能及时删除或更正不准确的个人数据
存储限制	数据必须以可以识别的数据主体（个体）的形式保存，保存时间不得超过处理个人数据的目的所必需的时间
完整性和保密性	必须确保个人数据得到安全妥善的处理，包括使用适当技术和组织方法防止数据被擅自或非法处理，防止意外丢失、破坏或摧毁等
问责制	数据控制者应负责并能够证明遵守上述这些原则

资料来源：DMBOK 2.

GDPR准则综合考虑和支持了个人对其数据的某些限定权利，包括对个人数据的访问权限、纠正不准确数据、可移植性，以及对可能造成个人损害、误导和困扰的某些个人数据，要求不收集和不处理的权利。GDPR准则要求处理个人数据时需征求其同意，该同意必须是自由给予、具体、知情和明确的肯定行为。GDPR准则要求：需要有效的治理和文档来确保和展示合规性，并通过设计来保护隐私；任何收集或管理人员数据并在欧盟国家/地区运营的公司或组织都必须遵守GDPR。此外，GDPR要求任何向居住在欧盟的客户进行营销、销售或开展业务的组织也必须遵守。

制定数据伦理准则是为了体现OECD的公平信息处理标准，包括强调数据最小化（合理的采集限制）、存储限制、准确性及公司对于消费者数据提供合理的安全性要求。当然，公平信息实践还包括：①简化消费者选择，减轻消费者负担；②在信息生命周期中建议始终保持全面的数据管理程序；③为消费者提供“不要跟踪”选项（Do Not Track Option）；④要求明确肯定的同意；⑤关注大型平台提供商的数据采集能力、透明度以及明确的隐私声明和制度；⑥个人对数据的访问；⑦提高消费者对个人隐私保护意识；⑧设计时应考虑保护隐私。

根据欧盟立法制定的标准，全球范围内都有加强对个人信息隐私的立法保护的趋势。世界各地的法律对跨越国界的数据流动施加了不同的限制。即使在跨国组织内，在全球共享信息也将受到法律限制。因此，组织必须制定策略和指导方针，使员工能够遵守法律要求，并在组织的可接受风险范围内使用数据。

2.加拿大PIPEDA原则

加拿大隐私法将隐私保护制度与行业自律全面结合。其《个人信息保护和电子文件法案》（PIPEDA）适用于在商业活动过程收集、使用和传播个人信息的所有组织。它规定每个组织在使用消费者个人信息时需要遵循和允许例外的规则。表12-2描述了基于PIPEDA的法定义务。

表12-2 基于PIPEDA的法定义务

准　则	描　述
问责制	组织有责任对其控制下的个人信息负责，并设立专职人员去保证组织遵守相关准则
目的明确	组织在收集个人信息之时或之前必须明确采集的目的
授权	组织采集、使用或披露个人信息时需征求当事人的知情和同意，但不适用的情形除外
收集、使用、披露和留存限制	个人信息必须限定于为该组织确定的目标所必需的采集。信息采集应当采取公平、合法的方式。除经个人同意或法律要求外，不得将个人信息用于采集个人信息目的以外的其他用途或披露个人信息。个人信息仅在为实现这些目的所需的时间内保留
准确性	个人信息必须准确、完整、最新，以达到使用目的
安全措施	采集的个人信息必须受到与信息敏感程度相匹配的安全措施的保护
开放性	组织必须向个人提供有关其个人信息的信息管理策略和与实践相关的具体信息
个人访问	个人应被告知其个人信息的存在、使用和披露情况，并有权访问这些信息。个人应当能够质疑信息的准确性和完整性，并在适当时对其进行修改
合规性质疑	个人应能够针对以上原则的遵从性，向负责的组织或个人发起合规性质疑

资料来源：DMBOK 2.

3.美国隐私方案标准

2012年3月，美国联邦贸易委员会（FTC）发布了一份报告，建议组织按照报告描述的最佳实践去设计和实施自己的隐私计划。报告中重申了FTC对公平信息处理原则的重视，见表12-3。

表12-3 美国隐私方案标准

准则	描　述
发布/告知	数据采集者在采集消费者个人信息之前，必须披露对这些信息的用途和过程
选择/许可	个人信息是否采集或如何采集，以及会被用于超出采集目标之外的情况，都必须征求被采集者的意见
访问/参与	消费者可以查询，并且质疑其个人数据的准确性和完整性
完整性/安全性	数据采集者需要采取合理的措施，确保从消费者处采集的信息准确无误，并且防止未经授权使用
执行/纠正	使用可靠机制对不遵守这些公平信息实践的行为实施制裁

资料来源：DMBOK 2.

美国《加州消费者隐私法案》（CCPA）是继欧盟《通用数据保护条例》（GDPR）颁布后又一部数据隐私领域的重要法律，在一定程度上可以说是美国版的GDPR。它于2018年6月正式颁布，2020年7月1日正式实施。目前，绝大多数国际科技巨头如微软、亚马逊、苹果等都已在其隐私政策中特别告知用户，当用户为加利福尼亚州居民时，其会严格按照CCPA的相关规定收集、处理、出售个人信息。我国企业在国外较为成功的抖音国际版TikTok也在其隐私政策中将加州列为特别管辖区域，承诺会遵守相关规定，保障消费者隐私权利。CCPA作为一部地方立法，能被众多国际巨头纳入其隐私政策，其影响之深远并不亚于欧盟的GDPR。

根据CCPA的规定，消费者主要拥有知情权、访问权、删除权、选择权、公平交易权、个人诉讼权等六大权利。

知情权是指消费者有权要求企业告知其收集的个人信息类型、信息来源、具体内容、用途以及第三方处理机构等。企业应在其隐私条款中明确告知消费者以上信息，否则其收集消费者个人信息的行为便视为不合规。

访问权是指消费者有权要求企业免费提供其收集、处理过的个人信息。这意味着消费者可自行获取企业处理过的个人数据，并以一种简便的方式对个人数据进行自我管理和重复利用。访问权强化了信息主体对个人信息的利用和控制，有利于信息流通和共享，打破平台的数据垄断。值得注意的是，虽然消费者有权要求企业免费提供个人信息，但CCPA同时也规定，消费者每年只能提出两次申请。这一次数限制有效避免消费者滥用访问权，给企业带来过高的合规压力。

删除权是指消费者有权要求企业删除其收集的有关该消费者的任何个人信息。企业也应明确告知消费者其拥有删除权。企业收到消费者删除个人信息的请求时，应在核实后删除其个人信息，并要求其他数据服务提供商同时删除相关信息。

选择权是指消费者有权在任何时候要求企业不得销售其个人信息。企业应尽到告知义务，在其平台显眼位置提供“Do Not Sell My Personal Information”选项，这一选项也被称为“选择退出权（Opt-out）”。在尽到合理告知的前提下，只要消费者未拒绝，企业便默认消费者同意出售其个人信息。

公平交易权是指企业不得因消费者行使CCPA相关权利而歧视消费者，包括：拒绝向消费者提供商品或服务；对商品或服务收取不同的价格或费率，包括通过给予不同的折扣、其他福利或处罚；向消费者提供不同等级或质量的商品或服务；暗示消费者将获得不同价格或费率的商品或服务，或者将向消费者提供不同水平或质量的商品或服务等。

个人诉讼权是指由于企业违反义务，未实施和维护合理的安全措施以及与信息性质相符的做法来保护个人信息，从而导致未经授权的访问和泄露、盗窃或披露，消费者可提起民事诉讼。

欧盟的GDPR与美国加州的CCPA在隐私准则要求方面的对比，详见表12-4。

表12-4 **GDPR与CCPA隐私准则要求对比**

维度	GDPR	CCPA
公平、合法、透明	数据处理公平、合法、透明	数据公平、合法，提供透明的隐私政策
目的限制	限制数据处理于特定、明确、合法目的	披露数据收集和使用的目的
数据最小化	最小化收集和处理个人数据	仅收集与披露目的相关的个人数据
准确性	个人数据准确且及时	消费者有权要求删除不准确的个人数据
存储限制	保留个人数据的合理时间	无明确规定
完整性和保密性	采取安全措施保护个人数据	企业采取合理的安全措施保护个人信息，并对未成年人信息提供额外保护
问责制	数据控制者和处理者承担责任	企业建立合规措施，并承担相应责任和处罚

2020年9月，美国总务署（General Services Administration，GSA）发布了《数据伦理框架草案》（以下简称《草案》）。《草案》概述了数据伦理的七项基本原则：了解并遵守相应的法律规范、专业实践和道德标准；诚实守信；实行问责制；保持透明度；了解数据科学领域的进展；尊重隐私和保密；保障公共利益。其中，尊重隐私和保密原则要求在遵守适用法律法规的同时，应始终以尊重公民的尊严、权利和自由为原则保护个人隐私（即个人私生活不受无端侵犯）和数据的机密性（即不受不当访问和使用）。保护公民隐私和数据机密性的根本目的是最大限度地减少潜在的负面影响。机构应始终通过合理地限制信息的访问、使用和披露以保护其所获得的机密信息。涉及个人隐私的数据活动应遵守《公平信息实践原则》，即透明性、使用限制、个人参与、数据质量和完整性、目的规范、安全性、数据最小化、问责制与审查。

《草案》还给出了相应的用例示范（详见例1和例2）和在整个数据生命周期内的数据伦理思考。尽管GSA发布的《数据伦理框架草案》主要强调的是政府员工在收集、管理和使用数据的过程中应作出合乎伦理的决策，但对其他组织在数据采集、管理和使用的领域同样具有借鉴和启示。

例1：人工智能与偏差

组织类型：政府福利局

项目主要目标：改善政府福利管理

项目次要目标：利用行政数据和先进技术（即人工智能）提高工作效率

场景：监督福利管理的机构每天要收集大量的申请人数据。为简化申请流程，该机构聘请一家外部机构创建了一个自动化工具，该工具可以就申请人是否具备获得福利项目的资格作出决定。该工具利用模型从组织的各个部门收集数据（包括申请人的工作和财务记录），并据此分析申请人成功获批的概率。该工具已运行了两年多，它能大量减少人工流程，识别出潜在的欺诈行为并帮助该机构更好地部署有限的资源。在此期间，该工具已就申请人是否具备获得福利的资格作出了数千项决定，影响了无数的生命。

卡伦在该机构的外联部工作，最近几个月收到了越来越多的申请人的投诉。申请人不断声称，他们被错误地从申请流程中剔除出去。卡伦将这个问题上报给了领导，领导要求进行内部审查。内部审查之后发现，与创建自动化工具的外部机构的数据共享协议规定，当自动化工具加载到机构面向客户的网站之后，应销毁基础数据与代码，结果导致该机构无法复制、评估或审查该工具及其使用的决策模型。

相关问题：该机构通过自动决策模型改进其流程的做法是否合理？修改数据共享协议是否可以解决问题？在设计、开发和使用自动化工具的过程中应进行哪些伦理评估？

数据生命周期各阶段应考虑的问题如下：

形成或收集（获取）阶段：是否应对该机构出于项目管理的目的而收集的数据施加限制？是否应该让公众知道申请过程中收集的数据最终是被如何使用的？所有收集的数据是否都应有明确的用途？如何减少收集过程中的偏差？

处理阶段：利用该机构其他部门的数据（即工作和财务记录）进行模型开发是否存在问题？是否应采取监督措施以确保链接到整个机构的记录是准确的？是否应记录相关的处理活动及其对数据质量的影响？

传播阶段：与外部机构达成数据共享协议时应考虑什么？

使用阶段：自动化工具产生的决策是否包含适当的人工判断？是否应监控自动化工具对数据的使用？是否应审查或验证自动化工具给出的建议？是否应让申请人知晓其个人数据被自动化工具使用而得出有关福利的决定，以及是否允许他们质疑这些决定？

存储与处置阶段：是否应出于事后问责的目的存储自动化工具使用的基础数据与代码？这种情况下，该机构是否应考虑记录分析方法和结果？该机构是否应制定在特定时间段后处置数据的程序？

例2：传播与影响

组织类型：政府审查局

项目主要目标：严格执行《动物福利法》及其最低标准

项目次要目标：发布报告，以增强公众遵守该法案的观念

场景：《动物福利法》（AWA）规定了应如何对待与照料以商业销售为目的的饲养类动物、实验用动物、商业运输过程中的动物以及向公众展览的动物。由政府审查局执行该法案，并设立作为评估相关实体动物照料工作基准的最低标准。

该机构每年都会从动物相关实体（如动物收容所与零售商）处收集、管理和分析AWA记录，以履行其职能并出具报告。此外，该机构还将经调查与审查得出的信息和报告发布到公共网站。这些报告向公众展示根据AWA获得许可或注册的所有实体的合规情况。由于一场悬而未决的诉讼，并且出于隐私方面的考虑，政府审查局从其网站上删除了某些包含有关动物虐待的投诉（投诉而非定罪）的报告和AWA记录。用户、活动家和公

众对此感到不安，因为除了应该发布AWA记录外，该机构甚至还重新编辑了某些之前发布的信息。该机构的通讯部现在处境很艰难：一方面，公众要求提高信息透明度；另一方面，法律事务和机构领导人的更迭使团队在应该如何进行接下来的工作上存在分歧。

相关问题：该机构是否有理由从其网站上删除某些报告和AWA记录，而不是尝试重新编辑某些个人信息？该机构是否应采用限制信息披露的方法防止此类情况的发生？该机构应如何权衡消费者对于潜在的虐待动物行为的知情权与对未定罪者隐私的保护？该机构是否应制定相应的政策和程序以在机构领导更迭的情况下对此种情形给予指导？

数据生命周期各阶段应考虑的问题如下：

形成或收集（获取）阶段：应如何检查和记录数据质量？应当让哪些人参与到数据的收集过程？是否已把将要收集的数据和将如何使用这些数据告知相关实体（即动物收容所、零售商）？

处理阶段：获取数据之后，在发布之前应对其进行哪些改进？例如，应删除哪些私人或机密信息？分析数据时应权衡哪些事项？应共享哪些有关数据收集、维护和使用的其他信息，以提高对公众的透明度？

传播阶段：应向公众提供哪些数据？应如何与外部利益相关者共享数据？是否有开放的反馈渠道供利益相关者分享见解或报告错误信息？数据是否以可使用的方式呈现？

使用阶段：数据是否能被恶意使用？已知的数据使用者可以作出哪些决策？将该数据与其他数据结合是否可能使得个人身份或机密信息被识别出来？

存储与处置阶段：应将该数据保存多久？数据存储机制是否记录了数据收集或整理过程中所有可能对数据有长远影响的更改？

2022年6月，美国发布了《美国数据隐私和保护法》（American Data Privacy and Protection Act，ADPPA）草案。该草案规定了数据隐私保护的一般原则：数据最小化、具体的忠诚义务、隐私设计、防止定价歧视。草案规定的消费者权利，涉及消费者意识、透明度、个人数据的控制权和所有权、消费者同意权和拒绝权、未成年人特殊保护等内容。在企业问责制方面，草案对于大型数据持有者施加了多项特殊限制，强化其告知义务、限制其对于个人权利请求的响应时间，强调了强制性义务、报告义务、隐私影响评估义务、内部人员报告义务、记录和保存义务，以及定期全面审计和员工培训计划等要求。尽管ADPPA目前仍处于草案状态，仍值得大家密切关注。

美国自2020年开始加速数据伦理体系的布局，目前已涵盖理论框架、实践指引、相关立法三个层面。为了更好地治理细分领域数据伦理问题，2023年2月美国商务部发布了《商业数据伦理框架》。

4.我国个人信息处理原则

大数据、人工智能等新技术的蓬勃发展促进了科技创新和经济发展。但大数据应用的负面效应也不容忽视，如大数据杀熟、隐私数据泄露、数据滥用、不良内容推荐等现象层出不穷，人类基于传统生活世界的伦理价值也面临着巨大挑战。因此，自2021年开始，我国针对数据安全、个人信息保护、科技伦理等问题陆续出台多项法律法规，以搭建数据伦理治理框架，持续推进科技向善发展。

《个人信息保护法》旨在保护个人信息权益、规范个人信息处理活动、促进个人信息合理利用，于2021年8月20日发布，2021年11月1日起施行。《个人信息保护法》中关于个人信息处理的原则，坚持立足国情与借鉴国际经验相结合，主要体现为：

（1）强调处理个人信息应当采用合法、正当的方式，具有明确、合理的目的，限于实现处理目的的最小范围，保证信息准确，采取安全保护措施等原则，并将上述原则贯穿于个人信息处理的全过程、各环节。

（2）确立以“告知-同意”为核心的个人信息处理系列规则，要求处理个人信息应当在事先充分告知的前提下取得个人同意，并且个人有权撤回同意；重要事项发生变更的应当重新取得个人同意；不得以个人不同意为由拒绝提供产品或者服务。

（3）根据个人信息处理的不同环节、不同个人信息种类，对个人信息的共同处理、委托处理、向第三方提供、公开、用于自动化决策、处理已公开的个人信息等提出有针对性的要求。

（4）对处理敏感个人信息作出更严格的限制，只有在具有特定的目的和充分的必要性的情形下，方可处理敏感个人信息，并且应当取得个人的单独同意或者书面同意。

随着信息智能采集和个性化信息推荐等技术的广泛应用，信息传播呈现出“有私无隐”的特点，个人信息面临被过度采集、组织、传播和利用的危机。个体信息隐私的保护离不开刚性的法律治理，同时需要软性的信息伦理调控与建设，引导信息传播中各主体树立“向善”的价值规范。

总之，数据伦理是与数据相关尤其是与个人数据相关的系统性的是非观念及道德准则。数据伦理的观念和准则在不同国家存在着细微差异，但在公平公正、个人尊严等价值观念方面是高度统一的。数据伦理准则应成为指导数据的产生、收集、存储、管理、使用和销毁的依据。

12.2.2 在线数据伦理环境

在线数据伦理环境主要涉及以下四个方面的内容：

1.数据所有权

数据所有权是指与社交媒体和数据代理相关的个人数据控制权。个人数据的下游聚合可以将数据嵌入到个人不知道的深度配置文件中。

2.被遗忘的权利

这是指从网上删除个人信息，特别是调整互联网上的个人信息的权利。该主题一般是数据保留实践的一部分。

3.身份选择权

这是指拥有得到一个身份和一个准确的身份，或者选择匿名的权利。

4.在线言论自由

这是指表达自己的观点，而非恃强凌弱、煽动恐怖、挑衅或者侮辱他人（DAMA国际，2020）。

12.3 违背数据伦理风险

12.3.1 伦理道德与竞争优势

组织越来越认识到，数据使用的伦理道德方法是其具有竞争力的一种优势。合乎伦理道德的数据处理可以提高组织及其数据可信度，从而使组织与其利益相关者之间建立更好的关系。合乎伦理道德处理数据是利益相关者的期望，也有利于组织管控风险，降低组织所负责的数据被员工、客户或合作伙伴滥用的风险，这是培养数据处理的伦理道德原则的主要原因；当然，合乎伦理道德处理数据也利于防止数据被滥用和尊重所有权，如防止黑客攻击和避免潜在的数据泄漏。

首席数据官、首席风险官、首席隐私官和首席分析官角色专注于通过建立可接受的数据处理实践来控制风险，但责任不仅仅局限于这些角色人群。数据处理符合伦理道德，需要在整个组织范围内识别与滥用数据相关的风险，以及组织承诺基于保护个人与尊重和数据所有权强制相关的原则来处理数据。

数据治理有助于确保关键流程遵循伦理道德原则，如决定谁可以使用数据，以及如何使用数据。数据治理从业者必须考虑利益相关者使用数据的某些伦理道德风险，应该像管理数据质量一样管理这些风险。

12.3.2 违背伦理进行数据处理的风险

大部分与数据打交道的人都知道，利用数据歪曲事实是有可能的。如利用主观的数据选择（有偏的样本）、范围的操控（精选的平均数）、部分数据点遗漏（隐藏部分数据）、图形图表变身等方法可以歪曲事实，同时还可以创造一个事实的虚假表象。

理解数据处理伦理含义的一个方式是去检查大部分人认同的违背伦理的行为。符合伦理的数据需要积极通过伦理实践去处理，如可信度。确保数据可信度包括对数据质量维度的度量（如准确性和时效性），也包括基本级别的可信度和透明度（如不使用数据欺骗或误导），以及对组织数据处理的背后意图、用途和来源保持透明。以下场景描述了违反这些伦理原则的数据实践活动（DAMA国际，2020）。

1.通过时机选择误导

有可能通过遗漏或根据时间将某些数据点包含在报告或活动中而撒谎。如某金融机构发布的某理财产品收益率：选择在某个时间点发布最近7天的平均收益率>10%，而实际月平均收益率则为4%。这种情况被称为市场择时（Market Timing），这实际上是一种非法的行为。市场分析人员（分析师）可能是首先注意到这些异常状况的人。具有良好伦理道德的分析师往往会提醒相关的监督管理部门注意这些异常情况。

2.通过可视化误导

图表和图形可用于以误导性方式去呈现数据。例如，修改比例尺使趋势线看起来更好或者更糟等方式误导人们以数据本身不支持的方式去解释可视化效果。

3.通过定义不清晰或无效的比较误导

在展示信息时，符合伦理的做法是交代清楚事情的背景及其意义。如分析企业的财务质量时，清晰、明确地界定衡量企业财务质量的定义，以及企业相关行业背景、竞争地位等信息。如果忽略了相关背景信息，呈现出来的结果可能就具有误导性。不管这种结果是由于故意欺骗还是由于能力不足所致，这样使用数据都是不道德的。

从数据伦理的角度来看，不滥用统计数据也是非常必要的。在一段时间内，对数据进行统计平滑处理以误导人们进而影响人们的判断，这种现象在资本市场并不少见。

4.偏见

偏见是指一种倾向性的观点。在个人层面上，这个词与不合理的判断或歧视有关。在统计学中，偏见是指偏离期望值。这种情况通常是由于抽样或数据选择的系统错误导致。偏见可能在数据生命周期的不同阶段存在，如在数据被采集或创建时，采集目的不同或采集规则不同，或其被选中用于分析时，甚至分析数据的方法以及分析结果的呈现方式等都可能存在偏见。偏见包括样本偏差、概率偏差、幸存者偏差、信息茧房、数字鸿沟等，只要能够合理利用数据并理解数据背后的意义，我们就不会被偏见引入歧途。

正义的伦理准则有助于创造一种积极的责任，即主动意识到数据采集、处理、分析或解释可能存在偏差。这一点尤为重要，因为大规模数据处理可能对历史上受到歧视或不公平待遇的人群产生特别大的影响。在不解决可能引入偏见的情况下使用数据，特别是在降低过程透明度的同时加上偏见，会使结果在不中立的情况下披上了公正或中立的外衣。

偏差类型如下：

（1）预设结论的数据采集

分析师迫于压力采集数据并产生结果，来支持一个预先定义的结论，而不是为了得出一个客观的结论。

（2）预感和搜索

分析师有一种预感，且想要满足这种预感，故只使用能证实这种直觉的数据并且不想考虑从数据中能得出的其他可能性（如果某些数据不能证实该方法，则可能会被丢弃）。

（3）片面抽样方法

抽样往往是数据采集的一个常用方法。但是，选择样本集的方法会受到偏见的影响。对于人类来说，没有某种偏见，几乎是不可能的。为了限制偏见，可使用统计工具选择样本并建立适当大小的样本。意识到用于训练目的的样本数据可能存在偏见尤其重要。

（4）背景和文化

偏见通常是基于文化或背景，因此，要中立地看待事物，就必须走出这种文化或背景。

偏见的问题源于许多因素，例如，有问题的数据处理类型、涉及的利益相关方、数据集如何填充、正在实现的业务需要以及流程的预期结果。然而，消除所有偏见并不总是可行的，甚至是不可取的。分析师构建许多场景时，对低价值客户（那些不再产生新业务的客户）有业务偏见是基本常识。它们会被从样本中剔除或者在分析时忽略。在这种情况下，分析师应该记录他们用来定义研究的人口标准。相比之下，采用预测算法确定“犯罪风险”的个人或预测警务资源发送给特定的社区，会有更高违反正义和公平原则的风险，因此应该有相应的预防措施，以确保算法的透明性和问责性，并在数据集上对抗偏见，纠正预测算法。例如，随着机器学习的预测算法越来越复杂，很难跟踪其决策的逻辑过程。

5.转换和集成数据的伦理挑战

数据集成过程也有伦理上的挑战，因为数据在从系统到系统的交互过程中发生了变化。如果数据未经治理，就会出现不符合伦理要求的处理方式，甚至存在非法数据的风险。这些伦理风险与数据管理中的一些基本问题交织在一起，包括：

（1）对数据来源和血缘的了解有限

如果一个组织不知道数据来自哪里，以及它在系统之间移动时如何变化，那么组织就无法证明数据代表他们所声称的内容。

（2）质量差的数据

组织应该有明确的、可衡量的数据质量标准，并应该测量数据以确认它符合质量标准。如果没有这种确认，一个组织不能保证数据质量，则会使数据的消费者在使用数据时可能会面临风险或者使其处于危险之中。

（3）不可靠的元数据

数据使用者依赖可靠的元数据，包括对单个数据元素的一致定义数据来源的文档以及参考的文档（如数据集成的规则）。如果没有可靠的元数据，那么数据可能会被误解和被滥用。数据可能在组织之间移动，特别是在可能跨部门输入或输出的情况下，元数据应该包括标明其来源的标签、谁拥有它、它需要怎样特定的保护等信息。

（4）没有数据修订历史的文档

组织也应该保留与数据更改方式相关的可审计信息。即使数据修订的意图是提高数据质量，但这种做法可能是非法的。数据补救应该始终遵循一个正式的、可审计的变更控制过程。

6.数据模糊化的伦理挑战

数据模糊化（混淆和修订数据）是进行数据脱敏或数据不公开的常用方法。但是，如果下游的活动（分析或与其他数据集相结合）需要公开数据，那么仅仅混淆就不足以保护数据。这种风险存在于以下活动中：

（1）数据聚合（Data Aggregation）

通过聚合提供汇总数据，不提供明细数据，以保证数据不被滥用。跨越多个维度进行聚合数据并删除标识数据时，这组数据仍然可以用于其他分析服务，而不必担心泄露个人识别信息。按地理区域聚合是一种常见的做法。

（2）数据标记（Data Marking）

对敏感数据（秘密、机密、个人等）进行分类并控制其发布范围。

（3）数据脱敏（Data Masking）

数据脱敏是一种只有提交适当数据才能解锁过程的实践。操作人员无法看到原本的数据是什么，只是简单地输入密钥，如果这些操作是正确的，就允许进一步的活动。即对数据采用张冠李戴、去标识化等技术、方法保证数据不被滥用。

在数据分析中，采用非常大的数据集引起了对匿名有效性的关注。在大型数据集中，即使输入数据集是匿名的（去标识化的），也可以通过某种方式重新组合数据，使个人能够被特定地识别出来。这就是为什么组织必须有强有力的治理和对数据处理伦理承诺的原因。

12.4 建立数据伦理文化

建立一个符合伦理的数据处理文化需要理解现有规范，定义预期行为，将这些编入相应制度和伦理规范中，并提供相应的培训和监管以强制推行预期行为。就像其他的关于数据管理和文化创新一样，这一过程也需要强有力的领导。

数据的伦理处理显然包括遵守法律，但也会影响数据的分析和解释方式以及数据在内部和外部的利用方式。明确重视伦理行为的组织文化中不仅有行为准则，而且将确保建立明确的沟通和治理机制，以支持员工提出疑问和适当的升级路径，并使员工意识到不应触犯伦理的行为或伦理风险。员工需要在不担心遭到报复的情况下反映此类情况。当然，改善组织在数据方面的伦理道德行为，需要正式的组织变革管理过程。

通常，建立数据伦理文化的步骤主要包括回顾现有数据处理方法，识别原则、实践和风险因素，制定合乎伦理的数据处理策略和路线图、采用社会责任伦理风险模型等四个方面的内容（DAMA 国际，2020）。

12.4.1 回顾现有数据处理方法

改善的第一步就是回顾组织数据处理实践的当前状态。评审现有数据处理流程的目的是理解这些方法在多大程度上直接而且明确地与伦理和合规性驱动因素有关。这些评审中还应该定义员工如何理解现有做法在建立和维护客户、合伙人和其他利益相关方之间信任方面的伦理影响。该评审的交付物中应记录整个数据生命周期，包括数据共享活动中的收集、使用和监督数据所依据的伦理准则。

12.4.2 识别原则、实践和风险因素

使数据处理的伦理规范化目的在于降低数据被滥用，从而降低给客户、员工、供应商、其他利益相关方甚至是整个组织所带来的风险。一个试图改善其做法的组织应该了解这些通用原则，如保护用户个人隐私的必要性，同时也应关注具体行业问题，如财产保护和健康方面的信息。

组织对于数据伦理的处理方法必须符合法律和法规的合规性要求。例如，在全球开展业务的组织需要了解其业务所在国家的法律基础和伦理准则，并具体了解各国之间的协议。除了与行业相关的风险，多数组织还有特定的风险，这些风险可能与其技术足迹、员工流动率、采集客户数据的方式或其他因素有关。

原则应与风险（如果不遵守原则可能发生的坏事）和实践（正确的做法以避免风险）保持一致，应通过控制来支持实践。

1.指导原则

例如人们对自己的健康信息拥有隐私权。因此，患者的健康数据除非被授权作为照顾患者的一部分人，其他人不允许访问（即非授权不可访问）。再比如滴滴用户数据使用等，亦是如此。

2.风险

如果可以广泛访问患者的个人健康数据，那么这些个人信息将变成公共知识，从而危及患者的个人隐私权。

3.实践

只有护士和医生基于护理目的，才允许访问患者的个人健康数据。

4.控制

对包含患者个人健康信息系统的所有用户进行年度、月度审查，以确保只有需要访问的人才能访问。

12.4.3 制定合乎伦理的数据处理策略和路线图

在回顾了数据处理当前状态并开发了一系列原则之后，组织可以正式制定策略来改善数据处理实践。该策略必须表达与数据相关的伦理道德准则和预期行为，并以价值陈述和伦理道德行为准则来实现。这样的策略包括如下组成部分：

1.价值观声明

价值观声明描述的是一个组织的信仰。例如，包括但不限于真理、公平和正义。这些声明提供了一个符合伦理准则的数据处理和决策制定的框架。

2.符合伦理的数据处理原则

符合伦理的数据处理原则描述了一个组织如何处理数据所带来的挑战。例如，如何尊重个人的隐私权。原则和预期行为可以概括为伦理准则，并通过伦理制度加以支持。培训和沟通计划应包括社会的规范和制度。

3.合规框架

合规框架包括驱动组织义务的因素。符合伦理的行为应使组织能够满足合规性要求，但不仅仅是为了合规。法规遵从性要求受地理和行业问题的影响。

4.风险评估

风险评估定义了组织内部特殊问题出现的可能性和影响。这些应用于确定与缓解措施有关的优先行为，包括员工遵守伦理准则的情况。如院长要查看病人数据、医院要与技术公司进行科研合作等，均应进行相应的伦理风险评估。

5.培训和交流

培训应该包括对伦理准则的审查。应确保员工熟悉相应准则并了解违背伦理的数据处理所造成的影响。培训必须是不间断的。例如，每年度对伦理操守进行评估。交流应该覆盖到所有员工。

6.路线图

路线图应包括可由管理层批准的活动时间表。活动将包括执行培训和沟通计划、识别和补救现有实践中的差距、风险缓解和监控计划。制定详细的报表，反映组织在适当处理数据方面的目标地位，包括角色、职责和过程以及参考专家，以获取更多信息。路线图应涵盖所有适用的法律和文化因素。路线图包括制订计划、时间表、参与人等关键要素。

7.审计和监测方法

应对数据处理的具体活动进行审计与监测，以确保这些活动符合伦理准则。

12.4.4 采用社会责任伦理风险模型

商务智能、数据分析和数据科学需要一种超越某个组织自身界限的社会伦理规范，也需要一种扩大到更大社区的道德视角。伦理道德观点是必要的，这不仅是因为数据很容易被滥用，也是因为组织承担着保证其数据不会造成伤害的社会责任。例如，某一组织可以专门为他们认为“不良”的用户设置标准，以便停止与这些人的商务活动。但是，如果该组织在基础服务领域拥有垄断地位，那么这些人会发现自己无法获得必要的服务，所以他们将因为该组织的决定而受到伤害。

伦理风险模型可用于确定是否执行项目，它还将影响如何执行项目。由于数据分析项目很复杂，人们可能看不到伦理道德的挑战。组织需要积极地识别潜在的风险。使用个人信息资料的项目应该有一套严格的资料使用规则。DAMA国际建议的抽样项目伦理风险模型可以做到从四个方面出发，即他们是谁（Who）、他们做什么（What，如何获取数据）、他们在哪儿生活（Where，活动分析重点）、他们被如何对待（How）等（如图12-1所示）。组织应该把每个领域都考虑在内，并处理好潜在的伦理风险，尤其是对客户和公民可能产生负面影响的风险。

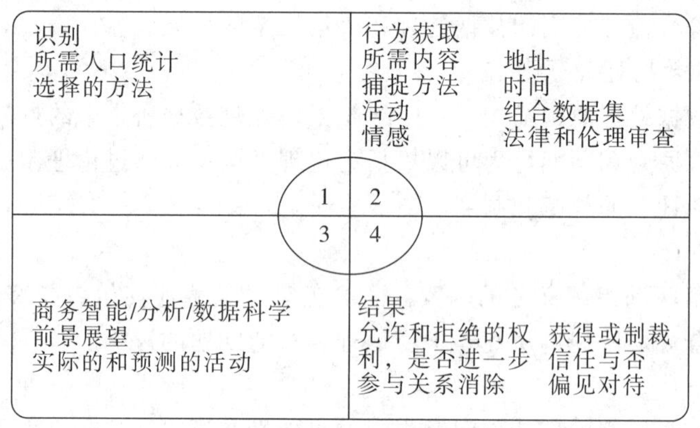

图12-1 伦理风险模型

资料来源：DMBOK 2.

12.5 AI伦理新挑战

2022年11月，美国OpenAI公司发布了ChatGPT，迅速引发了全球的极大关注，上线仅60天，月活跃用户数便超过1亿。ChatGPT被社会各界广泛认为是一场颠覆性的技术革命。随后中国国内的互联网巨头企业，如百度、腾讯等，纷纷相继推出大模型产品并已成功落地。2023年5月末，《中国人工智能大模型地图研究报告》显示，国内10亿级参数规模以上人工智能大模型已发布79个，各行各业的数字化需求正大力推进人工智能的快速发展。

国家标准化管理委员会等五部委于2020年联合发布《国家新一代人工智能标准体系建设指南》，指明“安全/伦理”是我国人工智能标准体系的重要组成部分。同时，国家人工智能标准化总体组下设人工智能与社会伦理道德标准化研究组，负责我国人工智能伦理治理标准化统筹管理工作，并于2023年3月与全国信标委人工智能分委会共同发布《人工智能伦理治理标准化指南》。

随着以大模型为代表的生成式人工智能在生产、生活等领域带来重大深刻影响和变化，数据治理正加速向AI治理这个更高更复杂的阶段转化。大模型驱动人工智能在广泛赋能各垂直领域、与人类社会融合逐渐深入的同时，其在可解释性、公平性、隐私保护、知识产权归属、内容安全等方面的治理风险也将被逐渐放大和强化。AI治理面临三大挑战与治理任务：

1.数据安全与隐私保护

虽然这是信息社会面临的传统安全问题，但是在以人工智能为代表的新一代信息技术大力发展的智能时代，数据安全和隐私保护领域面临的挑战显得尤为突出。大数据是当前大模型进行训练学习的重要样本和输入材料，而大模型具有非常突出的数据挖掘与推理能力，能够深度关联企业、团体和个人信息，极易造成安全问题和隐私泄露。另外，当前大模型训练学习的数据获取方式、数据来源大多还未公开。况且大模型一般也不是一蹴而成的，它也需要终身学习，因为人类生产生活的数据和行为在不断变化中。因此，合规合法的数据获取和加工是保证大模型得以持久发展的重要条件。如何有效界定数据生产者、所有者、使用者等多方的权利与义务，无论从技术上还是非技术上来说，这都是当前及未来一个时期亟待解决的问题。

2.AI伦理对齐

AI伦理对齐是指确保人工智能系统的行为与人类价值观和期望保持一致，并能够在面对未明确指令时作出符合人类伦理和利益的决策。当前大模型能够展现一定的“智能”，从技术角度来看，主要还是依靠模型（深度网络架构及其算法）、数据和超强算力，起关键作用的是模型和数据。保证模型算法与人类共同价值观、基本伦理对齐，实现算法基本公平，这是AI治理的应有之义，当然这不仅仅针对大模型而言。当下常用的大模型对齐手段主要采用指令微调和基于人类反馈的强化学习（RLHF）等微调技术。这些方法的不当使用也面临诸如数据投毒、对抗攻击、后门漏洞等风险，由于大模型还是一个“黑箱”模型，易导致大模型被操纵。而且，由于各国国情不同，文化各异，如何保证各智能（大）模型之间伦理对齐的适应性，从而实现智能模型能力共享，也是AI治理面临的一个问题。

3.行业重构与AI助理

当前，大模型在医药领域、创意产业、文化教育的赋能表现突出。在推进大模型应用落地进程中，一方面可实现一些领域或行业一定程度的降本增效，但同时伴随而来的是可能会打破既有的劳动力与就业结构平衡、增加支撑强算力所需的高能耗成本、行业治理深度重构需要等问题。可以预见，在不久的将来，脑机接口技术与应用、人形机器人等高端智能产品会相继问世，智能新技术与产业碰撞融合，特别是在临床、养老、教育、金融等领域面临新的风险和挑战。解铃还需系铃人。用好AI这一人类新工具正是应对这些风险和挑战的最佳对策。在面对产业重塑行业重构的裂变与聚变之中，政府、行业及企业如何做好顶层设计，如何保证以人为本，确保AI作为人类生产与生活的助理角色是摆在我们面前的首要任务。

【本章小结】

思维导图

组织需要以合乎伦理道德的方式处理数据，否则就有风险，就有可能失去客户、员工、合作伙伴和其他利益相关方的信任。数据伦理植根于社会的基本原则和伦理道德。与数据相关的监管基于社会的基本原则和伦理道德要求，但监管不能涵盖所有意外情况。因此，组织必须考虑到自己行为的伦理道德规范。本章主要介绍了数据处理伦理与数据伦理准则、隐私法背后的原则与在线数据伦理环境、违背数据伦理风险和建立数据伦理文化。组织应该建立和培养数据伦理文化，这不仅是为了合规要求，也是本来就应该做的正确的事。合乎伦理道德的数据处理最终将为组织提供竞争优势，因为它是信任的基础。

【课后思考】

1. 当前数据伦理失范主要体现在哪些方面？
2. 数据伦理原则主要有哪些？
3. 欧盟GDPR准则主要体现在哪些方面？
4. 我国个人信息处理原则体现在哪些方面？
5. 建立数据伦理文化的流程是什么？
6. 谈谈你对AI伦理的理解。

【案例分析】

大数据“杀熟”事件回顾

案例分析

请扫码研读本案例，进行如下思考与分析：

1. 本案例中，该公司违背了哪些数据伦理原则？其数据伦理失范行为主要体现在哪些方面？

2. 造成上述数据伦理失范行为的原因有哪些？

3. 如何有效治理数据伦理失范行为？

第13章　数据管理组织与变革

【学习目标】

通过本章的学习，了解组织和文化规范，掌握数据管理组织结构及其关键成功因素，了解组织变革内容，培养数据思维，提升数据文化素养。

【素养目标】

明确数据的产生、存储、使用等数据管理全生命周期的各个环节中数据管理不同参与者（角色）的责任，帮助学生在数据管理组织与变革中培养全面的素养，包括组织变革和沟通能力、系统的全局观念、数据思维和数据文化素养等，以应对数据时代的挑战和机遇。

【引导案例】

海尔智家“无边界”的组织创新

“无边界”的组织模式是海尔智家创始人张瑞敏先生最先提出并在企业中加以运用和实践的创新型组织模式。这一组织模式以企业“人单合一”的商业模式为指导。“人单合一”中的“人”代表着海尔集团的顾客，“单”代表着海尔集团的员工，“人单合一”代表着员工所创造的客户价值与员工自身的价值合二为一。

在互联网时代，只有企业员工与客户“零距离”“去中心化”相处才能更好地了解客户的需求从而制造出令客户满意的产品，员工也能最大限度地创造自身价值。因此，在海尔智家“人单合一”的商业模式不断发展的情况下，其“无边界”的创新型组织模式主要分为如下两个阶段：

第一个阶段，海尔智家将传统的金字塔式的组织结构转变为网状的敏捷组织结构，使内部管理更加扁平化。在这样的组织结构下，企业员工不再受层级制的约束，可以尽情地表达自己的想法，提升了员工生产制造的积极性；同时员工的报酬奖励也依据自身的工作绩效而定，这大大激发了员工创造价值、创造客户的热情。网状的内部组织结构也大大提升了信息传递的效率，为企业节省了成本。不仅如此，海尔智家还将“市场链”引入企业组织内部的管理当中，这一关系的构建使得企业传统生产链上的各部门形成了市场间的交易关系。如果产品销售得好，那么下游部门将给予上游部门报酬或奖励。但是如果产品销售得不好，那么下游部门有权向上游部门索取赔偿，从而大大提升了企业产品质量。

第二个阶段，海尔智家改变了传统的金字塔式的组织机构，将“倒三角”式的新型组织结构引入企业组织内部。倒三角的最上层是消费者，第二层是企业的销售人员，第三层是企业职务更高的管理人员，以此类推。这样的内部组织结构可以使企业与用户之间“零距离”地相处，使企业员工能够充分了解客户的不同需求，从而生产制造出符合客户需求的产品，并为客户提供个性化的服务。在这种模式下，企业的员工不仅能更好地服务客户，还能在一定程度上激发自己的潜能，充分地创造价值。

海尔智家通过建立“大客户、小企业”的经营理念，采用“无边界”的创新型组织模式，很好地实现了“人单合一”新商业模式，实现了员工价值和客户价值的双赢。这种“无边界”的敏捷组织模式，也有利于企业的数据管理，提升其数据质量。

资料来源：灰鹅财经评论.数字经济时代下，海尔智家是如何实现数字化转型的？[EB/OL].[2023-12-20]. https://baijiahao.baidu.com/s?id=1765751524549127627&wfr=spider&for=pc.

由引导案例可知，企业在数字化转型过程中离不开有效的组织变革和创新。我们不禁思考：如何进行有效的组织变革？数据管理组织结构有哪些？数据管理组织的关键成功因素有哪些？本章将围绕这些核心问题展开阐述。

13.1 了解现有的组织和文化规范

13.1.1 了解组织和文化规范的必要性

随着数据领域的快速发展，组织需要改进管理和治理数据的方式。当前，大多数组织正面临着越来越多的数据。这些数据格式多样、数量庞大，并来源于不同的渠道。由于数据数量和种类的增加，加剧了数据管理的复杂性。与此同时，数据消费者要求更快速、更方便地访问数据，他们希望理解并使用数据，以便及时地解决关键业务问题。数据管理和数据治理组织需要足够灵活，才能在不断发展的环境中有效地工作。因此，他们需要澄清关于所有权、协作、责任和决策的基本问题。

虽然数据治理和数据管理组织（Data Management Organization，DMO）应该遵循一些公共原则，但是很多细节仍依赖于组织所在行业的驱动因素和组织自身的企业文化。

意识、所有权和问责制度是激励和吸引人们参与数据管理积极性、政策和流程的关键。在定义任何新组织或尝试改进现有组织之前，了解当前组织的文化、运营模式和人员都非常重要。

13.1.2 评估组织和文化规范现状

1.了解和评估组织及其文化规范

了解和评估组织及其文化规范，主要涉及组织的文化、运营模式和人员等方面内容，如图13-1所示。

（1）数据在组织中的作用。数据驱动的关键流程是什么？如何定义和理解数据需求？数据在组织战略中扮演的角色如何？

（2）关于数据的文化规范。实施或改进管理和治理结构时，是否存在潜在的文化障碍？

（3）数据管理和数据治理实践。如何以及由谁来执行与数据相关的工作？如何以及由谁来作出有关数据的决策？

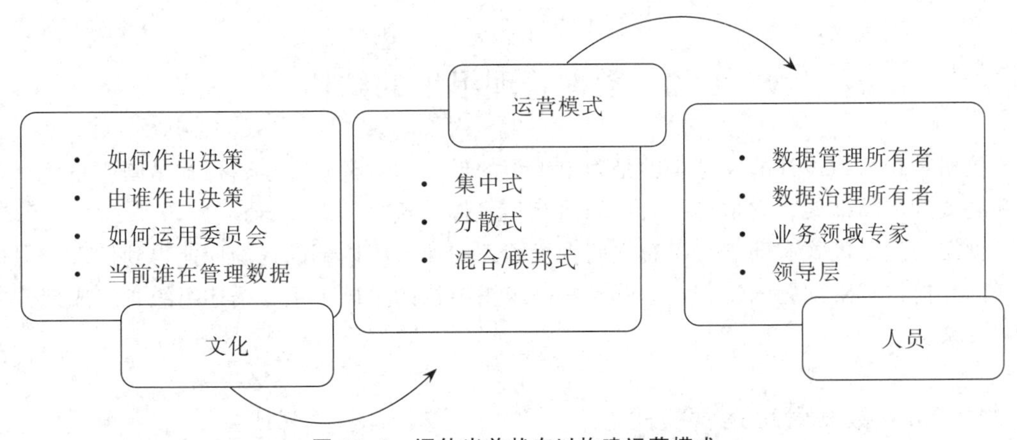

图13-1 评估当前状态以构建运营模式

资料来源：DMBOK 2.

（4）如何组织和执行工作。例如，专注于项目和运营执行之间的关系是什么？哪些委员会框架可以支持数据管理工作？

（5）汇报关系的组织方式。例如，组织是集中的、分散的、层级化的，还是扁平化的？

（6）技能水平。从一线员工到高管、领域专家和其他利益相关方的数据知识和数据管理知识水平如何？

2.评估对当前状态的满意度

在形成现状描述之后，评估对当前状态的满意度，以便深入了解组织的数据管理需求和优先级。例如：

（1）组织是否拥有制定合理、及时的业务决策所需的信息？

（2）组织是否对其收入报告有信心？

（3）组织是否跟踪其关键绩效指标？

（4）组织是否遵守与所有数据管理有关的法律？

大多数寻求改进数据管理或治理实践的组织，通常都处于数据管理能力成熟度范围的中间级别，如处于DCMM初始级和优化级的组织非常少，这意味着大多数组织都需要改进他们的数据管理实践。理解和适应现有的组织文化和组织规范，对建立相关的数据管理组织非常重要。如果数据管理组织与现有的决策和委员会结构不一致，那么后期维持将是一项挑战。因此，发展而不是实施激进的变革对组织是有意义的。

3.考虑数据管理组织的调整

数据管理组织应与公司的组织层级结构和资源保持一致。找到合适的人员，了解数据管理在组织内部的功能和作用，目标应该是跨职能的不同业务利益相关方共同参与。需要做到以下几点：

（1）识别当前正在执行数据管理职能的员工，先邀请他们参与进来。仅在数据管理和治理需求增长时，才考虑投入更多的资源。

（2）检验组织管理数据的方法，并确定如何改进流程。改进数据管理实践可能需要进行多次改变。

（3）从组织的角度考虑，规划需要进行的各种变更，以更好地满足需求。

13.2　数据管理组织的结构

数据管理组织设计的关键步骤是确定组织的最佳运营模式。运营模式是阐明角色、责任和决策过程的框架，它描述了人们如何互相协作。

可靠的运营模式有助于组织建立问责机制，确保组织内部的正确职能得到体现，促进沟通，并提供解决问题的流程。运营模式是组织结构的基础，主要描述组织各组成部分之间的关系。

13.2.1　数据管理运营模式

数据管理运营模式主要包括分散、网络、集中、混合和联邦五种组织架构，本部分将分别对其作以介绍。

1.分散运营模式

在分散运营模式中，数据管理职能分布在不同的业务部门和IT部门，如图13-2所示。委员会是互相协作的基础，委员会不属于任何一个单独的部门。许多组织的数据管理规划是从基层开始的，意图统一整个组织的数据管理实践，因而其数据管理运营模式具有分散的结构。

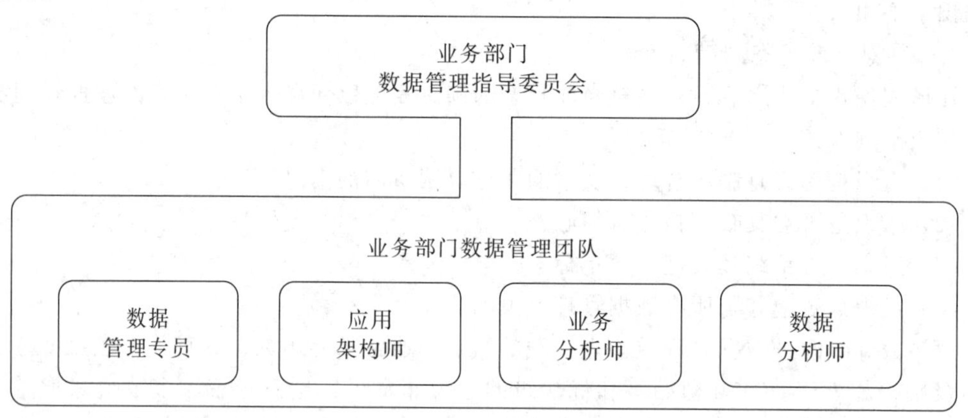

图13-2　分散运营模式

资料来源：DMBOK 2.

该模式的优点主要体现为：组织结构相对扁平，数据管理组织与业务线或IT部门具有一致性。这种一致性通常意味着对数据要有清晰的理解，相对容易实施或改进。

该模式存在的缺点是：过多的人员参与治理和制定决策，实施协作决策通常比集中发布号令难。分散模式一般不太正式，可能难以长期维持。为了取得成功，需要一些方法强化实践的一致性，但这往往很难协调，同时也不利于共享。另外，使用分散模式来定义数据所有权，通常比较困难。

2.网络运营模式

通过RACI（Responsible，谁负责；Accountable，谁批准；Consulted，咨询谁；Informed，通知谁）责任矩阵，利用一系列的文件记录联系和责任制度，使分散的非正规性组织变得更加正式，称为网络运营模式，如图13-3所示。

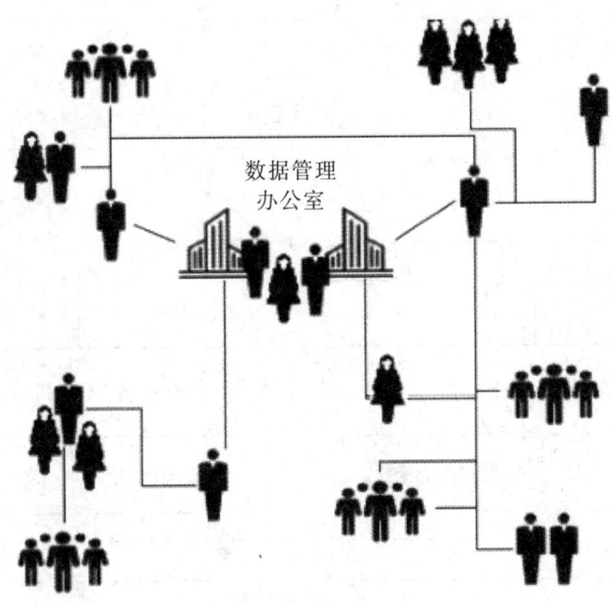

图13-3　网络运营模式

资料来源：DMBOK 2.

网络运营模式的优点类似于分散运营模式：结构扁平、观念一致、快速组建。采用RACI责任矩阵，有助于在不影响组织结构的情况下建立责任制。但网络模式的缺点是需要维护和执行与RACI相关的期望，较松散。

3.集中运营模式

集中运营模式是最正式且成熟的数据管理运营模式，如图13-4所示。所有工作都由数据管理组织掌控。参与数据治理和数据管理的人员直接向负责治理职责、管理职责、元数据管理、数据质量管理、主数据和参考数据管理、数据架构、业务分析等工作的数据管理主管报告。

集中运营模式的优点是：为数据管理建立了正式的管理职位，且拥有一个最终决策人，职责明确，决策容易。在组织内部，可以按不同的业务类型或业务主题分别管理数据。

集中运营模式的缺点是：需要重大的组织变革；将数据管理的角色从核心业务流程中分离，存在业务知识逐渐丢失的风险。

集中运营模式通常需要创建一个新的组织。但问题是：数据管理组织在整个企业中的位置如何？谁领导它？领导者向谁报告？对于数据管理组织而言，不再向首席信息官（CIO）报告变得越来越普遍，因为他们希望维护业务而非IT对数据的看法。这些组织通常也是共享服务部门、运营团队或者首席数据官组织的一部分。

4.混合运营模式

顾名思义，混合运营模式兼具分散模式和集中模式的优点，如图13-5所示。在混合运营模式中，一个集中的数据管理卓越中心与分散的业务部门团队合作，通常通过一个代表关键业务部门的执行指导委员会和一系列针对特定问题的技术工作组来完成工作。

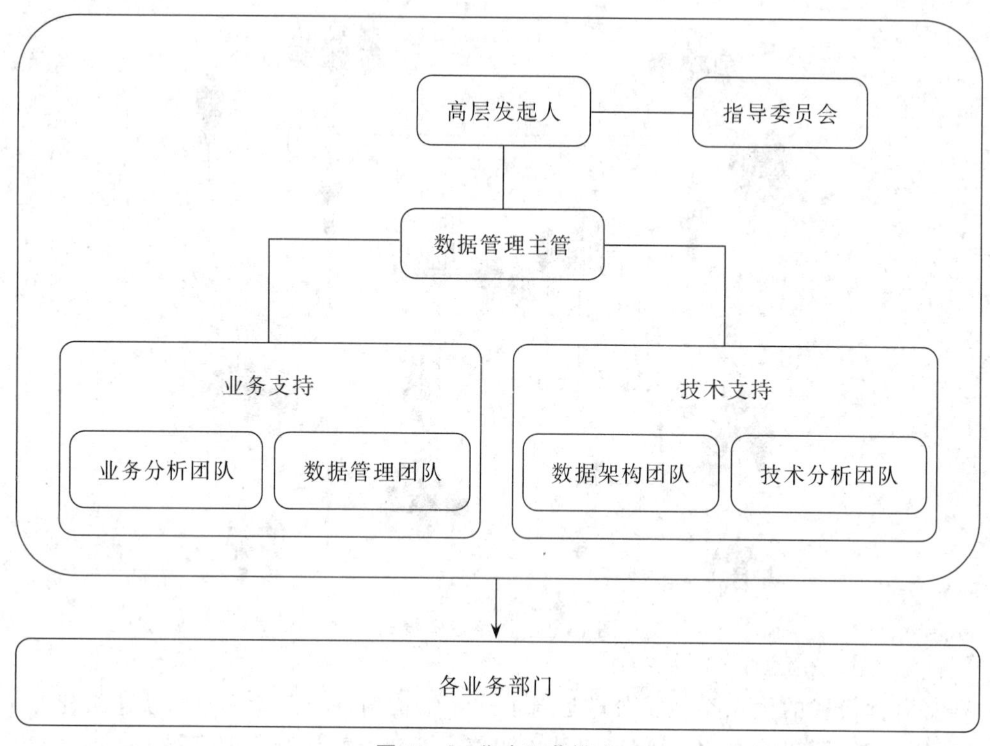

图 13-4　集中运营模式

资料来源：DMBOK 2.

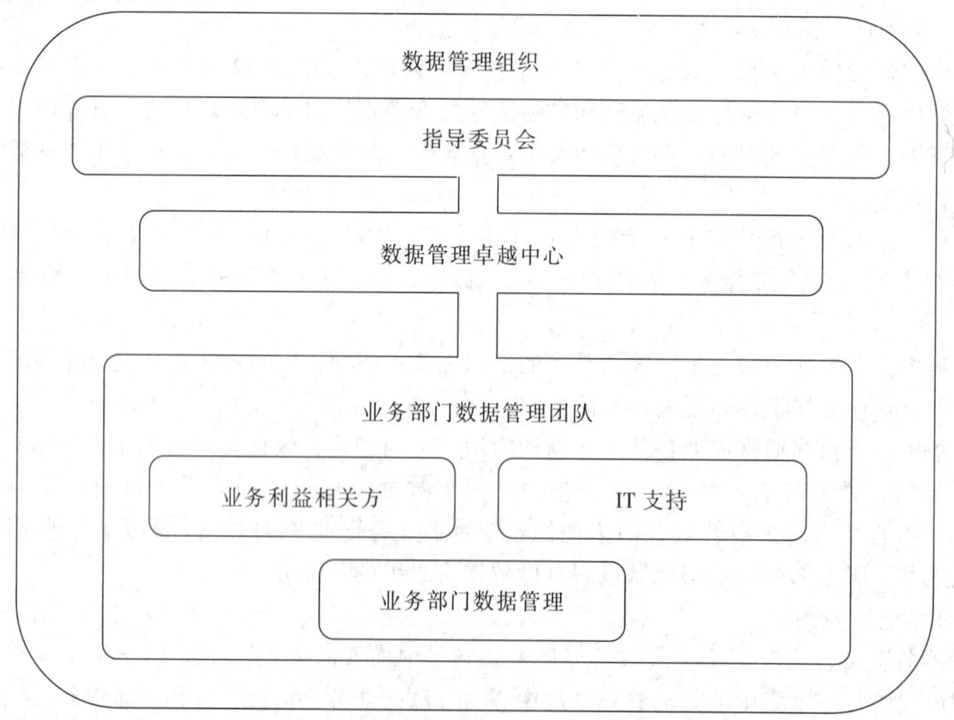

图 13-5　混合运营模式

资料来源：DMBOK 2.

在该模式内，一些角色仍然是分散的。例如，数据架构师可能会保留在企业架构组中，各业务团队可能拥有自己的数据质量团队。哪些角色是集中的，哪些角色是分散的，在很大程度上取决于组织文化。

混合运营模式的优点是：从组织的顶层制定适当的指导方向，并且有一位对数据管理负责的高管。业务团队具有广泛的责任感，可以通过业务优先级调整给予更多的关注，他们受益于这个专门的数据管理卓越中心的支持，有助于将重点放在特定的挑战业务上。

混合运营模式的缺点是：需要配备额外的人员到卓越中心。业务团队可能有不同的优先级，这些优先级需要从企业自身的角度进行管理。此外，中央组织的优先事项与各分散组织的优先事项之间有时可能会发生冲突。

5.联邦运营模式

作为混合运营模式的一种变体，联邦运营模式提供了额外的集中层/分散层，这在大型跨行业全球企业中通常是必需的。基于部门或区域划分，企业数据管理组织具有多个混合数据管理模式，如图13-6所示。

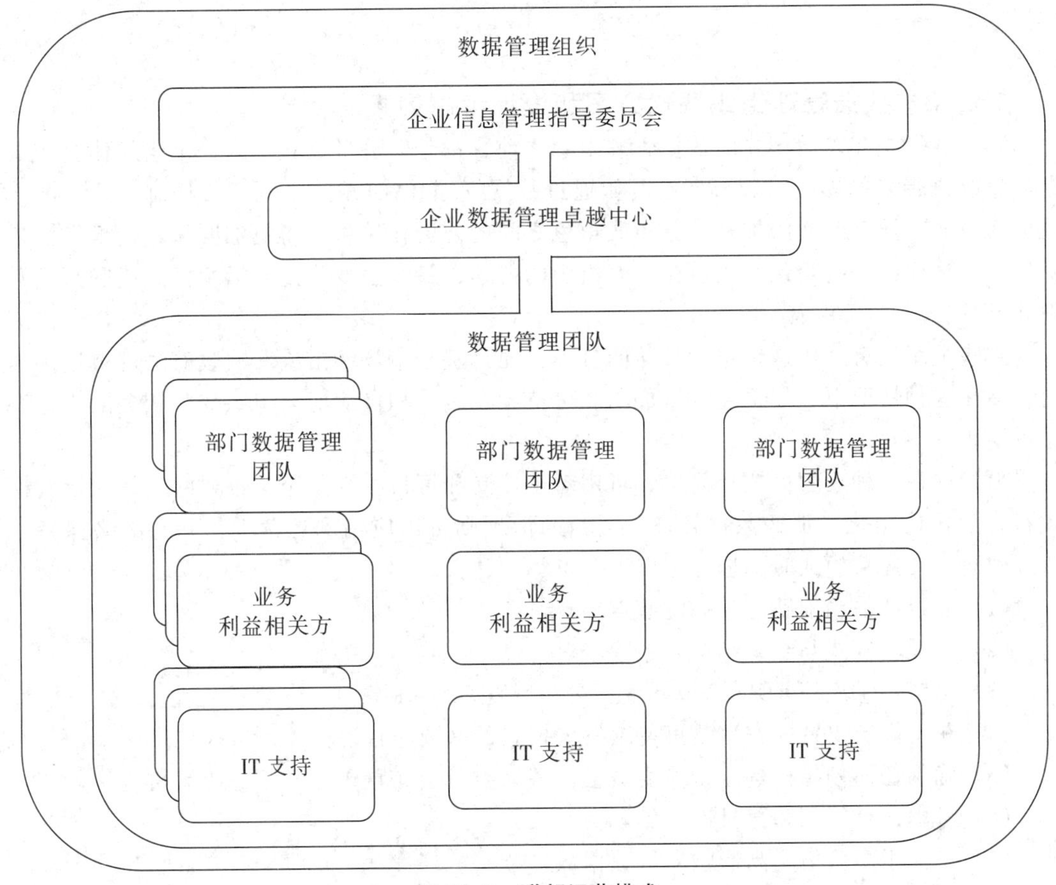

图13-6　联邦运营模式

资料来源：DMBOK 2.

联邦运营模式提供了一个具有分散执行的集中策略。因此，对于大型企业来说，它可能是唯一可行的模式。一个负责整个组织数据管理的主管领导，负责管理企业数据管理卓越中心。当然，不同的业务线有权根据需求和优先级来适应要求。该模式使组织能够根据特定数据实体、部门挑战或区域优先级来确定优先级。

该模式的主要缺点是管理起来较复杂。它的层次太多，需要在业务线的自治和企业的需求之间取得平衡，而这种平衡会影响企业的优先级。

13.2.2 确定组织的最佳运营模式

运营模式是改进数据管理实践的起点。引入运营模式之前，需要了解它如何影响当前组织以及它可能会如何发展。由于运营模式将帮助政策和流程的定义、批准和执行，因此确定最适合组织的运营模式是至关重要的。

评估当前的组织结构：它是集中的、分散的，还是混合的、层级化的、相对扁平的？描述相关部门或区域的独立性：它们的运作基本上是自给自足的吗？它们的要求和目标是否有很大的差异？最重要的是，尝试确定决策是如何作出的（如民主或强制性指令）以及如何实施这些决策？

这些问题的答案能够提供一个起点，以了解组织处于分散模式和集中模式之间的位置。

13.2.3 数据管理组织替代方案和设计考虑因素

大多数组织在转向正式的数据管理组织之前，都处于分散模式。当一个组织体会到数据质量改进带来的影响时，可能已开始通过数据管理RACI矩阵来制定责任制度，并演变成网络模式。随着时间的推移，分布式角色之间的协同作用将变得更加明显，规模经济将被确立，从而将一些角色和人员拉入有组织的群体，最终演变为混合运营模式或联邦运营模式。

有些组织没有经历这个不断成熟的过程，而是基于市场冲击或新的政府法规被迫迅速成长。在这种情况下，如果要取得成功和可持续发展，积极应对与组织变革相关的不适至关重要。

无论选择哪种运营模式，简单、可用对于接受和可持续性是至关重要的。如果运营模式符合公司的文化，那么数据管理和适当的治理则可以应用到运营中，并与战略保持一致。构建一个运营模式时，应考虑以下几点：

（1）通过评估当前状态来确定起点。

（2）将运营模式与组织结构联系起来。

（3）思考：①组织复杂性+成熟度；②领域复杂性+成熟度；③可扩展性。

（4）获得高层支持——这是可持续发展模式的必要条件。

（5）确保任何领导机构（指导委员会、咨询委员会、董事会）都是决策机构。

（6）考虑试点规划和分批次实施。

（7）专注于高价值、高影响力的数据域。

（8）使用现有的资源。

（9）切忌采用一刀切的方法。

13.3 数据管理组织关键成功因素

13.3.1 成功的数据管理实践

对大多数组织而言，改进数据管理实践需要改变人们协同工作的方式，改变人们理解数据在组织中作用的方式，以及人们使用数据和采用技术支持组织流程的方式。当然，成功的数据管理实践还应注意以下几点：

（1）根据信息价值链调整数据责任制度，以此来学习横向管理。

（2）将重点从垂直（业务领域）问责制转变为面向共享的数据管理制度。

（3）将信息质量从一个特定的业务关注点或IT部门的工作演变为整个组织的核心价值。

（4）将关于信息质量的思维从“数据清洗和数据质量积分卡”提升转变为组织的基本能力，即将数据质量纳入管理过程。

（5）落地一系列的程序，衡量不良数据管理的代价和规范化数据管理的价值。

数据管理能力成熟度水平的改变不是通过技术实现的（尽管适当使用软件工具可以支持实践）；相反，它是通过对组织管理的变革采取谨慎和结构化的方法来实现的。各级组织都需要作出改变，最重要的是要对变革进行管理和协调，以避免进入死胡同、丧失信心，以及对信息管理职能及其领导力造成损害。

13.3.2 关键成功因素

无论组织的内部结构如何，以下10个因素始终被证明在数据管理组织的成功中起着关键作用：高管层的支持、明确的愿景、主动的变革管理、领导者之间的共识、持续沟通、利益相关方的参与、指导和培训、实施评价、坚持指导原则、演进而非革命（DAMA国际，2020）。

1.高管层的支持

拥有合适的高管层支持，可确保受数据管理规划影响的利益相关方获得必要的指导。在组织变革的过程中，应将新的以数据为中心的组织有效地整合在一起，从而获得长期持续的发展。相关管理层应理解并相信组织变革倡议，必须能够有效地吸引其他领导者支持组织变革。高管层的支持利于打破部门墙，消除信息孤岛，推动项目成功。

那么，如何获得高层领导的支持？可从以下五个方面进行思考：

（1）将数据管理与企业战略绑定

组织的生产经营和管理决策离不开数据的支撑，数据影响着组织运转的不同方面。数据作为一项重要的资源，是组织实现战略目标的关键，同样组织需要规划战略重点，才能获得可信数据。

组织要实现数据驱动的数字化转型，最根本的就是设计并实施数据管理。数据管理是战略层面的策略，而不是战术层面的方法，太多的案例告诉我们采用战术的方法无法扩大范围和影响力，反而会导致重复工作。因此，必须将数据管理与组织战略绑定，以获得高层领导的支持，进而使整个组织全心投入其中。

（2）敢于暴露数据的问题

目前组织的数据问题主要存在管理、业务和技术三个方面。

① 管理方面。缺乏覆盖全组织、跨业务、跨部门、跨系统的统一数据管控体系；缺乏数据管理专业组织和部门及配套的管理流程，在数据的创建、传输、加工、使用过程中，各参与者的角色、职权分工不清晰；缺乏明确的信息责任人制度和有效的措施及配套的考核办法。

② 业务方面。业务需求不清晰、业务需求变更随意、缺乏管理和控制措施、业务端数据输入不规范等问题都是导致数据问题的主要原因。另外，缺乏跨部门、跨团队的流程定义，从而难以高效整合相关资源、形成系统建设的合力。

③ 技术方面。缺乏数据整体规划和设计，没有明确的数据管理目标；数据被动式管理，在业务提出需求后才被动响应；存在信息孤岛问题，大量“黑暗数据”消耗资源却不能利用；数据在采集、处理、加载、存储过程中的设计和开发不合理，引发数据问题等等。

上述问题普遍存在于组织中，很多人也清楚问题所在，数字化转型的推动者应当勇于将组织的数据管理现状和存在的问题暴露出来，让高层领导清楚地知道组织在数据管理方面的缺失以及它们可能引发的后果。

（3）选择价值显而易见的数据管理策略

良好的数据管理有利于提升组织价值，如：

① 增加收入。通过更好的数据分析和预测，改善管理决策，提高盈利能力。

② 降低成本。通过组织数据源映射和组织对业务数据定义的访问，降低数据管理和集成的成本。

③ 提升效率。使用可信数据改善决策，利用准确的数据实现流程优化。

④ 控制风险。通过数据管理提供更好的洞察力、防范商业欺诈、保护个人隐私等。

要让高层领导支持，最简单的方式就是让他们从项目的过程或结果中看到或体会到具体的利益，比如获得利润、赢得重要客户的认可、进入全新的市场、打破竞争对手的垄断等。只有明确的、可以预见的项目收益才能使高层领导乐于将有限的资源和精力投入数据管理项目中。

（4）提供明确的落地方向

如果你是一位数据管理主管，希望获得高层领导对数据管理项目在政策和资金上的支持，除了向其说明组织当前数据管理中存在的问题和改进后的价值，还需要给领导呈现一条明确的实施路径，展示当前组织数据管理所处的阶段以及未来的目标。对实现目标的陈述必须切实可行，并且要考虑到组织的当前状态；同时，还应结合组织战略，规划出数据管理整体的实施路线图，并说明每一阶段数据管理的内容、效果和需要投入的资金预算等。

（5）引导更多的人支持

有人支持对于数据管理的成功实施至关重要。不仅要找到现成的支持者，还需要引导更多的人，甚至是这场变革的抵制者支持你的数据管理策略。

要找到现成的支持数据管理策略的高管，最简单的方法是找到与高管利益相关的项目。比如，主管销售的高管一定会关注客户数据和销售数据。你的项目目标是通过数据管理改善客户数据从而实现交叉销售和追加销售，实现产品自动化推荐，增加销售业绩。这样的项目目标与销售人员的业务目标是一致的，他们可以从可靠的客户数据中获得更多的收益。销售负责人或销售高管就是客户数据管理的现成的支持者。也就是说，要想引导更多的人支持，一定要真正理解利益关系人关注的事项、衡量成功的指标及对数据管理的看法，将他们的目标融入你的数据管理策略中。

2.明确的愿景

清晰明确的愿景以及推动计划，对数据管理组织的成功至关重要。组织领导者必须确保所有受数据管理影响的利益相关方（包括内部和外部）都能明白和理解数据管理是什么，为什么数据管理很重要，以及他们的工作将如何影响数据管理和受到数据管理的影响，并内化于心。

3.主动的变革管理

组织将变革管理应用于数据管理实践的建立，解决人员面临的挑战，从而使数据管理组织获得长期可持续发展的可能。

4.领导者之间的共识

领导者之间的共识，是指确保在数据管理项目的必要性及成功标准的定义方面统一思想，并一致支持。管理层意见统一包括领导者的目标和数据管理结果之间的一致性，以及领导者之间的价值取向和目标的一致性。同时，应评估并定期重新评估各级领导者之间的意见，确定他们之间是否存在较大的分歧，并采取措施快速解决这些问题是至关重要的。

5.持续沟通

组织必须确保利益相关方清楚地知道数据管理是什么，为什么数据管理对公司很重要，要做哪些变革以及需要改变哪些行为。如果不知道该采取何种不同的方法，就无法改进数据管理的方式。

在强调数据管理重要性时，信息必须一致。此外，信息还应根据利益相关方群体进行定制。例如，在数据管理方面，不同群体所需的教育水平或培训次数会有所不同。信息应该支持按需重复，能对其进行经常性的检查，以确保数据持续有效，并逐步建立数据意识。

6.利益相关方的参与

受数据管理计划影响的个人和群体，会对新计划及其在计划中扮演的角色作出不同的反应。组织如何吸引这些利益相关方，如何与他们沟通、回应他们并邀请他们参与，都将对新计划的成功与否产生重大影响。

7.指导和培训

指导和培训是实现数据管理的关键。不同的群体（领导者、数据管理员、数据所有者、技术团队等）需要不同类型和层次的培训，以便有效地履行其职责。

领导者需要明确数据管理的方向，并明确数据管理对公司的价值。数据管理专员、所有者和管理员（如那些处于变革前沿的人）都需要深入地了解数据管理计划，有针对性的培训可以使他们有效地发挥作用。这意味着他们需要新政策、流程、技术、程序甚至工具方面的培训。

8.实施评价

围绕数据管理指南和计划进度构建度量标准，了解数据管理路线图是否正在运行以及能否持续运行。评价度量标准有如下维度：是否采用、改进的程度、数据管理的有利方面、改进的流程和项目、识别并规避的风险、数据管理的创新方面、可信度分析等。

数据管理有利于改进以数据为中心的流程。如月末结账、风险识别和项目执行效率。数据管理创新侧重于通过提高数据质量来改进决策和分析。

9.坚持指导原则

指导原则阐明了组织的共同价值观，是战略愿景和使命的基础，也是综合决策的基础。指导原则构成了组织在长期日常活动中遵循的规则、约束、标准和行为准则，如数据管理原则等。无论是分散的运营模式、集中的运营模式，还是介于两者之间的任何模式，都必须建立和商定指导原则，使所有参与者保持一致的行事方式。指导原则是作出所有决策的参考，是创建有效数据管理计划的重要步骤，它有效地推动了组织行为的转变。

10.演进而非革命

在数据管理的所有方面，"演进而非革命"的理念有助于最大限度地减少重大变化或大规模高风险项目。建立一个随着时间推移而演化和成熟的组织，能够逐步改进按业务目标对数据进行管理和排序的方式，并确保组织在变革中采用新的策略和流程。增量变化更容易被证明，因此也更容易获得利益相关方的认可和支持，并让那些潜在的重要参与者参与进来。

13.4 建立数据管理组织

数据管理是对数据资产所有相关方利益的协调与规范。建立清晰的数据管理组织机构，支持人、流程和技术的协调，为企业数据管理提供良好的环境，是企业数据管理成功实施的保障。建立数据管理组织机构，需要明确组织岗位分工和职责，定义数据归属权、使用权，明确谁对数据质量负责。授权合格的数据管理项目负责人，将其作为协调组织上下级的纽带，项目负责人需要具备强大的沟通能力及一定的技术和业务能力，这些能力是将数据管理计划成功导入公司的关键。

应获取高层领导的支持，发挥高层领导在数据管理工作中的积极作用，推动打造"一把手工程"。实践证明，企业的高层领导对于数据管理项目能否取得成功起着至关重要的作用。

13.4.1 建立数据管理组织的原则

1.数据管理需要从企业利益出发

数据管理应从企业的利益出发统筹规划，全面保障数据的质量。数据管理组织的建立是对数据管理职责的确认。由企业高级管理者或董事会授予其对数据相关事项的行使权和决策权。

2.数据管理工作需要合理的分工

数据管理者不一定是数据所有者，而是由数据所有者授权进行数据管理的托管单位。数据质量应由数据所有者负责。数据管理者并不包揽所有的数据治理和管理工作，部分数据治理和管理工作需要由业务部门和IT部门共同承担。

3.数据管理需要各方通力合作

数据管理者需要与各业务领域中的业务专家合作，共同定义数据标准，制定数据质量规则，并促进数据质量的提升。数据生产者和使用者对数据的新增、变更、传输、存储等处理与使用也需要数据管理者或IT部门给予一定的技术支持，这一系列活动都需要数据管理者监督和核查，以确保数据质量。

13.4.2 数据管理组织与职责分工

数据管理项目涉及范围广，牵涉到不同的业务部门、信息部门和应用系统，需要协调好各方关系，大家目标一致、通力协作，才能保证数据管理的成功实施。不同企业的数据管理组织机构设置或有一定的差异，但一般来说，数据管理组织由数据治理委员会、数据治理办公室、数据所有者、数据生产者和数据使用者等五类角色组成。

1.数据治理委员会

作为企业数据管理的决策机构，数据治理委员会由企业业务部门及IT部门等跨部门的高层管理人员代表联合组成，一般为主管业务的高管以及CIO、CDO等。数据治理委员会负责制定企业的数据战略，指明数据治理方向，并对公司董事会负责。数据治理委员会拥有整个企业数据的管理权，负责制定和推动数据治理策略、规范和流程，包括：签发数据标准，批准实施数据管理制度及流程；对数据治理过程的重大事项进行审核和决策；对数据治理工作给予相应的人力、物力和资金支持等，确保数据管理的一致性、合规性和最佳实践。

2.数据治理办公室

在一些大型企业的数据管理组织机构中会设置数据治理办公室或数据管理岗，来协助数据治理委员会执行数据治理策略、流程和管理制度。数据治理办公室是理解和传达数据含义与使用的专家，其主要职责包括：负责数据管理细则的制定、数据质量稽核、数据治理技术的导入、数据质量问题处理等；协调相关数据的生产者、拥有者和使用者来完成数据标准、数据质量规则、数据安全策略的制定和执行；对数据治理过程进行监控和管理，以符合数据标准、管理制度和流程规范的要求。当数据治理办公室无法解决数据问题时，会将该问题“上诉”到数据治理委员会进行决策。

根据项目的需要，数据治理办公室可能还会设置数据标准管理岗、元数据管理岗、主数据管理岗、数据质量管理岗、数据架构岗、系统协调岗等岗位。

（1）数据标准管理岗：牵头组织数据标准的编制、评审、维护、更新，以及相关制度的编制、修订、解释、推广落地。

（2）元数据管理岗：牵头元数据的采集、梳理、存储、维护和更新，以及元数据管理相关管理办法的编制、修订、解释、推广落地。

（3）主数据管理岗：牵头主数据标准制定、数据质量稽核，以及主数据管理相关制度和流程的编制、修订、解释、推广落地。

（4）数据质量管理岗：牵头数据质量标准、数据质量检查规则的订立和维护，数据质量评估模型的制定和维护，数据质量相关管理办法的编制、修订、解释、推广落地以及专项数据质量的整顿和改造工作。

（5）数据架构岗：牵头目标数据架构，数据生命周期管理策略的制定、维护和更新，以及数据架构和数据生命周期相关管理办法的编制、修订、解释、推广落地。

（6）系统协调岗：协调/牵头数据治理工作中涉及的系统建设改造、工具建设改造、平台建设改造等。例如，牵头数据管理平台的建设，协调数据质量整顿工作中对相关业务系统的改造，协调数据标准在新系统建设中落地等。此岗位也可以分散由以上岗位各自执行。

3.数据所有者

数据所有者即拥有或实际控制数据的组织或个人。数据所有者负责特定数据域内的数据，确保其域内的数据能够跨系统和业务线受到管理。数据所有者需要主导或配合数据治理委员会完成相关数据标准、数据质量规则、数据安全策略、管理流程的制定。数据所有者一般由企业的相关业务部门人员组成，根据企业发布的数据治理策略、数据标准和数据治理规则的要求，执行数据标准，优化业务流程，提升数据质量，释放数据价值。在企业中，数据所有者并不是管理数据库的部门，而是生产和使用数据的主体单位。

数据所有者在数据管理中担任着重要的角色，负责数据的管理、保护和合规性，以确保数据在组织内得到有效和负责任的使用。同时，数据所有者也需要与数据管理部门、数据管理员以及其他相关角色紧密合作，共同推动数据管理的实施和持续改进。

4.数据生产者

数据生产者即数据的提供方，对于企业来说，数据生产者来自人、系统和设备。数据生产者可以是各种部门、业务流程、传感器、应用程序或其他系统。以下是数据生产者的一些例子和职责：

（1）业务部门：各个业务部门是数据的主要生产者之一。例如，企业员工的每一次出勤、财务人员的每一笔账单、会员的每一次消费都能被一一记录；销售部门生成销售数据、市场部门生成市场调研数据、客户服务部门生成客户反馈数据等。

（2）生产设备和传感器：在制造业或工业领域，生产设备和传感器可以生成各种类型的数据，例如生产过程中的温度、湿度、压力等数据，并通过IoT整合到企业的数据平台中。

（3）应用程序和系统：组织使用各种应用程序和系统来支持其业务活动。这些应用程序和系统可以生成各种数据，例如企业资源计划（ERP）系统生成的采购数据、销售数据或财务数据，企业的CRM、MES等系统每天都会产生大量的交易数据和日志数据。

（4）网络和服务器日志：网络设备和服务器生成的日志文件记录了网络活动、系统事件和安全事件等信息。这些日志文件对于网络安全监控和故障排除非常重要。

（5）传感器和物联网设备：随着物联网的发展，越来越多的传感器和物联网设备被用于收集各种环境数据、运输数据、健康数据等。

数据生产者是数据的源头，在数据管理中起着关键的作用，对数据的质量和安全性负有责任。数据生产者与数据管理部门、其他相关角色的合作可以确保数据生产过程的有效性和可靠性。

5.数据使用者

数据使用者是申请、下载、使用数据的组织或个人，即在组织中使用数据以支持业务决策、分析或其他目的的个人、部门或系统。数据使用者可以包括以下角色：

（1）业务分析师：业务分析师使用数据来识别趋势、洞察业务绩效、制定策略和推动业务增长。他们使用数据分析工具和技术来解释和解读数据，提供有关业务运营和市场趋势的见解。

（2）决策者：组织的决策者使用数据来作出战略性和运营性决策。他们依赖数据来评估业务绩效、预测趋势、识别机会和风险，并制定相应的决策和战略。

（3）部门经理：各个部门的经理使用数据来监控和评估部门的绩效，并作出相应的调整和改进。他们依赖数据来了解部门的运营情况、资源利用情况和目标达成情况。

（4）数据科学家：数据科学家使用数据和机器学习技术来发现数据中的模式、建立预测模型和进行高级分析。他们利用数据来解决业务问题、优化流程和提供创新解决方案。

（5）市场营销人员：市场营销人员使用数据来了解目标市场、顾客行为和市场趋势。他们利用数据来制定市场推广策略、评估市场活动效果和优化营销策略。

（6）客服人员：客户服务人员使用数据来了解客户需求、处理客户问题和提供个性化的客户服务。他们依赖数据来了解客户的历史记录、偏好和反馈，以提供更好的客户体验。

在企业中，数据的所有者、生产者和使用者有可能是同一个部门。例如，销售部门以CRM系统为依托，既是客户数据的生产者，也是客户数据的使用者，还是客户数据的所有者。在某些情况下，数据所有者、生产者和使用者可能会有更复杂的关系网络，涉及多个参与方之间的数据共享、数据交换和数据管理。此外，随着数据保护和隐私法规的逐步完善，数据所有者、数据生产者和数据使用者之间的关系也受到了更多的法律和道德约束。因此，在处理数据时，确保遵守适用的法律法规和隐私保护原则是非常重要的。

13.4.3 谁该对数据负责

谁该对数据负责？数据所有者负责特定数据域内的数据。通常，企业中数据的生产者、所有者、使用者和管理者是比较容易识别的，但是一旦出现数据质量问题，在追责的时候，它就常常会变成一个业务部门之间或业务部门与IT部门之间相互推诿的问题。

例如，企业在盘点库存时，经常会发现ERP系统中的物料库存数据与实物的库存数据存在差异。业务部门会说IT部门没有提供完善的系统功能，导致数据错误，而IT部门则可能责怪业务部门操作不规范。事实上，出现这种问题，最大的可能是业务的出入库操作重复或在列出库存项目时有遗漏，或者库存物料的描述不准确、位置不正确。但谁应该负责解决这个问题？通过IT增强系统能力真的可以解决类似问题吗？

当涉及库存时，通常是由一个库存功能或仓库管理员负责确保库存数量准确。作为数据质量改进和控制的一部分，这可能需要对系统中的物料建立统一的编码规则并实施数据清洗，还可能需要对实物库存重新贴标签。很明显，这些决策永远不会成为单纯的IT问题，也不会落入IT部门。

数据的确权定责只是数据治理的手段，而不是数据治理的目的，企业要做的是提高数据质量和实现业务目标，而不是仅仅在发生了数据问题后去追究责任。数据问题的重点在于预防，问题发生了再去追责则为时已晚。

究竟谁对数据质量负责？通常情况下，数据所有者应该对数据负责。这是因为数据是由他们创建和拥有的，因此他们需要确保数据的准确性、完整性和安全性，并采取必要的措施来保护数据免受未经授权的访问和使用。但如果数据是由其他人或组织生成的，例如社交媒体平台或在线调查公司，那么这些实体也应该对数据负责，他们需要确保收集和处理数据的过程符合相关的法律规定和道德标准，并且不会侵犯用户的隐私权。另一方面，当数据被用于特定的目的时，例如为某个企业提供决策支持或为某个研究项目提供数据集时，那么使用数据的个人或组织也应该对数据负责，数据使用者需要确保使用数据的合法性，并遵守相关的规定和标准。

用友平台与数据智能团队（2021）认为，数据质量人人有责：谁生产谁负责，谁拥有谁负责，谁管理谁负责，谁使用谁负责。数据生产者要确保按照数据标准进行规范化录入；数据所有者要确保所拥有的数据可查、可用、可共享；数据使用者要确保数据的正确、合规使用，以及数据在使用过程中不失真；数据管理者要制定确保数据质量的流程和制度，并使其有效执行。需要注意的是，谁应该对数据负责并不是一个简单的问题，因为涉及多个实体之间的责任分配。因此，为了确保数据的合法性和安全性，需要建立相应的法律框架和规范，以明确各个实体的责任和义务；同时，也需要加强公众意识和教育，提高人们对数据隐私和安全的认识和重视程度。

13.4.4 识别当前的数据管理参与者

为最大限度地减少对组织的影响，在实施运营模式时，应从已经参与数据管理活动的团队开始，这样将有助于确保团队关注的重点是数据而不是其他。

首先，回顾现有的数据管理活动，如谁创建和管理数据，谁评估数据质量等。通过对组织的调查，找出谁可能已经担任了数据管理所需的角色和职责，这些人可能拥有不同的职位，他们可能是分散在组织的不同部门，尚未被企业识别出来。

其次，编制“数据人员”清单后，找出差距，确认执行数据策略还需要哪些其他角色和技能。通常情况下，组织中其他部门的人员拥有类似的、可转移的技能。组织中的现有人员为数据管理工作带来了宝贵的知识和经验。

13.4.5 识别委员会的参与者

无论组织选择哪种运营模式，一些治理工作都需要由数据治理指导委员会和工作组来完成。让合适的人员加入指导委员会，并充分利用他们的时间，这一点很重要。让他们了解情况并专注于改进数据管理，将有助于组织实现业务目标和战略目标。

许多组织不愿意启动另一个委员会，因为他们已经有很多委员会。利用现有委员会推进数据管理工作往往比建立一个新的委员会更容易，但这个过程需要小心谨慎。利用现有委员会的主要风险是数据管理工作可能无法获得所需的关注，尤其是在早期阶段。

13.4.6 识别和分析利益相关方

利益相关方是指能够影响数据管理规划或受其影响的任何个人或团体。利益相关方可以在组织内部或外部，他们可能是领域专家、高级领导者、员工团队、委员会、客户、政府或监管机构、经纪人、代理商、供应商等。内部利益相关方可能来自IT、运营、合规、法律、人力资源、财务或其他业务部门。对于具有影响力的外部利益相关方，数据管理组织必须考虑和分析他们的需求。

利益相关方分析可以帮助组织确定一些最佳方法，通过这些方法让参与者参与数据管理流程，并让他们在运营模式中发挥作用。从分析中获得的洞察力也有助于确定如何最佳地分配利益相关方的时间和其他有限资源。越早进行分析越好，这样组织越能够预测对变革的反应，越能提前制订计划。利益相关方分析需要回答以下问题：①谁将受到数据管理的影响？②角色和职责如何转变？③受影响的人如何应对变化？④人们会有哪些问题和顾虑？

分析的结果将确定：利益相关方名单、他们的目标和优先事项，以及这些对他们重要的原因。根据分析，找出利益相关方会采取的行动。需要特别注意的是，怎样做才能找到关键的利益相关方。这些关键的利益相关方可以决定组织的数据管理成功与否，尤其是最初的优先事项。需要考虑以下几个方面：①谁控制关键资源？②谁可以直接或间接阻止数据管理计划？③谁可以影响其他关键因素？④利益相关方是否会支持即将发生的变化？

图13-7是一个根据利益相关方的影响度、利益相关方对规划的兴趣度或规划对其影响度来确定利益相关方的优先顺序图。

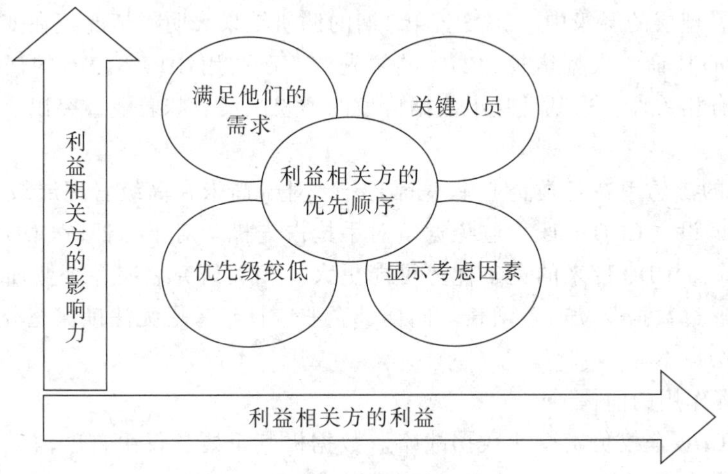

图13-7　利益相关方优先顺序图

资料来源：DMBOK 2.

13.4.7　让利益相关方参与进来

在识别利益相关方、高层支持者或列出备选名单后，清楚地阐明为什么每个利益相关方都包含在内的重要性。推动数据管理工作的个人或团队，应阐明每个利益相关方对项目成功不可或缺的原因。这意味着需要了解他们的个人目标和职业目标，并将数据管理过程的输出与他们的目标相关联，这样他们就能看到直接联系。如果不了解这种联系，他们也许在短期内愿意提供帮助，但不会长期提供支持或帮助。

13.4.8　首席数据官

1.定义与作用

首席数据官（Chief Data Officer，CDO，俗称总数据师），是组织（机构）决策层中专门负责管理和充分利用数据资产的首要责任人。其职责是，从业务发展的全局出发，用资产管理的模式，将组织内外部的数据汇聚好、管控好、利用好，进而形成数据驱动的智能优势。CDO的设置代表了公司对于数据资产的态度，也是数据管理部门和其他部门平等沟通的基础。

CDO是源于数字化转型需要而产生的一个新型高级管理者，于21世纪初首先出现在国外一些数字化转型领先企业中。企业设立CDO，有利于加强数据管理，推进数据资产化和数据驱动决策，有利于完善数据标准制度，推动数据价值深度挖掘和应用，有利于推进数据资源市场化配置，建立健全数据要素市场体制机制。

目前我国大部分单位缺少CDO岗位的设置，一定程度上制约了企业数据管理能力的提升。普华永道2023年第2期全球CDO调研结果表明：全球领先企业任命的CDO数量上升，CDO已成为大多数大公司的常设职位，且CDO能够有效发挥数据价值，引领企业创新转型。而在2021年，普华永道推出的首期全球CDO调研结果则显示，在企业内具有实际影响力的数据官屈指可数。分析发现，虽然企业年报中提及数据的频率达到历史新高，但2021年全球领先的2 500家上市企业中，只有21%的企业将CDO职位纳入最高管理层或仅次于最高管理层的层级中。2023年第2期的调研结果表明，情况正在变化。大多数行业和地区的CDO任命均大幅增长，27%的领先企业已聘用CDO。CDO的任命与企业强劲的财务表现具有相关性，这既反映出数据价值的增长，又意味着业绩突出、数据丰富的企业急需CDO。

鉴于CDO的渗透率在各类企业中不断上升，对于尚未在高级管理层级别任命CDO的企业，建议考虑设立CDO一职，避免竞争对手抢占先机。对于已任命CDO但比例较低的行业或地区企业，CDO带来的竞争优势可能更大。相关研究表明，企业面对严峻的经济形势时更渴望通过数据驱动收益增长。同样，企业应仔细考虑无法确保充分有效地使用数据所造成的机会成本。

2.CDO发挥作用的前提

（1）授权CDO全权负责企业数据战略。数据极其重要，仅由首席信息官、首席技术官、首席信息安全官等角色代为管理远远不够，需要单独的CDO。

（2）确保CDO打破组织和职能上的孤岛。数据在整个企业的不同方面都发挥着作用，因此数据管理和治理活动需要横向开展，避免纵向管理。

（3）允许CDO定期直接向CEO和董事会汇报。确保最高管理层能够及时了解数据带来的机遇和挑战。

（4）让CDO成为企业数据战略的内外部代言人。此举可向外界传达企业将大力实施数据战略的信号，还能确保数据计划与企业战略保持一致。

（5）董事会支持CDO建立开放透明的数据文化。让全员都能访问和使用数据，鼓励知识共享，提升员工技能，使其能够有效利用数据寻找新的增长和价值创造机会。

CDO应能成为企业数据管理的策划者（指挥员）：①具有数据管理的决策权和领导权，将业务战略与数据战略有机结合起来，建立健全数据管理组织体系架构、方针、标准规范及配套流程，并确保有效运行。②成为数据资产的统管者（大管家）：从数据采集、整合、存储、架构、安全、质量、分析等数据全生命周期的各个环节，将各类数据作为资产，统筹实施分类分级管理，做到数据资产心中有数。③成为基础设施的统建者（服务员）：统筹推进大数据治理综合平台、数据共享交换体系、数据开放利用环境等数据基础设施建设。④成为数据安全的监管者（守门员）：制定重要数据目录，健全数据安全风险评估、监测预警和应急处置机制，构建一体化安全保障体系。⑤成为数据价值的发掘者

（创造者）：在业务分析、业务协同、辅助智能决策等方面组织深挖数据价值，建立健全数据资产评估机制，在安全可信的开发环境中，组织开发面向数据要素市场的相关数据产品和数据服务。⑥成为数据思维的倡导者（宣传员）：强化数据战略、数据治理策略、标准宣贯，普及数据技能，提升全员数据素养，提高组织数据管理能力，营造企业全员参与的数据治理文化氛围。

当然，企业应厘清CDO和CIO（Chief Information Officer，首席信息官）、CTO（Chief Technology Officer，首席技术官）等高管岗位之间的关系。

3.CDO岗位设置与职能

《广东省企业首席数据官建设指南》（以下简称《指南》）建议企业CDO应设置在企业决策层，是企业对数据资产的使用管理和安全全面负责的高层管理人员。《指南》鼓励大型企业以业务驱动设立数据资产管理委员会和数据资产管理部门。数据资产管理委员会由企业负责人、CDO、部门负责人等中高层管理人员组成，负责确立数据资产管理的目标、资源和重大事项的协调和决策，指导审批数据资产管理工作规划和年度目标，审定数据资产管理相关的政策、组织建设、管理流程。数据资产管理部门负责数据资产工作的战略规划、目标举措以及实施落地，负责数据资产从产生、消费到消亡全生命周期管理的治理框架、流程规范、方法和IT工具的制定与推行，推动数据资产管理项目和以数据为核心的数字化转型，设计数据资产质量度量模型、执行数据资产质量监控及重大数据问题披露，统筹建设完善数据安全保障体系，负责企业数据资产管理能力提升和数据文化建立传播。

CDO是企业数据文化的推动者。CDO有助于弥合技术和业务之间的差距，并在高层建立企业级的高级数据管理战略。虽然CDO的要求和职能受限于每个组织的文化、组织结构和业务需求，但许多CDO往往是业务战略家、顾问、数据质量管理专员和全方位数据管理大师中的一员。

CDO常见职能主要有：①建立组织数据战略；②使以数据为中心的需求与可用的IT和业务资源保持一致；③建立数据治理标准、政策和程序；④为业务提供建议（以及可能的服务）以实现数据能动性；⑤向企业内外部利益相关方宣传良好的数据管理原则的重要性；⑥监督数据在业务分析和商务智能中的使用情况。

相关研究表明不同行业的关注点存在差异。但无论是哪个行业，数据管理组织通常都可以通过CDO进行报告。在分散的运营模式中，CDO负责制定数据战略，而IT、运营或其他业务线中的资源负责战略执行。一些数据管理办公室最初是在CDO刚刚确定战略的基础上建立的，但随着时间的推移，数据管理、治理和分析等职能也将逐步划分到CDO的职责范围内。

4.CDO能力要求

CDO是有效管理和运用企业数据资产、充分挖掘数据价值、驱动业务创新和业务转型变革的主要负责人。CDO需具备宽广视野和战略眼光，要熟悉企业的各项业务流程，具有业务数据价值洞察力，要及时掌握各类数字化技术发展动态，能够围绕企业信息系统产生的大规模数据资源进行数字化运营，通过数据支撑引领业务创新和商业模式创新，提升内外部客户的满意度和应用体验，帮助企业降本增效、创新增长。

没有正式职权的CDO就如没有牙齿的老虎。然而，仅凭借权力也无法使CDO成功。CDO要加强数据管理专业知识、组织能力、以业务为导向的能力，社交和沟通技能，领导力等方面的学习和提升。《指南》建议，CDO岗位应具备的能力包括以下五个方面：

（1）数据资产管理领导能力

CDO需具有良好的职业道德和敬业精神，熟悉并遵守国家数据领域相关法律法规和标准，具有正确的数据价值观，依法依规组织实施企业内外部数据的收集、存储、使用、加工、传输、提供、公开等处理活动。

（2）数据规划和执行能力

精通数据收集、管理、分析等方面的业务理论和技术，具备对数据资产管理运用工作进行全局战略规划和布局、配置企业内外部数据资源、制定发展目标和工作计划的战略思维与规划执行能力。

（3）数据价值行业洞察能力

熟悉企业的业务流程与工艺流程以及行业发展情况，能够洞察所在行业和企业的数据资产价值，具备判断分析数据及数字技术带来机遇和风险的能力。

（4）数据资产运营和增值能力

具备管理和推动大规模、跨职能、多层级的项目管理整合能力，带领和指挥团队成员围绕数据战略规划开展工作，充分挖掘企业内部数据资源优势，整合外部数据资源，提供具有经济价值和社会价值的数据，熟悉数据交易情况，以数据赋能推动企业生产经营和投资决策创新发展。

（5）数据基础平台自研建设能力

带领团队完成数据存储监控、数据处理任务调度、数据指标监控等关键大数据基础平台能力建设，能有效避免海外开源大数据平台框架技术屏蔽、"卡脖子"，为数据增值和数据价值洞察提供良好的基础保证。

总之，对于CDO而言，应着眼数据创新，推动企业增长，同时做好数据管理，保证企业数据安全和营运效率。

13.5 组织变革管理

数字化转型势必对企业原有的组织模式产生一定的冲击，需要组织具有较强的柔性对自身结构进行重构以适应变化，这离不开组织学习、部门间协同、组织变革的敏捷性。进行组织变革管理，需要理解变革的基本法则，了解变革管理误区和重大变革八步法模型，并建立敏捷组织，以实现数据、业务和技术的深度融合。

13.5.1 变革法则

组织变革管理专家总结了一套基本的"变革法则"，描述了为什么变革并不容易，在变革之初就认识到这些法则有助于变革取得成功。

1."组织不变革，人就变"

不是因为新组织宣布成立或新系统实施上线就要变革，而是人们认识到变革带来的价值而发生行为变化时，变革就会发生。改进数据管理实践和实施正式数据治理流程将对组织产生深远影响。

2.“人们不会抗拒变革，但会抵制被改变”

人们无法接受看起来武断的变革。如果他们始终参与变革、定义变革，并且当他们能够理解推动变革的愿景，以及知道变革发生的时间和方式，就更有可能愿意进行变革。

3.“事情之所以存在，是惯性所致”

事情的现状可能是历史上正确的原因导致，在过去某个节点，有人定义了业务需求、定义了流程、设计了系统、编写了策略，或者确立了当前恰好需要变革的商业模式。了解当前数据管理实践的起源，将有助于组织规避历史错误。如果允许在变革中畅所欲言，就更有可能将新举措理解为改进提升。

4.“除非有人推动变革，否则很可能止步不前”

如果想有所改进，就必须采取新措施。

5.“人的因素是变革最大的难点”

变革在“技术”层面上的实现往往很容易，难点来自于如何处理人与人之间的差异。变革不仅需要变革推动者关注系统，更重要的是需要其关注人的因素。变革推动者要积极听取员工、客户和其他利益相关方的意见，以便在问题出现之前发现征兆，以便顺利地执行变革。

最终，需要对变革目标有清晰的愿景，并明确定期与利益相关方沟通，以便在出现挑战时获得参与、认同、支持和（重要的）持续支持（DAMA国际，2020）。

13.5.2　变革管理误区

科特是变革管理领域最受尊敬的研究者之一。他在《领导变革》一书中总结了导致组织变革失败的八大误区，对数据管理环境下经常出现的问题具有参考意义。

1.误区一：过于自满

科特认为，组织变革时人们所犯的最大的错误，是尚未在同事和上级中建立足够强烈的紧迫感的情况下就冒进了。科特的分析为那些希望避免重蹈覆辙的变革推进者提供了有价值的指导。变革推进者通常存在高估自己推动巨大组织变革的能力、低估让人们走出舒适区的难度、未能预见其行为和方法可能会引发抵触而强化现状、过于冒进、将紧迫性与焦虑混为一谈等问题。

虽然人们很容易认为，面对组织危机不会存在自满问题，但事实往往恰恰相反。在面对太多（常常是相互冲突的）的变革要求时（通常当成“如果一切都很重要，那么什么都不重要”来处理），利益相关方往往选择坚持现状。

表13-1描述了信息管理场景中自满征兆的呈现形式。

表13-1　**自满征兆的呈现形式**

示例场景	呈现形式
对监管变革的反应	“我们还好，根据现行规定，我们还没有遭受处分。”
对业务变革的反应	“多年来，我们一直成功地支持这项业务。我们不会有事的。”
对技术变革的反应	“这项新技术未经验证。当前系统很稳定，我们知道如何解决问题。”
对问题或错误的反应	“我们可以指定一个问题解决小组对问题进行修补。在我们部门肯定有可用之人。”

资料来源：DMBOK 2.

2.误区二：未能建立足够强大的指导联盟

科特指出，如果缺乏组织领导人的积极支持，缺乏同其他领导人联合起来指导变革，要实现重大变革几乎不可能。在数据治理工作中，领导参与尤其重要，这是因为数据治理工作需要显著的行为改变。如果缺乏高层领导人的承诺，往往会出现短期的自身利益优先于治理所带来的长期利益的现象。指导联盟是由来自整个组织的强大而富有激情的团队，有利于实施新战略和组织变革。建立指导联盟的关键挑战是识别必要的参与方。

3.误区三：低估愿景的力量

如果对变革愿景缺乏清晰明确的描述，即使是再强大的指导联盟也是远远不够的。愿景提供了变革努力的背景，帮助人们理解任何单个事项的含义。明确定义、沟通良好的愿景可以帮助推动正确实施变革所需的能量水平。如果缺乏指导决策的公开愿景声明，那每次选择都可能沦为辩论，任何行动都可能偏离或破坏变革举措。

愿景是一个明确和令人信服的声明，阐述变革的方向。对于数据管理计划，该愿景必须阐明现有数据管理实践的挑战、改进的好处以及通往更好未来状态的道路。例如，"我们将提升财务报告的准确性和及时性，使所有利益相关方更容易获得这些报告。更好地了解数据如何流入和流出的报告流程，将支持对数据的可信度，节省时间，并在期末处理时减少不必要的压力。我们将在第一季度末通过实施相关举措迈出第一步，来实现此目标。"这一表述，阐明了将要做什么以及为什么要做。如果你可以指出变革对组织的好处，那么你就能够得到对变革的支持。

4.误区四：过度放大愿景

即使人人都对现状不满，人们也不会改变，除非他们认为变革的好处是对现状的重大改善。对愿景进行一致、有效的沟通，然后采取行动，对于成功的变革管理至关重要。

5.误区五：允许阻挡愿景的障碍存在

当人们感到变革道路上会遇到巨大障碍时，即使人们完全接受变革的必要性和方向，新举措也会失败。作为转型的部分，组织必须识别、应对各种障碍，如心理障碍、组织结构、积极抵抗等。

6.误区六：未能创造短期收益

真正的变革需要时间。任何曾经实施过健身计划或减肥计划的人都知道，坚持下去的秘诀就是要有小的短期目标，通过标记进步来保持动力和势头。任何涉及长期承诺、努力和资源投入的事情，都需要一些早期和定期的成功反馈。

复杂的变革努力需要短期目标来支持长期目标，达到这些目标可以让团队欣喜并保持势头。关键是要创造短期的胜利，而非仅仅寄希望于长期目标。在转型中，管理者应积极建立早期目标，并奖励实现这些目标的团队。如果缺乏系统的努力来保证成功，变革很可能会失败。

在数据管理环境中，短期的胜利和目标通常来自对已识别问题的解决。例如，如果建立业务术语表是数据治理举措的关键交付成果，那么短期的胜利可能来自解决了对数据理解不一致的相关问题（如两个业务领域报告KPI的结果不一样，是因为在计算中使用的规则不同）。

7.误区七：过早宣布胜利

在变革项目尤其是那些持续数年变革的项目中经常会出现，人们倾向于在首次重大绩效提升时就宣布项目成功的情况。短期的胜利和初胜是保持动力和士气的有力工具，然而任何工作已经胜利完成的暗示通常都是误区。除非这些变革已植根于本组织文化当中，否则新方法仍非常脆弱，旧习惯和旧的做法会卷土重来。

经典例子“任务完成综合征”描绘了这样一种场景，在此场景中，技术实现被视为改进信息管理或解决数据质量或数据可靠性问题的途径。一旦技术部署完成，就很难让项目朝着目标继续前进——特别是未能良好定义总体愿景的情况下。表13-2给出了几个过早宣布胜利可能产生的后果示例。

表13-2　**过早宣布胜利可能产生的后果**

示例场景	可能的表现形式
处理数据质量	“我们购买了数据质量工具，现在已经解决了问题。” 组织中没有人对数据质量报告进行审查或采取行动
混淆能力交付与实施和操作	“我们已经实施了X合规报告系统，实现了法律遵从要求。” 监管要求会发生变化 没有人对报告中识别的问题进行审查或采取行动
数据迁移	“系统X中的所有数据现在都已在系统Y中。” 记录数匹配了，但系统Y中的数据不完整，或由于迁移过程失败而数据中断，需要人工干预

资料来源：DMBOK 2.

8.误区八：忽视将变革融入企业文化

组织不会变，人会变。在新行为尚未融入组织社会规范和共享价值时，一旦变革工作的重点转移，变革就会衰减和退化。科特明确表示，参与任何变革活动，忽视文化变革都有非常大的风险。

确定组织文化变革的两个关键因素，一是有意识地向人们展示特定行为和态度如何影响绩效；二是投入充足时间将变革方法嵌入后续管理。

要突出人为因素在整体变革中的重要性，这些变革可能为数据治理执行、元数据管理和使用以及数据质量实践等带来提升。例如，某个组织可能已经对所有文档引入了元数据标记需求，以支持其内容管理系统中的自动分类和归档流程。工作人员在最初的几周内能够很好地遵守要求，但随着时间的推移，他们又恢复了旧习惯，未能恰当地标记文档，导致大量未分类记录积压。在这种情况下，需要进行人工审查，以使其符合技术解决方案的要求。

数据管理的改进通过流程、人员和技术三者的协作实现。这个中间部分经常被遗漏，导致交付不佳和进度倒退。由此可见，在采纳新技术或者新流程时，考虑人为因素如何推进变革并保证收益是非常重要的。

13.5.3　重大变革八步法

为解决变革管理中的问题，科特提出了重大变革八步法模型，如图13-8所示。该模型提供了一个框架，在此框架内，通过支持可持续长期变革的方式来解决每个问题。每个步骤都能关联到某个破坏转型努力的基本误区。

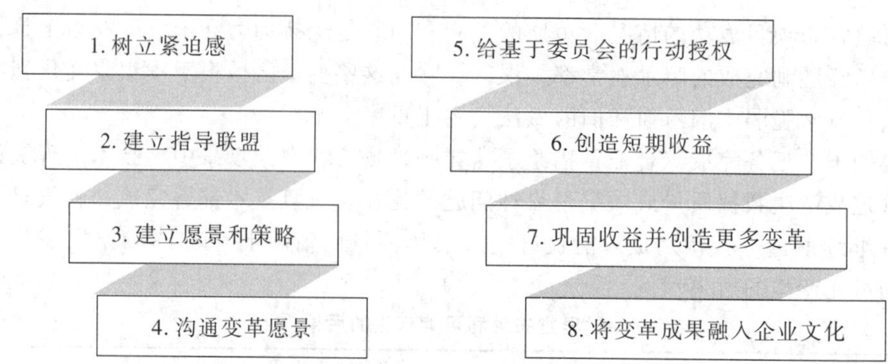

图13-8　科特的重大变革八步法

资料来源：DMBOK 2.

该模型的前4步旨在打破根深蒂固的原有现状，接下来的3个步骤（5~7）介绍了新的实践和工作方法，最后一步锁定了变革，并为未来收获和改进提供了平台。

科特表示遵循这些步骤尚无捷径可走，所有成功的变革努力都必须经历全部8步。关注步骤5~7很有意义，然而，这并没有为维持这种变化提供坚实的基础（如没有远见、没有指导联盟、没有对现状的不满）。同样，在整个过程中需要加强每一步。应使用阶段性的胜利加强愿景和沟通并突出显示现实中的问题。这里着重介绍前4步，以打破根深蒂固的原有现状。

1.树立紧迫感

当人们认为没必要做某件事的时候，他们会找到成千上万种不合作的理由。要想激励足够的关键人员支持变革，就必须让人们有清晰而令人信服的紧迫感。要取得协同和合作，就需要一致的口号。

在数据管理方面，促使紧迫感产生的因素有监管变化、数据安全的潜在威胁、业务连续性风险、商业策略的改变、兼并与收购、监管审计或诉讼风险、技术变革、市场竞争对手的能力变化、媒体对组织或者行业数据管理问题的评论等。

提高紧迫感的程度，需要消除自满的根源或减少其影响（自满情绪的根源如图13-9所示）。建立一种强烈的紧迫感，需要领导人采取大胆甚至冒险的行动。大胆行动意味着可能导致短期内的痛苦。然而，如果短期内的痛苦被引导到变革愿景上，那么领导者可以利用短期的不适来构建长期目标。

缺乏领导的支持和鼓励时，大胆行动会困难重重。谨慎的高级管理者如果不能增加紧迫感，就会降低组织的变革能力。

要重视中层和基层管理人员的作用。他们要能够减少在其负责管理的团队内部的自满情绪。如果有足够的自主权，就可以不考虑组织内其他单位变革的速度来推进事情。如果没有足够的自主权，那么一个小单元的变革努力从一开始就注定要受到外部惯性的影响。通常，高级管理人员需要负责消除这些影响。然而，如果中层或基层管理者具有战略思维，他们也可以推动变革发生。例如，使用分析报告清楚展示不进行必需的改变会对关键战略项目产生什么样的影响。当对分析报告的争议可以通过某个外部团体（如外部顾问，他们可能帮助进行分析）获得支持时，这种方法特别有效。

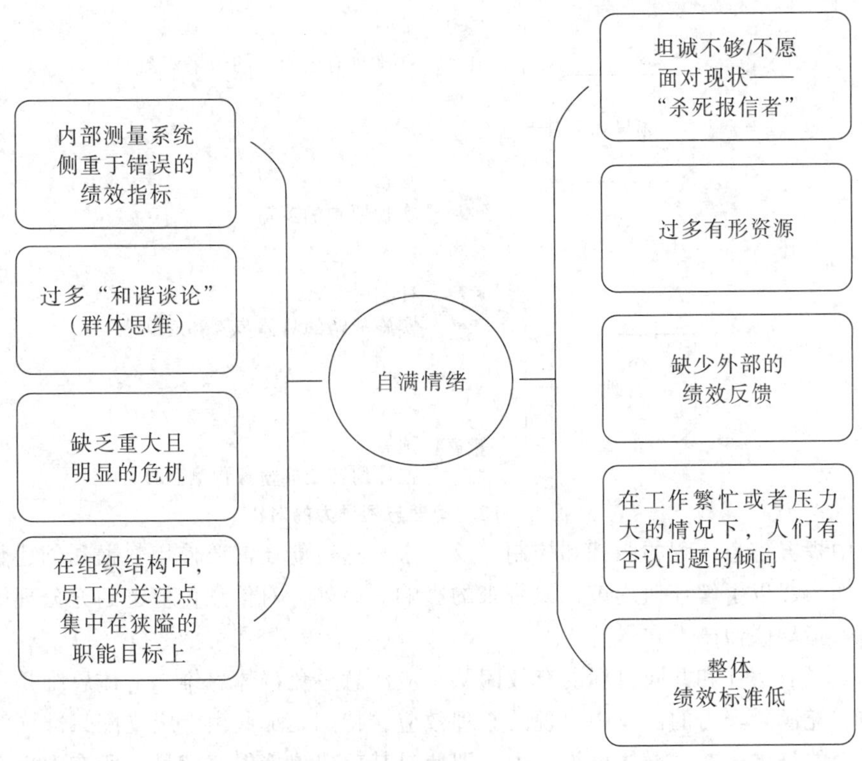

图13-9　自满情绪的根源

资料来源：DMBOK 2.

紧迫感的程度应适度。对某个问题的紧迫感会导致人们认为现状必须改变。为了长期维持转型，需要足够数量的管理人员提供支持。然而，制造太多紧迫感可能会适得其反。过于紧迫可能会导致对变革愿景的对抗，或者人们将注意力集中在“救火”的事情上。足够强烈的紧迫感将有助于启动变革、助力变革，有助于在指导联盟中获得正确的领导地位。归根结底，紧迫感必须足够强烈，以防止取得初步成功后自满情绪再次抬头。

2.建立指导联盟

应建立一个适当的具有必要的管理承诺的指导联盟，以支持变革的紧迫性。此外，团队必须支持有效的决策——这需要团队内部的高度信任。作为一个团队工作的指导联盟可以更快地处理更多的信息。它还加快了理念的实施，因为拥有权力的决策者真正了解情况，并致力于关键决策。

一个有效的指导联盟应具有职位权力、专家意见、可信性和领导力4个关键特征。其中，领导力是关键。指导联盟必须在管理和领导技能之间取得良好的平衡。领导力推动变革，管理使过程可控。要获得持续成果，两者缺一不可。但管理和领导力是有区别的，仅有优秀管理者但缺乏领导力的指导联盟难以成功。领导力缺失，可通过从外部招聘、从内部提拔以及鼓励员工担任领导来弥补。管理与领导力的对比如图13-10所示。

在数据管理变革倡议环境中，指导联盟有助于组织识别机会，将参与整体变革的各倡议方联系起来。例如，为了遵从法律，公司内部顾问可能已开始建立数据流向图以及组织数据流程，同时数据仓库项目可能已经开始绘制数据血缘关系，以核查报告的准确性与质量。数据治理变革负责人可将法律负责人和报告负责人一同召集在指导联盟中，在数据治

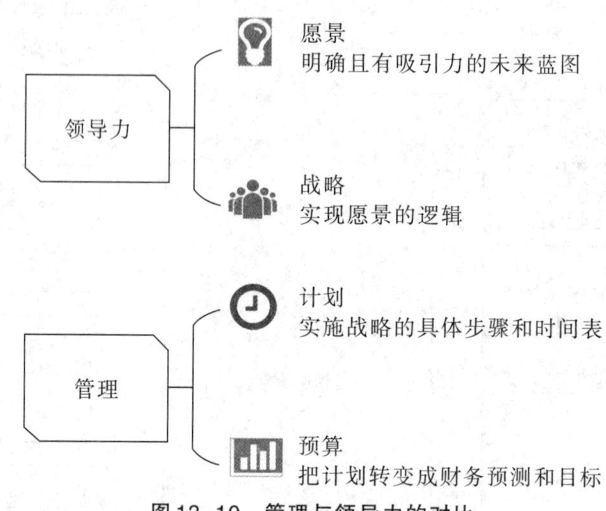

图 13-10 管理与领导力的对比

理环境中提升信息流程的归档和控制。反过来，这可能还需要使用数据和创建数据的一线团队的加入，以了解任何变革提议带来的影响。另外，对信息价值链的充分理解将有助于确定纳入指导联盟的潜在候选人。

建立具有信任和共同目标的有效团队，应注意避免群体思维。群体思维是一种在高度和谐的、充满凝聚力的群体中出现的心理效应，特别是那些由上级支配只准同意其立场而禁止讨论的群体。在“群体思维”中，即使对某项建议持保留意见，所有人也会一致通过某个提案。

群体思维可能出现在数据管理环境的各种背景下。一个潜在的领域是传统的“业务与IT的划分”，即组织的不同部分抵制另一部分提出的变革。还有一种可能的情况是，组织的目标是成为数据驱动型，重点关注分析和数据收集，这可能导致与信息处理相关的隐私、安全或道德问题在总体工作计划中被忽视或降级。

3.建立愿景和策略

将变革建立在令人信服和充满动力的愿景之上，是让变革推动者不断突破现状的最佳方法，而不是依靠命令或微观管理来推动变革。愿景是一幅关于未来的图景，其中隐含着人们为何要努力创造未来的明确或隐含的解释。好的愿景通常具有明确性、动力性和一致性特点。

愿景可以是平凡而简单的，不必宏伟或包罗万象。愿景是变革工具和变革过程体系中的一项要素。与该体系中还包含的战略、计划、预算等相比，愿景是一个非常重要的因素，它要求团队专注于切实的改进。

检验愿景是否有效的关键，在于以下三方面：首先，愿景是否易于想象、令人向往。良好的愿景允许一定牺牲，但必须在一定范围内保证各相关方的长期利益。缺乏对长期利益关注的愿景最终将遭遇挑战。其次，愿景必须植根于产品的实际情况或服务市场中。在多数市场中，实际情况需要持续考虑最终客户。最后，愿景的战略可行性。一个可行的愿景不再仅仅是一个愿望。愿景可扩充资源和扩展能力，但必须让人们认识到这是可以实现的。然而，可行并不意味着容易。这一愿景必须具有足够的挑战性，以迫使人们进行根本性的反思。无论设定了哪些扩展目标，组织都必须以对市场趋势和组织能力的合理理解为基础来实现这一愿景。

4.沟通变革愿景

只有当变革活动参与者对其目标和方向有共同的理解、对所期望的未来有共同的看法时，愿景才有力量。传达愿景时往往会出现沟通无效或者沟通不充分、沟通不畅、沟通不深入等问题。可以通过诸如保持简单、使用类比和举例说明、在多种场合中运用愿景、不断重复、以身作则（言行一致）、双向沟通（倾听与被倾听）等方法达到有效传播愿景的目的。

在数据管理环境中，由新技术或由技术部署为重点驱动的能力推进措施中，会发现要定义或传达清晰且有说服力的变革愿景通常很困难。由于不了解或不理解新技术或新方法在数据处理方面可能带来的收益，相关方可能会对新工作方式进行抵制。例如，一个组织正在实施元数据驱动的文件和内容管理流程，如果没有通过明确的沟通愿景来了解应用元数据标记或记录分类，那么业务相关者可能不会参与应用元数据标记或记录分类的前期工作，也不会理解这将给组织和他们带来什么好处。

当以简洁方式阐明愿景时，团队、相关方和客户就更容易理解所建议的变革、变革可能的影响以及他们在变革中的作用。这反过来又帮助他们更容易地与彼此沟通。

使用多种沟通方式来交流愿景通常更有效。如果人们通过各种渠道都获取了相同的信息，这就增加了信息被听到、被内化并采取行动的可能性。与这种“多通道、多方式”方法相关的是，需要不断重复愿景并通报交流进展情况。变革倡议应在各种场合以各种形式对变革愿景进行多次复述，以产生“黏性”的变革。

领导者以身作则，责无旁贷。以身作则可以使变革所需的价值和文化变得形象，这是任何语言都无法做到的。在数据管理环境中，导致“言行不一”可能很简单。例如，高级经理通过不安全或未加密的电子邮件发送包含客户个人信息的文件，这违反了数据安全策略，但没有受到处罚。言行一致也可能很简单，主导信息治理项目的团队将他们要求组织中其他人员采纳的原则和严格要求应用到自身活动、信息处理、报告以及对问题和错误的响应中即可。

双向对话是识别和回答人们对变革或变革愿景的关注的基本方法。客户的声音对于愿景的定义和发展与数据本身的任何质量指标一样重要。在数据管理场景中，最能说明双向沟通的情况是，IT职能部门认为关键业务相关方所需的全部数据都能及时、适当地提供，但业务相关方对于在获取工作所需信息方面的延迟一直都表示失望，因为他们在基于数据集市和电子表格的报告之上加入了大量手工操作。如果无法识别和解决IT职能部门和业务相关方对信息环境理解的差距，将会不可避免地出现问题，并且缺乏开展可持续的有效变革的广泛支持。

13.5.4 敏捷组织

敏捷组织就是灵敏感知环境并迅速应对的组织。不同于传统组织的金字塔形层级结构，敏捷组织的组织机制是扁平化的，由小规模、跨职能的团队组成，团队承担着业务端到端的责任，能够更快地响应变化。在团队中，各种职能角色有清晰的职责定位，但为了共同的愿景和目标，往往会自发做出一些跨职能的行为，具有较强的执行力和行动力。

敏捷组织一般具有如下特点：

（1）架构灵活。企业组织从传统的金字塔层级结构转向灵活的扁平结构，消除了上下级结构之间的沟通壁垒，使其能够在应对前端多变的业务时聚焦于目标和行动，收放自如，柔性应对。

（2）数据驱动。企业经营从上级权威指令驱动转向数字驱动，数据成为企业的核心资产，用户数据流向决定产品和业务流向，并成为决策的重要依据。

（3）员工能动。在协作方式上，企业从传统绩效评价导向转变为自我驱动、团队协同模式，团队成员以专家身份参与工作，每个人都具有主人翁精神，能动性得到全面激发。

（4）领导作用。领导管理模式从依靠管理层级进行控制和指导转变为方向洞察和为员工赋能，消除本位主义、官僚主义，提倡客户导向、创新文化。

（5）动态资源。资源配置不再由权力来决定，而是在类似于市场机制的形势下合理调配，协调更多是通过合作而非上级指令。

企业数据管理本质上关注的既不是治理，也不是数据，而是如何获得数据中蕴含的商业价值。数据管理的一切活动都是为实现企业的业务价值服务的，而企业的业务需求是灵活多变的，数据管理组织必须具备应对业务需求变化的能力。传统的金字塔式的层级组织模式在应对需求变化的灵活性上显然有很大不足，要实现数据驱动业务、数据驱动管理，就需要打破层层上报、层层决策的管理模式，形成扁平化的敏捷型组织模式，将一切聚焦到目标和行动上。

13.6　数据思维与数据文化

众所周知，数据服务推广存在供给、需求两方面难点，业务与数据人员互不理解、各说各话。在供给方面，由于数据人员不懂业务，且业务侧需求个性化高、变化快，导致供给侧无法及时响应、投入产出比低，多数数据部门疲于应付业务部门数据服务需求，停滞于被动的服务模式。在需求方面，业务部门在用数方面已不止于数据提取、报表开发等基础需求，数据统计分析、数据应用场景挖掘需求越来越多，但是由于数据分析应用门槛高，业务人员不懂数据，不清楚数据有哪些、如何用，导致数据需求无法得到满足，不能充分发挥数据要素价值。大数据技术标准推进委员会2023年发布的《数据运营实践白皮书》指出，建立企业数据文化、构建数据驱动型的组织是推动数据有效管理和应用的关键。

数据的最终价值在于从数据中发现规律，为企业经营决策赋能。要想充分挖掘并发挥数据价值，企业必须建立数据思维和培养数据文化。良好的数据文化有利于企业更快地作出科学决策，从而推动技术和商业模式创新。缺乏文化土壤会让数字化转型事倍功半。相关调研结果表明，缺乏数据思维和数据文化的土壤是推行数字化转型的主要障碍。

缺乏数据思维和数据文化的企业主要表现是：领导层觉得他们在推行数字化，但是员工并不认为他们的企业文化是“数字化”的；中层领导认为他们的权力不够，推行不了企业的组织转型；员工不知道企业的数据战略是什么，也没有人与他们沟通数据管理的战略愿景等。

应加强企业数据文化建设，提升企业员工数据资产意识，建立正确的企业数据价值观，增强企业的数据安全意识。建立良好的数据文化需要融合数据战略、数据人才、数据治理以及相应的技术手段和决策方法。数据管理是一项长期的系统工程，需要融入企业文化中。

13.6.1 建立数据思维

1.数据思维的定义

通常人们判断和分析事物的变化并形成定性的结论，一般有两种方法：一种是通过对事物所涉及的一系列数据进行收集、汇总、对比、分析而形成结论；另一种则是通过感官、经验、主观和感性判断而形成结论。前者称为“数据思维”，后者称为“经验思维”或“传统思维”。

数据思维一般是指根据数据来思考事物的一种思维模式，是一种量化的思维模式，是尊重事实、追求真理的思维模式，即数据思维就是用数据思考，用数据说话，用数据决策。这种思维方式强调使用数据来支持观点、理解复杂问题、预测未来趋势，以及发现潜在的机会和挑战。

用数据思考就是要实事求是，坚持以数据为基础进行理性思考，避免情绪化、主观化，避免负面思维、以偏概全、单一视角、情急生乱。用数据说话就是要杜绝“大概”“也许”“可能”“差不多”之类的词，以数据为依据，进行合乎逻辑的推论。用数据决策就是要以事实和数据为依据，通过数据的关联分析、预测分析和事实推理得出结论，避免凭直觉作决策，避免情绪化的决策。

2.数据思维的特点

（1）善于简化

面对纷繁的信息，我们在思考问题时要善于简化，抓住重点，抽丝剥茧。具体来说，就是聚焦问题的核心，从结果或最终目标出发，收集评估信息，寻找多种视角，找到高效解决方案，这是一种化繁为简的思维方式。

（2）注重量化

数据思维注重量化，善于用定量的方式进行思考和决策。量化的思考能够帮助我们做计划，从而将工作和生活安排得井井有条。数据思维强调具体和准确，注重能力和问题聚焦。将大数据聚焦到具体的问题、具体的应用场景，才能发挥数据的真正价值，即所谓“大数据小应用”。

（3）追求真理

拥有数据思维的人明白数据不是万能的，世界万物的关系复杂，而简化可能带来误差；数据一般为历史数据，万物却是动态变化的，现有的知识也有真伪之分，拥有数据思维的人能够去伪存真，做数据真正的主人。

即便数据是客观的、真实的，用于分析和处理数据的方法也可能是华而不实、模糊不清或过于简单的。对于同一现象、同样的数据，采用的分析方法不同，经常会得出不同的结论。这就要求我们不仅要用量化的思维思考问题，更要探究数据的真实性、客观性，不断探寻隐藏在数据背后的真相。也就是说，数据思维不仅仅是关于如何使用数据，也是关于如何提出正确的问题，以及如何批判性地思考数据。培养好奇心和批判性思维可以帮助我们更好地理解数据，发现数据中的问题，以及提出有洞察力的问题。

3.数据思维建立方式

数据时代，企业需要转变思维方式，用数据思维进行决策和采取行动，以保持在商业竞争中的主动、优势地位。建立数据思维，可以采取以下四个步骤：

（1）自上而下推动

企业数据文化的培养，数据思维的建立，需要自上而下地推动。高层领导首先需要建立数据思维。在研讨目标、商议工作、布置任务的时候，都要用数据说话，用数据决策，用数据指导行动。在开会的时候，要通过数据看问题，通过数据听汇报，通过数据定目标。领导的思维方式和行事风格会影响到其管理的团队。同时，团队成员之间会相互影响，久而久之，数据思维就会慢慢成为员工的行为习惯，进而形成企业数据文化。

（2）营造数据驱动的文化氛围

数据驱动是指通过数据采集和数据处理，将数据组织成信息流，并在开展业务和作出管理决策或者进行产品、运营方案优化时，根据不同需求对信息流进行提炼与总结，从而帮助管理者作出科学决策。数据驱动可从以下三个方面着手：①应做到持续产生高质量的数据，这是数据驱动的前提。即数据不是凭空捏造的，而是从业务活动、业务流程中产生。同时，保证数据能满足业务所需，对数据进行有效管理和治理。②“让数据用起来”是数据驱动的核心。③数据思维内化于心是数据驱动的基础。数据思维与数据驱动互为基础，互为补充。

（3）建立循序渐进的培训机制

在数据管理方面的培训，可进行数据战略培训、数据标准培训、数据工具培训以及培训过程控制等。在培训前，应做好培训规划。在培训中，高层领导最好出席并强调相关内容，以传达变革的决心。每个层级必须给下一层级做培训，并由相关部门进行跟踪检查，为每次培训打分。在培训后，可要求每个参与培训的员工填写反馈问卷，必要时可进行培训效果测试。

（4）从实践中求真知

数据思维不是天生就有的，数据思维也不是来自人对数据的直觉。要想建立数据思维，必须通过大量的实践，从实践中学会使用数据思考的框架。数据思维的形成是一个熟能生巧的过程，企业应鼓励员工不断尝试用数据说话和行事。

13.6.2 培养数据文化

数据文化是指一个组织内部对数据的理解、接受和使用的集体态度。在一个具有强大数据文化的组织中，所有的决策都会基于数据和分析进行，而不仅仅是基于直觉或经验。培养数据文化的关键在于让人们不再畏惧数据，进而精通数据，掌握用数据思考、用数据说话、用数据决策的思维模式。培养数据文化不是让一个人或一部分人拥有数据思维，而是要培养企业全体人员的数据思维和团队协作文化。

1.形成企业数据文化的关键要素

企业数据文化的形成，离不开以下方面：

（1）领导层的支持

领导层的支持和参与是培养数据文化的关键。领导层需要展示他们对数据驱动决策的承诺，并通过他们的行为和决策来为整个组织树立榜样。

（2）教育和培训

提供数据分析和数据科学的教育和培训可以帮助员工理解数据的价值，并学习如何使用数据来作出决策。这不仅包括技术培训，也包括对数据的理解和应用的培训。

（3）数据的可访问性

数据应该是可访问的，所有的员工都应该能够方便地合规获取和使用数据。这可能需要在数据基础设施和工具上进行投资，以便员工能够轻松地收集、分析和共享数据。

（4）鼓励数据驱动的决策制定

鼓励员工在决策过程中使用数据，而不仅仅是依赖直觉或经验。这可能需要在决策过程中明确考虑数据，或者在评估员工表现时考虑他们如何使用数据。

（5）建立数据治理策略，确保数据的质量和一致性是关键因素之一

通过建立数据治理策略，可以确保所有的数据都是准确、完整和一致的，从而增强员工对数据的信任。

2.使数据管理有效而持久的措施

有效而持久的数据管理需要组织文化的转变和持续的变革管理，文化包括组织思维和数据行为，变革包括为实现未来预期的行为状态而支持的新思维、行为、策略和流程。无论数据管理战略多么精确、多么独特，忽视企业文化因素都会减少成功的概率，实施战略必须专注于变革管理。

（1）打破数据孤岛，实现数据共享

培养数据文化需要打破企业信息孤岛，实现跨部门、跨系统的无障碍和透明化的数据交易和共享，从而提高企业团队协作和创新的能力。

在早期的企业信息化过程中，由于普遍缺乏统一的规划，信息系统的建设都是以业务部门的需求驱动的，导致出现“烟囱式”架构，各个系统各自为政、标准不一，从而形成了一个个信息孤岛。在多个孤立的系统中，相同的数据很可能产生不同的版本，数据变得不一致且过时。到了数字时代，数据成为企业的重要生产要素，那些曾经推动了企业业务和管理进步的信息系统反而成为企业业务协同和团队协作的瓶颈。信息不能共享致使企业的物流、资金流和信息流发生脱节，造成账账不符、账实不符，使得企业不仅难以进行准确的财务核算，而且难以对业务过程及业务标准实施有效监控。这会导致企业不能及时发现经营管理过程中的问题，造成计划失控、库存过量、采购与销售环节存在暗箱操作等现象，带来无效劳动、资源浪费和效益流失等严重后果。

技术屏障、信息孤岛导致企业无法有效提供跨部门、跨系统的综合数据，各类数据不能形成有价值的信息，局部信息不能作为决策依据，致使数据对企业的决策支持流于空谈，集团化管控、行业化应用也受到制约。

传统企业由于组织机构臃肿，科层制的管理职能层级过多，在企业内部形成了一道阻碍各部门、员工之间进行信息传递、工作交流的无形之墙。部门本位主义严重，画地为牢，不断囤积自己的数据并依赖私有系统开展关键业务运营。各部门员工之间缺乏交流，互不信任，协助困难，导致工作效率低下，遇到问题相互推卸责任。

数据驱动的企业需要信赖可信的数据。可以通过数据管理或治理，建立统一的数据标准，打通系统之间的数据通道，消除系统之间的信息孤岛，实现数据共享；建立扁平化、灵活的数据治理组织体系，打破部门墙，实现部门之间的信息共享和团队协作。

要消除信息孤岛，实现数据共享，不仅需要技术上的数据集成、数据融合，更需要将数据共享、团队协作的数据文化植根于企业的每个人心中。

（2）建立制度体系，固化数据文化

数据文化是以数据为驱动，促进科学决策、团队协作的企业文化，是现代管理科学与数字化实践的产物。随着企业规模的不断扩大和数据文化建设的不断深化，“人治”将逐步让位于“法治”。应通过不断完善数据治理制度体系，逐步固化企业的数据文化，以增强员工数据素养，规范员工行为，提高企业的管理和运营能力。

数据文化的本质是以企业的数据战略为指引，以推动实现业务价值为目标，形成全员共识并共同遵循有关数据驱动的理念、价值标准和行为规范。它是数据价值观、数据管理和使用制度化、数据操作规范化的一个综合体。

数据文化需要相适应的管理制度来进行固化，数据文化与管理制度之间是互动、互补的关系。数据文化是管理制度形成和创新的依据，而管理制度又要反映数据文化的要求；管理制度强化数据文化，即管理制度是数据文化的载体，管理制度是对数据文化的巩固与发展，又具有强化作用。

没有文化的制度与没有制度的文化都是不可想象的。数据文化建设需要用制度来保障，将数据文化固化于制度，即用制度、机制来反映文化理念，将已取得的数据文化建设成果用规章制度固定下来，这对员工来说既是价值观的导向，又是制度化的规范。员工对企业数据文化由认识、认知、认同到自觉践行，有一个从不自觉到自觉、从不习惯到习惯的过程。

要深入做好团队协作文化、数据共享文化以及以数据为驱动的管理和决策文化等的建设与完善，让取数、治数、用数有“法”可依，将数据文化真正固化于制度，以支撑企业的数据管理和数字化转型。例如，对数据文化宣贯情况进行考核，将数据文化内容纳入绩效考核和员工招聘中，将数据文化理念运用到企业的各项工作中等。

（3）推行数据管理，增强数据文化

良好的数据管理同时涉及组织与人员、制度与流程、技术与工具，既是数据文化的驱动力，也是数据文化的理想结果。数据管理与数据文化培养是相互促进的关系。

良好的数据管理既不能只有理论，也不能只有实践，而应将理论与实践相结合并根植于完善的数据文化之中，营造企业的协作环境，增强数据驱动的文化氛围。良好的数据管理不仅能够保证数据质量，满足安全合规的要求，而且还能提高企业人员的整体数据意识，增强他们对企业数据文化的信心。

【本章小结】

思维导图

为适应数据管理的需要，组织需要变革。应在了解现有组织和文化规范的基础上理解数据管理组织结构，尤其是数据管理运营模式。企业应结合自身特点，综合确定最适合组织的运营模式。本章介绍了有效数据管理组织关键成功因素，如高层支持、清晰的愿景、利益相关者的参与等。介绍了建立数据管理组织的原则以及数据管理组织机构和职责分工，特别强调了首席数据官的作用、职能和能力要求。本章还介绍了组织执行变革的八大误区以及重大变革八步法。有效的数据管理，需要成功的组织变革管理，而变革管理，离不开企业文化变革。组织需要建立数据思维和培养数据文化。

【课后思考】

1. 数据管理运营模式主要有哪些？分别有哪些特点？
2. 如何确定组织的最佳运营模式？
3. 数据管理组织关键成功因素有哪些？
4. 建立数据管理组织的原则是什么？
5. 数据管理组织主要由哪几类角色组成？他们间的关系是怎样的？
6. 究竟谁该对数据负责？
7. CDO常见的职能有哪些？CDO岗位应具备哪些能力？
8. 科特的重大变革八步法是什么？
9. 如何建立数据思维？

【案例分析】

A工业制造企业的数据治理和运营策略

请扫码研读本案例，进行如下思考与分析：

1. A集团企业数据管理失败的原因是什么？

2. 数据管理运营模式有哪些？A集团采用的是什么模式？这种模式的特点是什么？

3. 如何避免A集团数据管理失败？

案例分析

第 4 篇　专题篇

第14章 人力资源数据管理

【学习目标】

通过本章的学习，了解人力资源数据管理的基本框架，建立人力资源管理数据化的思维；掌握人力资源数据管理的相关概念、基本内容和管理价值，了解人力资源数据管理的实施过程，重点理解人力资源数据输入的质量和标准、人力资源数据分析的方法和工具、人力资源数据分析结果的生成与展示等；熟悉人力资源数据管理的应用场景，包括在人才规划与盘点场景、招聘与离职场景、培训与开发场景、绩效与薪酬场景中的应用；了解人力资源数据管理与财务管理在实践中的关联，包括“人才报表”系统的建立、人力资源成本的预算与管控等；明了大数据时代人力资源数据管理的新趋势。

【素养目标】

重民本、守初心，新时代更应注重人本管理，通过本章的学习，一是响应时代需求，理解企业数字化转型浪潮下管理理念的创新从“以人管人”转为“数据管人”，实现人力数据信息化、人力决策智能化、人力平台融合化的全面进步；二是培养人文情怀，感悟数据管理助力对人的价值的全面认知，服务于人的全面自由发展这一马克思主义追求人类社会发展内含的终极目标之一；三是弘扬科学精神，鼓励学生探索数据管理深度赋能人力资源管理，从而体现科学性、先进性的高质量发展要求。

【引导案例】

人力资源管理领域的数据分析

“不要相信你的直觉，使用数据预测未来的趋势。”

——谷歌前人力运营副总裁拉兹洛·博克

谷歌前人力运营副总裁拉兹洛·博克是2016年度“十佳最佳人力资源专家”，谷歌招聘小组在任命博克时指出，博克将大数据分析视为寻求事实真相和独特见解的一种方式。

博克领导了一个由董事和员工组成的人力资源数据分析小组，其中有60多名研究人员、分析师和顾问，研究与员工有关的决策和问题。与普通的人力资源管理部门的运作方式不同，该分析小组表现得更像是一个软件研发部门，他们通过实验的方法，找到应对人力资源管理挑战的解决方案。他们的座右铭是：“所有有关人员的决定都应该以大数据分析为依据。”

谷歌的人力资源管理不局限于常规的人力资源指标，而是使用预测数据分析的方法，找到优化其管理绩效、员工招聘和员工留任的手段，以及提升员工满意度和敬业度的方法。

人员与创新实验室（People and Innovation Lab，PiLab）是谷歌人力运营团队的研发小组，代表公司内部管理层进行重点调研。PiLab通过数据分析，确定了员工的哪些个人背景和能力与优秀的工作表现相关，以及哪些因素可能导致主动离职，发现其中重要的一项就是员工感到自己的才能没有在工作中得到充分施展。Pilab把理想的招聘面试次数定为4次，低于此前的平均10次。谷歌还进行了一个名为“氧气”的项目——之所以如此命名，是因为在谷歌看来，优秀的团队可以使公司保持活力，这个项目的目的在于确定成功管理者需要具备哪些素质。PiLab团队分析了经理的年度调查数据、绩效管理结果和其他数据，把他们的表现分为4组。然后，对得分最高的和最低的经理（面试是双盲的——面试官和经理都不知道经理的得分）进行面谈，以记录他们的管理方法。最终，谷歌的人力资源分析团队确定了优秀经理具备的8个特征和管理者应该避免的5种行为。在分享这一调查结果1年后，谷歌再次评估，75%的低绩效经理的工作表现得到了显著改善。

谷歌的人才价值模型可以判断员工最看重哪些方面，从而解决“员工为什么选择留在我们公司”等问题，然后运用这些结论来提高员工留职率，设计个性化的绩效激励措施，判断某一工作机会是否与候选人匹配，以及确定何时晋升员工。谷歌还利用员工绩效数据来确定帮助员工取得成功的最有效方法。博克说：“我们不只关注业务绩效数据的平均值，我们更关注正态分布曲线上的最高和最低绩效所在。绩效评分最低的那5%的员工是我们重点帮扶的对象。我们深知公司聘请的人才都非常优秀，并且真诚希望他们取得成功。”谷歌认为公司很多员工或许都没有被安排在最合适的岗位上，或者没有受到最有效的管理，并且运用详尽的分析证实了这一想法。通过了解员工个人的需求和价值观，人力资源运营团队成功解决了一些问题。数据分析小组还拿出了证明这一点的数据。博克指出：“员工之所以愿意留在我们公司，并不是为了公司提供的丰盛午餐。谷歌员工告诉我们，他们留下的原因主要有三个：内心使命、团队素质，以及培养技能的机会。我们所有的数据分析都是围绕这些因素展开的。”

资料来源：MOMIN W Y，MISHRA K. Managing people strategically with people analytics：A case study of Google Inc［J］. International Journal of Applied Research，2017，3（6）：360-367.

14.1 人力资源数据管理概述

在引导案例里，我们可以看到，谷歌的人力资源部门有一个数据分析小组，坚守“所有有关人员的决定都应该以大数据分析为依据”的信条。这个案例为我们提供了一个观察人力资源数据管理有效性的窗口。那么，什么是人力资源数据管理？其主要内容和框架结构是什么？在企业管理中又发挥着怎样的价值？

14.1.1 人力资源数据管理的开始

1.什么是人力资源数据管理

人力资源部门曾经是数据管理“困难户”，但一些走在前列的公司已经开始利用复杂的手段管理员工数据，以实现公司的人力资源价值最大化。华为、腾讯、沃尔玛等公司就正在通过预测分析来提高公司生产率，有效补充人才，降低员工的离职率，并激励员工创造更多价值。

人力资源管理日常运营会产生大量数据，如员工主动离职率，每月8%；招聘达成率，60%；核心岗位后备率，80%；招聘成本，每人1 200元；人均离职重置成本，2 486元；稀缺人才满足率，80%；人均培训课时，40小时；培训成本占比，3%。通过这些数据和指标，人力资源管理者或企业管理者就可以简单直观地看到问题，因为这些数据和指标可以在企业间进行横向比较，也可以进行纵向的历史比较。

以吸引和留住企业人才为例，人才是企业“最重要的资产”，如果没有对“最重要的资产”的数据记录与分析，人力资源部门就很难制定恰当的人才决策，进而难以吸引和留住人才。

综上，人力资源数据管理（Human Resources Data Management）是指企业通过对人力资源管理过程中产生的大量基础数据进行记录和事后的数据分析，其目的是为人力资源管理工作提供有价值的参考信息，并为改善和制定新一轮的人力资源策略提供思路和依据。

人力资源数据管理过程中通常涉及的一个核心概念是人力资源数据分析（Human Resources Data Analytics），即运用数据、统计或量化的方法，对收集来的大量人力资源数据进行分析，提取有用信息并形成结论。

2.人力资源数据管理的目的

在对人力资源相关数据开始管理之前，首先需要考虑的是“为了什么目的而管理人力资源数据”？战略人力资源管理提出以企业战略为导向，根据企业战略制定相应的人力资源管理政策、制度与管理措施，以推动企业战略的实现。于是，落实到人力资源数据管理这一具体实践，人力资源数据管理的目的应是构建支撑企业战略的数字化人力资源管理体系。

如图14-1所示，对比马库斯、梅西百货、沃尔玛和好事多在价格、质量、服务、运营和创新五项基本战略上的差异，可以看到这四个著名零售商在绩效标准和领导力开发上的不同目标。

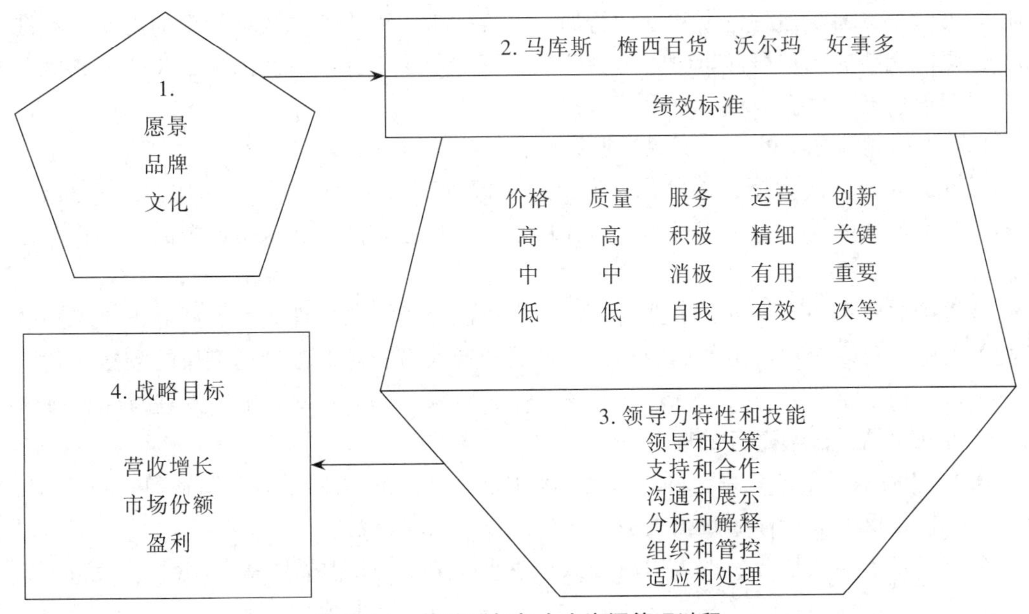

图14-1 战略目标与人力资源管理过程

资料来源：FITZ-ENZ J，MATTOX J R. Predictive analytics for human resources［M］. NJ：John Wiley & Sons，2014：22.

在这个因果模型中，愿景、品牌和文化为市场定位制定了战略，战略又进而对必需的领导力特性和技能提出了不同要求。尽管最终目标都是提升运营效果和服务客户，但是不同战略导致不同零售商吸引的客户类型和员工类型不同，适合的绩效标准和领导技能不同，因而人力资源数据管理的目的也不同。

14.1.2 人力资源数据管理的内容

人力资源数据管理的主要内容是什么？回答这个问题，我们需要从三个层面思考：一是人力资源数据有哪些？或者说在涉及选、育、用、留的经典人力资源管理过程中会产生哪些数据？二是这些数据的用途是什么？或者说数据背后的真相是什么，如何让数据说话？三是在数据告诉我们的真相面前，我们如何作出行动，采取有效措施解决人力资源管理的相关难题？

以终为始，在阐述人力资源数据管理的主要内容之前，先让我们聚焦人力资源数据使用过程中的问题。目前，很多大型公司都配备了人力资源信息系统（HRIS）用于记录基本的人力资源数据，诸如入职时间、薪酬水平、晋升情况和绩效评价等。但是，如何运用人力资源数据提升人力资源管理效能，是人力资源专业人员面临的新一轮挑战，主要体现在：①只有数据罗列，没有预测和分析，无法将人力资本投资与财务资本回报联系起来，汇报工作时体现不出人力资源管理应有的价值。②整理出的数据是一堆彼此割裂的“死数据”，薪酬、绩效、考勤等人力资源各模块数据分散，整合分析困难，无法创造协同效应。③不知道如何将数据分析应用到人力资源的具体运营中，比如不知道如何分析员工离职数据，做到高潜人才离职预警。④耗费了大量的精力收集数据，但还是遗漏了关键数据，且数据质量无从判断。这些问题为我们指明了方向，人力资源数据管理的主要内容应围绕这些问题并致力于解决它们。上文我们提到，人力资源数据分析是人力资源数据管理的核心概念，下面我们将依据数据分析的三大类别来对人力资源数据管理的主要内容进行分类，厘清庞杂的数据海洋里，人力资源数据管理应该干什么以及怎样干才能达成提升人力资源管理效能、为企业创造价值的目标。

1.基于描述性分析的人力资源数据管理

传统的人力资源数据大部分是指向人力资源管理效率（Efficiency-Oriented）的数据，比如流动率、招聘周期、招聘成本、培训数量等。最主要的关注点是成本的减少和流程的改善。

这类指向效率的人力资源数据通常用于描述性分析。描述性人力资源分析揭露并描述了相关关系以及现今和历史数据的模式，这是开展人力资源数据管理工作的数据基础。比如它提供了描述企业人力资源管理选、育、用、留等模块运行效率的一系列指标，或这些指标的可视化结果、与财务的联系等。

表14-1展示了指向效率指标的人力资源数据。左栏是指向人力资源管理效率的HR指标，中间栏是反映该指标的数据类型，右栏是数据收集方法。

企业里基于描述性分析的人力资源数据管理工具有HR指标体系、HR仪表盘和HR平衡计分卡。

表14-1　**指向效率指标的人力资源数据**

测量指标	数据类型	数据收集方法
招聘周期	招入新人X的时间天数	人才管理系统：招聘模块
岗位工资	货币价值：给新人X的工资	人才管理系统
招聘新员工成本	货币价值：工资+招聘过程投入的费用	人才管理系统
空缺岗位数量	本次分析聚焦于新员工数据，不包括该指标	N/A
每个月填补的岗位数量	本次分析聚焦于新员工数据，不包括该指标	N/A

资料来源：FITZ-ENZ J，MATTOX J R. Predictive analytics for human resources［M］. NJ：John Wiley & Sons，2014：133-134.

（1）HR指标体系

HR指标体系（HR Metrics）是指将人力资源管理所有活动量化的测量工具，比如人员离职指标、员工人均受训时间、员工岗位胜任指标。相似的概念还有人力资源指数（HR Index），后者是指采用问卷或深度访谈的形式，对企业各层次员工进行调查，测定人力资源实际状况的量化指标体系，以获取企业人力资源开发与管理的真实情况，为企业的人力资源战略决策提供坚实的数据基础。

常见的HR指标体系包括：

①组织数据（Organizational Data）。

- 收入
- 每全时约当数（Full-time Equivalent）的收入
- 税前净收益
- 纳入组织人才继任计划的岗位数

②雇佣数据（Employment Data）。

- 在岗人员数量
- 到岗时间
- 人均雇佣费用
- 员工任期
- 年度总体离职率
- 年度主动离职率
- 年度被动离职率

③人力资源部门数据（HR Department Data）。

- HR人员总数量
- HR数量与员工数量的比率
- HR部门内部汇报结构
- HR岗位的分类
- 各类别HR岗位的占比

④营收预期和招聘数据（Expectations for Revenue and Organizational Hiring）。

- 预期营收增加值和上一年预期营收增加值的比值

⑤HR费用数据（HR Expense Data）。

• HR费用

• HR费用在企业总体运营费用中的占比

⑥薪酬数据（Compensation Data）。

• 年度薪酬增加额

• 薪酬总额在企业总体运营费用中的占比

• 非高管的目标奖金

• 高管的目标奖金

⑦培训费用数据（Tuition/Education Data）。

• 每年最大培训费用报销额度

• 纳入培训费用报销项目的员工占比

（2）HR仪表盘

HR仪表盘（HR Dashboard）是指将HR指标体系所有与指标相关的数据经收集、分类、汇总后进行分析，通过图、表等形式，展现出较为直观的人力资源数据以及数据间的关系，是向企业展示人力资源相关信息和关键业务指标现状的数据可视化工具。就像汽车和飞机上的仪表帮助我们一览整个机器的运行状态、充分掌握各种信息从而快速作出各种决策一样。如图14-2所示，HR仪表盘可以用来展示人力资源工作的实时信息、历史比对信息、预警信息等等，指导人力资源各项工作的开展，为公司人力资源战略决策提供数据支持。

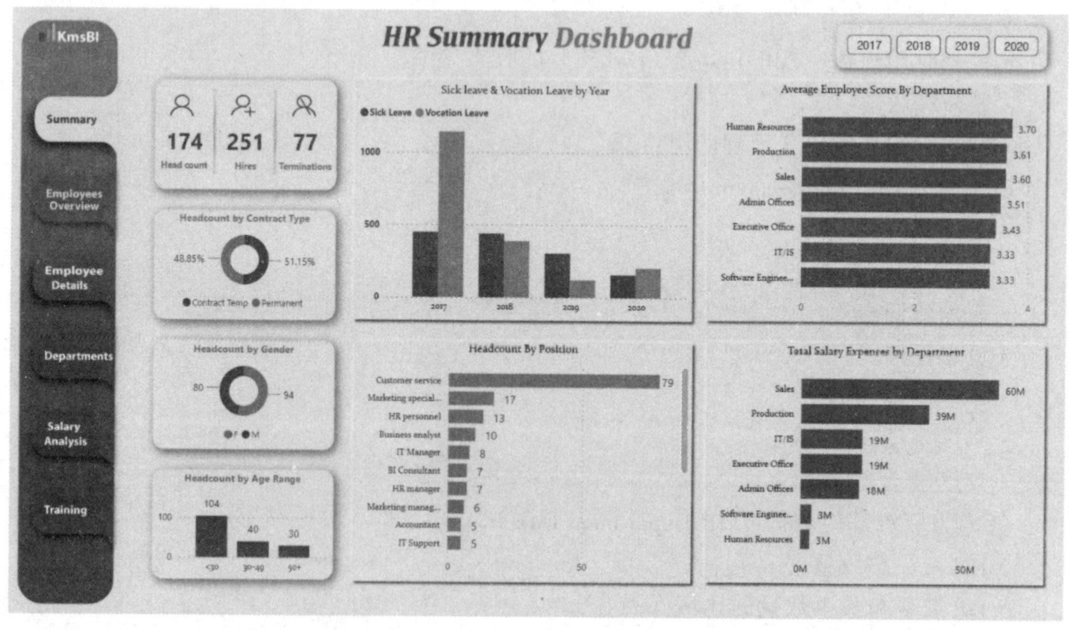

图14-2　HR仪表盘

（3）HR平衡计分卡

HR平衡计分卡（HR Scorecard）是由布莱恩·贝克等人于2001年共同提出的，用以评价人力资源管理对公司战略性影响的评估模型。通过对人力资源进行研究而设计出一系列全面可行的计量标准，用以指导实施人力资源战略。借助HR平衡计分卡，可将人力资源管理过程、人力资源决策系统以及员工行为用数据联系在一起，有效地平衡控制成本与创造价值两大人力资源管理目标；将人力资本转化为可测量的财务指标，为人力资源对企业绩效增长的价值贡献提供了可靠的数据证据。

2.基于预测性分析的人力资源数据管理

除了指向效率的人力资源数据，还有一些人力资源数据指向人力资源管理效果（Effectiveness-Oriented），比如员工绩效、高潜力人员占比、员工胜任速度等。这类指向效果的人力资源数据通常用于预测性分析。预测性人力资源分析预测了人力资源需求情况和人力资源供给情况，把绩效可能表现更佳的员工配置到相应岗位，这是开展人力资源数据管理工作的逻辑基础。比如它包括胜任素质模型开发、培训价值测量模型开发、人才继任计划及高潜能员工评定等。

表14-2展示了指向效果指标的人力资源数据。左栏是指向人力资源管理效果的HR指标，中间栏是反映该指标的数据类型，右栏是数据收集方法。

表14-2　**指向效果指标的人力资源数据**

测量指标	数据类型	数据收集方法
90天及365天绩效评级	九级评定法： 1=低绩效 5=基准胜任 9=高潜能	通过组织调查，在工作90天的时候以及年度总结过程中收集数据
是否高潜员工	“是”或“否”	基于90天时的绩效测评
评估结果	从1到5的数字值	用一种胜任评估工具收集结果，作为新人对技术岗位的胜任力的整体等级
胜任速度	新人达到胜任工作所用的时间（天数）	由新员工的上级评定，录入人才管理系统
用人部门满意度	从1到5的数字值	用人部门的领导对新员工工作质量的评分
离职调查结果	从1到5的数字值	回答“你会向你朋友或家人推荐这个组织吗？”

资料来源：FITZ-ENZ J，MATTOX J R. Predictive analytics for human resources［M］. NJ：John Wiley & Sons，2014：133-134.

预测性分析包括一系列技术，如数理统计、模型构建、数据挖掘等，这些技术基于现今和历史的真实信息对未来作出预测，给出潜在影响及产生影响的可能性或程度的结论。通过基于预测性分析的人力资源数据管理，可以为所有难以预料、难以判断、难以量化的问题找到无限接近于真实的答案，比如：（1）招聘哪种人才不会离职（甚至在人才本人还没产生离职倾向之前，就判断出他们的离职时点）；（2）激励哪种人才能带来最大绩效；（3）哪种培训会对哪类人才带来最大效果等。

3.基于规范性分析的人力资源数据管理

第三类人力资源数据是指向企业层面总体结果（Outcomes-Oriented）的数据，比如生产率、人均效率、劳动效率、员工敬业度等。最主要的关注点是如何提升人力资源管理效能、对企业总体绩效水平的持续进步作出价值贡献。

这类指向企业层面总体结果的人力资源数据通常用于规范性分析。规范性人力资源分析超越了预测性分析，并强调决策选择和人员配置优化。它被用来分析复杂的数据，从而预测结果，提供决策选择，并展示可能带来的商业影响。比如它包括员工敬业度调查、劳动效率、留任情况等。

表14-3展示了指向企业层面总体结果指标的人力资源数据。左栏是指向人力资源管理效能的HR指标，中间栏是反映该指标的数据类型，右栏是数据收集方法。

表14-3　　指向企业层面总体结果指标的人力资源数据

测量指标	数据类型	数据收集方法
员工敬业度	从1到5的数字值	回答“总的来说，在我的职位上不断成长。”
生产力（单人）	从0%到100%的百分比数值	基于为客户工作的小时数占总工作时间的百分比
90天及365天的留任率	“是”或“否”	在人才管理系统中追踪离开组织的情况
收益率（单人）	根据公式计算的数值	估算公式：（生产力%-50%）×工资

资料来源：FITZ-ENZ J，MATTOX J R. Predictive analytics for human resources［M］. NJ：John Wiley & Sons，2014：133-134.

企业基于规范性分析的人力资源数据管理还包括对无形资产的分析与管理。无形资产是对未来利益的认领，这些利益往往没有物质的或金融的（就像股票或债券）外在物质表现。有关人力资源方面的无形资产主要有领导力（Leadership）、意愿（Readiness）、敬业度（Engagement）、文化（Culture）、承诺（Commitment）、忠诚（Loyalty）、企业品牌（Employer Brand）。

高层管理者在业务不景气时，除了裁减员工之外，无法根据人力资源管理的过程记录作出其他经营决定。招聘、薪酬、培训的数字只是成本损耗的记录，并没有体现增值部分。而领导能力、关键岗位意愿度、敬业度、文化的变化是有价值的先行指标。当人才流动与迁徙方向、员工敬业度、意愿水平的指标及变化开始被统计上报时，对企业人力资源相关的无形资产的数据管理便成为企业探索价值创造的新实践。

14.1.3　人力资源数据管理的架构

在人力资源管理的日常运营中，每天新生成的数据数量是无法想象的，好在我们不必处理所有的数据，因为我们根本办不到。如果缺乏记录、分析和应用数据的框架，我们将迷失在数据的海洋中，不知道哪些数据需要处理，该如何处理，更谈不上撷取“人力资源价值分析”这颗人力资源数据管理领域的明珠。

大多数新生成的数据通常不会被用到或者被正确使用。当那些字节被正确地收集、组织，并与其他数据进行相关性分析、建模并且应用于对人力资源投资结果的预测时，人力资源数据管理的价值才能得到彰显。因此，我们需要有一个服务于人力资源管理的数据分析架构，而不仅是简单地执行数据分析。

在第6章，我们已经学习到，元数据不仅描述了数据本身及其所代表的概念，还揭示概念之间的关系。一个有效的元数据架构，能帮助企业理解其自身的数据、系统和流程。而人力资源数据管理是企业数据管理的重要一环，其在企业数据资产中的位置如图6-6所示，那么，该如何设计人力资源数据管理的架构呢？如何有效处理、维护、集成、保护、审计和治理企业里的人力资源数据呢？

图14-3给出了人力资源数据管理分析架构的一个建构示例。

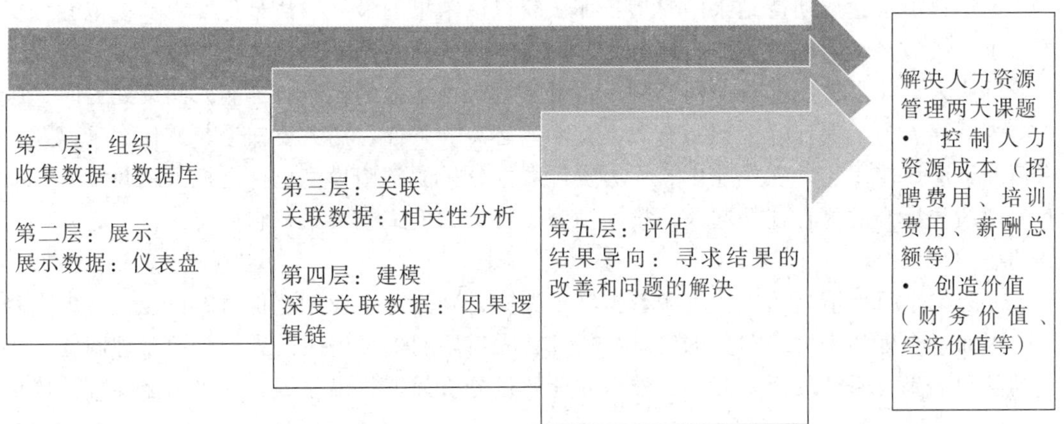

图14-3 人力资源数据管理分析架构

第一层：组织

第一步是搜集和整理人力资源数据。第一个人力资源信息系统大约在1970年上市。最初是用于记录员工工作，接着求职者追踪系统、薪酬福利项目、培训和发展项目等应用相继出现，但是这些独立的项目很少被结合起来，大多数只是人力资源运行过程中诸如成本之类基础数据的记录，几乎没有任何预测性的功能，因而不能满足分析、预测、辅助决策等更高层次的管理需求。

第二层：展示

收集完所有数据之后，许多企业开发出了仪表盘来规范内部客户的各种数据。仪表盘能够报告业绩等级，并将其编码为红色、黄色和绿色。这是对描述性数据的延伸，它展现出目前的状态和未来的趋势。由于仪表盘没有包含潜在情况和对未来的假定，因此无法开展对趋势的预测。仪表盘的主要价值在于，敏锐的、有创造力的使用者可以看到对希望得到改善之处进行不断尝试的可能性。

第三层：关联

在关联层面，关注点开始向外转移，从被追踪的数据转移到这些数据和其他数据或现象的关系。常见的应用场景之一是与标杆企业对标自己的数据，试图找到成功管理实践的驱动因素，进而迁移到企业的日常管理中。

企业里有三种形式的资本：人力资本、结构化资本和关系资本。人力资本就是公司员工。结构化资本包括企业拥有的有形资产和无形资产，如厂房、设备、软件、专利和版权。关系资本是企业内部人员的关系及企业员工与外部人员之间的关系。人力资本经常会受其他两类资本的变化的影响，识别其中的关联将有助于把握人力资本的变化趋势。

第四层：建模

此时，人力资源数据分析已经从描述层面转移到了预测层面，并为期待的改变建立模型。比如，一个领导力测评项目，给出关于潜在领导者需要达成结果（基于什么目的的领导力）的清晰定义，并基于人力资本、结构化资本和关系资本交汇的关联，建构一个可能的领导力模型。

第五层：评估

预测给出了达成期待结果的模型，那么获得该结果的最好方法是什么呢？规范性分析给出了“处方”。预测性分析和规范性分析的互相作用，就像医生的诊断和处方一样。医生告诉病人，如果使用了这个药，病人将会痊愈，这是他的预测。当病人阅读处方时，医生会告诉病人为了保证这个预测有效，有哪些必需的条件。病人要知道药是什么，以及什么情况下应该使用它。在企业中，人力资源数据分析的常用模型也许会把人、政策、产品和实现绩效提升的过程连接起来，模型预测了特定的模式或关系，它们交互在一起，以达到期望的结果。

缺乏一个目标清晰的人力资源数据管理架构，其能为企业创造价值的可能性会大大降低。因而一个好的人力资源数据管理架构，首先需要明确拟解决的人力资源管理问题，再借助阐明因果逻辑链的模型工具，然后才能通过分析数据找出原因，并提出能实现价值创造的解决方案。

HR实例：Moka的人力资源数据架构

Moka People是Moka（数据驱动的智能化HR SaaS产品服务商）旗下的人力资源管理系统，覆盖企业所需的组织人事管理、假勤管理、审批管理、薪酬管理等高频业务场景，打通从招聘到人事管理全流程，并通过大数据分析，提供多维度人力数据洞见，为HR日常烦琐的工作提效赋能，助力管理者决策参考。

图14-4是Moka People提供的人力资源数据管理架构。该架构以组织管理为根基，基于组织管理的需求对人力资源管理的各项职能提出具体任务和活动，再基于这些任务和活动列出数据管理的主要内容，并与企业的其他职能系统对接，进行数据处理、分析与结果展示。

图14-4　人力资源数据管理架构示例

资料来源：Moka官网（https：//mokahr.com/features/personnel）。

14.1.4 人力资源数据管理的价值

数据被收集、组织，然后对其进行相关性分析、建模并且应用于对投资结果的测试时，数据就具备了价值，比如人力资本投资回报率的分析。

传统的HRM方式没有高质量的数据支撑，将很快落伍。支持低成本地运用云计算进行人才分析的技术和相应的生态系统已经出现，是时候来提高组织业务水平、人力资源管理水平、人才规模水平以及从业人士专业水平了。

通过有效的人力资源数据管理，可以解决以下几个关键问题：

（1）通过人力资源效能指标，发现人力资源政策存在的失误。

（2）通过财务数据和人力资源数据，避免企业步入“扩张陷阱”。

（3）通过人力资源数据分析，合理预测企业发展所需要的人力资源结构，制定相应的人才队伍调整策略。

（4）通过人力资源数据分析，测算和估计人力资源成本。

（5）利用人力资源数据分析，提高人力资源预算管理水平，使人力资源预算与人力资源业务管理结合更加紧密。

在组织层面，人力资源数据管理选择并监督影响组织健康的关键指标，指出哪些业务单元或个人需要注意，确定哪一举措对利润的影响最大，预测劳动力水平，获悉人们选择留下或离开组织的原因，改进劳动力以应对商业环境的变化，最终使人力资源价值最大化。

在人力资源管理层面，人力资源数据管理从三个重点方向作出价值贡献：一是助推劳动效率的升级。通过盘点员工关键绩效指标，聚焦于指标排名及变化趋势，对人力资源效能数据进行诊断，为人力资源管理效能提升指明方向。二是强化人员异动预警。通过深度分析人员流动历史数据，洞察人员流动趋势，从而实现人员流动预警，做好人员储备工作，降低人才流失的消极影响。三是提高人力资源管理效率。通过整合零散的人力资源数据，帮助人力资源管理人员减少事务性工作的人力投入，保证其及时获取所需信息，提高人力资源管理效率。

14.2 人力资源数据管理的实施过程

上一节，我们分别从描述性分析、预测性分析和规范性分析三大角度，在“效率-效果-企业层面总体结果”框架下学习了人力资源数据管理的主要内容、管理框架和战略价值。通过人力资源数据管理，我们可以获得企业中的人力资源真实情况（是什么）、预测人资管理活动的结果可能会怎样（怎么样），以及知晓如何提升企业层面的总体结果（如何做）。本节，我们继续运用“效率-效果-企业层面总体结果”这一框架探索人力资源数据管理的实施过程是怎样的，具体包括数据管理的流程、数据的来源和相关问题、数据管理的方法和工具、数据管理的结果展示等人力资源数据管理实践。

14.2.1 人力资源数据管理的流程

人力资源数据管理流程如图14-5所示，包括人力资源数据的输入、分析和应用三个环节。人力资源管理者分析人力资源管理流程之间的内在因果关系和相关性，并报告结果，提出建议，改进流程。

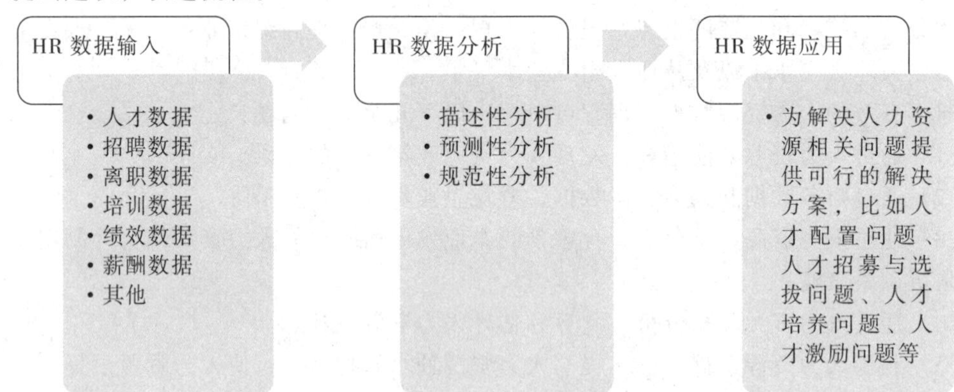

图14-5 人力资源数据管理流程

这三个阶段符合数据管理的通用流程：输入、处理、输出。深入分析人力资源数据管理流程，可找出在输入和处理的哪个部分进行干预能改善输出结果。图14-6展示了人员任用流程分析，综合了招聘流程、绩效评定、留任与离职三个方面。

团队成员	数据输入I：员工招聘渠道						数据输入II：员工招聘情况					数据分析和结果：留任情况			
NAME	N	M	S	E	J	W	I	G	T	A	O	P	C	R	T
Al		M					I		T			2	2	1	1
Bea					J		I	G	T	A	O	2	2	2	2
Cee				E			I	G		A	O	3	2	3	2
Didi	*N*						I		T	A	O	2	2	2	*2*
Earl					J		I					*1*	*1*	*1*	*2*
Frank					J		I		T			2	1	1	1
Gina						W	I	G		A	O	3	2	1	2
Hal		M							T	A	O	2	3	3	2
Isaac			S				I	G		A	O	3	3	2	2
Jon				E			I	G	T	A	O	3	3	2	2
Ken	*N*						I		T			1	2	2	*1*
Leo	*N*						I		T			1	1	1	*1*

N = Newspaper, M = Prof Magazine, S = Search, E = Referral, J = Job Board, W = Walk-in
I = Personal Interview, G = Group Interview, T = Test, A = Assessment, O = Onboarding
P = Performance, C = Pay Increases, R = Potential Rating Scale: 3 = High 1 = Low
T = Tenure: 1 = gone 2 = stayed

图14-6 人员任用数据管理流程

资料来源：FITZ-ENZ J，MATTOX J R. Predictive analytics for human resources［M］. NJ：John Wiley & Sons，2014：53.

通过人员任用数据管理流程，把输入、处理和输出视作一个完整的因果过程，即将招聘的效率和绩效以及潜力评级等数据联系起来，观察团队成员的留任率。比如，如果其他项相同，通过报纸进行招聘带来的结果有好有坏，Didi的招聘信息来源是报纸，她的所有评级都不错，且没有离职。Leo的招聘信息来源也是报纸，但他各方面都表现得较差，且已经离职。是什么造成了不同的结果呢?

Didi通过了测试、评估和入职培训，而Leo只经过了测试。也许评估、入职培训这二者与绩效有关，潜力评级与留任有关。

Earl的情况，反映了另外一个有趣的方面。他的全部分数都非常低，但他还留任在企业里。为什么？这家企业里还有多少这样的人?

按照输入—处理—输出的管理流程，即使用简单的目测，也能看出一些有价值的、具有可操作性的东西。显然，如果企业里的员工很多，就必须应用统计分析工具才能得出相应的结论，我们在本节第三部分会详细对其进行讨论。

拓展阅读：从HR数据到HR数据管理的基本环节

· 轶事传闻和回忆录
· 数字仪表盘和平衡记分卡
· 比较和对标
· 巧合和相关性
· 能体现因果关系的数据
· 预测分析
· 最优化状态

资料来源：FITZ-ENZ J，MATTOX J R. Predictive analytics for human resources［M］. NJ：John Wiley & Sons，2014：28-29.

14.2.2 人力资源数据的来源和相关问题

HR从业者表示，人力资源数据管理的一大挑战在于如何收集分析所必需的数据。紧随其后的挑战是如何将人力资源数据转化为可操作的信息，并最终沉淀为智慧。这些挑战出现的主要原因是大约75%的人力资源部没有真正实用的、与运营相关的基本衡量指标，以及他们没有收集数据、界定标准和及时监督进展的传统与习惯。

1.人力资源数据的所有者

在大多数企业中，信息技术部门掌握着数据，维护着诸如学习管理系统、人才管理系统、人力资源信息系统等。技术产业的合并，使得不同类型的数据有机会在一个超级系统中共存，一个服务提供商下面的独立系统往往融为一体。超级系统可以报告招聘信息、培训历史、合规性、绩效评估分数、高潜能状态、晋升历史、薪酬和福利信息等与人力资源相关的所有数据和信息。

除了拥有一个超级系统，企业的数字成熟度对数据的日常采集与维护来说也是至关重要的。数字成熟度描述企业在数字化转型过程中的完成程度，反映了企业数字技术的全面融合与系统应用。数字成熟度高的企业每天都收集并使用数据，而处于数字化转型进程早期的企业可能还在为辨别关键绩效指标和收集数据而苦苦挣扎。

2.人力资源数据的格式

大多数人力资源管理从业人员使用Windows系统，常见的数据格式有：HTML、XML、HRXML、SQL、SPSS、MS Excel、MS Access。企业在搭建人力资源数据管理系统时，系统兼容多种格式数据的能力很重要。

另一件要考虑的事是数据结构，即组织数据的方法。“垂直文件”式的数据表，只有几列却有成千上万行，便于高速处理庞大的数据量（见表14-4）。“交叉文件”式的数据表，结构更宽，有许多列，通常一行对应一个员工，每列是一个变量，有很多列，包含了这个人的全部信息，用于SAS等多元统计软件的数据分析。

表14-4 垂直型数据结构

课程类型	学习方法	学生邮箱	问题	问题分类	回答	填写日期	回答类型
未分类的	讲师指导型	person1@companya.com	我从本次训练中学到了新知识和新技能	学习有效性	2.333333333	2月27日	李克特量表
未分类的	讲师指导型	person1@companya.com	我能把在这门课上学到的知识和技能应用到工作中	对工作的影响	2.333333333	2月27日	李克特量表
未分类的	讲师指导型	person1@companya.com	本次训练能提升我的工作绩效	业务绩效	2.333333333	2月27日	李克特量表

3.人力资源数据的质量

用数据说话，是指用真实的数据来说话，因此，一定要注意审核数据的真实性。

第7章曾提到，如果企业想提升数据质量，采用或者开发一套适用于企业自身的数据质量维度是必要的。关于人力资源数据的质量，结合人力资源管理自身的需求，建议从以下维度审查数据的质量：①完整性（Completeness），即存储数据与潜在数据的比例；②唯一性（Uniqueness），即被识别数据在满足识别的基础上保证不被多次记录；③及时性（Timeliness），即数据能在要求的时间点被获得的真实程度；④有效性（Validity），即数据能符合被定义的格式、类型、范围等语法要求；⑤准确性（Accuracy），即数据能正确描述事件的程度；⑥一致性（Consistency），即能比较事物多种表述与定义的差异。

获得高质量数据对任何分析都很重要。在分析数据集合前，要从以下几个方面来检测数据质量：①缺失数据；②数据中的错误；③数据录入错误；④数据库错误；⑤异常值（Outlier）。

当处理成千上万个案例时，有些缺省数据不会影响整体分析。然而，当大量数据缺失时，就必须判断缺失数据的变量是否为关键变量，如果是关键变量就需要找到数据缺失的原因，并修正数据收集中存在的问题。

随着大数据分析在各个领域取得成功，公司高层对于通过数据管理实现人力资源管理的革命性变化也抱有很高的期望。许多公司的人力资源管理部门采取了一些初步举措来赶上公司内其他部门在数据管理方面的进展。其中就包括采用统一的量化指标以确保数据采集的连续性和数据质量的稳定性。

不少公司正利用全球人力资源管理系统确保衡量标准的统一化，并把采集到的信息录入系统。量化人力资源的方法有很多，包括360度评估法、关键绩效指标法、员工流失情况预测法等。这些方法都很常见，但重要的是采用统一的、规范的、科学的数据报告准则。例如，美国运通公司的员工遍布全球83个国家和地区，其亚太区的一位人力资源主管评论道：“我们所经手的所有人力资源项目都必定附有量化指标。我们不论做什么，都使用全球一致的流程规范和数据库。我们做事讲求有条不紊、深思熟虑、方法一致、平台统一。”

随着人员配置和招聘等流程的严谨性不断提高，越来越多的企业将这些流程视为可以量化和改进的工作，员工资源正在成为一种数据资源。阿派斯公司在对客户的人力资源需求进行长期观察和评估后发现，愈发严格的工作流程和指标管理是各行业的大势所趋。

4.人力资源数据安全

数据安全的目标是保护数据资产，以符合隐私和保密规定、合同协议和业务要求。人力资源的数据同样存在数据安全问题，比如设定基于角色的访问权限控制和分层管理，为数据资产提供正确的身份验证、授权、访问和审计。

数据安全的合规性是需要考虑的问题。有些数据因为政策法规或组织规定被列为敏感数据，受隐私相关条例或要求的保护，比如性别、年龄、民族和病史等个人信息数据；有些组织将绩效评价中的测试分数和敬业度调查结果也归类为敏感数据。

14.2.3 人力资源数据管理的方法和工具

1.用于描述和解释的方法和工具

可使用简单的统计学术语，如频率计数、平均数、标准差，对员工绩效进行定量描述。如九级模型，可以用1~9的打分对员工进行评级。

描述完绩效后，可以通过深入挖掘数据、联系数据环境、检验差别与关联，赋予数据以可解释或可操作的魔力。例如，如果把所有员工分为新手、有经验的员工和先进员工这3类，就能挖掘其中隐含的联系，进而解释员工的绩效评级情况——九级模型中绩效最好的群体是最资深的员工，新手评级最低。

收集数据有时会很麻烦，特别是一个庞大的HR指标体系常常让人望而却步，而建立数据追踪工具（Data Tracking Tool）会很有用，它包含所有的关键绩效指标（Key Performance Indicator，KPI）和关于测量的各种信息，能从一开始就帮你将工作流程化。这个工具包含如下信息：

（1）数据出自哪个部门？谁是数据的管理者？

（2）这是敏感数据吗？如果是敏感数据，需要取得怎样的批准才能获取数据？

（3）申请数据的标准流程是什么？申请数据的标准周期是多少？

（4）数据格式是什么？数据类型是什么？

表14-5给出了“效率-效果-企业层面总体结果”框架下的数据追踪工具。

表14-5 **数据追踪工具**

KPI		数据出自哪个部门	数据管理者	是否属于敏感信息	获取数据的条件是什么	申请数据的标准流程是什么	申请数据的标准周期	数据格式	数据类型
效率	空缺岗位数量								
	填补岗位数量								
	招聘周期								
	岗位工资								
	招聘新员工成本								

续表

KPI		数据出自哪个部门	数据管理者	是否属于敏感信息	获取数据的条件是什么	申请数据的标准流程是什么	申请数据的标准周期	数据格式	数据类型
效果	90天及365天绩效评级								
	识别高潜力者								
	评估结果								
	胜任速度								
	支持者满意度								
	离职调查结果								
企业层面总体结果	敬业度调查结果								
	生产力								
	90天及365天留任								
	收益率								

HR实例：求职者追踪系统ATS（Applicant Tracking System）

招聘时，很多企业会使用ATS追踪和分析数据以提升招聘效率。ATS服务供应商包括Authoria、PeopleFilter、Wonderlic、eContinuum、PeopleClick等，不管使用哪一家供应商，应用ATS分析招聘效果时通常包括以下两步：

（1）首先，决定如何测量新员工的绩效。例如，在Authoria系统里，招聘经理使用李克特五分量表法输入新员工90天的绩效评定数据。

（2）其次，分析和优化招聘渠道。例如，根据新员工留任时长的数据，可以发现内部员工推荐（Employee Referrals）比报纸广告获得的新员工留任更久。

对于拥有很多分支机构的大型企业，可以借助ATS，根据地理区域管理不同分支机构的招聘工作，获取招聘渠道、求职者特征等标准化数据，对比招聘效率，将招聘费用从效率低的区域转移到效率高的区域，从而实现招聘费用等指标的优化。

资料来源：FITZ-ENZ J，MATTOX J R. Predictive analytics for human resources［M］. NJ：John Wiley & Sons，2014：85.

2.用于预测的方法和工具

可使用方差分析（ANOVA）、相关性分析、回归分析等统计方法研究变量之间的关系，进行预测分析。方差分析可以发现各组间的有效差别（如资深员工和新手的绩效），相关性分析和回归分析可以发现变量间的关系。比如，开发和培训可遵循“剂量-效应”曲线，如果有足够多的案例，就能通过培训的数量来预测员工绩效的改善，从而估算出提高绩效需要多少开发与培训方面的投资。

3.用于优化的方法和工具

建好预测模型后，企业就可以执行提高绩效的项目了，如提供最佳数量的培训。通过监控输入和实际绩效可以建立反馈回路，从而优化提高绩效的投资。正如布德罗和莱姆希达的绩效优化模型，关联了效率、效果和企业层面总体结果的数据集合，可以用于优化组织绩效。

通过上述三种类型的数据管理实践，人力资源管理者可以向高管提供有用的信息，从而作出数据驱动的决策。

拓展阅读：BI系统与BI报表

在企业经营的过程中，决策者不仅需要知道发生了什么，还要知道为什么发生，以及通过已知去推断未来可能会发生什么。

BI（Business Intelligence）系统是商业智能系统，囊括数据的采集、治理、存储、分析、可视化、输出以及应用等各个方面。它可以辅助企业数字化运营，让数据发挥更大的价值。企业可通过BI系统进行挖掘数据，通过智能算法预测为企业提供可预见的业务趋势。而BI报表，是企业根据现有数据进行整合并分析后输出的可视化结果。BI报表拥有丰富的可视化效果，可以完成业务数据探查、数据分析，辅助管理者科学决策。

资料来源：九数云.在线BI、报表和数据分析工具［EB/OL］.［2024-03-05］. https://www.jiushuyun.com.

14.2.4　人力资源数据管理的结果展示

对人力资源管理过程中的数据进行了收集和分析后，应该如何展示人力资源数据分析的结果，为企业管理者进行人力资源管理决策提供切实的可操作性支持呢？通过对下面案例的讨论与思考，我们将对如何形成一份高质量的人力资源数据报告进行分析。

HR实例：一份缺乏可操作性的人力资源数据报告

一家重要的金融企业，其管理层对人力资源数据报告感到不满。该机构的人力资源部门提供的报告通常包括以下内容：现有员工总数、新进员工人数、受训员工人数、离职率、薪酬与收益成本、人力资源部门开支、人力资源部门人员。

管理层感到不满是因为这些数据除了可以用来考虑缩减人力资源部门员工和预算外，没有真正的可操作性。后来他们找到的解决方案是，对人力资源部门的数据管理者进行SAS软件的数据分析培训，并按照如下步骤对报告生成团队进行重组：

（1）明确人力资源管理的愿景和目标；

（2）标准定义；

（3）报告设计；

（4）数据库建构；

（5）确定技术工具/应用程序；

（6）项目设计；

（7）数据收集/组织；

（8）分析和测试；

（9）报告；

（10）实施和监控。

资料来源：FITZ-ENZ J，MATTOX J R. Predictive analytics for human resources［M］. NJ：John Wiley & Sons，2014：34.

案例中的企业是这样改进人力资源数据报告的：

1.从愿景和目标开始

将从人力资源部的视角出发转向从企业的视角出发，根据企业战略，重塑人力资源管理的愿景，设立短期和长期目标。

2.标准定义

为了提高明确性和连续性，报告生成团队需要定义一套标准术语和指标，达到内外术语的基本一致。

3.报告模板

设计一套格式和内容符合分析工具内在逻辑的报告模板，并且经过测试，性能稳定，且容易为报告使用者解读。当设计报告模板时，呈现信息的方式、时间、格式，与报告内容一样重要。比如，跨越多个时间段的报告可以显示出变化趋势，揭示单独一个时间段的报告所不能揭示的变化、关联和趋势，赋予数据以解释力，提供有价值的洞见。若非展示出变化、关联和趋势，这些成百上千的报告只会给管理层带来更多的困惑和失望。

4.数据库建构

一旦搞清了需要什么样的数据，下一步就是建立人力资源数据库体系结构。因为其结果指向企业整体运营绩效，所以还需要和其他职能部门的数据库融合。

5.数据分析工具和技术

不同目的的人力资源数据管理，有效的处理数据工具各有不同。人才盘点使用描述性分析工具，人才配置使用预测性分析工具，人才获取、培养需求与薪酬绩效管理使用相关性分析工具。

6.项目设计

人力资源数据管理相关的基础设施落实到位后，需要对相关流程进行时间节点和报告形式的设计，比如什么时间形成什么样的定期报告。此外，除了常规报告，新的信息涌现后，如何处理诸多相关细节，需要规划设计。

7.数据收集与处理

至此，虽然报告生成团队仍在制定新的流程和项目细节，但数据收集与处理几乎已经处于完全运作状态了。随着不断尝试和改造，新的数据收集方式和处理方式会逐渐成形。

8.分析和测试

第一份分析成果面世，并通过内部及外部用户体验进行分析和测试。

9.形成报告

尽管新的数据与意料之外的问题仍旧不断出现，报告生成团队已经习惯于将新数据按照规范流程和标准格式整合起来，形成一份动态更新的、具备可操作价值的人力资源数据报告。在未来，有了人工智能的帮助，这类报告可以自动生成。而人力资源部门，也将从一个不断生产报告的“工厂”变为一个兼具运营职能的智力资源运作部门。

10.实施和监控

报告不断被完善，新的模块——比如人才开发策略、绩效管理和领导力开发——被引入报告，新的价值被创造。

拓展阅读：人才报告标准和格式的统一

从20世纪80年代中期开始，人力资源部门开始统计上报招聘、培训等职能服务的成本，涉及招聘和被培训的人数、工资变动、预算支出和其他内部过程等相关指标。直到今天，相比于会计，人力资源相关数据缺乏类似于《国际财务报告准则》(IFRS) 这样的全球统一的指标体系和报告系统。

2018年，联合国国际标准化组织（ISO）发布了《人力资源管理：内部和外部人力资本报告准则》，全球人才报告中心（CTR）在该准则基础上制定了《人才发展报告原则》。《人才发展报告原则》主要界定了人才获取、学习与发展、绩效管理、领导力开发、能力管理、全面薪酬等六个方面的指标体系与报告标准。

资料来源：ROI研究所人才测评与报告中心.人才发展报告原则［EB/OL］.［2024-03-15］. https：//centerfortalentreporting.org.

14.3　人力资源管理全场景中的数据管理

目前，人力资源数据管理的应用场景分类几乎就是传统意义上的人力资源管理职能分类或模块分类，这是人力资源数据管理这一新兴领域发展的初期状态。通过这种方式连接传统与未来，有助于人力资源管理者更好地理解如何更好地用数据赋能与优化传统的选、育、用、留各项职能。

14.3.1　数据管理在人才规划与盘点场景中的应用

萨巴·贝耶内负责领导沃尔玛的全球人力资源分析团队，该团队由70名敬业的分析师组成。深入了解员工更替对业务的影响是沃尔玛的核心事务之一，贝耶内说："和所有大型零售集团一样，沃尔玛也存在着巨大的员工更替问题。我们在琢磨着怎么才能让公司理解这不是件小事。大多数人认为，要是有人离职了，我们可以花更低的价钱雇一个新人进来。但他们没有意识到的是，其中存在着巨大的招聘成本、入职成本和培训成本。我们现在能够把这一切成本都进行量化，并明确告诉大家，如果员工在90天以内辞职，那么公司就没有从这个员工的工作上赚到一分钱。"

联想一直坚持开展系统性的人才盘点工作。一开始联想的人才盘点工作主要是针对经理人员，后来将盘点范围拓展至普通员工。在进行人才盘点时，联想将员工的发展划分为3种类型，即实践经验发展、接受辅导反馈以及传统培训教育等，占比分别约是70%、20%、10%。通过公司内网，上级可以查看下级的个人发展计划，并通过与下级沟通进而评估下级的发展潜力。

人才盘点是一项系统的工程，需要完备的流程、工具和团队。联想采用组织结构人力资源计划（OHRP）作为人才盘点工具。通过OHRP，联想实现了以下五个目标：分析组织结构和人员信息、评估管理者的能力、审核和规划直接下属的继任计划、识别高潜力人员并纳入人才库、拟订组织发展的改进计划。人才盘点可以帮助公司充分关注关键岗位以及人才的匹配和供给情况。

14.3.2 数据管理在招聘与留任场景中的应用

员工记录包括招聘日期、绩效回顾、所有的职位变化（晋升、加薪或各项工作的开展）和离职信息等各类未经加工的原始数据。企业可以用这些数据分析出员工留任或离职的原因。

员工留任问题研究者利·伯兰罕通过对67个员工离职原因的分析，指出，当员工的信任、期待、价值感和胜任感4项基本需求中的任何一项没有被满足时，员工就会选择离职，继而揭示了7个可以识别的、互相独立的原因：①工作内容或工作场所与期待不符；②员工与工作不匹配；③几乎没有指导或反馈；④几乎没有发展和晋升的机会；⑤感觉不到被重视或认可；⑥来自过度工作以及工作生活平衡方面的压力；⑦失去对高层领导者的信任或信心。

可实施有效的离职面谈，面谈目的是分析离职原因。运用统计分析来揭示离职原因与诸如任期、职位等相关因素的关系。比如，一个经理在一个岗位上工作时间过长，可能和较低的敬业度或质量、产量、内部服务水平的下降等运营问题有关。企业组织是高度复杂的，一个企业内的某一现象，可能是员工流失、业绩、销售额、客户稳定性、市场份额等诸多看似不相关的因素综合作用使然。开始真正认识到什么正在发生（描述性分析）、为什么它正在发生及它可能走向什么方向（预测性分析）以及应该如何处理它（规范性分析）的唯一方式，就是使用客观分析代替有偏差的、落伍的猜测。

假设企业的人力资源经理对下述问题有答案：①总流失率是多少？②什么样的人才在离开？③他们在职业生涯的什么阶段离开？④他们为什么离开？那么，这位经理还需要知道什么呢？他还需要明确人才流失的影响，知道怎样做才能改善人才流失，以及为什么要这么做。减少2%的人才流失率这个比例本身并没有任何意义，但如果它意味着运营成本的减少或者收益的增加，这个数据就有了价值。对企业来说，比降低人才流失率更有意义的是增加价值。而数据管理的意义正在于此：生成知识，增加价值。

14.3.3 数据管理在培训与开发场景中的应用

1.培训需求分析

最新研究成果显示，培训项目经常是在无视员工各自需求的情况下，组织直接安排给员工的。与培训价值相关性最强的影响因素是受训者的求知欲。如果缺乏求知欲，培训几乎就是一种浪费。

图14-7是一种领导力开发工具，左侧列出不同的发展经验，右侧是领导力特性（斜体代表技能有所不足）。比如，如果决策方面有所不足，可以通过有针对性的培训加以解决，分析能力可以通过在职培训和自我学习加以改善。该工具可以用来解决评估后暴露的个人领导技能和目标的差距问题，将可提供的培训资源与领导技能差距相匹配，避免了千篇一律的领导力培训所带来的时间和资源浪费。

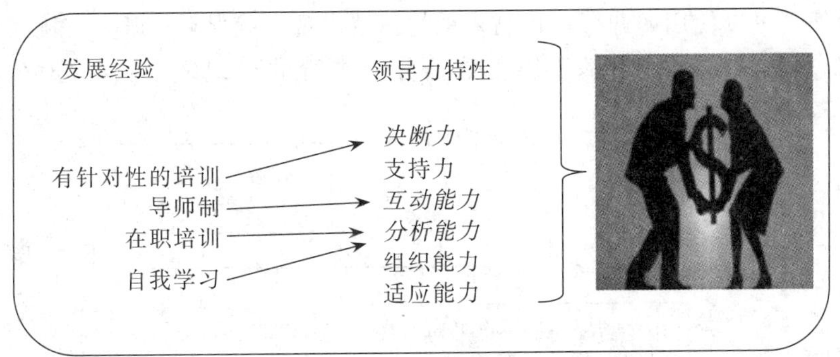

图14-7　领导力开发工具

2.培训效果分析

培训效果分析的目的是揭示人才变化如何影响经营结果。图14-8是尼克·邦迪斯提供的学习影响力模型。该模型揭示了有价值的投资如何影响个人学习，进而影响未来的工作绩效。运用统计分析，邦迪斯得出结论：受训者对培训材料在实际工作中的适用性的感觉，对该次培训的应用价值产生的影响最为强烈。

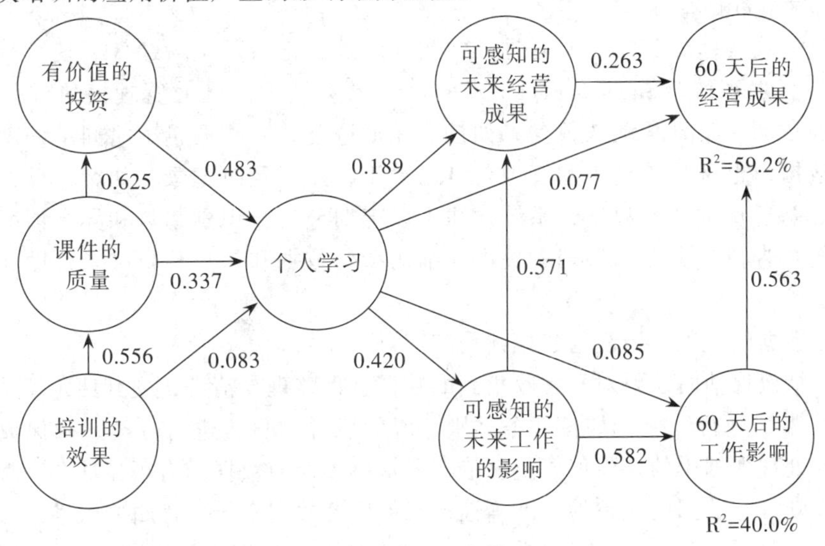

图14-8　学习影响力模型

资料来源：Knowledge Advisors. The predictive learning impact model［EB/OL］.［2024-03-27］. https：//www.nickbontis.com/BontisPredictiveLearningImpactModel.pdf.

14.3.4　数据管理在绩效与绩效管理场景中的应用

数据管理在绩效管理的场景中，有着非常普遍的应用。通过对数据的深入分析，不仅能够显著提升绩效管理的科学性，更能验证绩效管理的有效性。

1.设立绩效目标

在设立绩效目标时，需根据员工的历史工作数据，提炼绩效相关的关键指标。员工的历史数据，包括任务完成情况、销售业绩、客户满意度等。可利用相关分析确定绩效指标之间的关系，找到影响绩效的关键因素。应根据不同绩效指标的重要性分配权重，确保各指标在总体绩效评估中所占权重合理，确保各绩效指标的权重分配与企业的整体目标和战略一致。此外，可以使用回归分析预测未来的绩效表现，确保目标既具有挑战性又是可实现的。例如，一家餐饮公司基于历史数据分析进行的组织绩效目标分解（如图 14-9 所示）。

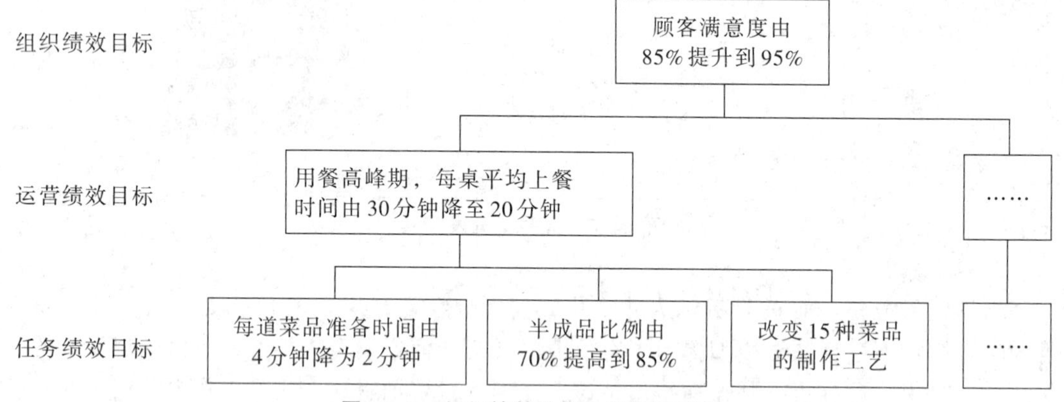

图 14-9　组织绩效分解中的数据目标

2. 日常绩效数据跟踪

在确定绩效目标之后，需要通过日常数据跟踪，记录员工的绩效表现。一般可以使用人力资源管理系统（Success Factor、People Soft 等）中的绩效管理模块或公司管理中的相关软件自动收集日常绩效数据，如任务完成进度、工作质量、时间里程碑等。有些主观性的数据，也可鼓励员工和管理者自己动手，进行及时记录，如客户反馈、团队合作情况等。基于日常绩效数据，系统往往可以定期分析，识别趋势和异常情况，生成阶段性的绩效报告，向员工和管理者提供详细的绩效数据和趋势分析结果，助其及时调整工作策略。

3. 绩效数据的整理、清洗与建模评估

在进行绩效评估时，要对日常收集到的数据进行整理与清洗，使其便于评估。将收集到的数据按类别进行区分，如按任务类别、时间段、项目等进行分类；确保数据格式一致，识别并处理数据中的缺失值、重复值、异常值等，使数据具有可比性和一致性；通过数据校验规则检查数据的完整性和准确性，确保所有数据记录的逻辑一致性。数据整理好后，就可以通过描述性统计分析绩效数据的分布情况，识别绩效表现的总体趋势和特征，将员工的绩效数据与部门平均值、历史数据或行业标准进行对比，识别绩效差距。有时也可利用统计模型和机器学习算法（如决策树、随机森林等），建立复杂的绩效评估模型，评估绩效指标之间的关系和影响因素。

4. 绩效数据的反馈与改进计划

在绩效评估结果对员工反馈后，就需要制定数据驱动的改进措施。应根据每个员工的评估结果和改进建议，使用图表、仪表盘等工具直观展示绩效数据，帮助员工更好地理解自己的表现，进而制订个性化的绩效改进计划；并为员工设定明确的改进目标和时间表，确保改进措施具有可操作性和可评估性。要定期跟踪员工的改进进展，收集新的绩效数据，评估改进措施的效果；根据跟踪结果，动态调整改进计划和目标，确保绩效能够持续改进。

从以上的绩效管理循环，可以发现，在绩效评估过程中，通过系统化的数据收集、整理、分析和建模，提高了绩效管理的科学性和准确性。同时，基于数据驱动的绩效反馈和改进措施，能够有效地帮助员工了解自己的业绩表现，识别改进空间，持续提升个人和组织的绩效水平。

14.4 人力资源数据管理与财务的融合

现在，我们已经知道如何管理人力资源相关数据了。和人力资源部门数据一样，财务部门数据也是企业健康发展的风向标。“人财不分家”，如果人力资源管理人员连基础的财务知识都不懂，就难以与业务部门有效沟通，更别谈提升人力资源管理效能、为企业战略目标的实现提供人力支持了。

学会运用财务思维和财务知识编制人力资源成本预算、进行人力资源成本分析、降低人力资源成本，使企业在人力资源管理方面实现成本全面管控，是人力资源数据管理的核心目标之一。

14.4.1 人力“才报”

企业所有的业务和经营活动都反映在资产负债表、利润表、现金流量表三大财务报表当中，借助这三张报表，企业里的HR经理不仅要学会对企业的财务状况进行综合分析，还要在此基础上建立预警机制，实现人力成本的预算分析与全面管控。

所以，HR经理必须建立财务思维，从财务角度出发，编制人力资源管理自己的三张“才报”，从人力资源日常运行所产生的一堆数据中，厘清人力成本的预算、分析和管控，洞察人力资源管理漏洞，从而推动企业的健康发展。

HR实例：能看懂财务报表的HR官

为衡量求职者的数据分析能力，第一资本金融公司在招募管理职位候选人时，会要求候选人先阅读一家出版公司的财务报表和图表信息，然后回答以下问题：

“20××年科学书籍的销售收入与发行成本的比率是多少？（四舍五入到最接近的整数）：

A.27：1　　B. 53：1　　C. 39：1　　D. 4：1　　E.说不清

这一测试适用于所有职级，甚至包括人力资源部门的高级副总裁。例如，当丹尼斯·利弗森飞抵华盛顿，参加第一资本金融公司首席人力资源官的面试时，面试官告诉他16位公司高管对他的面试环节还得再等等。首先，他被带到酒店房间去参加数学考试，并写出一份商业计划。7年后，利弗森开玩笑说，他之所以能得到这份工作，可能是因为他是唯一一个能通过数学考试的人力资源主管。利弗森目前是公司的执行副总裁之一，此举使他很早就见识到了第一资本金融公司对测试的痴迷程度。

资料来源：DAVENPORT T H，HARRIS J G. Competing on analytics：The New Science of Winning［M］. Boston：Harvard Business School Press，2007：90-91.

1.人力资本负债表：人才存量情况表

人力资本负债表，通过对企业人才情况进行盘点，包括学历、绩效、工资、福利各类要素，全面反映了企业的人才状况，并能够揭示企业可能存在的人才危机。

与资产负债表一样，在制作人力资本负债表时，为了满足人力成本管控的时效需求，HR经理同样需要出具年报、半年报和季报、月报。一般而言，根据分析需求的不同，人力资本负债表可以分为“人才”和“人工成本”两张报表。

展现“人才”要素的人力资本负债表，主要展示了企业各岗位在“人才”评价要素上的表现，如学历、司龄、工龄、年龄等要素，以及岗位胜任比、绩效考核等人力管理指标。

人力资本负债表的“人才”报表更注重对人力资本的定性分析，尤其是职工的知识面、忠诚度、年轻化等指标（见表14-6）。

人力资本负债表的“人工成本”报表则是对人力资本的定量分析，展现了工资总额、福利费用和招培费用等指标（见表14-7）。

将人力资本负债表的“人才”报表与企业绩效考核联动，通过岗位胜任比、高绩效人员等绩效指标可以洞察企业对人才胜任素质的需求。而人力资本负债表的“人工成本”报表则反映了企业的人才成本，借此可以对人力成本进行全面且有针对性的管控。

2.人力资本利润表：人才增值情况表

人力资本利润表，展现了企业人力资本的投资情况和收益情况，包括人工成本含量及人均效益，揭示了人才增值的情况，即人力资本的投资回报率。

和财务上编制利润表一样，HR经理不仅要将本年度表现与上年度表现对比，还要与行业标杆的表现对比，以实现人才投资的持续优化。一般而言，人力资本利润表包含投资分析和收益分析两个部分。

（1）投资分析部分的构成

①人力投资水平，反映人力资本的投资水平，包含7个主要指标（见表14-8）。

②人力投资结构，反映人力资本的投资结构，主要分为人员结构和项目结构两个部分的人工成本占比。其中，人员结构主要包括经营与职能人员人工成本占比、技术与研发人员人工成本占比、实施服务人员人工成本占比和营销人员人工成本占比；项目结构主要包括工资成本、社保成本、福利成本、培训成本、招聘成本和其他成本。

（2）收益分析部分的构成

①直接投资收益，是指人力资本投入的直接回报，包含3个关键指标（见表14-9），其余主要指标还包括人力资本收入指数、人力资本增值指数、人力资本成本指数、直/间接人力成本比率、人工成本回报率、人均营业额和人均利润率。

②间接投资收益，主要从外部吸引力和内部凝聚力两个角度进行分析。其中，外部吸引力主要通过主动离职率来分析外部环境对老职工的吸引程度，并用平均到岗时间和招聘成功率来分析企业对外部新职工的吸引程度；内部凝聚力主要从员工敬业度指数、高绩效员工留任比率、员工平均服务年限和人均月缺勤次数四个维度进行分析。

3.人才流量表：人才流失与人才补充

人才流量表，主要反映企业人才的动向，包括人才流失与人才补充数据。借助此表，HR经理可以探查关键岗位人才的离职原因，分析人才队伍的稳定性，并从组织吸引力推断出员工和客户的满意度。

表 14-6　**人力资本负债表：人才**

岗位		上期	本期计划	本期	离退休、内退人员	不在岗	人员类别			学历				司龄				工龄				25~35岁				岗位胜任比	高绩效人员
							合同制	派遣	实习	博士	硕士	本科	专科及以下	1年以内	1~3年	4~9年	10年及以上	2年及以下	3~5年	6年及以上	24岁及以下	男	女	36~49岁	50岁及以上		
总计																											
经营管理	高层																										
	中层																										
	基层																										

表 14-7　**人力资本负债表：人工成本**

岗位			总计	工资		福利				教育培训	招聘			其他人工成本	
				固定	浮动	社保	公积金	住房补贴	股权鼓励	外部培训	校园招聘	猎头费用	渠道费用	劳务外包费	实习生费用
总计本期		上期	总额												
		本期	预算												
			总额												
在职员工	合计	上期	总额												
		本期	预算												
			总额												

表 14-8 **人力投资水平主要指标**

指标名称	指标内涵	计算公式
人事费用率（人工率）	一定时期内企业生产和销售的总价值中用于支付人工成本的比例	人事费用率（人工率） =人工成本总额÷销售收入×100%
劳动分配率	企业在一定时期内新创造价值中用于支付人工成本的比例	劳动分配率 =人工成本总额÷增加值总额×100%
人工成本含量	反映劳动效率状况	人工成本含量=人工成本÷总成本×100%
人均人工成本	反映人工成本的平均水平	人均人工成本=人工成本÷职工人数
人均人工成本增长率	反映人工成本的增长情况	人均人工成本增长率 =人工成本增加额÷期初人均人工成本×100%
人均现金收入	反映人工成本中现金的支出情况	人均现金收入=现金收入÷职工人数
全时当量	指一个人在特定时间内的工作量	全时当量=全时人工量+非全时人工量

表 14-9 **直接投资收益主要指标**

指标名称	指标内涵	计算公式
人力资本投资回报率	衡量人力资本投资回报的主要指标	人力资本投资回报率 =净利润÷人工成本总额×100%
人工成本利润率	反映企业人工成本投入的获利水平	人工成本利润率 =利润总额÷人工成本总额×100%
全员劳动生产率	反映平均每一位职工在单位时间内的生产量	全员劳动生产率 =工业增加值÷从业人员平均人数

和财务上编制现金流量表一样，HR经理同样需要将本年度情况与上年度情况及行业标杆表现对比列出，以及时发现人才异动情况，做好人才储备工作（见表14-10）。

表 14-10 **人才流量表**

人才流失		上一年度		本年度		行业标杆		人才补充		上一年度		本年度		行业标杆	
		人数	比率	人数	比率	人数	比率			人数	比率	人数	比率	人数	比率
自愿离职	①							人才补充结构	外聘						
	②								内招						
非自愿离职	③							人才补充能力	平均到岗周期						
	④								首年业绩合格率						
	⑤								关键岗位后备覆盖率						

注：① 可按照员工绩效评定等级分类编制；
② 可按照离职原因（如薪酬、企业文化、个人发展、领导风格、地域等）分类编制；
③ 可按照人才流向（如竞争对手、相关行业、其他行业等）分类编制；
④ 可按照人才异动预测（如临近退休员工、孕期员工等）分类编制；
⑤ 可按照人才稳定性（服务期一年以内、1~3年、3年以上）分类编制。

14.4.2　用财务思维编制人力资源成本预算

人力资源预算是人力资源战略规划落地的重要保障，也是一种有效的管理工具与技术，对于优化企业人力资源配置、降低企业经营风险和人力成本、加强各部门沟通与协调、实现企业短期经营目标和长期战略目标具有什么重要的意义。

1.人力资源成本预算的内容

人力资源成本预算是人力资源部门根据历史及当前的人力资源成本状况，结合企业发展战略，对下一年度人员需求和成本费用进行预测，通过人力资源预算编制指导人力资源管理工作的开展，合理控制人工成本。

人力资源成本预算内容主要包括财务预算、人工预算、招聘预算、培训和发展预算。其中财务预算是对下一年人力资源运营花费的预测和分配，它确定花费的数额、花费的种类、为什么花费、花费的标准、最低限度和花费支出计划；人工预算是公司人力成本的计划和控制，它确定来年公司的人力成本的需求和额外的人力成本（如图14-10所示）；招聘预算是经批准的来年公司运营中必要的招聘费用预算；培训和发展预算由培训需求决定。

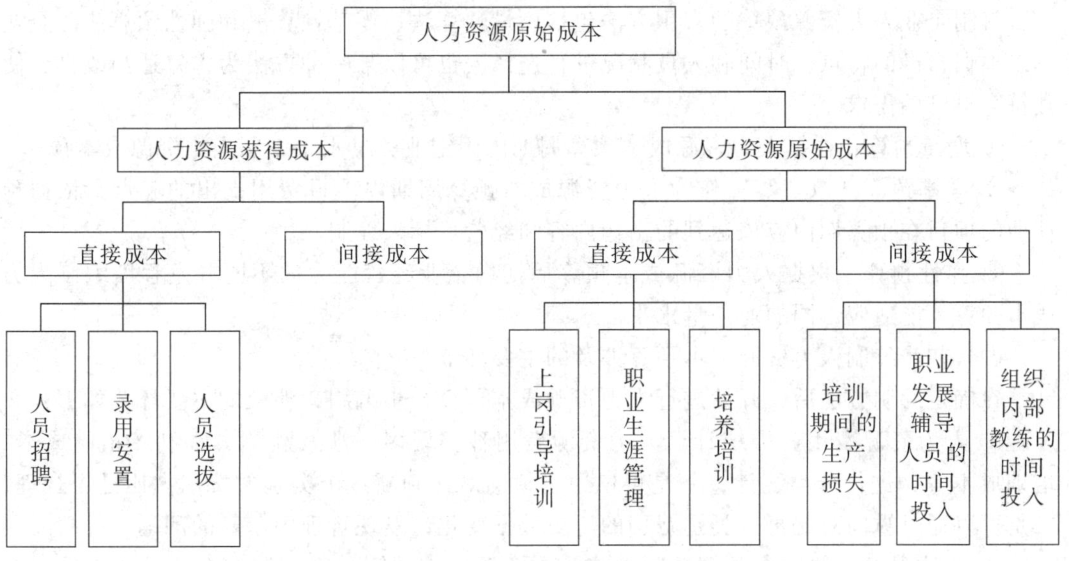

图14-10　人力资源成本管理核算框架

2.人力资源成本预算的基本思路

实施人力资源预算管理，基本思路是，首先基于人力资源盘点，预测人力资源需求，构建合理的人力资源结构；其次，预算和衡量企业人力资源成本，通过人力资源成本预算，有效减少人力资源成本支出的盲目性与随意性，强化人力资源成本监督的有效性；最后，为了使人力资源预算得到良好的执行，需要对预算的执行情况进行及时的监控（如图14-11所示）。

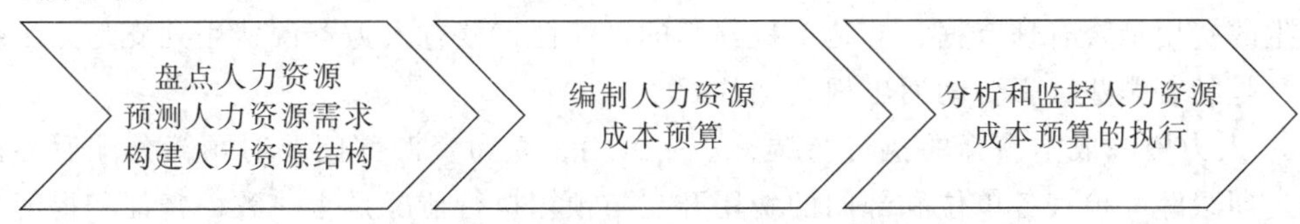

图14-11　人力资源成本预算管理基本思路

3.人力资源成本预算的影响因素

人力资源成本预算向上承接组织业务与人才战略，并建立适配组织战略的人力资源投资策略和目标、人力成本管控机制；向下在落地执行过程中与业务部门保持有效沟通，并对预算方案进行定期反馈与优化。影响人力资源预算的因素主要包括：

（1）企业目标战略；

（2）企业预算制定规则；

（3）企业人力资源战略规划；

（4）企业所在行业相关的政策；

（5）企业财务预测数据（销售预测、生产预测、产品预测）。

4.人力资源成本预算编制

在着手编制人力资源成本预算之前，企业必须先确定需要什么样的人力、需要多少人力、需要怎样的人力资源结构。企业的“定编定岗分析”提供了回答上述问题所需要的数据。

（1）编制企业人力资源预算的常用方法

编制企业人力资源预算的常用方法包括增量预算法、零基预算法和弹性预算法。企业可以根据自己的特点，时间和人员状况进行选择，也可以某一种方法为主，适当改良，使其符合自己的需求。

① 增量预算。根据人力资源成本预算周期内固定业务量水平编制人力资源成本预算。

② 零基预算。以“零”作为人力资源成本预算周期内项目费用支出的起点，依据预算期的项目在预算期内应该达到的工作内容和经营目标来编制。

③ 弹性预算。根据人力资源成本预算周期内企业经营能力的不同开发程度编制人力成本预算，能适应不同的业务量水平。

（2）初步编制人力资源成本预算涉及的主要环节

在确定编制方法后，开始进行人力资源成本预算初步编制，涉及的主要环节如下：

① 人力资源费用分类统计。人力资源费用种类繁多，涉及薪酬、福利、招聘成本、培训成本等，进行分类统计，一是可以通过横向对比判断各个类别的费用占比是否合理，二是可以通过纵向对比每一类别费用的历史数据变化，发现管理中暴露的问题。

② 统计人力资源成本预算总额。将人力资源成本预算总额控制在企业总成本的一定比例，或者将其与企业业绩结合起来，建立相应的浮动机制，增加人力资源成本预算与业务的匹配性。

③ 人力资源成本预算的纵向分解和横向分配。纵向分解是把人力资源成本年度预算分解到各个季度和月份；横向分配是确定人力资源成本预算总额在各自的单位或部门间的比例。

④ 人力资源成本预算的审核。一是审核预算的真实性，核查各项业务计划和资源需求发生的费用是否有理有据；二是审核预算的可控性，核查人力资源费用列支是否出现变动，且是随着哪些因素变动而出现变动的。

⑤ 人力资源成本预算的执行与调整。一方面，人力资源部门要对预算分配后的执行进行定期跟踪，检查各单位和部门的费用开支与预算执行情况是否一致，督促和提醒各部门单位预算编制执行。另一方面，当企业外部环境发生变化、原有预算与实际需求发生较

大偏离时，人力资源部门应及时调整预算。

14.4.3 用财务思维分析人力资源成本

人力资源成本分析不仅能准确体现企业人力资源成本的变化情况，也是人力资源成本规划、薪酬调整的依据。做好人力资源成本分析，企业才能更好地了解内部人力资源成本。

人力资源成本分析的基础指标如图14-12所示。基于这些基础指标，可以从成本角度和效益角度对人力资源成本进行财务视角的分析。

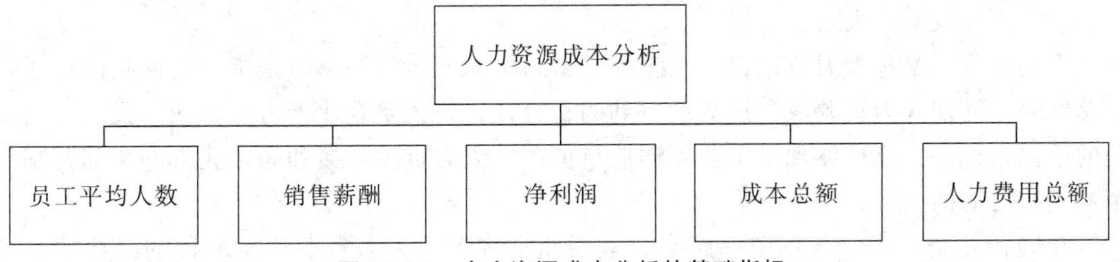

图14-12 人力资源成本分析的基础指标

1.成本视角下的人力资源成本分析

分析人力资源成本时应将之置入企业的行业环境，积极观察行业内竞争对手的人力资源成本数据，了解本企业人力资源成本是否具备充分的竞争力，便于尽快找出差距。

例如互为竞争对手关系的A企业和B企业，将二者20××年的营收、利润与人力资源成本进行比较，可以看出B企业的营收、利润等财务指标的表现均不如A企业（见表14-11）。在人力资源成本管理表现上，B企业的平均人力资源成本和人力资源成本占运营成本比重这两个指标均高于A企业，说明B企业的人力资源成本管理效率存在问题。

表14-11 人力资源成本的竞争对手分析

项　目	A企业	B企业
主营业务收入（亿元）	100	62
净利润（亿元）	9.5	2.8
员工人数（人）	6 000	4 000
运营成本（亿元）	60	38
人力资源成本	20	15
净利润率（%）	9.5	4.52
平均人力资源成本（万元）	33.33	37.50
劳动生产率（人均产值，万元）	166.67	155.00
人力资源成本占运营成本比重（%）	33.33	39.47

除了横向与竞争对手比较，也可以纵向对比同一家企业上下年份人力资源成本的变化，得出该企业人力资源成本管理效果的结论。

2.效益视角下的人力资源成本分析

只从成本控制角度评价分析人力资源成本，将无法观察到人力资源作为企业投资项的增值情况，因此，为了在人力资源成本与企业经济效益之间建立充分联系，还应从效益视角进一步分析人力资本成本管理的效果。效益视角下的人力资源成本分析主要体现在以下

3个重要指标的核算与分析：

（1）人事费用率

人事费用率是指人力资源成本总量与销售收入的比率。这一指标表示在一定时期内，企业生产和销售的总价值中用于支付人力资源成本的比例，该指标体现了人力资源成本投入与企业总体产出的关系。

在同等情况下，人事费用率越低，表明企业对人力资源成本的使用效率越高；反之，人事费用率越高，说明企业经济效益下降的可能性越大。通常而言，理想的人事费用率应在10%以下，情况良好的企业，其人事费用率常年保持在3%~5%。

（2）人均效率（人效）

人均效率，又称人力资源成本贡献率、人力资源成本利润率，是指一定期间内企业利润总额除以同期人力资源成本总额后得到的百分比，是衡量企业人力资源成本投入产出效益的重要指标。该指标体现了企业新创造价值中，人力资源直接和间接获得的全部薪酬与企业利润之间的关系。

在同行业企业中，人均效率越高，表明企业内单位人力资源成本取得的经济效益越高，人力资源成本相对水平就越低。人均效率的变动趋势大体上能说明企业经营环境状况的变化情况，也可以折射出某个行业在一段时间内面对的共同问题。

（3）劳动分配率

劳动分配率是指一定时期内企业人力资源成本占企业增加值总额的比例。该指标代表了分配关系和人力资源成本要素的投入产出关系。分析劳动分配率时，企业可在不同年度的数值之间进行纵向比较，也可以和同行竞争对手横向比较，以判断人力资源成本相对水平的高低。

总之，与企业中的其他业务一样，人力资源管理也需要进行成本核算。在此过程中，人力资源管理部门应通过多维度的统计与分析，进一步融合财务管理知识，有效管理人力资源成本。图14-13概括了人力资源成本分析所涉及的数据与数据分析。

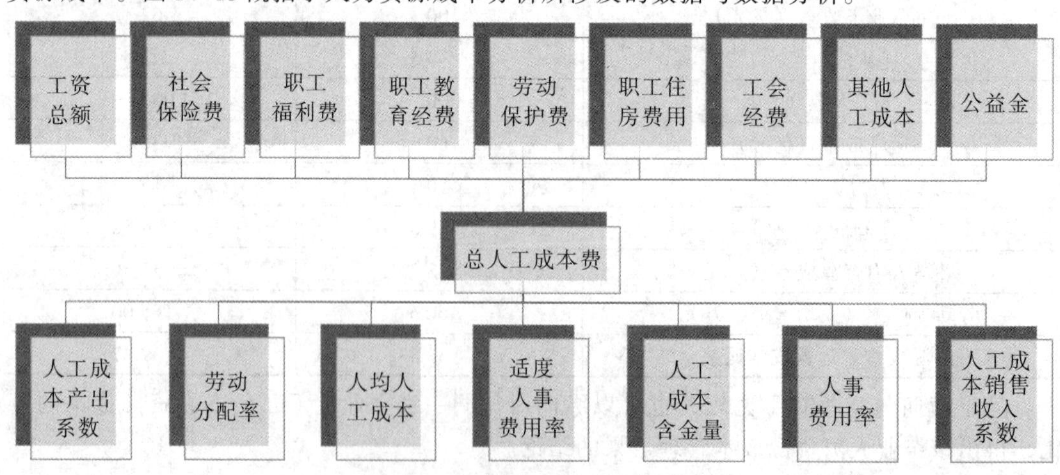

图14-13 人力资源成本分析模型

14.4.4 用财务思维控制人力资源成本

全面成本管理是现代企业财务思维中重要的概念。这一管理思想运用成本管理的基本原理与方法体系，依据现代企业成本运动规律，对企业经营管理活动实现全过程、动态性、多维性的成本控制，目的在于优化成本投入、改善成本结构、规避成本风险。

全面成本管理是指控制企业生产经营所有过程中发生的全部成本，其中包括了成本形成的全过程，也覆盖了企业所有员工参与的环节。人力资源的全面成本管理是人力资源部门主动融合财务管理，将财务管理思维贯穿人力资源管理的全过程，以有效降低人力资源全面成本。上到董事、总经理等决策者，下到普通员工，企业内员工都应参与和接受人力资源的全面成本管理。

1.战略决策定目标

企业战略是人力资源成本管理的出发点和最终目标。一方面，围绕企业的战略目标编制和执行人力资源成本管理计划，其内容才能贴合实际；另一方面，人力资源成本的有效管理，目的也在于实现企业的战略目标。人力资源成本管理可以在以下两个方面遵循企业的战略决策。

（1）运用企业战略目标降低人力资源成本。将全面成本管理思想引入人力资源成本管理工作，将人力资源管理部门看作企业的业务部门，将与其工作发生关联的所有对象均视为客户，突出其服务的“客户”和自身的“产品”。

（2）选择与企业战略一致的薪酬决策。薪酬决策是人力资源成本管理的重要组成部分，包括薪酬体系、薪酬水平、薪酬构成、薪酬结构四个方面的决策，分别决定了企业的基本付薪因素、是否支付高于（或低于）市场平均水平的薪酬、是否采用高弹性（或高稳定性）的薪酬构成、是否设置较少的薪资等级且等级内部有较大浮动幅度的结构水平。

2.量化考核保执行

人力资源考核指标的设定、绩效管理和绩效薪酬体系的搭建等一系列工作，确保了人力资源管理成本的最低效果。

（1）量化人力资源成本考核指标。根据全面成本管理思想，人力资源成本管理并不是人力资源管理部门的内部责任，而是企业内每个部门、每个员工的责任。只有将人力资源成本考核指标量化分解到每个部门、每个员工，进行严格的考核激励，形成“人人头上有指标”的局面，才能确保人力资源成本管理的有效性。

（2）“绩效+薪酬”数据打通，确保动态连接，建立变动薪酬管理体系。

3.管理革新防风险

企业应不断探索招聘管理与人才开发的新方法、组织架构和流程的优化、用工方式与工时管理的改变、留任和裁员手段的革新。这些革新措施既防范了企业因违反《中华人民共和国劳动法》《中华人民共和国劳动合同法》等相关法律法规而带来的直接风险，也防范了企业因制度落后导致用工成本高企而带来的间接风险。

（1）招聘流程管理数据化。一个好的招聘流程管理，应该是人才吸引、人才选择和人才配置三大环节围绕人才评估相关数据紧密连接。

（2）定期进行人才盘点，关键岗位做好人员替补计划。

（3）定期进行岗位盘点，优化人力资源配置，科学组合用工，多种用工方式并存。传统人力资源管理强调通过少岗化甚至减岗来控制用工成本，在掌握了人均效率这一概念之后，人力资源部门认识到比控制用工人数更有价值的是计算人均效率。引入诸如不定时工作制、非全日工作制、劳务外包、退休返聘等特殊用工模式，并合理组合，可以有效提升人均效率。

（4）做好人员流失数据分析，降低离职成本。

（5）规范人力资源管理制度，降低劳动争议成本。

14.5 大数据时代人力资源管理的新要求

“大数据”这个词最早是媒体发现的。数据科学家维克托·迈尔-舍恩伯格和肯尼斯·库克耶将“大数据”定义为“不用随机分析法（抽样调查）这样的捷径，而采用所有数据进行分析处理”。

大数据时代，一切皆可量化，身处数据的世界中，人力资源管理也应当顺势而为，塑造数据分析能力，用好数据，以数据提升人力资源管理效能，以数据提升员工体验，从而实现企业与员工共创共赢。

14.5.1 人力资源从业者要具备数据分析能力

大数据对企业的意义不仅在于掌握庞大的数据信息，而且更在于对这些含有意义的数据进行专业化处理。

哈佛大学政治学系教授加里·金曾提出：“大数据的价值不是在数据本身，虽然我们需要数据，数据很多时候只是伴随科技进步而产生的免费的副产品。比如说，学校为了让学生能更高效地注册而引进了注册系统，因而有了学生的很多信息，这些都是因为技术改进而产生的数据增量。”“大数据的真正价值在于数据分析。数据是为了某种目的而存在，目的可以变，我们可以通过数据来了解完全不同的东西……有数据固然好，但是如果没有分析，数据的价值就没法体现。”“关于定性分析和定量分析，其实不是泾渭分明的。全靠定性分析（由经验主导）是不够的，因为你有很多数据不知道该怎么处理。全靠定量分析（由数据主导）也不行，这就像一张巨大的Excel表格，但是表中没有行、列的标签。”

所以，大数据时代对人力资源管理的新要求之一是：数据和经验双轮驱动，提升人力资源从业者的数据分析能力。大数据分析需要的是由有经验的人来主导，就像魔法师一样，用经验的“魔杖”，让数据会“说话”。

拓展阅读：HR从业者的数据分析能力自检

• 你能否根据简单的人力资源效能指标，发现人力资源政策失误的铁证？

• 你能否根据财务数据和人力资源数据，发现企业在繁荣表象下正走进经营陷阱，从而阻止企业的非理智的扩张策略？

• 你能否根据人力资源数据发现人才队伍的真正短板，并制定相应的人才队伍调整策略？

• 你能否根据人力资源数据发现选、育、用、留各大职能存在的问题？

14.5.2 人力资源管理过程要实现数据全覆盖

人力资源管理过程的数据全覆盖，是指从招聘中的候选人信息收集、人才测评，到员工档案资料的整理和分析，员工能力模型的建立与度量，以及月度、季度、年度的员工绩效考评等，所有涉及人力资源管理的环节全程数据化。

很多企业都拥有大量的人力资源和员工业绩数据，比如员工数量统计、业绩评估、培训数据、学历背景等，但是这些数据并不能直接拿来用，人力资源管理者需要对这些数据进行分类和指标化，并编制人力资源报表，为人力资源战略决策提供完善的数据基础。

14.5.3　人力资源战略决策要基于数据全应用

大数据体现着员工整体的变化趋势，也体现着员工个体的发展规律，只有通过数据的分析处理，企业才可以通过数据的指导，正确地寻找到员工深层次的需求，预测员工的行为习惯，进而指导企业的人力资源管理决策。

现代人力资源管理者应该在纷繁芜杂的人力资源数据及表象中，找到内在规律和特性，并基于这些规律和特性持续性优化人力资源决策。

人才管理问题本质上是三个问题：如何吸引高素质的人才？如何留住主要员工？如何开发现有员工的潜能？

如今，很多企业开始利用数据分析的结果进行人力资源决策，优化解决问题的方案。比如说，富士施乐公司通过大数据来分配员工，使得有48 700名员工的客户服务中心减少了20%的流失率。而作为大数据时代的领头羊之一，谷歌公司在员工招聘和管理时更是处处用数据说话，为企业的决策提供强大的支持。

14.5.4　以数据为钥匙激活组织和个体

用数据赋予人本思想以科学的手段。首先，通过企业人才盘点和员工关键能力图谱分析、员工敬业度分析，把能力和态度匹配的员工配置到适合的部门与岗位；然后，借助于员工绩效评估、薪酬情况分析、员工满意度分析，既达成企业战略目标以满足企业需求，又保障员工公平公正的薪酬福利待遇以满足员工需求。这样，一方面组织的人力资源效能得到提升；另一方面，员工在工作中能感受到责任感、被认可、工作有意义，满足了个人成长与价值实现的高级心理需求。

大数据时代对人力资源管理的新要求是：用数据匹配组织与个体，帮助组织和员工实现共创共赢。企业在助力员工发展的过程中，实现自身成长、发展和基业长青；员工在效力于企业愿景的过程中，实现个人成长、成功和自我价值，如图14-14所示。

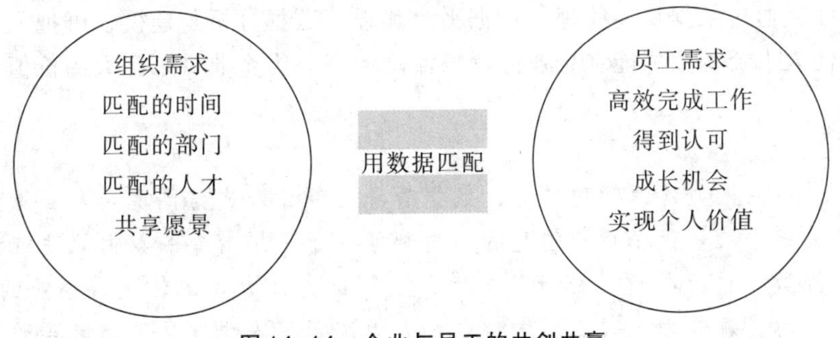

图14-14　企业与员工的共创共赢

拓展阅读：大数据在人力资源管理中的前沿研究

随着互联网技术在人力资源管理中应用程度的不断加深，越来越多的学者致力于研究大数据在人力资源管理中的应用方式，前瞻性地提出了多种实践方向。

1.基于内容数据的研究

（1）个性评估。基于网络挖掘技术，可以计算客观化网络行为与人格特征行为之间的关系模型，并最终实现基于个体网络行为的个体人格特征的测量。基于微博数据可以预测个体的抑郁和焦虑等情绪。

（2）人力资源供需管理。①劳动力市场供给。例如，基于在线简历的职业经历描绘了企业间的人才流动，可以研究知识工作者的职业流动所带来的知识溢出效应。②劳动力供需的动态匹配。例如，利用实验的方法，可以研究工作报酬区间的动态生成。

2.基于关系数据的研究

（1）邮件网络与知识网络。占据中介中心位置越多的经理，领导力绩效越好，说明有影响力的领导更容易被信任因而处于沟通网络的中心位置。

（2）人力资本社会网络与校友网络。采用大规模在线简历数据可以构建企业间人才流网络，从中心度和结构洞的视角可研究不同类型人才流动对企业创新的影响。基于我国上市公司高管简历的教育背景信息可以构建企业校友网络，并研究校友网络对基金业绩的影响。

3.基于行为数据的研究

基于Web2.0的网络招募具有强烈的交互特征，可帮助应聘者对人–岗匹配、个体需求与能力匹配、个体与组织匹配进行更加深入的评估，有利于吸引更多高质量的应聘者浏览招募信息，以及促使其提出工作申请。

资料来源：刘善仕，王雁飞.人力资源管理［M］. 2版.北京：机械工业出版社，2021：128.

综上，人力资源管理者的数据分析能力、人力资源管理过程的全面数据化、人力资源战略决策的数据场景应用、人本管理的数据化支撑，是大数据时代人力资源管理的新要求。人力资源数据管理本质上就是对大数据时代企业数字化转型趋势中人力资源管理过程、人力资源决策与管理工具、人力资源管理对象数字化的主动响应与必然产物，构建一个实现感知、连接和智能的人力资源数据平台，通过感知有效映射现实世界的问题，通过连接将分散的数据连成整体形成大数据，通过智能构建大模型，以解决各种人力资源管理的难题。如此，通过数据科学管理、数据平台建设、数据分析与建模，可把人力资源数据变成服务，使人力资源数据能在企业内顺畅流动起来，为企业带来巨大的价值。

【本章小结】

思维导图

在人力资源管理领域，数据管理已经逐渐成为体现人力资源管理价值的关键手段。很多行业领先的公司都倾向于采用有效的数据管理方法对人力资源数据进行收集、分析和应用，从而助力人力资源转化为企业的竞争优势。人力资源规划、人工成本控制、人力配置、人才发展等都需要通过数据管理的手段找准突破点和价值点。

本章围绕人力资源数据管理，聚焦于以下重点内容的学习：

• 为什么测量：揭示数据背后的规律，形成有价值的洞见。

• 测量什么：拟解决的问题是什么？逻辑框架是怎样的？

• 如何测量：如何获取数据？包括数据的来源、所有权和质量等问题。

• 如何分析：如何分析数据？包括描述性分析、预测性分析、规范性分析以及各自的方法和工具。

• 如何输出结果：人力资源数据分析报告该如何撰写？

• 如何应用结果：人力资源数据分析应用的场景。

【课后思考】

1. 在本章人力资源数据管理的目的部分，给出了马库斯、梅西百货、沃尔玛、好事多的战略差异，请结合这部分内容思考企业战略和人力资源数据管理目的之间的关系，以及如何为企业树立正确的人力资源数据管理目标。

2. 人力资源数据管理的主要内容是什么？

3. 人力资源管理的三张“才报”分别是什么？在企业人力资源数据管理中的作用又分别是什么？

4. 请选择一家企业，查找资料，以解决这家企业人力资源管理中存在的某个具体问题为目标，撰写一份人力资源数据分析报告。

5. 请思考大数据时代人力资源数据管理的机遇和挑战。

【案例分析】

一份人才留任和成长报告的“成长”

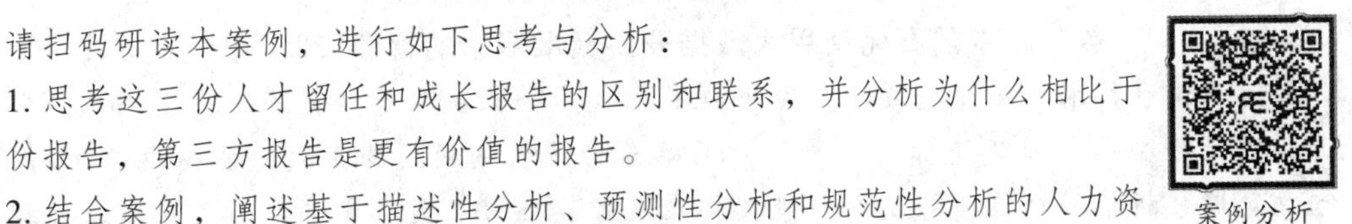

案例分析

请扫码研读本案例，进行如下思考与分析：

1. 思考这三份人才留任和成长报告的区别和联系，并分析为什么相比于前两份报告，第三方报告是更有价值的报告。

2. 结合案例，阐述基于描述性分析、预测性分析和规范性分析的人力资源数据管理在人才留任和成长项目中的作用。

3. 从人力资源管理实践的角度，谈谈如何减少年轻人才的流失，如何分辨高/低绩效者、发现能力差距、提升员工技能、提高员工敬业度并减少员工离职。

第15章　企业营销数据管理

【学习目标】

通过本章的学习，了解企业营销数据管理在数字经济发展中的重要作用，形成用数据说话的数据管理思维；理解大数据的特性及其管理启示，掌握大数据营销的内涵与特征，理解数据营销组合管理应用，了解数据时代营销管理新模式，对数字技术在数字营销实践中的地位形成清晰认知，强化科技强国的理念。

【素养目标】

数据时代的营销管理应充分体现社会主义核心价值观，体现社会责任。结合实际案例，了解企业营销数据管理在我国数字经济发展中的重要作用，掌握并遵循数据营销管理中的法律法规和伦理准则、道德规范。

【引导案例】

中国石化利用大数据开展精准营销的管理实践

随着信息技术的飞速发展，大数据技术已成为企业获取竞争优势的关键工具。中石化山西石油分公司（以下简称“公司”）面临着传统营销模式的挑战，营销成本居高不下，客户数据分析不够精准，营销资源投放存在浪费。公司决策层意识到，必须借助大数据技术，转变营销策略，实现从传统营销到数据驱动营销的跨越，以期提升营销效率和客户满意度。

2021年，公司拓展了大数据平台功能，对原有各业务系统数据进行了集中整合，形成了经营数据池。公司探寻利用大数据手段挖掘会员消费数据背后的价值，进而实现数据升值，加快建立数据应用模型，提升数据服务能力；通过构建会员消费模型及应用，加快数据价值转化。

公司首先整合了加油卡、石化钱包、加油山西App等多个渠道的客户数据源，构建起统一的大数据平台，为后续分析打下坚实基础。基于整合的数据池，公司通过CDP技术实现了全渠道数据的对接，形成了客户唯一ID，能够在任何时间和地点快速识别客户身份。客户身份可以帮助公司进行精准的会员360度画像，依据会员画像背后的多级维度智能化圈群分组，实现精准会员分层，宏观角度勾勒细分群体的特征偏好。同时，结合会员消费偏好等显著特征可以实现洞察目标群体画像。

为了提升数据的使用效率，对用户进行深度分析，公司引入并构建了RFM模型，动态评估客户价值和创效能力，指导营销活动的设计和实施。在RFM模型中，R表示客户最近一次消费距今天数，F表示客户在时间窗口内消费的总次数，M表示客户在时间窗口内消费的总金额。通过这种将用户细化的方式，公司可以迅速发现消费最多的用户集中在哪些区域，结合用户分布区域进行用户分析，发现用户流失和老用户维护不到位的问题，通过消费模型监测会员消费习惯，对偏离消费习惯的会员实施定向营销活动，提高了营销的精准度，实现了精准营销。

在大数据平台应用后的10个月内，公司累计开展消费模型营销8次，共计召回及留存会员47.3万人，消费123.7万笔，人均消费2.6笔，回流及留存销量约3.3万吨，剔除营销投入，综合差价收入增加2 675万元，会员客户消费占比环比提高了6个百分点，取得了较好的营销效果。

资料来源：李斌.大数据下石油石化行业构建会员消费模型实施定向精准营销案例［J］.石化技术，2023，30（3）：237-239.

15.1　数据如何赋能营销管理

营销管理是企业在充分认识消费者需求的前提下，为充分满足消费者需求在营销过程中所采取的一系列活动。在数字化时代，数据已经成为企业核心的生产资料，能否充分运用数据，开展有效的营销活动，已成为企业赢得竞争优势的关键因素。

营销管理所需的数据来源于现实世界，主要来自于宏观环境和消费领域，如宏观环境中的国家政策、行业发展环境、环保政策和技术发展环境等，以及消费领域中的人、货、场。运用数字技术处理这些数据时，整个数据分析处理过程包括数据感知、智能认知和动态决策三大环节。首先，通过数据感知的方法收集宏观环境数据和消费领域数据。其中，宏观环境数据包括政策数据、行业数据、环保数据和技术数据等，消费领域数据包括顾客特征数据、顾客行为数据、顾客评论数据、渠道销售数据和地理信息数据等。其次，通过智能认知的方法处理所获得的数据，形成信息与知识，如宏观环境的政策信息、行业信息与知识、环保信息与知识、技术信息与知识等，以及消费领域的顾客画像、顾客偏好、顾客习惯、顾客需求、销售渠道和地理信息等。再次，通过动态决策的方法解决现实世界的营销服务问题，形成营销方案，包括客户管理方案、产品定价方案、产品推送方案、渠道布局方案和销售预测方案等。最后，通过各类方案的精准执行实现营销管理创新。

营销管理创新是改善企业现有价值链和创新链的活动，使资源能更有效地流动，表现为企业的应用数据能力的创新，主要包括营销观念创新和营销组合方式创新等方面。

15.2　大数据及其营销管理启示

在数字化时代，数据作为一种全新的生产资料，已经在各个领域得到广泛应用，如电子商务、智慧城市、社会安全与保障、智慧教育等。在营销管理中，数据的价值也日益凸显。例如，通过收集消费者全生命周期的行为数据，可以构建消费者的全景式人物画像，进而设计出精准度高、活动可度量的个性化市场营销方案。基于数据的营销模式势必是数字化时代营销管理未来发展的核心组成部分，并预示着市场营销实践的主流方向。有鉴于此，本节将介绍大数据及其对营销管理的启示。

15.2.1 大数据的定义

"大数据"一词由英文"Big Data"翻译而来，虽然早在20世纪80年代就已经出现，但在当时主要用来概括计算机科学中的"海量数据"，并未受到商界的重视。直到2008年Nature杂志设立了"大数据"专刊，从不同的角度分析了大数据所蕴含的价值和趋势。在此之后，大数据在商业实践和管理理论中逐渐受到关注，特别是在2011年以后，其在全世界范围内迅速地流行起来。当前，从市场营销的角度，业界和学术界对大数据的定义作出了不同的表述（见表15-1）。

表15-1 大数据的定义

定 义	来源
大数据是能用低代价、新形式进行处理的大容量、高速度和多样化的信息资产，以增强洞察力和制定决策的能力	Gartner公司
大数据是指大容量、高速度、复杂和多变的数据，需要使用先进的技术来采集、存储、管理和分析	TechAmerica，2012
大数据是指随着交易、互动、通信以及日常体验逐渐数字化而产生的大容量、高速度和多样化的数据	McAfee et al.，2012
大数据是一种管理、处理和分析5个V，即容量（Volume）、种类（Variety）、速度（Velocity）、真实性（Veracity）和价值（Value）的整体方法，以便为持续的价值交付、衡量绩效和建立竞争优势提供见解	Fosso Wamba et al.，2015
大数据是以大容量、高速度和多样性为特征的信息资产，需要特定的技术和分析方法才能将其转化为有价值的内容	De Mauro et al.，2016

资料来源：王永贵，项典典.数字营销—新时代市场营销学［M］.北京：高等教育出版社，2023：132.

尽管对大数据的定义并不统一，但可以看出，大规模的数据容量、超快的数据生成速度和多种多样的数据类型是共识性的观点。由此可见，大数据是指那些具备高容量的规模、丰富的多样性和快速的生成速度、客观真实的呈现，以及需要特定的分析方法才能将其转化为价值的一类数据资产。

15.2.2 大数据的特性及其营销管理启示

由上述内容可知，大数据的特征随着大数据概念的发展不断延伸。在大数据研究的初期，主要包含规模性、多样性及高速性这三大基本特征。随着大数据实践及研究的深入，大数据特征开始进入"5V"时代，即规模性（Volume）、多样性（Variety）、高速性（Velocity）、真实性（Veracity）和价值性（Value），如图15-1所示。

在近年来营销管理实践中，大数据的应用已贯穿营销管理的方方面面。无论是对消费者行为的把握、对整体营销战略决策的优化，还是对具体战术层面策略的升级，大数据都存在着广阔的应用空间。擅长运用大数据技术的企业在制定、实施和评估市场营销活动的效率和效果方面，往往能够获得更加全面的市场洞察，这显然有助于企业进行持续的市场营销创新。

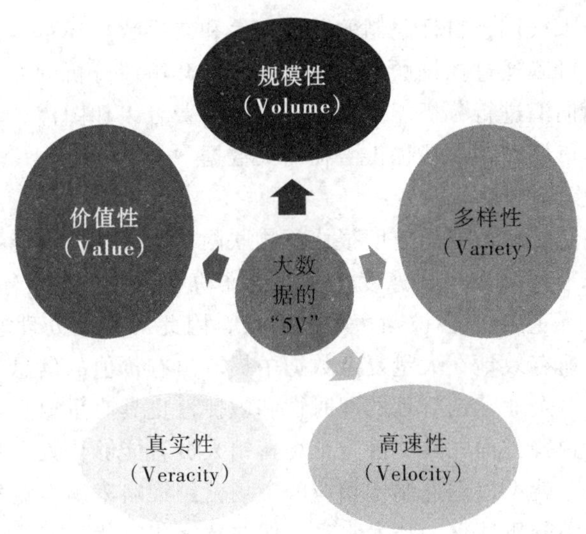

图15-1 大数据的特征

资料来源：王永贵，项典典.数字营销：新时代市场营销学［M］.北京：高等教育出版社，2023：132-135.

不过，在市场营销实践中，企业要改变以往的数据思维，将其更多地转变到科学分析上，而不再是人为过度干预的数据分析思维。而且，数据驱动型决策是核心路径，与以往依托直觉经验的决策路径有着显著的差异。从大数据的“5V”特征来看，大数据对营销管理具有诸多重要启示。

1.规模性及其营销管理启示

规模性是指数据体量的巨大。随着信息技术的高速发展，数据呈现出爆发式的指数级增长。衡量大数据不再是以几个GB或TB为单位，而是以PB（1千个T）、EB（1百万个T）或ZB（10亿个T）为计量单位，在现代营销管理实践中大数据的规模已经远超传统营销中的数据范畴。

数据的规模性在很大程度上能够解决传统企业无法或难以对市场、对顾客、对竞争对手进行全面、深入、持续地洞察这一“卡脖子”问题。征信市场中的大数据应用就是典型的代表：以往的信用评分系统通常基于人口统计数据指标、银行贷款历史还款记录、交易信息以及账户信息等数据来预测顾客可能失信的概率。当前，拥有上亿顾客信息的芝麻信用评分系统则能够容纳更大规模的数据，如个人社交信息、在电商平台中的交易信息等。通过对这些海量数据的分析和预测，芝麻信用评分系统可以帮助顾客获得免押金租车、租房、先用后付等一系列服务。一言以蔽之，征信大数据规模的扩大，促进了征信系统的逐步完善。

2.多样性及其营销管理启示

多样性是指大数据的类型繁多，如结构化、半结构化和非结构化数据。多样性意味着数字化时代中的企业能够最大化利用数据这一新型生产要素。在过去，受限于数据分析技术的不足，企业往往未能充分分析和挖掘不同类型数据中的信息，市场营销决策的参照信息主要来自传统的市场调研和市场营销人员的直觉经验。大数据技术能够帮助企业获得和分析与以往完全不同的新数据类型，这不仅能够弥补以往结构化数据来源中某些信息的缺失和失真，而且那些未被调查目标限制的其他一手和二手数据还可以为企业带来全新的市场洞察。例如，企业可以通过挖掘顾客在线评论和展开舆情分析的方式来识别新产品开发的方向，通过对高频词汇进行分析能够绘制全面的消费者兴趣图谱，对这些热点和兴趣的分析可以为企业识别市场营销机遇提供潜在的大数据“金矿”。

3.高速性及其营销管理启示

高速性是指生成和处理数据的速度很快。物联网基础设施、智能手机和可穿戴设备的普及，促成了前所未有的数据生成速度，而且也推动了对实时数据分析需求的日益增长。由于数据中有价值的信息往往会被噪声数据埋没，因此对数据处理速度提出了更高的要求，企业往往需要迅速有效地在大量复杂数据中提取出有价值的信息。

大数据的高速性对企业营销管理的即时性和敏捷性也具有重要意义，特别是在市场营销的机遇识别和风险预警方面尤其关键。市场营销人员若能够快人一步地察觉到目标市场中消费者偏好的变动，就可以迅速制定相应的市场营销策略来赢得竞争优势。在过去，尽管企业具备持续获取和分析数据的技术水平，但在数字化时代，能够前瞻性地分析市场发展趋势、迅速采取市场营销行动的企业，势必能在其所处的行业中拥有卓越的竞争优势。

4.真实性及其营销管理启示

真实性与数据源中潜在的不可靠性和不准确性程度密切相关。真实有效的数据往往能够准确和客观地反映真实情况。因为受到数据源和搜集技术等因素的影响，企业所获取的数据可能存在不完整和不一致等问题。例如，在过去的市场营销调研中，营销人员通常十分依赖于消费者访谈和问卷调查等需要消费者主观应答的手段，这类数据往往会产生样本选择偏差、问卷设计偏差、未反应偏差和应答偏差等不可控、不可靠或不准确的问题。而且，在数据采集过程中可能还会存在程序上的操作失误等问题。因此，传统的数据生成和采集活动中通常都伴随着不准确性和不可靠性。

数字化时代中的很多数据，如消费者的点击流数据、交易数据、评论数据等都是真实的行为数据，这些数据往往很少有主观臆断的误差问题，而且很少经过人为处理，能够真实地反映消费者的行为习惯。因此，这些数据在来源上的真实性特征能够在很大程度上确保市场营销人员据此制定出符合实际情况的市场营销决策。例如，基于个体消费者在网络中的行为分析，能够为企业开展一对一营销提供真实可靠的数据资料，这些数据能够便于企业作出更加精准的顾客画像分析和顾客群体分析，从而为企业有针对性地投入市场营销资源、实施个性化营销或定制化营销提供重要线索，帮助企业实现最大化市场营销资源利用效率的目标。

5.价值性及其营销管理启示

价值性是指数据的价值实现需要经由价值转化的过程。在认识到利用大数据可以增加收入、降低运营成本、更好地服务顾客的同时，企业还必须考虑大数据项目的投资成本。在大多数情况下，原始数据的价值都比较低，需要通过数据清洗、汇总和分析，将原始数据转化为可以服务于市场营销决策的、有价值的信息。在实施大数据营销的过程中，信息技术专业人员需要评估企业采集、分析和管理不同类型大数据技术的收益和成本，注重技术的投资回报率。

价值性也意味着企业不应该过度迷信大数据，避免产生新的营销近视症。例如，权衡品牌的长期价值和促销活动的短期收益，是企业品牌管理中常见的权衡决策。无疑，大数据技术运用大大地提高了促销的效率和效果，但面对销售业绩的压力，企业在品牌建设活动中可能会陷入短期功利主义的陷阱。因此，关注大数据的价值性意味着企业在利用大数据开展营销活动时要兼顾收益和成本的均衡、短期利益与长期利益的均衡。企业需要根据自身定位和资源禀赋来合理地规划大数据技术在营销管理活动中的应用宽度和深度，这一思想同市场营销在本质上关注价值的创造和获取是高度一致的。

15.3 大数据营销管理的内涵及特征

随着大数据技术的不断成熟，其对营销管理各方面持续渗透，应用大数据技术进行营销管理已逐渐成为一种主流趋势，大数据营销管理这一概念应运而生。本节主要介绍大数据营销管理的内涵及特征。

15.3.1 大数据营销管理的内涵及功能

1.大数据营销管理的内涵

作为一种新型的市场营销管理模式，大数据营销管理与传统营销管理中基于统计数据展开的数据营销管理存在着显著差异。具体而言，传统的数据营销管理是一种基于市场调研中的人口统计数据和其他主观信息（包括生活方式、价值取向等）来推测消费者的需求、购买的可能性和相应的购买力，从而帮助企业进行市场细分、确立目标市场并进一步塑造市场定位的营销管理模式；而大数据营销管理主要是运用大数据技术，将不同类型和来源的海量数据进行挖掘、组合和分析，全面洞察消费者画像，深入分析隐藏的需求与行为模式，为敏捷型营销活动的方向和落地提供相对准确的决策参考，继而为顾客创造个性化价值的全过程（王永贵、项典典，2023）。

2.大数据营销管理的功能

相较于传统的数据营销管理而言，大数据营销管理的功能主要体现在以下三个方面：

（1）破除了传统抽样调查的局限

在传统营销管理中，基于统计数据展开的数据营销管理，主要依赖于传统的抽样和调研等方法，在一定范围内获取数据样本，数据分析采用的主要是传统的统计分析方法。抽样调查方法本身有其天然的局限性，如统计样本的误差和调查的时效性等。比较而言，大数据营销管理是凭借大数据分析技术等对互联网海量数据展开即时、全面的获取、分析和应用，各种不同来源和不同类型的数据都可以纳入分析过程，在很大程度上弥补了传统营销管理在数据洞察方面的先天不足和潜在缺陷。

（2）从单一属性到多维属性的解读

在传统营销管理中，消费者的数据属性过于单一，主要包括年龄、性别、职业等基本属性以及交易数据等，而大数据营销管理关注的是消费者多维度的信息（如社交媒体信息、在线购物信息、网页浏览信息等），因此大大提高了数据获取和分析的质量水平，并最终服务于营销管理效果的提升。换句话说，大数据营销管理能够从多角度提供全面的数据解读。例如，通过掌握消费者画像中多维度的信息，企业能够与消费者展开更加良性的互动。而且，这种全面解读具有较强的预测力，能够更加准确地发掘潜在规律和预见变化，从而制定和实施更有效的市场营销策略。

（3）从基于群体的大众营销到基于个体的精准营销

在传统营销管理中，企业无法掌握个体消费者的全部信息且管理成本巨大，因而通常实施基于顾客群体的大众营销。这是将同一套市场营销组合策略进行广泛应用的市场营销过程。在大数据营销管理中，企业可以根据互联网上的大量信息精准地挖掘潜在消费者，并有针对性地进行营销传播活动以招徕新客。同时，对于老客户而言，企业可以通过对老客户的购买数据和行为数据的分析，推断和预测其购买偏好和倾向，从而实施一对一的、定制化的商品推送和个性化服务，最终大幅提升营销管理的精准度和营销资源的利用效果。

15.3.2 大数据营销管理的特征

大数据并不是独特的、全新的数据。实际上，无论是传统营销管理中的数据，还是海量的大数据，都可以为营销管理提供决策支持。不过，大数据营销管理往往需要革新传统的市场营销理念，实施以大数据为驱动力的营销决策流程；并且，在数据的来源、管理、分析和应用等方面，大数据营销管理都具备多元性、精准性和时效性特征（王永贵、项典典，2023）。

1.多元性

大数据营销管理中所囊括的数据资源是丰富多样的，无论是数据结构还是数据内容，都呈现出明显的多元性。这一特性意味着大数据营销管理与运用某种统计技术的传统营销管理有所不同，大数据贯穿着营销管理的全流程，不同市场营销环节中的多来源数据优化了整个营销价值链。例如，在过去，企业即便掌握了关于用户的性别、年龄、地区等基础信息，也难以有效地将这些信息资源“变现”。但随着数字信号处理等相关技术的出现和发展，企业可以实时收集用户的网页浏览行为、购买记录、行为习惯等更多来源的信息，然后对这些数据进行分析，从而为洞察消费者、优化产品、改进服务、制定市场营销组合策略、评估市场营销活动的有效性等提供强大的决策支撑。

2.精准性

精准性是指大数据营销管理利用大数据分析技术构建用户画像并据此向用户推送个性化产品和服务的准确程度。在互联网时代，市场营销理念已经由以生产者为中心向以消费者为中心转变。随着大数据技术的发展和广泛应用，以个性化营销为代表的精准营销成为一种可能。传统的以纸质、荧屏广告、新闻媒体等大众促销方式，逐渐演变为基于大数据算法的个性化推荐和预测，信息的传递变得更加精准，更加符合个体消费者的独特价值诉求。通过利用大数据分析技术，企业可以将不同时空、不同类型的数据关联起来，进而产生更大的效用和价值。尤其是大数据营销管理对非结构化数据的收集、分析与运用，使企业有能力收集、整合与分析来自不同平台的、内容丰富的多种原始数据，而且在不同类型的数据之间成功地实现了有效联动，即在提高数据利用效率的同时，极大地增强了历史数据和实时数据、位置数据和需求数据、浏览数据和消费数据的联动。这一切都为企业更加精准地刻画消费者画像、预测消费者需求、寻找潜在消费者、洞察市场变化提供了重要的技术支撑。

3.时效性

时效性是指大数据营销管理运用大数据技术所实施的数据收集、用户洞察和市场营销决策等具有即时和高效的特点。就本质而言，大数据营销管理是在大数据技术支持下对海量的市场数据（特别是顾客和竞争对手的全方位数据）进行系统的分析、总结和处理，加之数字化时代信息传播和更新的快节奏，这就意味着企业必须在短时间内对这些海量数据进行实时处理，然后再依据这些数据分析结果作出有关产品与服务的更新决策并加以实施，以便满足消费者对产品与服务的独特需求，并快速、准确地占领目标市场。为此，企业提升市场营销的敏捷性具有十分重要的意义。企业若想真正实现市场营销的敏捷性，势必需要敏锐的市场洞察和高效的决策链。无疑，大数据营销管理能够实时地为企业洞察市场提供源源不断的情报信息输入，以便帮助企业捕捉市场变化趋势。

15.4　数据营销组合管理应用

基于数据的消费者洞察所提升的动态能力和适应能力，有助于企业在各种营销管理活动中创造价值，进而为企业带来可持续的竞争优势。具体而言，数据推动了企业改进自身的营销组合方案，进而提高了企业的营销管理效率。从价值创造的角度，基于数据的营销管理能够升级企业的营销组合方案（产品、价格、促销和渠道），并最大化其所创造的价值。

15.4.1　基于个性化定制的产品策略应用

个性化定制是指企业重视不同顾客的个性化需求，让顾客结合自身需求参与产品定制的模式。在这一过程中，运用大数据技术的企业能够充分掌握顾客的个性化需求，为顾客提供个性化产品。在大数据的驱动下，企业可以实时把握市场环境的变化，快速获取客户需求并提供相应的产品或服务，实现以客户为中心的商业模式。个性化产品不同于大众型产品，是顾客基于自身偏好在设计、包装和功能等方面进行个性化定制的产品。个性化产品能够在保障产品基本性能的基础上满足顾客的差异化需求，因而在市场中更具有适应性和竞争力。个性化产品是生产力和数字技术快速发展共同驱动的产物，体现了企业营销决策逐渐转向顾客主导的逻辑，也充分体现了注重顾客体验是大数据时代企业在激烈的市场竞争中赢得竞争优势的重要方式。以汽车行业的上汽大通“蜘蛛智选”为例，其实践了“以客户为导向的目标”这一宗旨，开创了汽车产业客户选配交易环节的新模式。一般传统车企的选配服务为客户提供的仅仅是几个选装包之间的抉择，而“蜘蛛智选”能够提供可分为32个大类的100多个定制选项。同时还提供智能定制模式、极客定制模式、热销推荐以及互动选车模式等选择，可以根据客户自身的喜好来进行深度个性化的选配，也允许客户追随大众化的选择。智能定制模式能够帮助客户以录入标签的形式，在多样化选择和选配效率之间取得平衡，客户只需通过系统设置的引导，就可向“蜘蛛智选”输入个人偏好信息，以此获得“蜘蛛智选”的最优推荐，实现造车过程的全透明化，进一步满足了客户不同风格的个性化需求。

顾客参与是指企业在顾客体验服务/产品的过程中引导并鼓励其提供自身需求和意见，

让顾客拥有一种与企业共同完成产品服务的感觉，顾客参与能够帮助企业与顾客建立良好的关系，提升顾客对于产品的掌控感，具有满足顾客自我实现需求的效果。个性化产品策略模式可细分为合作生产模式、合作构建模式、模块定制模式和深度参与模式四种，如图15-2所示。

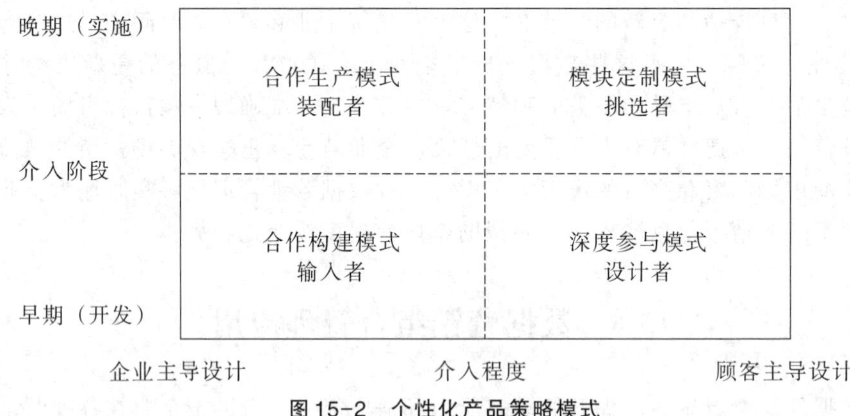

图15-2 个性化产品策略模式

资料来源：华迎，马双.大数据营销［M］.北京：中国人民大学出版社，2022：171-172.

1.合作生产模式

合作生产模式是指企业主导产品设计，顾客扮演装配者的角色，参与产品实施阶段的定制。合作生产模式对企业的产品生产能力要求不高，但需要产品具有能够促使顾客动手参与的属性特征。通过合作生产模式，顾客能自主动手参与产品实施，从而增加顾客的感知价值，进而提升顾客对于产品的评价。例如，顾客在宜家购买由企业设计和生产的家具套件，然后将企业提供的各个产品部件在家中组装在一起。

2.合作构建模式

合作构建模式是指企业主导产品设计，顾客扮演输入者的角色，参与定制过程的早期阶段，为产品设计提供个性化需求信息。合作构建模式对于企业与顾客的深度接触要求较高，需要顾客对产品有较强的个性化需求。通过合作构建模式，顾客与企业之间深度交换信息，能够加强双方相互依赖的关系，顾客能够获得更符合自身需求的产品，企业也因为获取到更全面的顾客需求信息，从而能够为顾客提供更满意的产品或服务。目前深度定制最成熟的行业包括服装类、鞋类、定制家居类等。以定制家居为例，每位消费者都可以根据自己所需求的户型、尺寸、风格、功能完成个性化定制，对现在寸土寸金的户型来说，这种完全个性化的定制最大限度地满足了消费者对于空间利用及个性化的核心需求，正逐渐成为家居行业的一种主流模式。索菲亚、尚品宅配、欧派、好莱客等企业都是定制家居的典型代表。

3.模块定制模式

模块定制模式是指顾客主导产品设计，企业提供具有各种属性或组件的基础产品，顾客基于已有产品自主选择想要的功能模块，企业再将这些功能模块进行组合，最终构成符合顾客需求的产品。通过模块定制模式，顾客能够获取更具有个人专属感且更符合自身需求的产品，提升顾客与企业之间的情感联结，从而愿意增加在产品购买方面的投入。海尔是我国较早提供模块定制服务的家电企业，用户可以根据自己的需求定制差异化的家电功能模块，满足个性化的产品需求。例如，海尔模块化电视采用独有的OSIF标准接口设计，通过标准化设计实现了可对硬件配置、操作系统、软件内容等进行更新升级。海尔的模块化电视可实现系统每周、每月自动推送软件升级信息，用户能根据个性需求定制游戏、4K直播等模块。在升级时更换旧模块即可，无须更换整机。更换后的新模块中包含了已经升级的软件和硬件，这意味着用户只需付出较低的成本，甚至是以免费的形式就能实现电视的升级换代。

4.深度参与模式

深度参与模式是指顾客主导产品设计，企业在产品开发阶段与顾客合作，共同创造和开发产品。深度参与模式对企业的产品生产能力以及产品自身的可塑造性都具有较高的要求，企业需要具有强大的生产能力和柔性。通过深度参与模式，顾客可以实现更有创意且更符合自身需求的想法，这能显著提升顾客的满意度和忠诚度，也能为企业的产品研发提供更多创意。例如，乐高开发了名为“LEGO Digital Designer”的软件，软件内几乎涵盖了所有的乐高积木零件类型，顾客可以通过该软件使用多种颜色和类型的乐高积木零件来建造任何可想象的模型，将自身设计的模型实体化。

15.4.2 基于动态定价的价格策略应用

动态定价是指企业根据实时需求和自身供给情况为产品或者服务设置灵活的价格，价格将根据供需变化、客户行为、竞争对手价格以及其他市场情况进行动态调整，以实现收益最大化的策略。基于大数据的动态定价涉及人工智能相关算法的运用，这使企业可以根据不断变化的消费者需求实施灵活动态的定价策略。一般而言，动态定价策略主要有基于时间的动态定价、基于顾客购买影响因素的动态定价和基于营销策略的动态定价（华迎、马双，2023）。

1.基于时间的动态定价

基于时间的动态定价是指商家在不同的时间段，对所售商品或服务的价格进行相应调整的策略，其关键在于把握顾客不同时间对价格承受的心理差异。这一策略适合于市场生命周期短的产品，比如时效性强、保质期短、具有季节性或流行性的产品。例如，对于新款时装、电脑、智能电器等采取预售的方式制定比常规价格优惠的价格，提前锁定需求。最常见的基于时间的动态定价方法是清理定价和高峰负荷定价。清理定价是指企业通过降低价格的方式清理剩余产品库存，主要针对市场需求情况不确定且比较容易贬值的产品，比如旧型号的数码产品以及过季衣物等。高峰负荷定价是指对同一产品在具有一般需求和需求超负荷时制定不同的价格，一般应用于低价格弹性且容易预测需求变化的产品。例如，机票和酒店价格在需求高峰期（如春节、十一假期）涨价，在冷门时段或淡季就适时降价以拉动需求。

2.基于顾客购买影响因素的动态定价

基于顾客购买影响因素的动态定价是指根据影响顾客购买产品的因素以及产品在市场中的竞争力，制定差异化定价策略的方式。影响顾客购买的因素包括顾客对于产品的期望价格、产品的替代品或互补品的销售情况等。常见方法有基于价格敏感度定价、基于竞争对手定价、基于动态推荐商品的捆绑定价。基于价格敏感度定价是指不同细分市场顾客对于不同的产品配置和购买渠道等具有不同的价格敏感度，企业可以利用不同渠道、不同时间、不同精力消耗情况下，顾客表现出来的差异性价格承受心理动态调整价格。例如，航空公司对同一航班同一舱位座位的定价最多可有15种，基于顾客购买机票离出发日期的时间间隔、购买渠道（官网或是第三方平台等）、搜索次数（需求的迫切度）等数据，动态调整定价水平。基于竞争对手定价是指根据竞争对手商品或服务的价格变化适时调整价格的方式。这类定价策略不是基于需求变化或到期日期，而是跟随市场行情中竞争对手的调整而调整。例如，亚马逊平台的卖家动态定价系统根据卖家的库存、短期和长期营销目标，结合大数据捕获的竞争对手价格、库存和市场趋势，用智能算法帮助其平台上的卖家制定动态最优价格。基于动态推荐商品的捆绑定价是指基于对顾客历史购买数据的分析，预测其偏好，将多种产品以组合的方式定价或者将产品折扣与支付方式绑定的动态定价方式。例如，淘宝网的部分商家在商品结算页面推出“顺手买一件”商品，与订单中商品共同购买能够获取更优惠的价格。

3.基于营销策略的动态定价

基于营销策略的动态定价利用大数据技术赋予的强大优势，分析产品市场供需情况和库存水平的变化，通过各种促销优惠和多种交货方式，迅速、频繁地实施价格调整，为顾客提供动态的产品定价。企业应用这种动态定价方式，无须以牺牲价格和潜在收益为代价，便可吸引顾客购买，甚至培养顾客的消费习惯。例如，在淘宝和京东等电商平台，每当顾客登录，平台都会根据顾客的浏览与消费历史，有针对性地展示顾客可能感兴趣的企业促销产品满减信息。

15.4.3 基于推荐算法的促销策略应用

大数据推荐算法是互联网企业在广泛使用的一种技术手段。在实践中，企业通常会面临甄选顾客和如何精准推荐产品给特定顾客的难题。目前，诸如网购活动中的“猜你喜欢”、听音乐时“你可能喜欢的歌曲”以及浏览新闻信息时“你可能感兴趣的内容”等，都是基于大数据算法的具体应用。在营销管理实践中，常见的推荐算法包括以下几种类型：①基于商品属性的推荐，如商品A和B相似，因此把商品B推荐给购买商品A的顾客；②基于商品属性的协同过滤，购买商品A和商品B的顾客群体相似，把商品B推荐给购买商品A的顾客，反之亦然；③基于顾客购买习惯的推荐，顾客A和顾客B的购买习惯相似，把顾客A购买的商品推荐给顾客B；④基于产品的关联分析，如购买商品A的很多顾客通常也购买了商品B，则在其他顾客购买了商品A的同时向其推荐商品B；⑤基于上述推荐算法的矩阵分析和汇总，建立隐语义模型，从而综合推荐产品促销信息。

此外，除了推荐商品以外，大数据技术对促销优惠信息的推送还考虑了顾客所处的环境信息。例如，星巴克的移动App后台数据系统会持续搜集会员的各种数据信息，如基本的人口统计信息、偏好、消费记录、App使用习惯等。随后，通过消费者洞察来理解和预测消费者的偏好，同时结合其他数据（如消费者活动位置、天气状况、节假日、店铺地点等）向用户推荐最适合的产品和发送个性化的优惠与折扣。

15.4.4 基于渠道整合的渠道策略应用

渠道管理往往面临着仓储和运输等方面的管理成本问题，特别是零售店铺，如何合理规划后台渠道的建设，在控制成本的同时满足消费者在不同渠道中的消费需求是一个经久不衰的关键命题。基于大数据的算法技术往往可以在很大程度上缓解这一问题。渠道整合（Channel Integration）是指企业通过大数据技术将营销链路上的各个分销渠道的数据打通，并进行有效整合，从而为用户提供跨渠道的一体化无缝式体验。渠道整合的高效性可以使顾客感觉到渠道无差别，渠道之间是联通的，不是割裂开的，各个渠道之间服务信息无障碍。例如，为了解决“双十一”促销活动给物流造成的巨大压力，淘宝推出了预售订单的分销策略：通过大数据分析（如产品日常销售量、往年“双十一”成交量以及购物车活动等）来预测预售订单最终的成交概率，并且提前将商品运输到距离消费者10公里范围内的分仓，合理规划仓储空间，以此保障产品能够在下单后尽快送达顾客。大数据背景下的渠道整合策略需考虑市场、产品以及生产商等三方面因素（华迎、马双，2023）。

1.基于市场因素的渠道整合

大数据背景下，企业的各种决策都是围绕由顾客组成的目标市场进行的，主要需要考虑地理位置、市场规模和消费者的购买习惯三个因素。

（1）地理位置

企业目标市场所处的地理位置是需要首先评估的问题。基于大数据技术，企业可以清楚地了解到目标市场聚集的程度，从而判断是以线上还是线下销售为主。一般而言，如果市场的地理位置相对集中，可通过线下设立门店进行直接销售；如果市场较为分散，则以线上销售（包括直接和间接销售渠道）为主导较为经济，此时线下店面负责售后和顾客关系管理。

（2）市场规模

市场规模指的是某个特定市场上现有顾客和潜在顾客的数量。基于大数据技术，企业能够更加精准地估算出企业的市场规模，并对其进行实时监控。一般而言，市场规模越大，分担渠道成本的顾客数量越多，企业需要设立的店面也越多。此时，使用线上、线下间接销售相结合的整合模式能最大限度地提升对顾客的覆盖，增强企业的规模效益。

（3）消费者的购买习惯

消费者的购买习惯涉及购买方式和购买地点两个方面：购买方式涉及消费者的购买频率、数量、付款方式以及所需的服务等。基于大数据技术，企业可以对每个顾客进行精准画像，了解其常用的购买方式。一般情况下，对于少量多次购买的产品（如水果、蔬菜等），企业应当选择包含多个中间商的渠道，以保障顾客购买的便利性和覆盖率。消费者对购买地点的选择通常以便利为原则，与之相对应的渠道应当首先考虑渠道网点的便利性。

2.基于产品因素的渠道整合

按产品要素进行渠道整合主要需考虑产品本身的特点和生命周期两方面因素。产品自身的体积和重量与运输成本密切相关，对于体积庞大、较为笨重的产品，适合选择线上和线下直销相结合的方式，以提高顾客购买的便利度，减少搬运和转移的次数。基于大数据技术，企业可以实时监控产品生命周期的不同阶段，并对渠道整合策略进行及时调整。

3.基于生产商因素的渠道整合

实力雄厚的大型企业往往在渠道选择和整合方面拥有更大的自由度。与之相比，中小企业资金水平有限，往往只能整合线上和线下的直销渠道提供服务。基于大数据技术，企业能够对不同的渠道组合策略进行成本与收益的预估和测算，需要依据自身发展的现实情况对策略进行调整。

此外，生产商的目标和战略可能对渠道的选择起限制作用。比如，品牌的定位若是高端、奢侈、体现社会地位，就必须放弃大卖场、折扣店等一般销售渠道。例如，爱马仕、路易威登、古驰等品牌只出现于高端商场中，采用线上及线下直销的方式。大数据技术也可以通过顾客画像对品牌和顾客进行精准匹配，从而更加高效地完成对渠道整合策略的设计。

15.5 数据时代营销管理新模式

15.5.1 用户画像

1.用户画像的内涵

用户画像（Personas）是根据用户社会属性、生活习惯和消费行为等信息抽象出来的一个标签化的用户模型，具有多维性、标签化、动态性和时效性特点。大数据时代，企业对海量用户数据进行清洗、聚类、分析，抽象成标签，将用户形象具体化的过程就是用户画像。因此，构建用户画像的核心就是给用户贴“标签”，标签是对用户某一维度属性特征的描述与标识，如年龄、受教育程度、社会关系和购买力等。

2.用户画像的应用

用户画像的具体应用方法包括用户特征分析、精准广告推送、个性化推荐、渠道优化和产品优化等（华迎、马双，2023）。

（1）用户特征分析

用户画像可以帮助企业快速获得对用户信息的认知，洞察用户特征，挖掘用户需求。用户特征分析就是根据用户属性、行为特征对用户进行标签分类后，统计不同特征的用户数量、标签分布比例等维度，洞察不同用户画像群体的分布特征差异。企业可以通过标签细分用户，将具有共性特征的用户归为一类，识别不同用户群体的特征、偏好和需求，准确地对用户进行分类管理，为制定精细化的运营策略提供依据和技术支持。例如，小红书通过对其活跃用户进行用户特征分析，发现都市白领、职场精英女性是其主要用户群体，用户消费能力强且有相应的消费需求，追求品质生活。通过对这一用户群体的特征分析，洞察不同人群的群体画像与消费主张，可帮助品牌捕捉用户的潜在消费需求和营销机会点。

（2）精准广告推送

精准广告就是根据用户标签化的特征以及产品特点，将用户群体切割成更细的粒度，更加快速、精准地识别目标用户和分析需求，在用户偏好的渠道进行内容投放，开展精准营销，适时交互促成购买行为，实现精准获客。例如某平台一家数码旗舰店出售某品牌新款手机，该商家在平台上找到“想买某品牌新款手机”的人群，进行精准广告投送。

（3）个性化推荐

用户画像可以长期、动态、实时把握用户需求变化，以用户画像为基础构建推荐系统，能在产品营销中实现动态的个性化推荐，提升服务精准度。例如，今日头条作为个性化的新闻推荐引擎，基于对用户的基本信息和用户历史行为数据的分析，构建相应的用户画像，建立用户偏好模型，得到用户特征库，融合新闻的内容、标题、领域、热度、时间等特征，预测该用户对相应新闻的行为和用户点击该新闻的概率。其所构建的竞争优势就是基于算法进行个性化的新闻推荐，精准抓住用户喜好。个性化推荐场景的基础就是了解用户的兴趣偏好，从而理解用户，进行精准推荐。

（4）渠道优化

互联网时代企业获取用户的渠道更加多元化，主要包括搜索引擎、信息流、应用程序、自媒体、短视频和其他媒介推广，每个渠道的用户群体的消费能力、兴趣偏好等都有所不同。通过对各个渠道来源的用户画像进行分析，企业可以结合渠道特征和转化路径，对渠道质量进行评估。根据渠道的获客效率和用户价值，企业可将渠道分为核心渠道、优质渠道、潜力渠道以及低质渠道，并在此基础上合理配置渠道资源、调整渠道营销策略，让合适的内容在合适的渠道投放，优化渠道投放效果。例如，某电商应用程序分别在百度、36氪以及今日头条投放了广告，通过对每个渠道来源的人群进行画像分析，评估渠道质量。其中，36氪是核心渠道之一，流量大，且来自该渠道的用户价值高，累计支付金额最高，需要大力维护。来自今日头条的用户消费能力较强，其首单均值最高，是优质渠道，但是目前流量较少，可以增加预算，提高渠道流量。而来自百度的用户较为活跃，日均新支付数最高，是潜力渠道，但客单价较低，需要考虑优化或新增产品，改进付费模式，提高渠道客单价。

（5）产品优化

在以用户为导向的产品研发中，企业通过对产品的目标用户进行画像分析，深入洞察目标用户需求，更透彻地理解用户使用产品的心理动机和行为习惯，对产品和服务进行优化完善，提升用户体验。例如良品铺子分析用户画像发现，Z世代的年轻消费者开始成为肉脯类产品的消费主力人群，Z世代人群出于健身、减肥、减脂的需求，对肉脯类产品的营养性提出了更高的要求，他们普遍认为市面上的肉脯口感偏硬，且营养性还有待提升。良品铺子深度挖掘用户需求点，寻找创新研发的方向，通过改良配方和工艺，成功推出了新品高蛋白肉脯，满足了用户营养健康新升级的需求。

15.5.2 精准广告

1.精准广告的内涵

精准广告是指一种依托于互联网，应用大数据信息检索、受众定向及数据挖掘等技术对目标消费者数据进行抓取与分析，针对消费者个性化特征和需求而推送具有高度相关性商业内容的信息传播与沟通互动方式。近年来，依托于互联网的精准广告在广告市场中占据关键地位，成为企业进行产品推广的首要选择。

2.精准广告的类型

精准广告的类型具体可分为展示广告、搜索广告、视频广告和信息流广告（华迎、马双，2023）。

（1）展示广告

展示广告（Display Ad）是广告在互联网中最早出现的形式，应用广泛。媒体在自己的网站页面中插入广告位，由需求方通过需求方平台或广告交易平台进行采买，展示广告的内容元素通常包括文字、图案以及落地页的链接等，一般显示在网站的顶部或两侧，有时也会出现在阅读内容的中央，展示广告具备经济高效、效果可衡量的特点，企业可以针对不同网站吸引的不同用户群体，精准投放展示广告，例如，篮球运动用品企业在投放展示广告时，选择新闻门户网站的体育频道，能够让更多的体育爱好者看到广告并进行购买。展示广告包含多种表现形式，每一种形式都具备不同特点，主要包括横幅广告、开屏广告、对联广告、插屏广告等，广告主可以根据需要选择不同形式。

（2）搜索广告

搜索广告（Search Ad）是指广告主根据自己的产品或服务的内容、特点等，确定相应的关键词，撰写广告内容并自主定价投放的广告。当用户搜索到广告主投放的关键词时，相应的广告就会展示，并在用户点击后按照广告主对该关键词的出价收费。搜索广告对于广告素材的要求较低。大多数搜索广告采用文字链接，即以“文字+超链接”的形式混排于正常搜索结果当中优先显示，用户点击即可浏览企业相关网站。部分搜索广告采用“图片+文字链”的形式，使广告的曝光位置更为醒目。由于搜索广告具有明确的转化目标，即吸引顾客点击，因此更加适用于效果广告的投放。企业能够通过搜索广告实现较高水平的精准投放，投放的依据是搜索关键词。搜索广告与展示广告的本质差别在于展示广告利用定向投放的思路“主动”地寻找对内容感兴趣的受众，搜索广告则是“被动”地等待用户进行搜索，利用检索关键词进行广告内容和用户之间的匹配。

（3）视频广告

视频广告（Video Ad）就是将电视广告迁移到互联网环境中的广告形式，指的是视频、内容分享类网站中正文内容的片头、片尾或者播片播放的广告。广告主可以通过视频广告实现精准投放的依据是广告所依附的视频内容特点，根据视频广告主可选择的视频广告形式包括贴片广告、暂停广告、角标广告等。贴片广告就是在视频（电影、剧集）内容正式播放之前（或之中、之后）进行播放的广告；暂停广告就是用户在观看视频的过程中点击暂停后会出现的广告；角标广告则是出现在视频播放窗口角落进行播放的广告。视频广告相比其他类型的广告，具备显著的生动性和故事性，因此适合企业进行品牌传播，投放品牌广告。企业可以通过视频广告实现精准投放的依据是广告所依附的视频内容特点，根据视频类型来区分受众，将产品广告投放到正确的用户群体当中。例如，销售剃须刀产品的企业可以将广告投放到男性观众占比较高的军事节目的视频中，销售美妆产品的企业则可以将广告投放到女性观众占比较高的娱乐节目当中，使产品精准触达目标受众。

（4）信息流广告

信息流广告（Feeds Ad）是将广告内容混排于非商业化内容当中的一种广告，其形式、风格、设计与网站或应用的其他内容保持一致。信息流广告的核心是“内容即广告”，即让用户看到广告却难以分辨其是否为网站中原有的内容，在社交媒体应用、新闻应用、生活服务应用、电商购物应用中都有广泛投放。信息流广告可以用基于社交网络的关系模式（微信朋友圈）、基于阅读偏好的信息模式（今日头条）、基于社交+兴趣的混合模式（微博）、基于用户搜索的推荐模式（百度）和基于地理位置的导流模式（大众点评）将广告精准地投放给每位客户。

3.精准广告的投放方法

精准广告在投放过程中主要是通过对受众、时间、渠道等多方面需求进行分析，从而实现定向投放（华迎、马双，2023），具体方法如下：

（1）人口统计学属性定向

人口统计学属性定向主要包括年龄、性别、受教育程度、收入水平等因素。由于该属性具有相对固定的性质，因此这种定向方法是使用最为广泛的方法。例如，某美容机构想要推广针对大学生的优惠活动，那么根据活动目标人群，将受众锁定在"20~26岁""在校大学生""女性"范围内，在进行广告投放时就可以只在该范围内定向投放，以精准找到适配活动的目标受众。但应用该定向方法也是有条件的，当没有相应的数据来源时，就难以对用户的人口统计学属性作出判断，只能通过用户的其他行为数据进行近似推断。

（2）行为定向

行为定向的技术原理是广告系统根据用户在互联网上的历史操作记录，分析用户的兴趣和需求，从而面向可能对广告推荐商品感兴趣、有需求的特定受众进行广告投放。抖音应用程序的广告内容分发依据就是用户以往观看视频的行为记录。例如，某用户在旅游相关的短视频上停留时间长，并产生点赞、评论、收藏或分享等行为，系统便会记录下来，将该用户作为旅游产品广告的目标受众。当有旅游产品的广告投放时，系统就会对这类用户进行定向投放。

（3）地域定向

地域定向是通过判断用户当前所在地理位置，实现广告的分地域定向投放。一些广告主的业务有区域特性（如餐饮、住宿、美容等线下就近消费门店），地域定向是这类广告投放时使用的主要方法。例如，某用户的注册信息所在地为北京，但长期在外地不固定地点出差，如果系统不对该用户所处的真实地域属性进行判断，仍持续为其推送北京当地广告信息，则该类广告投放的有效转化率就很低，既不能实现有效的流量利用，也不能为顾客提供所需的信息服务。

（4）上下文定向

上下文定向是根据网页或应用程序的具体内容来匹配相关广告的方法，一般通过对网页的关键词抽取或主题抽取的技术来实现。例如，某用户正在通过搜索引擎浏览汽车相关的资讯，此时在网页上向用户投放与他所浏览的汽车品牌、价位、车型等属性近似的汽车广告就非常适时。除了对上下文内容的关键词或主题进行判断，还需要对内容的情感进行判断，如果用户检索或浏览的是某品牌汽车的负面信息，那么在此时投放该品牌广告则会适得其反。因此，通过上下文定向技术，即使不知道用户的人口统计学属性、行为等相关信息，通过对用户当前浏览的页面形成综合概览，也可以推测用户当前的兴趣，从而进行精准广告投放。

（5）重定向

重定向是对之前已经访问过特定页面的用户进行广告投放的定向方法，被公认为是精准度最高、效果最突出的定向方法。例如，用户打算通过一款软件为朋友选购生日礼物，在浏览了某品牌的一款商品（如项链）后没有购买便退出了软件。此时系统会记录下这次行为，将该用户视为这款项链的意向购买客户。当用户再次打开该软件，或其他购物软件，甚至是非购物软件时，系统会向用户投放该商品的广告，以刺激用户产生二次浏览并作出购买决策，这也正是"重定向"中"重"字的由来。重定向一般需要获取访客ID才能进行，因此该方法覆盖的用户数量往往较少。

(6) 投放时间定向

在广告投放过程中，并非全天全时段投放就能实现效果最大化，也并非局限于早、中、晚短短几小时的“黄金时间”。投放时间定向通常根据产品特征结合目标受众信息(如职业特征、上线时间、情绪状态)选择“最佳时机”进行定向投放，从而使广告内容有更高的接受度，使广告投放取得更好的效果。

(7) 投放渠道定向

在广告投放过程中有多种媒体及广告位可供选择，同样的广告内容通过不同的渠道进行投放，效果自然不同。业界中常用AdVision方法实现渠道定向选择，该方法依据媒体类型、媒体频道、屏幕位置、广告位面积、广告位形式等多维度设计算法进行分析，匹配合适的渠道形式自动投放，实现精准投放效果。

15.5.3 移动营销

1.移动营销的内涵

移动营销是指，面向移动终端(如手机、平板电脑等)用户，通过移动终端向目标受众定向传递个性化的即时营销信息，并与顾客进行双向沟通和互动，以此实现市场营销目标的一系列营销活动。具体来看，移动营销的内容可以概括为以下几个层面：

首先，移动营销是以移动终端为媒介开展的一系列营销活动。得益于数字技术的发展，移动终端已从早期的移动电话发展为一系列移动设备，如便携式设备(平板电脑、可穿戴设备等)以及智能设备(服务机器人)。这些移动终端为企业开展营销活动提供了一个有效的平台。例如，企业可以借助智能手机，以短信、彩铃或彩信的形式向顾客发送信息，或通过移动应用程序如手机淘宝、京东等在线推广并销售产品。

其次，移动营销注重与顾客的双向沟通。不同于传统媒体(如报纸、广播、电视等)只能向消费者单向传递信息，移动营销以移动终端用户为营销对象，强调双向沟通和互动。更确切地说，基于移动终端和Wi-Fi、5G技术的普及，企业能够同时与许多消费者基于移动终端的屏幕来实现随时随地的沟通，因此，移动营销在传播速度、范围、互动程度等方面都要远高于传统的营销沟通方式(如电话、上门拜访等)。

最后，移动营销以传递个性化的即时信息为核心。在大众营销时代，信息受众难以预测，营销人员大多利用电视和报纸等传统媒体设计广告策略。而在数字化时代，伴随着移动互联网以及大数据等技术的出现，营销人员能够更好地了解顾客的在线消费行为，并以此为依据进行顾客细分，预测顾客兴趣偏好。同时，移动终端的普及使得营销人员能够通过移动终端内置的全球定位系统实现对顾客位置的定位。这些丰富的顾客消费行为和位置数据使企业能够及时地向顾客传递个性化的营销信息，制定更具适应性和个性化的营销策略。

2.移动营销的特征

移动营销的特征可以用“4I”进行概括(王永贵、项典典，2023)，即分众识别(Individual Identification)、即时信息(Instant Message)、互动沟通(Interactive Communication)以及“我”的个性化(Individualization)。

(1) 分众识别

分众识别是指移动营销基于手机等移动终端来与顾客实现一对一的沟通。企业可以基于移动终端完成对顾客的洞察，实现对顾客的分众识别。例如，中国工商银行推出了网上银行到账伴侣，通过手机端向顾客推送账户相关通知。同时，中国工商银行还基于顾客在到账伴侣上的消费记录（如刷卡时间地点、商户、金额等），对顾客进行多维度分析，形成顾客的花费比例报告、消费地图报告、消费水平报告等，并以此对顾客进行划分（如经常出差的顾客、有储蓄习惯的顾客等），以此向这些顾客定向推送相关产品信息，如向经常出差的顾客推送差旅保险产品。

（2）即时信息

即时信息强调移动营销传递信息的即时性。具体来看，传统电脑端营销主要采用近似静态的单屏交互方式，使得企业营销活动的开展以及与顾客的沟通交流受到时间、地点、购物界面等因素的影响。而移动营销由于移动终端（尤其是手机）的便携性，顾客可以随时、随地查看来自企业推送的营销信息。这意味着企业一旦将相关营销活动信息发送出去，很快就会被顾客所接收。例如，在电商平台举办的购物节活动之前，各个商家都会采用短信的方式提前向之前购买过相关产品的顾客推送促销信息，同时也会在京东、淘宝等电商平台提供的沟通界面中向顾客推送最新的活动信息。

（3）互动沟通

互动沟通是指企业与顾客之间“一对一”的双向沟通，而这正是移动营销互动特性的体现。移动终端为顾客随时随地反馈需求提供了便利渠道，有利于企业即时响应并解决顾客的需求，从而使企业与顾客之间基于互动建立起更深层次的关系。例如，美汁源的果粒橙策划的手机端专属的“阳光果粒长成”活动，引导顾客打开手机上的活动页面，让阳光照射手机活动页面上的果粒，此时呈现出果粒不断长大并萃取成美汁源果粒橙，以此强化顾客对“阳光果粒”的品牌认知，效果显著。

（4）“我”的个性化

“我”的个性化是指企业通过获取大量的移动终端用户行为数据，并针对这些数据进行目标顾客定位及其消费偏好分析，从而实现向顾客发布更加精准、个性化的营销信息。例如，今日头条基于个性化推荐和大数据算法精准推荐等核心技术拓展其广告精准推送的商业模式。

3.移动营销的应用

移动营销的具体应用方法主要包括打通线上线下数据壁垒、多屏整合营销、电子会员制促进消费和移动端小程序提高客户留存等（华迎、马双，2023）。

（1）打通线上线下数据壁垒

移动终端的出现为企业获取互联网数据提供了便利渠道，通过移动终端连接商品与用户，能够打通线上线下交易的数据壁垒，使线下销售的商品也能获得数据反馈。这对商家改进营销方案、提升服务具有重要意义。例如，全家便利店通过对消费者大数据的分析发现，全家便利店83%的会员都是85后，而他们普遍喜欢分量大的盒饭。于是全家便利店进行了改革，推出“超满足”版大分量盒饭，推出一周内就引发了68万消费者的讨论，销量也随之大幅提升。全家便利店还利用线上互动渠道询问消费者意见，从消费者的反馈中了解如何改进服务，提升消费者满意度。

（2）多屏整合营销

多屏整合，一是整合多屏数据进行大数据分析。用户会使用手机屏幕、平板电脑屏幕、电视屏幕、户外屏幕等多种终端，企业无论获取其中哪一个单一载体的数据都会使分析结果变得片面，因此需要知道用户在多屏上浏览的信息和行为模式，从而通过跨屏来修正和完善对用户的认知，让移动广告投放得更精准、更有效。二是整合多屏营销传播，即将智能手机与PC电脑、电视、户外广告等进行较好的关联和互动，整合多接触点进行传播推广。多屏营销能够整合多种移动终端渠道向用户投放营销信息，通过与消费者的互动实现企业营销目标。例如，纯享酸奶在2020年联合百度应用程序推出“许愿天使纯享AR瓶”，然后借助社交网络营销和线下商超打造的趣味场景开展扫瓶活动，以游戏的趣味性和明星的影响力成功吸引年轻时尚消费群体，掀起了“百度AR扫纯享”的热潮。百度大数据还为纯享酸奶提供数据资产洞察，利用观星盘技术深度洞察潜在消费人群，对纯享酸奶品牌用户进行全场景多维度智能分析，实现了全链路数据资产沉淀、分析和再营销。

（3）电子会员制促进消费

在移动终端的支持下，企业能够轻松地将消费者转化成它们系统中的“会员”，增强了客户的忠诚度，提高了再次消费的可能性。休闲娱乐业最主要的消费群体就是“老客户”，所以为提升顾客忠诚度和回头率，许多商家采用会员制营销。在移动互联网时代，越来越多休闲娱乐行业的商家开发出微信或支付宝平台的会员系统，为顾客注册电子会员。消费者到店只需出示手机中的会员码即可以会员身份消费，同时，顾客还可以随时查看自己的会员信息、优惠特权等，避免错过商家的折扣活动。成熟的会员管理机制除了要记录会员基本信息（姓名、性别、电话号码、生日、电子邮箱等）外，还应具备消费记录、历史档案、客户关怀、促销通知等功能。移动端电子会员制除了能优化客户体验，及时发布营销信息，更重要的是丰富了客户数据，为分析客户需求、提供精准营销奠定了基础。

（4）移动端小程序提高客户留存

通过移动端小程序可打破应用程序孤岛效应，模糊巨头平台边界，避免垄断，促进应用程序间相互渗透，实现流量互惠互利，促进企业间合作导流。小程序是一类依赖于各大平台，无须下载安装即可直接使用的应用程序，帮助用户实现“即用即走”。用户通过搜索或者扫描小程序码即可直接打开应用，解决了用户安装应用程序占用内存、浪费时间的困扰，极大增强了用户对该类应用的使用意愿。而对于应用的开发商来说，小程序是它们在市场趋于饱和之下吸引用户、搜集数据、增强用户黏性的法宝。大部分商业银行针对信用卡客户开发了小程序，用于激活信用卡业务办理。银行通过设计“引导—激活—绑定”三步走的业务流程，一方面提升了现有信用卡用户的忠诚度，另一方面提高了有效客户的转化率。

15.5.4 人工智能营销

1.人工智能营销的内涵

人工智能营销是指以学习多样化的数据为理解和预测消费者的重要途径、以人工智能技术为制定营销决策的关键支撑和以营销流程的自动化为核心体现的一种营销模式，其与已有的市场营销人员存在一定的替代和互补关系，最终服务于实现企业与消费者的价值共创。从数字技术的视角来看，人工智能营销不仅能够通过多样化数据自主学习来获取新的洞见，还可以赋能营销流程的智能化，与传统营销人员之间具有良好的替代和互补关系。

2.人工智能营销的应用

人工智能营销的应用主要包括智能客服、机器人智能服务、虚拟偶像和元宇宙四种方式（王永贵、项典典，2023）。

（1）智能客服

随着自然语言处理技术和文本情感分析技术的逐步成熟，智能客服越来越多地替代人工客服的工作，服务范围覆盖消费者购买前、购买时以及购买后，而且响应速度极快，能够24小时在线提供实时服务。具体而言，智能客服会在购买前洞察消费者行为，如商品浏览情况和接入渠道等，并提供智能导购和推荐客服等服务。在购买过程中，智能客服可以通过机器学习向消费者提供千人千面的智能服务：首先，智能客服在消费者进店后会预设如何回答消费者可能提出的问题。在此过程中，智能客服还会提供转人工客服的选项，防止由于自身能力限制而可能造成的服务失败。然后，一些先进的智能客服会根据消费者的沟通风格和语气，以拟人化的语言与消费者进行互动，包括推荐产品、优惠活动和尺码等，并提醒消费者及时下单。在购买后，智能客服会主动将服务前置，促进消费者的再次购买行为。而且，它还能够为消费者提供商品、服务卡片、订单状态查询，物流信息查询，退换货引导和智能判决等服务，并根据消费者行为标签建模，实现整个购买流程的自动化。

由此可见，智能客服的应用不仅简化了传统的客服培训流程，还提升了客服响应速度，统一了客服回复质量，实现了每周7天、每天24小时的实时高效运营，大大节约了企业的人力成本和客服中心建设等运营成本。

（2）机器人智能服务

在零售场景中，人工智能往往是嵌入到机器人的外形之中的。这些机器人可以完成标准化、结构化的操作，如机器人咖啡师、调酒师、送餐员等。当顾客下单之后，由机器人完成产品生产和服务，大幅提升了企业的供应能力，减少了顾客的等待时间。这些机器人把人类员工从重复的常规操作中解放出来，使他们能够专注于顾客服务，从而提升顾客消费体验。

此外，机器人还能够完成一些需要进行分析的任务。例如，在无人便利店中的机器人还可以识别顾客的身份，帮助顾客查询商品库存，并找到商品放置的地点。同时，机器人还可以进行需求预测，并向供应商发出采购订单，在货物不足时自动补货，这套体系帮助实现了门店运营的自动化和智能化。

随着技术的发展成熟，机器人在情感分析中的应用也变得更加普及。软银公司推出的人形机器人Pepper可以与顾客亲切交谈，并在交谈过程中识别顾客的情绪，如快乐、悲伤和恐惧等。目前，机器人不仅在商场中投入了使用，而且还能够提供医疗辅助服务。例如，通过语气和情感分析，评估病人对不同治疗方案的反应，帮助医生为病人定制更加满意的治疗方案，让病人更愿意遵从医嘱。这样，在提升治疗效果的同时，也改善了病人的就医体验。

（3）虚拟偶像

近年来，“虚拟偶像”文化逐渐盛行。这些虚拟偶像通过运用人工智能、虚拟现实等技术构建出一些角色，如虚拟歌手、游戏角色等都属于虚拟偶像。琥珀虚颜是Gowild旗下“AI虚拟生命HE琥珀”的代言人，具有人脸识别和记忆功能。利用机器学习和自然语言处理等技术，她能够帮助粉丝进行信息管理、时间管理、健康管理、教育管理和情绪管理。通过与粉丝互动，她还能够针对粉丝的喜好构建知识图谱，形成对粉丝的记忆和判断能力，实现与粉丝的无障碍交流。虚拟偶像不仅业务能力强，而且能在互动过程中与粉丝建立情感连接，并给粉丝带来元气和活力，激励粉丝在现实生活中披荆斩棘，逐渐成为很多粉丝的心灵慰藉和精神寄托。

(4) 元宇宙

在人工智能技术发展和相关影视作品与游戏的推动下，“元宇宙”一词急剧升温。然而，目前尚未对元宇宙形成统一的界定。元宇宙（Metaverse）一词由Meta和Verse组成，其中Meta表示“超出”，Verse表示“宇宙”，合在一起的意思就是“超越现实宇宙的另外一个宇宙”。元宇宙可以复制现实世界，甚至可以增强现实世界。随着人工智能技术和虚拟现实技术的发展，各大企业纷纷布局元宇宙建设。例如，淘宝电商平台在备战2022年“6·18”购物节时，就成立了元宇宙专项虚拟购物会场，尝试在无须穿戴任何设备的情况下，用户只要操控手机，就可以指引人物在3D世界中逛街和购物，并实现场景的交互，满足用户立体化“逛淘宝”的需求。

15.5.5 “智能+”营销模式

“智能+”的内涵是从技术出发的跨界融合，构建技术、金融和场景跨界融合的数字经济生态。“智能+”改变了传统的企业营销管理模式，帮助企业实现智能化营销管理。随着数字化水平的进一步发展，传统的营销服务模式已逐渐向数字化转型，“智能＋”的产业图景体现在多个方面。例如在新零售方面，品牌商与零售商利用数字技术随时捕捉全面全域信息，感知消费者需求，完成供需评估与即时互动。利用数据化技术，将品牌商品与服务通过经数据化管理的各种渠道呈现至消费者面前，在线流转智能计算即时生产的数据知识，产生千变万化的双向即时互动，最大限度地即时影响消费者，激发消费者潜在的消费需求，促使消费者作出消费决策（阳翼，2017)。

在新零售方面，智能可穿戴设备体现了“智能+”在营销管理新模式方面的创新。可穿戴设备所展现的营销机遇主要在于其拥有富有价值的独特数据，同时可进行提取加工分析，并据此提供更加细致的客户信息，让广告主、营销者能以更新更好的方式将信息精确推送到消费者面前，这对移动营销具有重大意义。人体数据作为大数据市场的重要组成部分，通过个体的不断积累，将形成一个庞大的市场，如果能对其进行分析挖掘，获取有价值的信息，最终将衍生出一种新的商业模式，进一步推动可穿戴设备的发展。可穿戴设备相对于其他移动终端而言，其优势在于随着数据的传递和采集成本的进一步下降，将产生对人体全新的数据解读和全新的影响路径。可穿戴设备只有与大数据应用结合，才能在根本上挖掘真正的潜力。两者之间是一种相辅相成的关系，大数据离开可穿戴设备便无法完全彰显其价值，而可穿戴设备离开大数据的应用，其功能也将大打折扣。

首先，营销人员可以通过数据挖掘获取更多精准的客户信息。当前可穿戴设备层出不穷，许多可穿戴设备，如智能手环、手表及其他帮助监测人体各项生理健康指数的设备都在不断产生数据。人体的各类生理指标数据，包括脂肪含量、BMI值（用以衡量人体胖瘦程度以及是否健康）、心率、血糖、肺活量等成百上千种数值，未来都可通过可穿戴设备准确获得，而人体也就自然而然地成为了一个巨大的人体数据源。可收集健康信息的可穿戴设备可以让运动产品公司知道有谁在进行锻炼，让医药公司了解谁的身体压力比较大，从而有针对性地为用户提供其所需要的产品。比如，智能手环通过记录用户的睡眠数据，经过分析得出用户最近的睡眠质量不好，就可以通过手机App、邮箱、社交网站等途径向用户推荐拥有更加优质睡眠质量的枕头。

其次，可穿戴设备在以地理位置为基础的推广上也具有独特的优势。例如，当客户经过商店时，能向他们推送饮料的电子优惠券信息。而诸如计算机化的眼镜设备甚至能够探测在逛街购物时，戴有这些设备的用户会留意哪些商品。由于不需要携带或放进裤袋，可穿戴设备能让用户快速随意地进行交互、接受及分享各种信息，如短信、照片或动态消息更新。这对广告主来说，都是可利用的营销机会。目前越来越多的企业广告主已经在进行相关试验，如果可穿戴市场将继续呈现正增长和可观的上行趋势，广告价值也将随之出现，他们也乐意为此付费。而鉴于当前屏幕尺寸受限，可穿戴设备上的广告尺寸将小于智能手机上的广告尺寸，比较适合展示优惠券、服饰、健康保险之类的广告。随着屏幕瓶颈的解决、消费者习惯的改变、更多的移动技术的出现，可穿戴设备的可营销领域将越来越广。

随着智能可穿戴设备的逐渐普及，以及智能手机、智能家居、智能汽车、智慧城市等其他智能入口的相互连接，各类AIoT（人工智能物联网）设备之间的应用生态系统的建立、打通和兼容将成为影响消费者整体智慧生活场景体验的重要一环。可穿戴设备与手机以及其他设备的数据管理和应用接口标准化，可以降低第三方开发应用的复杂度，使得各种设备能够整合高效。而多数据融合和共享标准化，也便于用户统一管理和拓展生态链，围绕自身爆款产品建立独有的生态链以吸引消费者。

【本章小结】

本章主要介绍了数字化时代数据如何赋能营销管理。首先，介绍了大数据的定义、特征及其营销管理启示，阐述了数据赋能在营销管理中的重要作用。其次，系统梳理和界定了大数据营销的内涵及特征。最后，结合传统的营销组合理论，阐述了产品、价格、促销和渠道等营销组合在数据营销管理中的实践。在此基础之上，介绍了用户画像、精准广告、移动营销、人工智能营销和“智能+”营销模式等数据营销管理的新模式。

思维导图

【课后思考】

1. 请简要描述大数据对营销管理的启示。
2. 请简要介绍大数据营销管理的特征。
3. 请结合具体案例分析如何在企业管理中进行数据营销组合的应用?
4. 举例说明在营销领域如何应用用户画像?
5. 谈谈精准广告的类型有哪些?

【案例分析】

揭秘联通大数据：如何精准获客 实现业绩飞跃？

案例分析

请扫码研读本案例，进行如下思考与分析：

1. 你认为中国联通在数据营销管理实践中有哪些优势？
2. 结合本章内容谈谈大数据营销给企业带来哪些需要关注的问题。

第16章　企业财务数据管理

【学习目标】

通过本章的学习，了解企业财务数据管理的概念，理解大数据对企业财务管理的影响，掌握企业财务主数据管理的主要内容；了解业财融合的概念，掌握业财融合的方法；了解企业财务数据分析的概念，掌握企业财务数据分析的方法。

【素养目标】

通过本章的学习，树立正确的辩证唯物主义和历史唯物主义观念，认识财务数据管理在促进企业和经济社会发展中的贡献。既要认识财务数据管理是企业管理适应经济环境的产物，也要认识到财务数据管理对企业价值和社会发展的促进作用。充分合规运用财务数据管理，发挥财务数据价值，创造提升经营业绩。

【引导案例】

数据管理——财务职能部门的新职责

伊恩·贝茨（壳牌上游项目及技术数据经理）分享了以下内容。

数据质量保证是壳牌努力实现卓越经营的重要保障。随着大数据时代的到来，壳牌愈发迫切地追求合乎目的的数据，保证企业的绩效管理切实有效。

而壳牌早已将前沿数据的质量保证问题纳入一系列企业流程中，其中包括财务流程。为创造世界一流的业绩，壳牌将中央化数据的质量保证工作置于核心位置，以确保得到高价值的数据，这是财务部门的新职责。

壳牌对财务职能部门的期望是：提供高质量的数据，用合理的成本释放企业价值。该部门作为数据质量保证方，负责保证各类重要数据的质量（包括财务数据与非财务数据）。财务职能部门内部设有数据经理，目前负责数据质量控制工作，与业务伙伴一起识别关键数据，并执行有效的控制和报告机制，保证数据变动一次到位。

壳牌认为，这是财务职能自然而然的转变，壳牌在不断向信息和数据集成化管理迈进的过程中，需要控制和保证数据质量，而这项工作自然而然地落在财务职能部门的身上。

资料来源：上海国家会计学院，ACCA. 大数据引领管理会计变革［R/OL］.［2023-12-10］.https：//cn.accaglobal.com/news/professional_report/baogao-472.html.

16.1 企业财务数据管理概述

16.1.1 大数据对财务管理工作的影响

企业财务管理是以企业财务活动为对象的一种管理活动。企业财务活动也称为企业资金活动。企业资金活动主要表现为融资和投资两方面，企业财务管理的核心就是企业融资管理和企业投资管理。随着大数据时代的来临，对传统企业财务管理带来巨大冲击，使其在财务信息的收集、处理、反馈方面需要随之作出改变。

1.大数据提高财务数据处理和信息获取的效率

传统财务管理工作主要采取手工记账方式，这会浪费工作时间，数据准确度不高且在处理方面也会经常出现错误等，这些问题不仅使得成本花费较高，也会影响财务工作的正常开展，导致企业内部信息不准确，无法充分发挥财务数据应有的功能。另外财务数据具有传导性，因为流程复杂、工作量大，不但降低了财务处理工作的成效，也妨碍了其他部门的工作，增加了企业的管理成本。

大数据时代，企业可以利用数据的整合能力以及先进的处理、分析技术，提高财务数据的处理效率，从而实时、有效地分析财务数据，并将这些数据上报相关部门。企业还可以运用云端的计算和存储能力，让企业内部的财务信息形成合理的框架，提高财务数据的标准化程度和准确性。

2.大数据改善企业财务分析和预算管理能力

预算管理是指将企业内部的资金流整合在一起，分析其外部经营环境，还需要对下一个阶段财务的使用和管理情况做好报告，预估企业当下的财务实力，为未来的融资规模预测等财务计划提供依据。很多企业预算管理没有一个有效的指导，缺乏一定的规划，因而降低了数据处理的准确度。在数据分析过程中，企业分析技术相对落后；在管理控制过程中，其信息化程度又不够，这两方面的因素就会使得财务预测和信息化水平不高，无法实现财务资源的合理配置。

在大数据时代，企业可以采用先进的科学技术手段处理财务信息。企业一方面可以获得更多有价值的信息；另一方面可以借助大数据、云计算等科学技术创建企业财务预算管理系统，因而能够快速准确地获取数据，分析、预测企业未来的资金流向，为下期预算编制提供可靠的基础，有效提升预算管理水平，改善财务部门的预测分析能力。

3.大数据加强企业财务的风险管理和内部控制

现代企业面临众多风险，内外部环境也不稳定，企业必须采取有效的方式争取资源，完善内部控制系统。对于企业财务风险管理来说，内部控制系统是基础，把两者有机地结合起来，才能够有效地应对财务风险问题。在信息化时代，基于大数据技术的应用和信息平台的建设，能够给企业带来准确的、真实的财务信息，还可以采用智能化系统帮助企业有效进行风险识别和判断，防止风险的出现。

4.大数据促进企业财务人员的角色和职能改变

大数据时代对于企业财务人员的要求更高，既需要财务专业知识，还需要数据分析和处理能力，将财务工作与其他工作联系起来，实现了企业财务管理的职能转变。运用大数据技术，不仅可以帮助财务人员解决繁杂的数据，处理财务工作中遇到的麻烦，还可以充分挖掘财务数据与企业之间的内在联系，让企业能够及时发现和解决经营活动中存在的问题，为改善经营管理提供明确的方向。

5.大数据提升企业财务决策和经济效益水平

在大数据时代，企业需要获取各种各样的信息，把财务信息和其他信息结合起来形成一个数据库，便于企业决策管理工作。例如，互联网企业能够运用客户数据分析体系，分析客户的区域分布、年龄结构、消费习惯等，以此来判断客户的需求和偏好，根据客户的需要提供产品和服务，从而增加企业收入。

传统的数据统计时效性较差，无法满足数字化时代财务信息传播的要求。大数据可以为企业财务数据提供保障，有计划地进行信息处理，合理配置资源，从而有利于企业的未来发展。

16.1.2　大数据对企业财务管理工作的挑战

1.财务管理的价值内涵发生变化

在大数据时代，企业财务管理工作逐步扩展，许多部门都涉及财务管理内容，甚至整个行业都开始为财务数据分析做准备，企业将能够为生产、研发、销售和流通等领域提供更有价值的财务信息。随着信息科技的发展，信息资产在企业中所占的份额越来越大，企业越来越重视信息资产要素，财务部门职能从服务性、辅助性职能部门向集财务风险管理、成本控制、融资等于一体的综合性管理部门转变。这不仅有利于企业将各种信息整合在一起，保证资金流的稳定，还扩大了财务管理对象的范围，扩充了财务管理工作的内容，这些对财务人员提出了新的要求。是否能够转变传统的财务理念，适应大数据时代发展的需要，提升企业经济效益，提升企业财务信息处理的能力，这是企业在未来发展中需要注意的地方。

2.财务管理机制和组织结构变革

在大数据时代，由于财务信息的收集与处理存在着一定的复杂性，为企业财务管理带来了很大的挑战，主要体现在以下方面：

（1）财务数据规模膨胀，增加了收集与处理的难度。在大数据环境中，财务数据的来源更加广泛，类型更加复杂多样，变化的速度也相当迅速，怎样才能确保数据整理和处理有效就成为当前管理机制中的新问题。

（2）财务信息与业务信息融合及其延伸的关联广度。目前财务数据不仅要从传统的会计信息中获得，还必须将各业务部门、各行业以及社会各个层面的信息纳入到数据体系中，这导致财务管理工作量大大增加，加上财务部门由于大数据技术的影响，其内部分工也日趋精细，这就要求调整组织结构、明确岗位需求与员工的责任。以上种种，对财务管理水平提出了更高的要求。

3.财务管理的技术难度增加

大数据具有自身规模大、类型多元化、价值密度较低等特征，对企业财务信息的关联与技术水平提出了挑战。

（1）财务数据来源广泛、结构复杂，在信息收集与挖掘方面技术难度较大。在大数据时代，财务数据还打破了国家、行业和区域等方面的限制，其来源更为多元化，同时网络化和层次性特征更为明显，数据结构的复杂性增大。如何在海量数据资料中收集与挖掘财务信息，是提高技术水平和促进分析方式动态化、智能化的关键。

（2）大数据的价值密度和信息准确性较低，针对财务信息的辨别技术需要提升。目前，企业战略决策与发展方向在很大程度上都受到财务数据真实性、准确性的影响，一旦不能及时辨别财务数据的真伪就会导致企业丧失竞争主动权。因此，企业应该创新工具分析，利用新技术手段为企业决策提供财务信息。

4.财务管理信息的安全性降低

大数据时代，互联网等技术广泛应用，财务数据来源更加丰富与开放，财务数据更新速度加快，这更容易导致财务信息失真和安全性降低。

（1）用户获取信息方式较为简单。大数据时代，当用户应用互联网或电子信息设备等收集或使用数据时，可能会泄露部分关键信息，数据供应商一旦钻空子就会为企业财务带来威胁。

（2）财务信息被破解的难度降低。由于大数据的频繁使用，造成财务信息的交互不断提升，交易过程中容易导致源代码流失或密码被破解，因而大大降低财务管理信息的安全性。因此，企业应关注安全工具和防护软件的更新，维护企业财务信息安全。

16.1.3 企业财务数据与企业财务数据管理的概念

1.企业财务数据的概念

企业财务数据是反映企业财务状况、经营成果与现金流量的内容，主要有资产、负债、权益、收入、费用、利润、现金流等关键数据。财务数据一般来源于财务报表、董事报告、管理分析及财务情况说明书等，其中财务报表是主要部分，主要包括以下内容：

（1）财务账簿数据及报表数据

该类财务数据是根据真实的企业经营财务信息进行统计核算，然后予以登记的数据；报表数据主要包括资产负债表数据、损益表数据、现金流量表数据等，这属于企业的基础财务数据。

（2）企业的各项指标分析数据

该类数据是通过数学模型或对应的公式所计算得出的数据，例如用于企业各部门的责任考核数据、用于分析企业各项指标的财务管理数据以及用于投资决策的决策分析数据等。

2.企业财务数据管理的概念

数据管理是指通过规划、控制与提供数据和信息资产职能，以获取、控制和提高数据和信息资产价值的过程。数据管理作为企业数据管理规划的核心组成部分与举措，包括数据标准与指标管理、主数据管理、元数据管理以及数据质量管理等方面的内容。当然，如本书的职能篇所述，数据管理还涉及数据生命周期管理、数据安全管理等内容。

企业财务数据管理是企业数据管理的重要组成部分，是以财务部门的工作为窗口，完成和财务数据相关联的管理工作，目标是通过对财务数据的科学化管理，提升并实现财务相关信息资产的价值。

16.2 企业财务主数据管理

16.2.1 企业财务主数据管理的意义

主数据（Master Data，MD）是在计算系统之间分享的数据，也是企业的基础数据，这些数据处于数据类型结构的底层，其上是交易数据、行为数据及统计分析数据等。主数据描述企业核心业务实体，是企业开展业务和信息化建设的数据基石。主数据管理（Master Data Management，MDM）是指构建一套体系，用以管理主数据。数据管理体系应包括三方面：一是清晰、准确的数据模型；二是一套完整的管理体系；三是一套技术支撑体系。

企业财务主数据是指企业财务信息系统涉及的与财务处理相关的主数据。财务主数据来源于其他业务系统，其内容不仅限于会计科目管理，还包括财务信息系统所涉及和使用的企业其他主数据，如账户主数据、供应商和客户主数据、固定资产主数据、成本中心主数据等。

企业财务主数据管理有利于保持各系统之间数据的一致性，提高财务数据质量，其对财务信息系统乃至企业管理有着重要意义和价值，主要表现在以下三方面：

1.保持各系统之间数据的一致性，提高财务数据质量

企业财务主数据管理推动各业务部门的信息互联互通，使各个系统走出“信息孤岛”，最大限度地共享和维护数据的一致性和完整性，保证系统之间能实现数据的共享，增强了各系统在企业层面的互动，从而提高财务数据质量，为经营决策者提供更及时、准确的统计分析数据。具体来说，有三个方面：一是减少数据冗余。企业财务主数据不再存放在多个系统中，实现统一和规范的数据采集、加工和传递流程，减少数据冗余和数据管理工作量。二是保证数据一致性。对企业财务主数据进行统一编码和分类，保证数据一致性，从而有利于保证数据真实有效，提高数据管理效率。三是提高数据使用效率。企业财务主数据管理为信息系统建设提供了条件，可以根据不同使用需求出发进行设立和维护，有利于提高数据的使用效率。

2.提升财务信息系统的灵活性及开发效率

从财务信息系统建设的角度来说，企业财务主数据管理可以增加系统的灵活性，构建覆盖整个企业范围内的财务主数据管理基础和相应规范，并且更灵活地适应企业业务需求的变化。

3.为企业商务智能、战略决策以及企业信息集成奠定基础

企业财务主数据管理使得企业在分散的系统间保证主数据的一致性，提升数据质量，为企业数据仓库、商务智能技术的应用以及数据仓库中将要进行的数据分析打好基础，优化了企业信息系统架构。

16.2.2 企业主数据管理过程

1.主数据管理前期调研

当企业的信息化、数据化发展到一定程度时，大部分企业都会对主数据管理产生需

求。在主数据项目开始时一般会成立项目组，全面了解企业情况。

（1）了解企业基本情况

项目组主要了解企业所属行业及行业业务经营特点、行业产值、行业内企业分布情况和资产、设备、人员、技术等生产要素情况，企业的经营状况、人员规模、业务分布和行业地位、企业近年来的大事和战略规划方向等。

（2）梳理企业业务情况

项目组需要了解企业组织架构及部门职能，关注企业内部较为特殊的部门。通过部门岗位职责手册等了解部门岗位及部门的整体状况，进一步了解各岗位人员的具体情况。了解企业业务流程和业务场景，分析企业运营情况。通过阅读行业报告、企业年报资料等进一步了解企业整体运营情况。

（3）了解企业信息化情况

项目组应获取企业主要信息系统的操作手册和功能说明书、技术框架、供应商情况，关注主数据对应的业务基础信息，了解基础数据的定义、属性、数据量、数据完整性及规范性、数据管理状况等。

（4）开展主数据管理情况调研和成熟度评估

调研主要集中于主数据的数据定义、模型和使用情况，了解主数据的管理部门、每个字段的获取途径和获取依据，调研每一字段的维护人、维护时间和维护场景，数据的维护系统情况以及共享情况。

评估指标包括：是否有明确和清晰的模型定义，能否合理满足企业的应用需求；是否具有完整的管理制度和流程，是否有系统支撑主数据的线上管理，即主数据管理系统；主数据是否可以在各系统方便地共享；主数据质量的监控体系和主数据管理体系能否适应外部环境变化。

2.主数据建模

主数据建模就是用元数据描述业务实体的过程，从业务视角来看，就是给出一个描述主数据的二维表表头的过程。主数据模型最终将成为企业数据标准的一个组成部分，也将纳入数据标准管理体系的范畴。

首先，需要对每一个主数据所描述的客观实体进行定义，确定主数据的数据范围；其次，需要制定主数据编码规范，编码应实现一个实体一个编码、一个类别一个编码；最后，需要确定主数据的属性内容。主数据的属性信息一般基于业务运转过程中的积累，也可以借鉴国家标准、行业标准、行业内头部企业的标准等。

3.主数据管理业务支撑体系

建立主数据业务管理系统的目的是在主数据的全生命周期内，对于每一个主数据及其每一个属性都能够明确回答由哪一个部门、哪个岗位在什么场景和什么时间进行数据管理和维护。

主数据的管理组织很容易明确：人员主数据的管理组织通常是人力资源部门；财务主数据的管理组织主要是财务部门；而对于产品、物料来说，其主数据的管理组织往往需要成立独立的标准化组织来专门维护。

需要梳理主数据操作的所有业务场景，对业务场景的数据操作进行描述，从而确定管理流程。同时，对于主数据需要确定数据维护的时间点和依据，根据业务发生的场景由数据维护岗位对相关数据加以维护。

4.主数据管理技术支撑体系

技术支撑体系以主数据在整个信息化系统间的数据流向为核心，包括数据录入与管理、数据汇聚和数据分发。

一条数据进入信息系统的位置成为数据入口。数据入口可能在一个应用系统中，也可能在主数据管理系统中，还可能由多个系统和主数据管理体系共同承担。主数据的入口系统将会承担大部分的数据管理功能，主数据在主数据管理系统中汇聚，从而进行数据清洗、管理、分发、统计，实现主数据质量监控并提供数据质量监控报告。

我们需要将主数据传到企业中每一个需要它的角落，甚至和企业外部关联业务实体进行数据交换，即数据从源系统传递到目标系统。当目标系统获取主数据管理系统的数据后，还要做好数据转换及存储，对主数据不覆盖的属性和数据进行维护。

5.主数据的历史数据清洗

数据清洗是对数据进行重新审查和校验的过程，目的在于删除重复信息、纠正存在的错误，并提高数据一致性。如果数据未进行数据清洗而包括“脏数据”，则会降低数据的整体质量，影响数据分析结果及相关决策，从而给企业造成损失。

数据清洗工作的主要内容包括：数据排查可以依靠技术手段进行，最终需要业务部门来完成确认工作；数据缺失属性的补录需要业务部门来完成；错误数据的调整，尤其是涉及业务数据的调整，需要制订具体的方案进行整体评估，并由所涉业务部门来完成。

16.2.3　企业账户主数据管理

1.账户主数据的定义及模型

账户是企业信息系统的使用者，账户主数据管理需要从企业视角统一管理。账户主数据模型示例见表16-1。

表16-1　**账户主数据模型示例**

序号	属性名称	数据类型	维护方式	填写说明
1	用户名	字符型	填写	用户身份认证时所需要输入的名称
2	密码	字符型	填写	
3	用户所属部门	参照型	下拉选项	对应管理部门主数据
4	用户类别	参照型	下拉选项	选项为1.本企业员工；2.本企业角色账户；3.非本企业人员账户
5	对应人员编码	参照型	下拉选项	当用户类型为“1.本企业员工”时，字段信息与人员主数据信息保持一致
6	对应人员姓名	字符型	填写	
7	证件类型	字符型	填写	
8	证件号码	字符型	填写	
9	联系电话	字符型	填写	
10	电子邮件	字符型	填写	
11	岗位信息	字符型	填写	
12	自定义项	字符型	填写	

资料来源：张旭，陈吉平，杨海峰，等.主数据管理：企业数据化建设基础［M］.北京：电子工业出版社，2021：121-122.

2.账户主数据管理的组织及应用场景

账户主数据通常由信息管理部门进行管理，财务管理流程由信息管理部门主导和制定，通过企业标准审核后颁布，全员执行。

账户主数据的管理流程包含以下相关业务场景：

（1）人员入职。企业通常在人员入职流程中启动下级流程，开通人员账户。

（2）开通账户：在人员入职、外部人员进场服务等情况下会进行人员或角色账户的开通工作。

（3）账户基础的自助维护、账户信息管理等。

3.账户主数据管理技术解决方案

（1）数据流转同步方案

① 数据产生。人力资源管理系统提供人员主数据，人员主数据在主数据管理系统中存储，并进行共享和分发，账户主数据可以根据人员主数据自动生成。

② 数据管理与维护。主数据管理系统或账户统一管理及认证系统对账户主数据提供数据管理功能，该系统需要统一管理各个应用系统的准入权限。

③ 数据共享。账户主数据可以在主数据管理系统中存储，企业各系统需要从主数据管理系统发布的账户主数据服务中获取账户数据。

（2）账户统一管理及认证

企业可以通过构建账户统一管理及认证系统来解决企业全局账户管理问题，同时可承担统一用户中心、统一认证中心、统一审计管理等功能。

① 统一用户中心。系统负责管理与用户账户相关的工作，如新建、生效、失效、暂停、注销、映射、分发、同步、授权、支持认证方式、访问互斥策略等。

② 统一认证中心。系统负责账户统一管理及认证相关工作，如认证协议、逻辑、方式等。

③ 统一审计管理。系统负责对用户访问日志进行实时监控，对用户的访问操作行为进行合规监管统计。

4.账户主数据清洗

账户主数据清洗主要是将各个业务系统的账户统一起来，既可以作为主数据管理项目中的数据清洗内容来完成，也可以打包到企业账户的统一管理及认证项目中完成。通过两种账户主数据清洗方法得到的结果基本相同。

16.2.4 企业客商主数据管理

1.客商主数据的定义及模型

（1）客户及主数据模型

客户是指购买企业产品或服务的组织。客户不包括传统的个人客户，同时客户购买的商品和服务是为了供自身使用。客户数据包括客户的基本信息、联系方式、交易历史、信用评分等。

（2）渠道及主数据模型

渠道是指企业经营的产品和服务的渠道厂商，也可以称为分销商、代理商等。

（3）供应商及主数据模型

供应商是指为企业提供商品或服务的上游厂商。供应商既可以是组织，也可以是个人。供应商数据包括供应商的基本信息、联系方式、合同信息、评价等。

（4）外部交易实体

外部交易实体泛指企业外部所有与企业有经济往来、业务往来的实体，这些实体可能是政府、企事业单位、个人或者非政府组织等。

客商主数据模型描述实体单位的基本属性，以某一药品企业为例，根据其经营情况，对客商主数据细分并添加明确的描述字段内容（见表16-2）。

表16-2　**某药品企业客商主数据**

属性	生产、经销企业	医疗卫生机构	药店	政府机构及事业单位	服务企业	个人
唯一性属性	国家	组织机构代码	组织机构代码	组织机构代码	国家	身份证号
	组织机构代码	客商名称	客商名称	客商名称	组织机构代码	护照号码
	客商名称	医疗机构执业许可证	药品经营许可证		客商名称	客商名称
共享属性	客商分类	客商分类	客商分类	客商分类	客商分类	客商分类
	营业执照住所	营业执照住所	营业执照住所	营业执照住所	营业执照住所	城市
	生产许可证号	上级单位	经营许可证号	上级单位	上级单位	性别
	经营许可证号	风险提示	风险提示	风险提示	风险提示	风险提示
	经营场所	机构类型	药店类型			
		营利/非营利	是否医院合作药房			

资料来源：张旭，陈吉平，杨海峰，等.主数据管理：企业数据化建设基础［M］.北京：电子工业出版社，2021：148-149.

2.客商主数据管理的组织及流程

（1）客户主数据管理的组织及流程

客户主数据管理的组织需要依据企业规模或管控要求而确定，因企业而异。例如，针对中小企业，生产链划分比较清楚，客户主数据管理的组织可能是市场管理部或销售部；而针对多业态的集团公司，依据业务板块管控的差异性，客户主数据的管理可能分散在下属各业务板块，也可能由集团统一管控，具体依据企业现状及需求而定。

客户主数据管理的流程需要依据企业规模及组织层级差异，根据企业业务场景加以制定，形成规范并要求职责部门加以执行。客户主数据新增流程如图16-1所示。

（2）供应商主数据管理的组织及流程

供应商主数据管理的组织同样需要依据企业规模或管控要求而确定，因企业而异。例如，针对中小企业，生产链划分比较清楚，供应商主数据管理的组织可能是市场管理部或销售部；而针对多业态的集团公司，依据业务板块管控的差异性，供应商主数据的管理可能分散在下属各业务板块，也可能由集团统一管控，具体依据企业现状及需求而定。

供应商主数据管理的流程也需要依据企业规模及组织层级差异，根据企业业务场景加以制定，形成规范并要求职责部门加以执行。供应商主数据新增流程如图16-2所示。

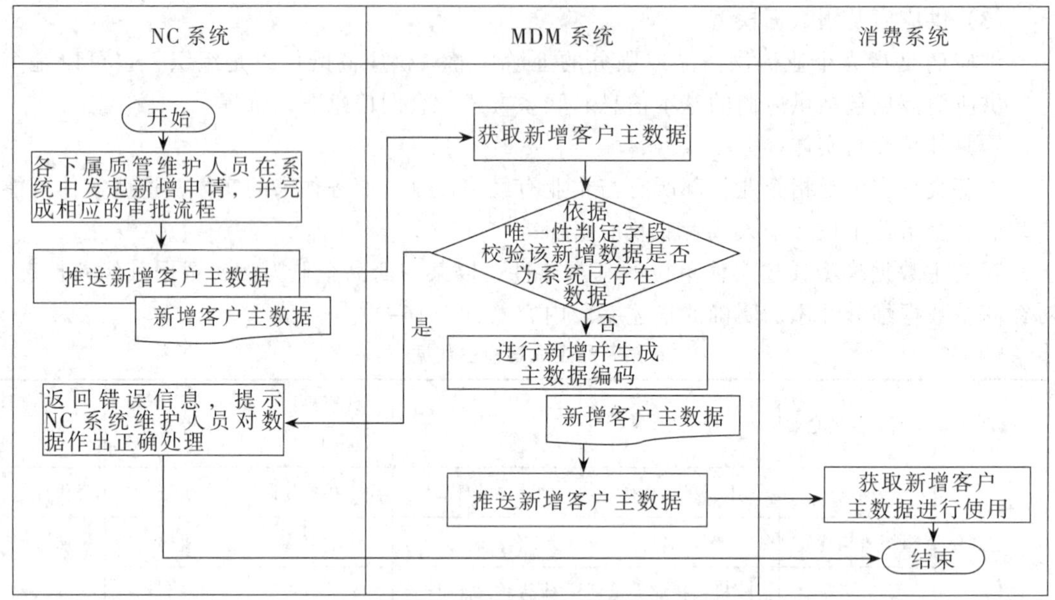

图16-1　客户主数据新增流程

资料来源：张旭，陈吉平，杨海峰，等.主数据管理：企业数据化建设基础［M］.北京：电子工业出版社，2021：156.

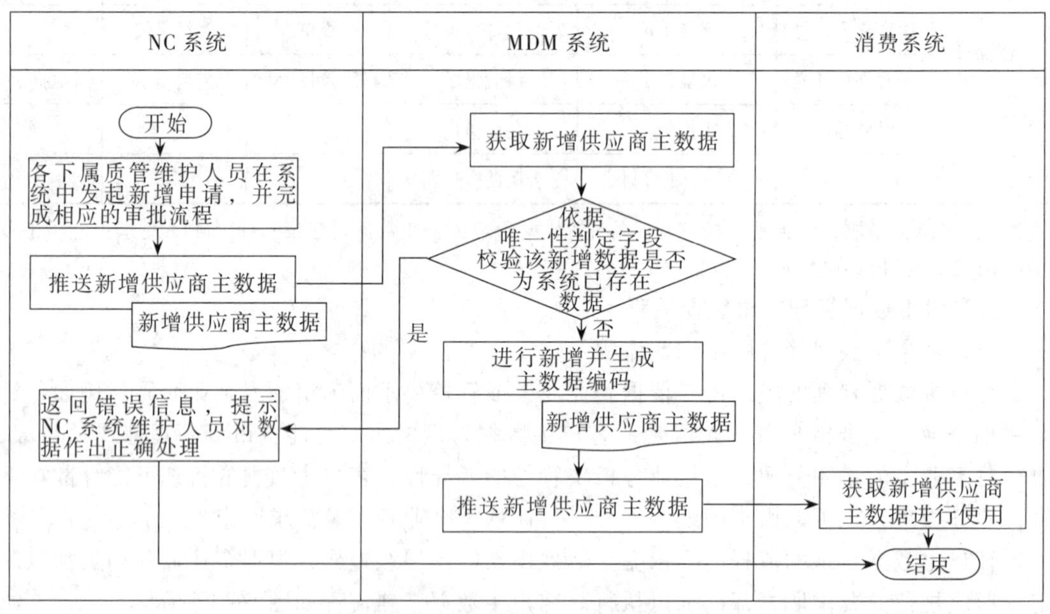

图16-2　供应商主数据新增流程

资料来源：张旭，陈吉平，杨海峰，等.主数据管理：企业数据化建设基础［M］.北京：电子工业出版社，2021：158.

3.客商主数据管理的技术解决方案（以企业集团为例）

（1）单源头技术解决方案

集团采用强管控型或单体型企业的方式进行数据统一管理，主数据属于单源头模式，其技术解决方案如图16-3所示。

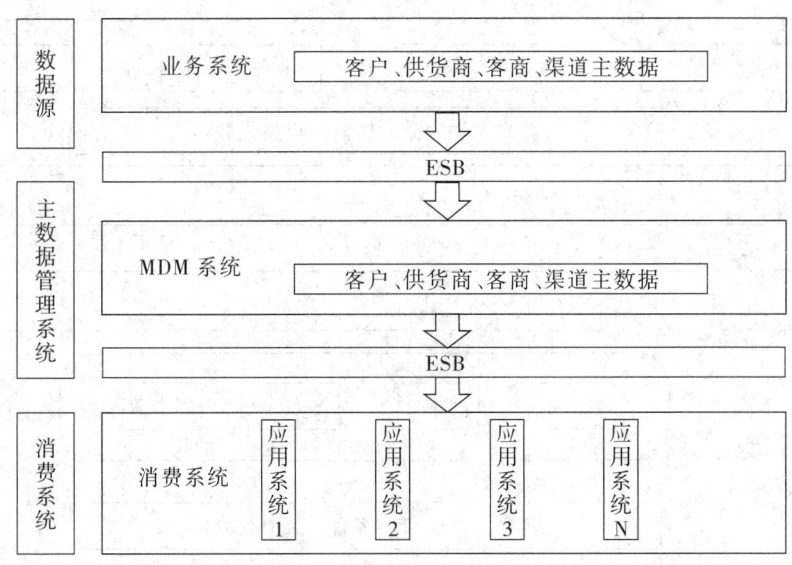

图16-3 单源头技术解决方案

资料来源：张旭，陈吉平，杨海峰，等.主数据管理：企业数据化建设基础［M］.北京：电子工业出版社，2021：160.

（2）多源头技术解决方案

当集团没有相应的能力或不需要去管控下属企业时，集团往往采用弱管控型方式。此时，客户、供应商、客商、渠道主数据属于多源头模式。集团制定统一的主数据标准规范，要求各下级单位按照规范执行并上报数据，供集团进行统计分析及领导决策采用。此种方案往往将数据权限下放到各下级单位，各下级单位会建立不同的属地业务系统进行数据管理。其技术解决方案如图16-4所示。

4.客商主数据清洗

（1）单源头集成方式的数据清洗

企业明确客商主数据管理的相关责任部门及其岗位职责，确定客商主数据的模型、编码规范、分类规范、填报规范等内容，制定清洗规则并制订清洗计划，按照主数据清洗模板进行数据清洗。清洗完成以后，企业按照清洗要求进行审核，审核通过以后导入主数据管理系统。

（2）多源头集成方式的数据清洗

企业明确客商主数据管理的相关责任部门及其岗位职责，确定客商主数据的模型、编码规范、分类规范、填报规范等内容，制定清洗规则并制订清洗计划，按照主数据清洗模板进行数据清洗。

企业一般组织下属单位进行清洗内容培训，要求各单位按照清洗规则进行客商主数据清洗。清洗完成以后，企业按照清洗要求进行审核，审核通过以后汇总导入主数据管理系统，建立源头数据与主数据的映射关系。

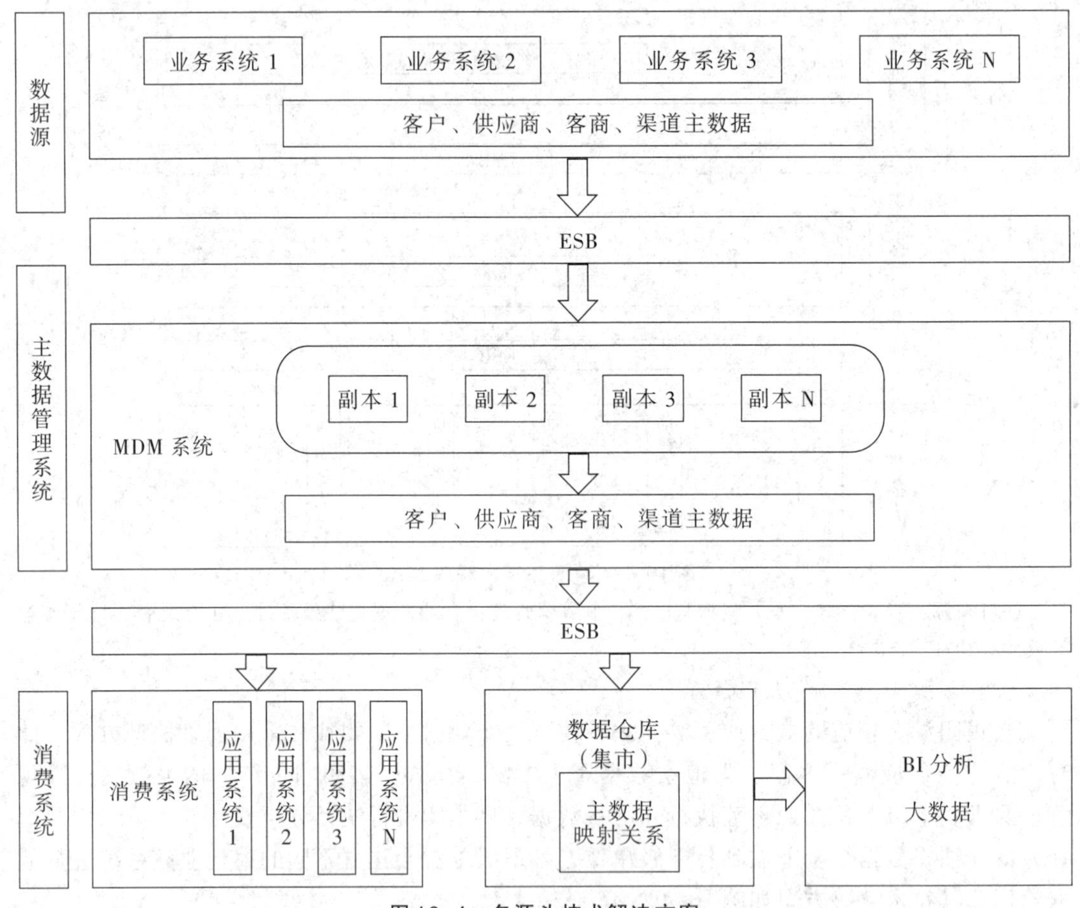

图16-4 多源头技术解决方案

资料来源：张旭，陈吉平，杨海峰，等.主数据管理：企业数据化建设基础［M］.北京：电子工业出版社，2021：162.

16.3 业财融合的数据管理

16.3.1 业财融合的概念及意义

业财融合是业务活动、财务活动的有机融合，通过财务向业务前端进行延伸，打通财务与业务、财务与利益相关者的界限，实现业务流、资金流、信息流、物流等数据源的及时共享，基于价值目标共同作出规划、决策、控制和评价等管理活动，以保证企业价值创造过程的实现。业财融合的意义主要体现在以下方面：

1.有利于推动财务管理的精细化

业财融合可以使企业更快地实现从粗放型管理模式向精细化管理模式转变，帮助企业对资金和业务进行高效的管理，激发管理价值，促进企业健康发展。实施业财融合后，企业财务部门和业务部门将通过共享平台实现现金流、信息流、数据流等关键信息的共享，及时掌握重要的信息可以帮助各部门加强协同合作的默契，对接各个业务流程情况，了解业务实际运营状况和资金资源利用效果，推动企业财务管理更加精细化。

以全面预算管理为例，传统的全面预算管理往往以年度为周期，基于年度循环进行资源配置，预算编制结果与业务实际缺乏关联性。业财融合模式要求资源配置应当具备更加细化的时间颗粒和维度颗粒，充分考虑不同时间周期内业务经营的实际特点，进行差异化资源配置，向作业预算方向深化。

2.有助于提高管理决策的科学性

有效的业财融合可以为管理层提供更好的决策支持。大数据和云计算技术的发展，使大型数据分析平台的搭建成为可能，借助于大数据分析平台，业财融合可以将大量的财务信息和经营业务实际情况结合起来，通过大数据分析与高级财务分析工具的运用，可以实现数据的快速分析和数据类型的相互转换，形成高质量的财务分析报告，有助于管理层作出更加科学的决策。

3.有助于增强风险管控能力

在经济全球化背景下，风险管控与合规建设成为企业谋求长远发展必须关注的重要课题。业财融合将财务与业务各环节紧密联系，可以对经营活动的关键环节进行完整的、严格的、规范的闭环管理与监督，及时有效地发现每一个业务环节的潜在风险点，保障业务活动正常开展。

16.3.2 业财融合的难点分析

1.难以满足管理层决策的信息需求

虽然业财融合的目的是为管理层提供更多有利于决策的信息，但是在实务中相关部门和人员往往不清楚对于财务会计尤其是管理会计信息的明确需求。在推进业财融合过程中，面对各种各样的财务信息与非财务信息，以及内部价值链与外部价值链等不同来源的信息，财务部门无法进行有效的筛选，并按照规划的指标进行采集，更不可能达到分析目的和实现应用于决策的价值。尽管管理层对于信息的使用有着明确的需求，不同的信息使用者对于信息的偏好也会不同，更何况这种需求还在不断变化。这就为业财融合的实施带来了较大的困难。

2.业务与财务的目标不一致，导致业务主动性不足

传统财务部门的主要职责定位是为了完成既定业务目标，在管理模式上侧重于目标管理。业务部门为完成任务往往不择手段，甚至选择突破各种控制，这会增加企业的各种风险。财务转型的关键恰恰是基于流程再造、以流程管理为基础，并强调财务在流程管理中的驱动作用：一方面期望通过财务转型后的业财融合加强财务对业务的事前、事中管控能力，另一方面期望通过财务转型后的业财融合提升财务在整个组织的决策支持能力与价值实现。而这些与业务部门的目标并不一致，业务部门可能会被动地增加工作量，从而导致业务部门参与的积极性不高，甚至会产生抵触情绪。

3.业务与财务信息的信息传递存在阻碍

多数企业当初业务部门与财务部门都是以各自工作开展来选择和设计信息系统的，导致相关数据难以兼容，信息孤岛现象严重。业务系统产生的数据不能实时反映财务运行情况，财务数据也不能实时跟踪业务运行管理，两者出现相互脱离现象，难以形成事前预算、事中控制和事后分析的财务管理系统。

4.外部价值链条的会计流程再造难度较大

业财融合使得原来以单个企业形式存在的会计主体扩展为以多个企业组成形式存在的会计主体。这就要求企业不仅关注内部信息，而且要扩展到外部的上下游企业；要求企业参与整个业务处理过程，加强实施控制，开展全方位、全过程的流程管理。

企业以企业资源计划（Enterprise Resource Planning，ERP）为核心的会计流程改造实现了企业各部门之间的会计信息共享，但这种信息系统的流程再造，其数据收集的端口仅限于企业内部，并没有真正延伸到整个价值链上，上游供应商和下游客户的会计信息无法有效采集，以致不能很好地满足管理者作出战略决策的要求。企业外部价值链是内部价值链的延伸，内外部价值链条共同作用才能真正有利于业财融合下的会计信息共享、实时管控、及时采集，才能真正有利于战略决策。

而企业出于种种顾虑，导致外部价值链条的流程再造难度较大。由于外部价值链企业的类型不同，会计信息的标准不同，以及价值信息的秘密性，导致各企业的财务子系统之间存在结构和数据的不兼容，影响了业财融合下的会计流程再造。

16.3.3 业财融合的具体流程

业务与财务一体化的核心是财务、业务和管理的三方融合，企业应抓住核心内容，不断优化企业的财务流程、业务流程和管理流程。

1.财务流程

财务流程是指财务部门针对业务进展情况，及时掌握相关信息，为业务发展起到保障促进作用，为战略决策提供支持的整个过程。财务流程主要包括：

（1）全面、准确地掌握企业运营信息，观测运营信息的规范、流向、流量，掌握其节奏。

（2）建立信息库，对各部门数据信息进行采集、挖掘和整合。

（3）对收集的各方面信息进行梳理、分类、整理和报告。

（4）在相关信息的基础上，整理、分析、衍生出相关的信息，为战略决策、风险管理等提供支持。

财务部门尤其要重视数据挖掘、整合及报告的环节，这将直接对企业的发展产生重要影响。

2.业务流程

企业的业务流程主要体现在以下四个环节：

（1）购买和付款环节。企业购买原材料，包括原材料的选择和向经销商支付费用等。

（2）生产环节。购买原材料后，企业进入生产产品的流程。

（3）销售环节。企业产品在市场上销售出去，产品销售量增加可以增加企业营业收入，促进企业发展。

（4）收款环节。在产品销售以后，企业应当及时收回货款，获得相应资金。

在企业开展业务时，财务部门可以同时关注业务进度，加强财务管理，做好财务与业务信息共享。

3.管理流程

企业发展离不开完善的管理体系，企业管理主要包括以下流程。

（1）计划决策。管理部门根据财务部门整合后的信息，进行分类、分析研究，从而对各部门的发展进行分析，针对业务活动进行预测，对各部门交付清单。

（2）运营控制。对各部门业务及发展过程实施把控，使各部门发挥出最大潜力，为企业创造更大价值。

（3）监督与检查。对各部门合规、合法经营及其完成任务情况进行监督与检查。

企业管理流程在运营中发挥作用较大，它控制着企业整体发展方向，科学设计的管理流程会促进企业良性发展。

现代企业运营复杂性在不断提升，涉及人事、规划、销售、采购、营销等多个部门和系统。财务管理作为企业核心部门之一，要为企业决策提供有效建议，服务于企业的整体利益，调整财务与业务的关系，将财务管理与其他经营活动相结合，融入企业整体管理。

4.业财融合流程

业财融合要求企业财务部门能利用数据、解释数据，将数据还原为具体的业务活动过程和结果。业财融合需要业务与财务间的沟通与对接，将财务转换为一门通用的商业语言。具体来说，需要做到以下方面：

（1）构建一个业财融合信息共享中心平台。

（2）财务部门建立信息库，进行数据采集和挖掘。

（3）将财务语言转化为商业语言，在业务数据梳理方面，关注哪些来自前端业务部门，哪些来自中端系统或后端系统，分析这些数据的规律和相关关系。

（4）进行数据转换，为企业决策、价值管理和风险管理提供支持。

共享中心转型成为数据中心，将对财务人员能力转换和升级形成挑战，要求新型财务人员还需要一定的数据处理和建模等能力。

16.3.4　业财融合的实现条件

1.流程保障

会计流程再造的核心目的是实现与业务相关的信息自动采集、共享、实时控制与输出，满足不同会计信息使用者的需求。业财融合的会计流程再造不仅在内部打通会计与业务的流程，实现会计信息与业务信息的共享，更需要重新梳理现有会计流程，消除不增值的业务环节，从内部延伸到外部价值链条或者价值网来实现信息的共享，尽可能满足使用者的信息需求。流程再造主要包括输入环节、加工环节和输出环节的再造。

输入环节的流程再造目标是消除业务部门在发生业务时产生原始凭证的过程及会计凭证编制的过程。一方面实现无纸化传递，另一方面尽量实现从业务前端按照一定的数据规则统一获取信息，不再采用人工或者从业务端再加工后提供。这可能会带来核算的集中和业务前端的供应商系统的集中以及价值网中客户端的集成，来实现集中采购和与价值网中客户端的价值信息共享。这样；会计部门可实时获取并同时监控多种原始凭证的来源，以保证真实性和账实相符。同时，能够自动生成实时报告提供给需求者。当然，在这一过程中，录入的标准必须统一，为避免重复输入往往会采用信息技术的事件生成法来实现。

加工环节的流程再造目标是要实现会计凭证到账簿、报表的自动生成。利用智能化会大大提高处理的效率，同时给业务处理的经济事项留下痕迹，使得对接的业务流程具有可视性和还原性。

输出环节的流程再造目标是运用各种数据挖掘和展示技术，按照使用者的需求，分析生成数字化仪表盘等可视化的数据信息。这些信息不仅是会计信息，还有更多的内部业务经营者信息，外部价值链的供应商信息、客户信息、竞争者信息。它能够帮助企业了解客户行为、预测销售趋势、确定某一组客户或者产品的收益率等。

2.信息技术保障

流程再造为信息化提供了重要的基础。信息化是实现和固化该流程的技术条件。信息技术有利于改变“信息资源孤岛”的问题，实现财务与业务信息的集成。集成有利于实现实时控制、信息共享与融合、跟踪和反馈。

这一技术条件涉及内部的ERP实施与外部的可扩展商业报告语言（XBRL）接口的统一。ERP最大的优点是采用统一标准化、规范化的信息代码实现集成，有利于将财务模块与生产、物流等模块紧密相连，业务部门按照标准录入生成的信息可以直接为会计部门所采用，这就节约了会计部门的工作量。XBRL技术的优点是允许使用者根据需求定义标记，当数据双方就标记达成一致，数据便能无歧义地进行动态的共享和交换。通过实施XBRL技术，信息使用者获得的会计信息才具备可比性。

3.数据仓库保障

无论流程再造还是信息技术的使用，目的都是为了构建数据仓库，以供分析提取数据转为决策信息使用。数据仓库作为中央数据库，是为所有决策提供数据支持的底层数据库。它有定性与定量、财务与非财务、确定与不确定、内部与外部的数据信息。当然，这些信息在生成的初期，必须统一输入处理规则与代码，否则就会杂乱无章，从而无法提取、加工和分析。

4.会计组织保障

高效的会计组织是业财融合实现的重要保障，而流程再造与信息技术的运用使得高效的会计组织成为可能。尤其是移动互联网、云计算、大数据、人工智能（AI）、虚拟现实（VR）等技术会使得会计组织得以转变与进化。

16.3.5 业财融合的具体措施

1.数据统一化

实施数据联通，进行数据统一。大数据时代的数据信息是企业的关键信息之一。企业要想实现业务财务一体化，就必须完善数据信息，实现数据共享。企业首先应建立统一的数据库，以便于财务部门和业务部门同时掌握有效的信息，同时整理数据信息，分类相关数据并及时更新例如，企业在实现业财融合过程中，应该把企业的生产内容、销售内容、日常业务和企业基本信息等录入系统，分别归类，这些将大大提高财务工作效率。

2.表单统一化

集中账簿管理，做好表单一致。企业财务工作离不开账簿和表单处理。企业根据表单信息登记日记账、序时账时，实际上是对业务信息的会计处理，也就是把企业日常发生的业务用会计语言表达出来。企业应该对财务、业务部门的账簿进行统一管理，做到表单格式统一和标准统一。

3.流程统一化

简化工作流程，实行一体化发展。财务部门的流程和业务部门的流程应该做到一体化，在财务信息和业务信息统一的过程中，企业可以简化流程，对于重复的工作只保留一种以提高工作效率。业务部门应该及时为财务部门提供信息，财务部门应该将工作中遇到的财务问题及时反馈给业务部门，两者的融合让企业节约资源促进发展。企业对信息的统一管理应该制定统一的标准，对于相同的业务处理以及认定要统一规定。

16.4　企业财务数据分析

16.4.1　企业财务数据分析概述

1.企业财务数据分析的含义

企业财务数据分析又称企业财务分析，是通过收集、整理企业财务会计报告中的有关数据并结合其他有关补充信息，对企业财务状况、经营成果和现金流量情况进行综合比较分析和评价，为财务报告使用者提供管理决策和控制依据的一项管理工作。

企业财务数据分析的对象是企业的各项基本活动，做好财务数据分析工作，可以正确评价企业财务状况、经营成果和现金流向情况，揭示企业未来的报酬和风险；可以检查企业预算完成情况，考核经营管理人员的业绩、为建立健全合理的激励机制提供帮助。

2.企业财务分析数据源

企业财务分析的数据源主要包括企业内部数据和企业外部数据。

(1) 企业内部数据

企业内部与财务相关的大数据主要来自会计信息系统或ERP系统中的财务和业务数据。企业的各类信息系统在日常运行中会产生大量数据，例如采购数据、销售数据、生产数据、库存数据、考勤数据和财务数据等。会计数据主要由会计科目表、凭证表、余额表等构成。企业财务报表是依据会计准则并按照特定的规范格式编制的，反映企业一定时期资金、利润状况的会计报表，是各种财务数据分析都能获取的数据来源，尤其是上市公司公开的报表是当前财务数据分析的核心。

(2) 企业外部数据

企业外部数据如商业银行信息、同行业主要经营信息等，主要来自公开网站。例如通过政府机构的网站获取各种宏观经济数据、金融统计数据、财政数据、上市公司公告和定期报告等，还可以通过一些权威财经网站获取上市公司的财务报告和股票交易数据。数据库服务商如Wind、CSMAR等其网站的商业数据库也可以提供各种有价值的数据，另外一些网站还可以提供上市公司公告、行政法规、处罚公告、法律文书、财经新闻、用户评论或音频、视频等非结构化数据。

16.4.2　企业财务数据分析的类型

数据分析常用的类型主要有以下四种类型：

1.描述性分析

这种类型描述过去，不做推断，只做展示。通常是以报告的形式呈现。这也是数据分析中最常见的方式之一，这些财务信息是指历史财务信息。其应用场景如下：可以根据该公司过去的财务状况对客户信用风险进行预测评估；可以根据客户的产品偏好和销售周期来预测销售结果；可以根据当前的产品反馈预测未来的销售。

2.诊断性分析

这种类型的分析是针对过去已发生的事件，并且对该事件产生的原因进行分析。诊断性分析有点类似于数据挖掘的功能，例如在传统财务分析中，差异分析可以揭示预算结果与实际结果之间产生偏差的根本原因。

3.预测性分析

通过建模、统计分析、机器学习、人工智能等工具，对未来进行预测。例如会计部门编制现金流预测报告，估算库存量、预测销售增长情况等。

4.指导性分析

指导性分析是指在发现问题之后，先进行诊断性分析，再结合预测性分析，给出相应的优化建议，以指导行动。

16.4.3 企业财务数据分析的内容

企业财务数据分析的基本内容主要包括以下两方面：

1.财务报表分析

财务报表分析是财务数据分析中最基础的分析，是为了评估财务报表对企业经营活动反映的真实程度，主要从会计角度对财务报表进行分析：

（1）资产负债表分析

了解企业会计对财务状况反映的真实程度以及所提供的会计信息的质量，评价企业资产和权益变动情况、企业财务状况。

（2）利润表分析

了解企业经营收入的完成情况、费用耗费情况以及经营成果的实现情况，评价企业经营业绩。

（3）现金流量表分析

分析企业现金变动情况及变动原因，评价企业盈利质量和获取现金的能力。

（4）所有者权益变动表分析

分析所有者权益的来源及变动情况，了解影响所有者权益增减变动的具体原因，判断各项目变动的合法性与合理性。

2.财务效率分析

利用财务报表可以评估企业财务活动的效率或能力，财务效率分析主要从偿债能力、营运能力、盈利能力和发展能力这四个方面进行。

（1）评价企业的偿债能力

分析企业的偿债能力和企业的权益结构，估算对债务资金的利用程度。

（2）评价企业的营运能力

分析企业资产的分布情况和周转情况。

（3）评价企业的盈利能力

分析企业的利润目标的完成情况和不同年度盈利水平的变动情况。

（4）评价企业的发展能力

分析企业创造股东价值的能力，为预测分析和价值评估提供基础数据。

16.4.4　企业财务数据分析的可视化

数据可视化是将单一数据或复杂数据通过视觉呈现，从而精简且直观地传递出数据所蕴含的深层次信息。

1.数据可视化的方法

数据可视化的方法包括图数据可视化方法、多维数据可视化方法、时空数据可视化方法和文本数据可视化方法。

（1）图数据可视化方法

图数据是指数据节点及节点的边构成的数据，常用的可视化方法是节点链接图。节点链接图可以比较直接的反映网络关系，能表现图的总体结构、簇和路径，但对于节点太多、关系密集的图数据不适用。对于关系密集的图数据，可采用层次聚类实现分层可视化（减少可视化的节点）和边绑定（减少可视化的边）来实现可视化，也可以用GMap对图数据进行可视化表述。

（2）多维数据可视化方法

一维数据可以用直方图、饼图等来表达；二维数据可以用散点图来表达；三维数据可以用立方体等来表达；三维以上的数据可以用平行坐标系、雷达图或散点图矩阵来表达。多维数据还可以通过降维来表达，常见的降维方法有主成分分析法、线性判别分析法、因子分析法等。

（3）时空数据可视化方法

时空数据是指具有地理位置和时间标签的数据，如地区生产总值变化等。可以用动态地图来实现时空数据的可视化，也可以用三维地理信息系统来展示。

（4）文本数据可视化方法

文本数据可视化是将文本中蕴含的语义特征（词频、逻辑结构、主题聚类、动态演化规律）直观地展示出来。文本内容可视化可以采用标签云以及Spark Clouds等来实现；文本语义结构可视化可以采用环形图、网状图、DocuBurst、Word Tree等来实现。

2.数据可视化的实现工具

通过信息化的打造，融合可视化的展现平台，已成为数据可视化发展的必然趋势。常见的数据可视化工具介绍及其对比见表16-3，可根据其操作易用性分为需编程的数据可视化工具、无须编程的数据可视化工具两类。

表16-3　**数据可视化工具**

分类	概念	工具	实现方式
需编程的数据可视化工具	需要基于某种编程语言实现数据可视化	E Charts	Java语言
		High Charts	Java语言
		Python	Python语言
		R	R语言
无须编程的数据可视化工具	不需要进行编程即可实现数据可视化	Power BI	仅需进行简单的“拖拉拽”操作即可生成数据
		Fine BI	
		Tableau	
		财经云图TM	

相较于需编程的数据可视化工具，无须编程的数据可视化工具因其操作技术壁垒低、实时响应速度快等特点，实际应用更为广泛，也更适合企业财务工作者及管理者使用。

3.财务数据分析可视化的步骤

财务数据可视化简单来说就是通过对财务数据进行分析，将分析得出的结果以直观形象的图形或是图表等形式进行展示。它的作用在于视觉上突出数据之间的关系，如位置、变化和分布等，传达一些难以用文字和数字表达的信息并揭露数据背后隐藏的重要信息，为信息使用者尤其是高层决策者提供更简洁明了的决策支持。

基于商务智能数据管理流程，财务数据分析可视化的基本步骤可分为以下四步：

（1）明确分析目标

明确分析目标是开展财务数据分析的前提，主要明确需要哪些数据？分析结果需要呈现给谁？这些数据是否能够满足需求的目标？

（2）数据处理

商务智能产品提供了便捷易用的数据处理工具。数据处理具体分为两步：首先，收集与财务相关的数据。这些数据可能包括销售额、成本、利润等，可以从公司的会计软件或财务报告中获得。其次，整理数据。这可能涉及数据清洗、数据转换和数据合并等步骤。

（3）数据建模

数据建模包括数据表之间的关系建模和数据分析模型的构建，主要是结构化数据表的建模。描述性分析，是财务数据分析可视化的主要方法。

（4）可视化设计

可以使用可视化工具，如Tableau和Power BI等，将数据转化为图表和图形。这些工具使得可视化分析变得更加容易，同时可以自定义图表和图形，以便更好地满足特定需求。

【本章小结】

思维导图

大数据对企业财务管理带来影响和挑战。企业财务数据管理是企业管理的重要组成部分，有利于提升企业价值。企业财务主数据管理有利于保持各系统之间的一致性，提升财务管理质量。本章介绍了企业账户主数据管理和客商主数据管理的相关内容。业财融合是企业业务、财务活动的有机融合，具体流程包括财务、业务和管理流程的优化。业财融合的实现条件包含流程保障、信息技术保障、数据仓库保障和会计组织保障，具体措施包括数据统一化、表单统一化和流程统一化。企业财务数据分析主要包括财务报表分析和财务效率分析，财务数据可视化能直观形象地以图形或图表形式展示财务数据，基本步骤包括明确分析目标、数据处理、数据建模和可视化设计。

【课后思考】

1. 大数据对企业财务的影响表现在哪些方面？
2. 什么是业财融合？推进业财融合的前提条件有哪些？
3. 企业财务数据分析有哪些类型？
4. 简述企业财务数据可视化分析的基本步骤。

【案例分析】

中兴通讯的业财融合

请扫码研读本案例，进行如下思考与分析：

案例分析

1. 中兴通讯为何推进业财融合?
2. 中兴通讯实行业财融合取得了哪些效果?

主要参考文献

[1] 柏先云. Excel人力资源管理达人修炼手册：数据高效处理与分析［M］. 北京：人民邮电出版社，2020.

[2] 曹杰，李树青. 大数据管理与应用导论［M］. 北京：科学出版社，2019.

[3] 陈志轩，马琦. 大数据营销［M］. 北京：电子工业出版社，2019.

[4] DAMA国际. DAMA数据管理知识体系指南：原书第2版［M］. DAMA中国分会翻译组，译. 北京：机械工业出版社，2020.

[5] 华为公司数据管理部. 华为数据之道［M］. 北京：机械工业出版社，2020.

[6] 华迎，马双. 大数据营销［M］. 北京：中国人民大学出版社，2023.

[7] 蒋建华，戴雪艳. 业财融合规范［M］. 北京：中国财政经济出版社，2021.

[8] 塞巴斯蒂安-科尔曼. 穿越数据的迷宫：数据管理执行指南［M］. 汪广盛，等译. 北京：机械工业出版社，2020.

[9] 李昱萱，许智鑫. 我国物流数据开放共享的困境与出路［J］. 互联网天地，2022（5）：26-30.

[10] 李祖滨，汤鹏，李锐. 人才盘点：盘出人效和利润［M］. 北京：机械工业出版社，2020.

[11] 彭娟，陈虎，王泽霞，等. 数字财务［M］. 北京：清华大学出版社，2020.

[12] 任康磊. 绩效管理与量化考核从入门到精通［M］. 2版. 北京：人民邮电出版社，2020.

[13] 任康磊. 用数据提升人力资源管理效能（实战案例版）［M］. 北京：人民邮电出版社，2022.

[14] 宋星. 数据赋能：数字化营销与运营新实践［M］. 北京：电子工业出版社，2021.

[15] 滕晓东，宋国荣. 智能财务决策［M］. 北京：高等教育出版社，2021.

[16] 王美江. HR财务思维［M］. 北京：人民邮电出版社，2020.

[17] 王永贵，项典典. 数字营销：新时代市场营销学［M］. 北京：高等教育出版社，2023.

[18] 伍彬，刘云菁，张敏. 基于机器学习的分析师识别公司财务舞弊风险的研究［J］. 管理学报，2022，19（7）：1082-1091.

[19] 阳翼. 大数据营销［M］. 北京：中国人民大学出版社，2017.

[20] 用友平台与数据智能团队. 一本书讲透数据治理：战略、方法、工具与实践［M］. 北京：机械工业出版社，2021.

[21] 张博. 智能时代的数据伦理规范研究［J］. 新媒体与社会，2021（1）：85-95.

[22] 张莉. 数据治理与数据安全［M］. 北京：人民邮电出版社，2019.

[23] 张旭，陈吉平，杨海峰，等. 主数据管理：企业数据化建设基础［M］. 北京：电子工业出版社，2021.

［24］祝守宇，蔡春久，等.数据治理：工业企业数字化转型之道［M］. 2版.北京：电子工业出版社，2023.

［25］DAVENPORT T H，HARRIS J G. Competing on analytics：The New Science of Winning［M］. Boston：Harvard Business School Press，2007.

［26］FITZ-ENZ J，MATTOX J R. Predictive analytics for human resources［M］. NJ：John Wiley & Sons，2014.

［27］GUENOLE N，FFERRAR J，FEINZIG S. The power of people：Learn how successful organizations use workforce analytics to improve business performance［M］. New York：Pearson Education，2017.

［28］PEASE G. Optimize your greatest asset - your people：How to apply analytics to big data to improve your human capital investments［M］. Hoboken：John Wiley & Sons，2015.